伯明翰月光社：
科学、技术与工业的纽带

李 斌 著

世界图书出版公司
北京·广州·上海·西安

图书在版编目（CIP）数据

伯明翰月光社：科学、技术与工业的纽带 / 李斌著 . — 北京：世界图书出版有限公司北京分公司，2024.11
ISBN 978-7-5232-0943-1

Ⅰ.①伯… Ⅱ.①李… Ⅲ.①科学事业史—英国—近代 Ⅳ.① G325.619

中国国家版本馆 CIP 数据核字（2023）第 223613 号

书　　名	伯明翰月光社：科学、技术与工业的纽带
	BOMINGHAN YUEGUANGSHE
著　　者	李　斌
责任编辑	刘天天
封面设计	彭雅静
出版发行	世界图书出版有限公司北京分公司
地　　址	北京市东城区朝内大街 137 号
邮　　编	100010
电　　话	010-64038355（发行）　64033507（总编室）
网　　址	http://www.wpcbj.com.cn
邮　　箱	wpcbjst@vip.163.com
销　　售	新华书店
印　　刷	中煤（北京）印务有限公司
开　　本	787mm×1092mm　1/16
印　　张	29.375
字　　数	394 千字
版　　次	2024 年 11 月第 1 版
印　　次	2024 年 11 月第 1 次印刷
国际书号	ISBN 978-7-5232-0943-1
定　　价	99.00 元

版权所有　翻印必究
（如发现印装质量问题，请与本公司联系调换）

马修·博尔顿
(Matthew Boulton, 1728—1809)

伊拉斯谟·达尔文
(Erasmus Darwin, 1731—1802)

约翰·维特赫斯特
(John Whitehurst, 1713—1788)

威廉·斯莫尔
(William Small, 1734—1775)

月光社重要成员肖像

约西亚·韦奇伍德
(Josiah Wedgwood, 1730—1795)

理查德·洛弗尔·埃奇沃思
(Richard Lovell Edgeworth, 1744—1817)

托马斯·戴
(Thomas Day, 1748—1789)

詹姆斯·瓦特
(James Watt, 1736—1819)

月光社重要成员肖像

詹姆斯·凯尔
(James Keir, 1735—1820)

威廉·威瑟林
(William Withering, 1741—1799)

约瑟夫·普里斯特利
(Joseph Priestley, 1733—1804)

塞缪尔·高尔顿
(Samuel Galton, Jr., 1753—1832)

月光社重要成员肖像

SOHO HOUSE

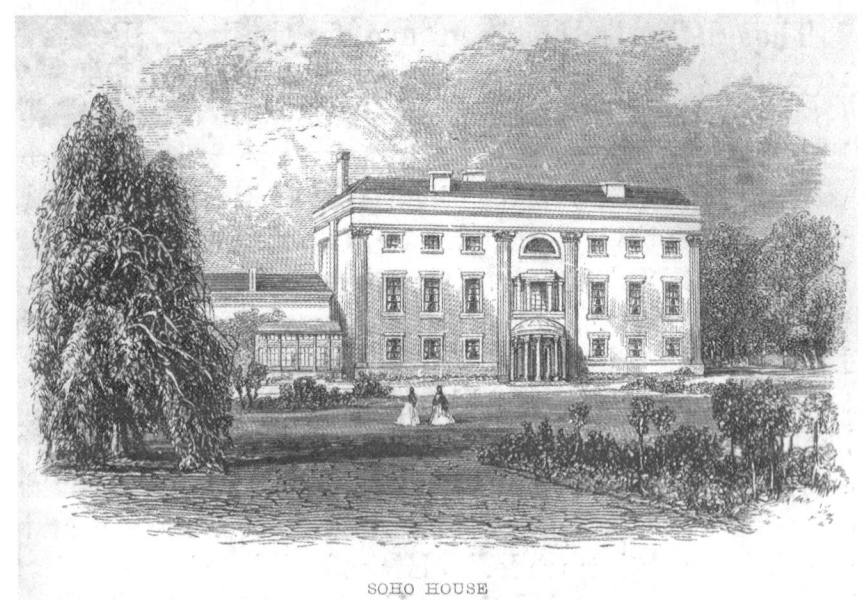

索霍会馆

目录

引　言 / 001

一　研究月光社的意义 / 004
二　已有研究 / 012
三　讨论的几个问题 / 033

第一章 / 037
月光社的历史背景

一　科学价值观的普及 / 038
二　科学知识的广泛传播 / 041
三　科学与工业应用中的组织化兴趣 / 049
四　工业革命的重镇——伯明翰 / 060

第二章 / 063
月光社的成员和组织

一　月光社的成员名单 / 064
二　月光社成员的早期背景 / 075
三　月光社的组织与特征 / 101

第三章 / 107
月光社的历史发展

一　1750—1765，月光社的萌芽阶段 / 107

二　1765—1775，创建之中的月光社 / 114

三　1775—1780，月光社的正式确立 / 124

四　1780—1791，月光社的顶峰 / 138

五　1791—1813，月光社的结束 / 153

第四章 / 168
科学活动

一　凯尔的化学研究 / 169

二　燃素说的争论 / 176

三　水成分的争论 / 186

四　热学 / 190

五　矿物质分析 / 197

六　地质学 / 203

七　植物学 / 211

八　电学 / 215

第五章 / 219
技术活动

一　蒸汽机的研究与设计 / 219

二　冶金化学 / 232

三　制陶工艺 / 237

四　马车设计 / 242

五　修建运河 / 246

六　医学 / 251

七　科学仪器的改进 / 261

第六章 / 279
工业活动

一　博尔顿与瓦特公司——蒸汽机的推广 / 280

二　凯尔——化学工业的先锋 / 299

三　韦奇伍德——英国陶瓷工业之父 / 309

四　造币机、压印机和语音机 / 319

第七章 / 328
月光社的对外联系

一　与皇家学会的联系 / 329

二　与工艺学会的联系 / 332

三　与德比哲学学会的联系 / 334

四　与13人俱乐部的联系 / 337

五　与其他学会的联系 / 341

六　月光社成员的个人联系 / 345

七　月光社与伯明翰 / 349

第八章 / 355
月光社的影响和历史地位

一 月光社的工业倾向 / 356

二 月光社衰落的原因 / 365

三 月光社的传承 / 376

四 月光社的历史地位 / 379

结 语 / 388

一 月光社对工业革命的推动 / 390

二 科学革命、技术革命和工业革命 / 392

三 重新认识 18 世纪的英国科学 / 395

四 科学成为西方文化不可或缺的元素 / 397

五 月光社的起止日期和成员界定 / 399

附录 1　月光社年表 / 401

附录 2　月光社成员在《哲学汇刊》上的论文列表 / 411

参考文献 / 419

引 言

在近代科学建制化的历史进程中，18世纪是承上启下的关键时期。17世纪科学革命带来的体制化革命在18世纪得到了巩固和发展，19世纪的分科学会的建立和科学体制化的完成则以18世纪科学体制化的成果为基础。18世纪，国家科学院[①]和大量地方性学会纷纷成立[②]，科学社团的建立成为一种潮流。到1789年为止，欧洲各地有大约七十家正式设立的科学社团。[③]在这种大背景下，英格兰也出现了许多地方性科学学会。事实上，18世纪的英国皇家学会陷入停顿，失去了它在17世纪时期的蓬勃朝气。18世纪下半叶英格兰科学最具特征的发展就是地方性科学学会的繁荣。

在英格兰北方和中部地区的制造业中心，出现了许多地方性科学学会，例如，曼彻斯特文学和哲学学会（Manchester Literary and

---

[①] 例如柏林科学院（1700年）、圣彼得堡科学院（1724年）以及斯德哥尔摩科学院（1739年）。

[②] 参考Porter 2003, p. 90。例如，蒙彼利埃（1706年）、波尔多（1712年）、博洛尼亚（1714年）、里昂（1724年）、第戎（1725/1740年）、乌普萨拉（1728年）、哥本哈根（1742年）、哥廷根（1752年）、都灵（1757年）、慕尼黑（1759年）、曼海姆（1763年）、巴塞罗那（1764年）、布鲁塞尔（1769年）、帕多瓦（1779年）、爱丁堡（1783年）和都柏林（1785年）。

[③] Porter 2003, p. 90.

Philosophical Society)，德比哲学学会（Derby Philosophical Society），纽卡斯尔文学和哲学学会（Literary and Philosophical Society of Newcastle-upon-Tyne），以及利物浦、布里斯托尔、利兹和许多其他地方的哲学俱乐部。在所有此类社团中，伯明翰月光社（Lunar Society of Birmingham）是当时最为重要的地方性科学学会。

伯明翰月光社从1765年到1813年持续了近半个世纪。这是一个由自然哲学家、发明家、工业家组成的提倡工艺和科学的学术社团。月光社经常在月圆之日聚会，因为月光使得在夜晚穿过田野的往返路程更易行走，从而有了月光社的名称。[1]经常参加会议的人有马修·博尔顿（Matthew Boulton）、伊拉斯谟·达尔文（Erasmus Darwin）、约翰·维特赫斯特（John Whitehurst）、威廉·斯莫尔（William Small）、约西亚·韦奇伍德（Josiah Wedgwood）、理查德·洛弗尔·埃奇沃思（Richard Lovell Edgeworth）、托马斯·戴（Thomas Day）、詹姆斯·瓦特（James Watt）、詹姆斯·凯尔（James Keir）、威廉·威瑟林（William Withering）、约瑟夫·普里斯特利（Joseph Priestley）、小塞缪尔·高尔顿（Samuel Galton, Jr.）和威廉·默多克（William Murdoch）等。在成员的入选方面，伯明翰月光社是别具一格的。它在很大程度上是一个排他性的俱乐部。每位成员都有自己的专业领域，而且颇有建树。博尔顿、达尔文、韦奇伍德、瓦特和普里斯特利等人是月光社的关键人物，他们邀请自己最有学识的朋友来参加月光社的会议。月光社因其成员的共同兴趣而有了凝聚力，在一定程度上，这种凝聚力也通过随之发展起来的个人友谊而得到加强。

月光社的会议经常在博尔顿的住宅索霍会馆（Soho House）举行。博尔顿在通信中经常把索霍会馆称为"汉兹沃思荆棘地上的友谊馆"。

---

[1] Smiles 1865, pp. 369-375.

成员们之间富有成效的交流刺激了对于科学和工艺的兴趣，并促使他们将其付诸行动。月光社成员的兴趣广泛，涉及热学、化学、地质学、金属学、电学，以及制造、开矿、运输、教育、医疗等很多领域。月光社及其成员的科学贡献、技术发明和工业成就是非常重要的。早期工业革命受益于月光社及其成员的重要贡献，皇家学会也由于博尔顿、瓦特、普里斯特利、凯尔、韦奇伍德和威瑟林等人的加入而再度振兴起来。

博尔顿、瓦特、韦奇伍德、凯尔和达尔文等月光社成员是作为企业家和发明家而被人记住的。但是，他们对社会发展也作出了重要的贡献。月光社成员普遍信仰理性精神，相信人类会因为科学上的种种发现而获得解放。戴、达尔文、韦奇伍德和普里斯特利都是18世纪晚期反抗奴隶制的重要斗士。尽管腥风血雨的法国大革命在众多人的头脑中播下第一批怀疑的种子，但是他们仍然为法国大革命的爆发和攻陷巴士底狱而欢呼，认为这是自由与理性的胜利。普里斯特利更是毫不隐瞒自己的观点，他对雅各宾派的公开支持使他在英国下议院遭到了伯克的谴责。博尔顿和瓦特则谨慎一些，他们对自己的政治观点秘而不宣。然而，1791年7月14日，为纪念法国大革命二周年而举行的公众庆祝宴会引发了"教会与国王"暴乱。普里斯特利的住宅、实验室、仪器以及研究资料统统被烧毁。普里斯特利和他的家人事先得到警告而提前逃走了。在经历这场浩劫之后，月光社虽然持续到1813年，但已经元气大伤，名存实亡了。

本书详细论述了月光社的历史分期、成员、组织结构、科学活动、技术发明以及工商业活动，分析了月光社兴起的背景、特征及其重要影响。以月光社和地方性科学学会为切入点，本书试图揭示月光社富有活力的根本原因，以及它对于工业革命的重要推动作用，并通过展示18世纪下半叶英国科学、技术与工业之间的互动关系，进而为解释18世纪下半叶英国科学的独特性、科学革命与工业革命之间的关系等问题提供可资借鉴的研究成果。

一 研究月光社的意义

1、对科学、技术与工业革命之间的关系的再认识

工业革命彻底改变了人类的生存方式，将人类带入工业文明的时代。无论以何种方式分析工业革命，技术变革都是工业革命之所以发生的关键因素。作为工业革命的发源地，18世纪下半叶的英格兰无疑是当时世界上最具有活力的地区之一。当工业革命在英格兰展开之际，17世纪的科学革命所带来的理性和实验精神已经渗透到欧洲文明的方方面面。在欧洲的版图之上，科学社团星罗棋布，科学家、工业家和工程师之间的交流已经开始，各种各样的公开讲座已经开始向公众介绍科学发现所取得的辉煌成就，展示理性和实验的巨大威力。科学已经成为一种文化和智识事业而备受人们的尊敬。科学以及科学造就的科学文化成为工业革命必不可少的因素。

然而，科学与工业革命之间的关系，现在仍然是一个有很大争议的话题。很多学者都否认科学对于工业革命的直接作用。例如，历史学家阿诺德·汤因比（Arnold Toynbee）在死后出版的《产业革命》①（1884）中选择1760年为工业革命开始的日期，他认为工业革命与科

---

① 汤因比 1970. 原书名为 *Letures on the Industrial Revolution of the Eighteenth Centrury in England*，直译应为"英国产业革命演讲集"。

学革命之间没有关系。路易斯·芒福德（Lewis Mumford）在《技术与文明》（*Technics and Civilization*）和《机器的神话》（*The Myth of the Machine*）等著作中提出古希腊不仅是西方科学的发源地，还是古代世界的技术发明中心。芒福德否认蒸汽机的主导作用，认为在16世纪之前所发明的水磨、风磨、印刷机、玻璃和钟表等技术发明已经奠定了工业革命的基础。[1]这些中世纪的技术发明几乎都不是在具体的科学理论的指导下发展起来的。科学哲学家雷切尔·劳丹（Rachel Laudan）提出了一个熟悉的说法："科学受益于蒸汽机的，要比蒸汽机受益于科学的要多。"《历史与技术》杂志主编约翰·克里奇（John Krige）在《关于科学－技术关系的重要反思》一文中认为，奠定工业革命基础的技术创新是由那些没有受过多少大学教育的工匠、技师或工程师完成的。尽管他们已经被灌输了我们所谓的科学精神，但他们没有求助于科学来裁判他们关于技术发明的主张，没有通过对科学理论的理解来获取他们的权威。克里奇认为，技术进步建立于另外一个技术进步的思想，例如瓦特基于纽科门蒸汽机而发明了分离式冷凝器，对于我们理解工业革命时期的科学与技术的关系具有根本的重要性。[2]

瓦特的独立冷凝器的发明是否受到约瑟夫·布莱克（Joseph Black）教授的潜热理论的启发，成为论述科学与工业革命之间的关系时经常被采用的案例。尽管布莱克的潜热理论可能没有对蒸汽机的改进提出意见，但是，布莱克给瓦特传授了各门学科的知识和正确的推理方式，而且在正确的实验方式方面给瓦特做出榜样，毫无疑问这些都有利于促进瓦特的发明。[3]的确，如果要在工业革命早期的技术发明中寻找一些未受科学影响的技术发明，是可以证明科学对于工业革命的兴起没

---

[1] Mumford 1967, p. 245.
[2] Krige 2006, p. 260.
[3] Fleming 1952, p. 5.

有直接的影响。但是，同样也可以找到一些科学与工业结合的合作案例，以此来证明科学对于工业革命的直接作用。那么，究竟应如何来看待科学与工业革命的关系呢？

月光社的案例研究对于解决这一问题具有重要的理论价值和实践意义。科学对于工业革命的影响可能不是一个直接的作用，但是，无可置疑的是，科学对于工业革命早期的技术发明具有宽广的文化上的影响，这体现在开放的巡回讲座、文盲的减少、印刷品的增加、科学学会的扩散等方面，18世纪的科学教育已经普及到相当广泛的范围，那些做出技术发明的工匠未受到科学革命洗礼的判断可能存在很大问题。事实上，月光社和曼彻斯特文学和哲学学会提供了许多科学应用于技术发明和工业的案例，它们的兴起无疑证明了科学和工业应用中的组织化的兴趣，这种科学和工业领域之间的合作是工业革命的一个重要因素。

月光社展示了科学与工业、科学与技术发明之间的融合。我们现在无法判断，科学对于工业革命的兴起究竟产生了多大的影响？是不是像煤炭一样不可或缺？是不是像蒸汽机一样有力地推动了工业革命的进程？月光社等地方性学会直接兴起于早期工业革命产生的英格兰中部地区，通过对月光社的研究，本书会对上述问题有一些新的认识。

2、对18世纪下半叶英国科学的再认识

法国科学是18世纪科学史研究的重心，然而，18世纪的科学不能只谈法国科学和巴黎科学院，英国科学同样重要。18世纪下半叶的英国科学没有17世纪那样耀眼夺目，但是并不能简单地认为是英国科学衰落了。实际上，不列颠在这一时期并不缺乏科学伟人，也不缺乏杰出的科

学成就。[1]18世纪末，英国几乎在所有纯数理科学上都拥有比德国更强的一流科学家阵容，与法国相比也不相上下。然而，18世纪下半叶英国科学衰落的声音还是经常听到。查尔斯·白贝治写道："长期以来，科学在英国遭到忽视而衰落了。在英国，尤其是在比较困难的和抽象的科学上面，我们远不如其他同等地位的国家，而且甚至不如好几个国力低下的国家。"[2]与18世纪获得政府大力支持的法国科学不同，英国科学并没有得到多少来自于政府的支持。例如，1740年，皇家学会的全部收益只有232英镑。[3]英国的科学家更多是凭借兴趣在业余时间从事科学研究，科学家必须通过从事其他职业来获得收益以便维持生活和研究，这其实与17世纪科学革命时期的状况一样。与其说18世纪下半叶英国科学在衰落，不如说法国科学在崛起。英国科学始终顽固地保持着这种个人自由研究的传统。直到1850年英国国会才第一次投票同意给皇家学会拨款用以科学研究，政府对于科学的资助才开始。

月光社的研究，为我们认识18世纪下半叶的英国科学提供了非常有意义的视角。如果通过对月光社的研究，本书可以断定科学对于工业革命的至关重要和不可或缺的作用，那么，我们自然会问道，为什么工业革命起源于18世纪下半叶的英格兰，而不是学术界公认的18世纪的科学中心——法国？就算我们没有确定科学对于工业革命的不可或缺的作用，那么对这一问题的回答还是会必然涉及对于18世纪下半叶英格兰科

---

[1] 例如，1774年普里斯特利发现氧和其他各种气体；1775年布莱克发现了潜热；1775年内维尔·马斯基林（Nevil Maskelyne）测量了谢哈利恩山的引力；1775年约翰·兰登（John Landen）用两条椭圆弧表达一条双曲线的弧；1778年本杰明·汤普森（Benjamin Thompson）进行了最早的摩擦生热实验；1781年威廉·赫歇尔（William Herschel）发现了天王星；1784年亨利·卡文迪许（Henry Cavendish）发现了水的合成；1786—1797年卡罗琳·赫歇尔（Caroline Herschel）发现了8颗彗星；1789年卡文迪许确定了地球的密度；1799年汉弗莱·戴维（Humphry Davy）出版了关于热、光等的论著；等等。
[2] 转引自梅尔茨1999, p. 198。
[3] 梅尔茨1999, p. 193。

学的评价。通过对月光社的研究，我们也许会认识到，在18世纪后半个世纪，英格兰的科学兴趣并没有下降，或许在整个18世纪都没有下降。那么为什么英国的纯粹科学会出现所谓的"衰退"？

以月光社为视角，我们可以充分认识到17世纪科学革命的丰硕成果所带来的巨大影响。1660年皇家学会的建立所带来的体制化进程在18世纪继续深刻地影响着英格兰，纷纷成立的地方性科学学会巩固了这一体制化进程。影响皇家学会创立的培根主义和清教精神在18世纪继续影响着英国科学的发展，培根主义所强调的科学方法的经验性质和清教徒给科学所赋予的实用倾向使得英国科学家更注重发展经验和实用的科学，或者更注重发现科学的实用价值，从而给予工业技术一种直接的推动力。自下而上建立的英国科学所带有的个人主义和自由气质，使得英国科学的根基和文化土壤比其他国家更为深厚。这种自下而上的英国科学，以及英国社会阶层之间相对宽松的流动性，使得18世纪的英国科学家的出身开始多元化，许多来自中下阶层的人成为了科学家。英国科学所具有的这些特征使得科学传统与工匠传统之间的对立并没有其他国家那么严重。通过对月光社的研究，可以看到这两种传统之间的碰撞和融合。总之，通过对月光社的研究，可以更清晰地认识18世纪下半叶英格兰科学的一些重要特征，从而能够对18世纪下半叶英格兰科学作出新的评价。

3、对18世纪下半叶英格兰科学体制化进程的再认识

皇家学会的成立是科学实现体制化的重要标志，从此，科学家第一次作为一个独特的社会角色被制度化，该角色之存在，是持续有序地开展科学研究的必要条件。然而，到了18世纪，皇家学会明显地衰落了。财政上的拮据和大量的非科学家会员威胁着学会的生存。皇家学会会员

的资格仅是一种社会威望的象征，会章中固有的组织方面的缺陷，直到19世纪才得到纠正。18世纪初期，伦敦的皇家医师学会只接收牛津和剑桥的毕业生，实际上对非国教徒关上了大门。这种会员政策妨碍了许多受过良好训练的医师进入皇家医师学会。因此，在爱丁堡和格拉斯哥的医学院进入辉煌时期的时候，牛津和剑桥则开始衰落。

也许最能有效说明18世纪科学对于17世纪的"巩固"这一过程的指标便是科学在稳定制度形式上的表现。在皇家学会衰落的同时，欧洲大陆进入所谓的"科学院的时代"。① 到18世纪末，从波士顿到布鲁塞尔，从特隆赫姆到曼海姆出现了差不多一百个这样的社团。北部有特隆赫姆的挪威皇家科学与文学学会（1760），南部有那不勒斯的皇家科学与文学学会（1778），东部有圣彼得堡的帝国科学院（1724），西部则有里斯本皇家科学院（1779）。詹姆斯·麦克莱伦第三（James McClellan III）认为，18世纪"在欧洲科学组织和制度史上构成了一个独特的时期"，巩固了早期所讨论的"在18世纪科学的进取心重新坚定了"的观点。②

在国家的和地方的、正式的和非正式的、实用的和非实用的、内部的和开放的科学社团如泉涌般出现的同时，18世纪下半叶英格兰科学最具特征的发展——地方性科学学会也开始繁荣起来。伯明翰月光社（1766）与曼彻斯特（1781），德比（1783）和泰纳河畔的纽卡斯尔（1793）的文学和哲学学会是一些早期的例子，这种地方学会的数量在19世纪不断增长。到了18世纪80年代和18世纪90年代，以科学为导向的地方性学会成为中部、北部文化图景的一个基本特点：曼彻斯特文学和哲学学会建立于1784年，稍后建立了德比哲学学会，在泰纳河旁的纽斯

---

① 丰特内尔（Bernard de Fontenelle）在18世纪杜撰了这一短语。参见McClellan III 1985, 第一章。
② McClellan III 1985.

卡斯、利物浦、利兹、格拉斯哥及许多其他工业、商业中心也建立了类似机构,从而将科学与古典教育带到了大大小小的城市中心区和文化阶层。

18世纪下半叶英格兰科学最典型的发展就是地方性科学学会的繁荣,其中最积极和最成功的社团都建立在英格兰的北部和中部地区的制造业中心。毕竟,大量增加的人口使得这些中心城市成为此类活动的可能地点。更为重要的是,这些杰出的制造商至少是他们所在城市的此类学会的会员——例如,德比的斯特拉特(Strutt)家族,曼彻斯特的查尔斯·劳埃德(Charles Lloyd),利物浦的托马斯·本特利(Thomas Bentley),都是这些学会的会员。[①]在所有这些地方性科学学会当中,最能够有效说明制造商和科学家的利益结合的学会就是伯明翰的月光社,尽管,与同一时期的许多其他学会相比,已出版的关于月光社的确切信息较少,但在所有此类学会中,月光社仍然是最著名的。

作为地方性科学学会的典型代表,月光社为近代以来的研发机构提供了一种榜样。与20世纪许多杰出的技术研发组织一样,月光社将科学和工艺技术密切地结合在一起,同时在科学、技术发明和工商业领域作出了杰出贡献。月光社可以说是人类最早一个以创新为导向的学习型组织,它的成员都具有强烈的创新与创业意图,他们的兴趣非常广泛,热衷于新知识的学习与分享,并且还能将各种创新构想付诸行动。如何将科学知识应用于工业与商业活动,是月光社成员的共同兴趣,他们尤其关注技术进步对于产业发展的影响,并且相互交流最新的科学知识。月光社成员对于科学和技术发明所拥有的强烈的兴趣,以及他们之间的密切交流和互助是月光社能够取得成功的关键,也是月光社的灵魂。作为一个非正式的科学学会,它甚至没有章程和每次聚会的会议记录,但是

[①] Robinson 1953.

它拥有一切研发机构最需要的一种特质——兴趣。他们对科学和技术能够造福人类的信念拥有宗教般的热情，并坚定不移地付诸实施。

通过对月光社的研究，18世纪英国社会蒸蒸日上的画卷将会逐步展开。在惊异于月光社成员所拥有的强烈的使命感和荣誉感的同时，这种力量的源泉成为最大的疑问。最为根本的还是思想，17世纪科学革命带来了社会价值观的转变，经验科学被推崇为思想等级的顶峰，一种专业性的社会活动——即不受偏见或权威的束缚，以经验证据和自由与理性的讨论为首要原则的、自主的探究活动——不仅合法，而且享有崇高的社会威望。正是这种思想观念的变革奠定了月光社等地方性学会的基础。本杰明·马丁（Benjamin Martin）在《技术文库》（*Bibliotheca Technologica*，伦敦，1738）的序言中这样表达时代精神："学问使一个国家荣耀，但无知给任何民族带来耻辱。"[①]正是这种思想的进步，使得月光社在半个多世纪中有力地推动了早期工业革命。

月光社50多年的历程所取得的成就在某些方面可能超过了拥有几千年历史、曾经高度辉煌却停滞不前的中华文明。对科学的推崇和兴趣，使月光社成员之间的互动增加了他们的知识，开拓了他们的视野，增强了相互之间的协调，使他们的内心生活更为开阔和完满，并对人类的物质世界和思想世界带来了积极的影响。研究月光社的科研活动、技术发明和工商业活动，体会月光社成员的使命感和荣誉感，对于认识科学与技术互动进步的历程，以及认识当今社会文化和信仰的贫乏，仍然具有十分重要的现实意义。

---

① 沃尔夫 1997, pp. 14-18.

二 已有研究

月光社是一个非正式的学会，没有官方记录和正式出版物，对于月光社的历史考察只能从月光社成员的信件、手稿和公开出版物中获取信息。专门以月光社为题进行过相关研究的专家有：斯科菲尔德、马森、罗宾逊和阿格鲁等。

斯科菲尔德

斯科菲尔德（Robert E. Schofield）[1]是美国爱荷华州立大学荣休教授，曾任历史系技术与科学史项目主任。1955年，斯科菲尔德以《伯明翰月光社的成立（1760—1780）：18世纪英格兰工业研究的组织》[2]为题，在哈佛大学科学史系获得了博士学位。1956年，斯科菲尔德发表了《伯明翰月光社的成员人数》[3]一文，指出由于月光社的非正式性和模糊性，月光社的研究更多时候建立在一种推测的基础之上。重建月光社的历史的第一步就是界定会员。月光社的绝大多数成员都是18世纪英格兰的重要人物，他们所参与的学会也因此而重要起来。月光社的成员名

---

[1] 美国科学史学会辉瑞奖（Pfizer Award）1964年得主，获奖著作是《伯明翰的月光社：18世纪英格兰地方性科学和工业的社会史》（*Lunar Society of Birmingham: A Social History of Provincial Science and Industry in Eighteenth-Century England*）。他的新著《启蒙的普里斯特利：1773年到1804年的生平和工作的研究》（*The Enlightened Joseph Priestley: A Study of His Life and Work from 1773 to 1804*）已经获得化学遗产基金会（CHF）2006年新设立的"罗伊·奈维尔"（Roy G. Neville）奖。斯科菲尔德教授出生于内布拉斯加州，成长于科罗拉多州，1945年毕业于普林斯顿大学物理系，获得物理学学士学位，指导教师是吴健雄。1948年他从明尼苏达州立大学物理系毕业，获得理学硕士学位，1955年从哈佛大学科学史系毕业，获得博士学位。斯科菲尔德先后在劳伦斯的堪萨斯州大学、凯思工学院、凯斯西储大学任教。1993年从爱荷华州立大学退休。

[2] *The Founding Of The Lunar Society Of Birmingham (1760-1780): Organization Of Industrial Research In 18th Century England*

[3] Schofield 1956a.

单有各种不同的版本。斯科菲尔德提出了判断月光社成员的四条标准，并将会员分为正式会员、外围会员和准会员。由此，斯科菲尔德提出了一个50多人的大名单，并对其中的准会员逐一进行了考证。

1956年，斯科菲尔德发表了《韦奇伍德和被提议的18世纪工业研究机构》[①]一文，他指出，工业和科学之间的相互兴趣在韦奇伍德与斯塔福德郡的其他陶工合作建立研究院的计划之中得到了最好的体现。

1957年，斯科菲尔德发表了《伯明翰月光社的科学的工业导向》[②]一文。在给出一个14人的月光社成员名单之后，斯科菲尔德将同一时期两位以上成员集中于同一主题的兴趣定义为月光社的兴趣，并证明了月光社科学的工业导向。通过对月光社在电学、运输改进、蒸汽机、地质学、陶瓷、化学和农业发明方面的兴趣的研究，他论证得出月光社是世界上第一个技术研发组织。同时，斯科菲尔德得出了两个结论。第一，月光社的会议是不重要的。成员们居住得相当近，这使得他们几乎每天都可以联系；在居住地或在伯明翰之外的临时住地，他们都会与其他成员通过持续不断的通信而保持稳定的联系——通常从伯明翰的一名成员的住宅每周平均至少发出一份信件。会议以月光社的名义召开，然而，他们仅仅把会议当作一种能够将成员维系在一起的社会黏合剂，在这个意义上会议是重要的。在召开会议之外，信息在会员之间自由而频繁地相互交换，这种频繁程度甚至超过了会议内。第二，讨论问题的类型最清晰地证明了月光社科学的工业导向，因此，将月光社宣称为一个非正式的技术研究机构是合理的。

C. C. 格里斯皮（C. C. Gillispie）博士在他的文章《工业的自然史》[③]中指出在这一时期法国的科学与技术的关系最多是一种间接的关

---

① Schofield 1956b.
② Schofield 1957.
③ Gillispie 1957.

系。斯科菲尔德在这篇文章发表之后强调了月光社的重要意义,指出对月光社的考察可以使我们在英格兰的科学与技术的关系问题上得出相当不同的结论。此外,对比同一时期的其他学会,出版的关于月光社的研究文章比较少,这也是斯科菲尔德认为应当详细研究月光社的理由之一。

1959年,在《工艺学会与伯明翰月光社》[①]一文中,斯科菲尔德描述了月光社与艺术、制造业和商业促进会之间的关系,指出不应该忽略月光社的成员们同时也是其他学会成员的身份。

1963年,斯科菲尔德出版了关于月光社的巨著《伯明翰的月光社:18世纪英格兰地方性科学和工业的社会史》。这本书填补了关于月光社研究的空白,增进了我们对于这一时期英格兰历史的理解。斯科菲尔德从巨大的纷繁复杂的原始材料入手,将月光社破碎的历史逐渐连贯起来,使之成为研究月光社的必读的二手文献。他还整理了月光社的原始文献和二手文献,为后来的研究者进一步研究月光社提供了方便。该书详细地陈述了月光社成员的生涯和他们的职业成就,同时,他们之间的相互关系也被巧妙地接合在一起。月光社成员所感兴趣的主题的范围非常广阔。斯科菲尔德指出,他们在陶瓷、玻璃制造、仪器制造、医药和金属制造等方面都非常专业。他们在天文学、化学、电学[②]、地质学、热学、流体力学、机械学、医学、金属学、光学、声学和植物学等方面都进行了实验。他们打算使用火药将极地的冰雪爆破,并将它们拖到热带地区;他们设计了切割芜菁的机器;他们尝试从患者的内耳中抽出空气以治疗耳聋;他们猜想美洲燕子的迁徙习惯,并怀疑它们是否在泥沼中冬眠;他们想要知道风的起源,等等。但是,斯科菲尔德认为,月光社最为迷人和重要的特征是:个人的兴趣能够得到其他成员的积极支

---

① Schofield 1959a.
② 月光社有很多成员与"美国最优秀的哲学家"本杰明·富兰克林(Benjamin Franklin)保持着非常亲密的关系。

持。就像他所叙述的："月光社最具吸引力的品质之一是个人兴趣迅速传播的特征。如果某人突然拥有一个想法，其他成员也会为之效力。"

斯科菲尔德的这本著作在很大程度上是一本叙述性的著作。因为一些杰出的工业家参与到月光社之中，斯科菲尔德的著作呈现出一定的经济史倾向。该书杰出的成果之一是，揭示了18世纪做出伟大技术突破的一些重要人物的动力来源，例如，博尔顿、瓦特和韦奇伍德等。他的著作严重质疑了那些将英国工业发展简单化解释的观点，对于那些仅仅依靠传统的经验主义，笼统地将技术革新作为解释工业革命的原因之一的观点，这本著作具有重要的补充和修正作用。可以确定的是，月光社的工业家非常清楚他们工作的价值，也非常恰当地发挥了他们在月光社这个团体之中的作用。同时，在月光社之中，杰出的科学家对科学的应用价值以及科学对于技术问题的解决方案也非常感兴趣。

但是，伯明翰并不是独一无二的，对曼彻斯特、利兹、纽卡斯尔等城市的研究同样重要。斯科菲尔德的著作为此类研究指出了进一步研究所存在的问题。对于这些城市的研究将会有利于我们更为成熟和全面地理解18世纪下半叶科学与工业之间相互影响的实际状况。

1966年，在庆祝月光社成立200周年的前后，是月光社研究的重要时期。斯科菲尔德在1966年发表了《伯明翰月光社，二百年的评价》[①]一文，对他的专著进行了有效的补充。在这篇文章中，斯科菲尔德梳理了月光社的历史脉络，并指出，虽然月光社不是第一个也不是最后一个18世纪的地方性科学学会，但是月光社却是最为重要的科学学会。自从19世纪中期以来，月光社吸引了越来越多历史学家的关注。

在肯定了月光社研究的重要性之后，斯科菲尔德在文中再次指出对月光社成员的活动叙述的编史学问题：如何将月光社成员的个体成就与

---

① Schofield 1966a.

作为一个整体的月光社相互联系起来。虽然月光社成员都是18世纪下半叶英格兰极为重要的人物，但是这能否证明月光社也是重要的？至少在表面上来看这是一个难以回答的问题，因为根据现有的参考资料（主要是月光社成员的信件和日记），月光社的会议上究竟产生了什么样的成果，很难找到专门的资料加以证明。甚至，很多资料显示月光社会议在某些时候还处于不正常的情况，例如从1776年到1780年，有规律的聚会变为不规律和偶然的聚会。正因如此，斯科菲尔德弱化了月光社会议的重要性，认为这些会议只是团队活动的社会表现，而月光社成员之间的通信交流则更为重要。

斯科菲尔德在此文中部分地重新思考了他的专著中存在的问题，那就是他过多地探讨了月光社各个成员的成就，而没有提供有效地将每个成员之间的工作联系起来的有力证据。其实，这也正是月光社研究的难点所在。正是鉴于此，斯科菲尔德在这篇文章中问道，这些个人的成就在多大程度上依赖于月光社的存在？最佳的回答只能从以下事实中获得：第一，绝大多数社团的重要意义主要通过它们的会员个体成就的总和来衡量；第二，月光社成员之间的通信和公开出版的论文持续地展示出相互交换建议、相互帮助的事实，在这一点上月光社实际上要比绝大多数更为著名的社团做得更为充分；第三，在月光社1791年遭遇挫折之前，月光社对于成员们的重要性可以在他们的商业活动之间的交换中显示出来。在这篇文章的最后，斯科菲尔德再次肯定了月光社的工业化特征，强调了它对于工业主义的新革命的推动作用。

1966年之后，斯科菲尔德就没有再发表过专门论述月光社的文献，只是在许多其他文献中提及月光社。2004年，在他的新著《启蒙的普里斯特利：1773到1804年的生平和工作的研究》中，斯科菲尔德专门列出一章"科学与月光社"来描述由于普里斯特利的介入，1780年之后月光社更多转型到化学研究的相关情况。

罗宾逊和马森

除了斯科菲尔德之外，研究月光社的两位重要学者就是伦敦科学博物馆的埃里克·罗宾逊（Eric Robinson）和A. E. 马森（A. E. Musson）。1956—1957年，在罗宾逊分为Ⅰ和Ⅱ两篇连载的《月光社和科学仪器的改进》[①]一文中，他指出，制造商和科学家之间存在的广泛合作使得工业和纯理论研究能够立刻交换成果，帮助英国保持了在欧洲的科学领先地位，并且在此基础上确立了自己的工业霸权。罗宾逊认为，如果没有月光社对于科学仪器所作出的重大贡献，普里斯特利、布莱克和拉瓦锡等科学家可能不会对科学世界作出这么大的贡献。在Ⅰ之中，罗宾逊讨论月光社成员瓦特、博尔顿、维特赫斯特、斯莫尔等人对钟表、天平、测微计和刻度机等科学仪器的改进和贡献。在Ⅱ之中，罗宾逊详细讨论了月光社成员韦奇伍德、博尔顿、瓦特、凯尔、斯莫尔等人对光学仪器、温度计、高温计、湿度计和其他设备所作出的贡献。尽管省去了大量的技术细节，但是，罗宾逊依然在文中体现出月光社成员坚持不懈地追求精确的科学仪器的精神，以及他们与技工之间的亲密关系。

另外，1955年在《拉斯伯，"富兰克林13人俱乐部"和月光社》[②]一文中，罗宾逊叙述了月光社成员在R. E. 拉斯伯（R. E. Raspe）被皇家学会开除之后对他的帮助。月光社成员不仅维持了拉斯伯的日常生计，而且帮助他在地质学、矿物学和古文物研究等领域作出贡献。同时，作为回报，拉斯伯利用他在德国和瑞典相关领域内的社会网络对月光社在科学和商业领域给予了帮助。

[①] Robinson 1956; Robinson 1957. 虽然罗宾逊提到要将月光社对于天文仪器的贡献留到这一系列的第三篇文章中阐述，但是至今为止尚未发表Ⅲ。

[②] Robinson 1955c.

1960年，在马森和罗宾逊合写的《18世纪末的科学和工业》[①]一文中，他们强调了科学革命与工业革命之间的关系，并且对早期工业革命的技术成就是没有受过教育的经验主义的产物这一观点进行了批判。

这篇文章指出，通过对曼彻斯特文学和哲学学会、伯明翰月光社以及纽卡斯尔文学、哲学学会和德比哲学学会等地方性学会的考证，早期工业革命之中，科学和工业之间的关系要比我们先前认为的更加紧密。具体涉及月光社方面，凯尔、瓦特和布莱克在制碱专利权方面拥有共同兴趣；凯尔和博尔顿试图将凯尔发现的一种合金进行商业化生产；韦奇伍德为普里斯特利的实验供应化学器皿，普里斯特利分析陶器中可能使用的矿物种类；在德比钟表制造商维特赫斯特的建议之下，斯莫尔、博尔顿、瓦特和凯尔投入到大量生产钟表的计划之中，同时，钟表制造和仪器制造贸易中的一些工具对于博尔顿和瓦特发展工程技术给予了帮助；等等。关于科学的工业应用和工业为科学提供仪器的合作案例还有许多。

除此之外，一些月光社的准会员和与月光社长期保持联系的人员也发挥了重要作用。在这里，马森和罗宾逊没有将韦奇伍德列为月光社成员，仅将其列为与月光社保持紧密联系的其他人。韦奇伍德对当地的科学给予资助，他资助了约翰·沃泰尔（John Warltire）的讲座，并雇用沃泰尔为自己孩子们的教师，也资助了达尔文的化学课程。韦奇伍德的实验室助理亚历山大·奇泽姆（Alexander Chisholm）同时也是一名具有非凡水平的化学家。虽然约翰·罗巴克（John Roebuck）和塞缪尔·加伯特（Samuel Garbett）不被认为是月光社的成员，但是他们与博尔顿和瓦特也保持着非常亲密的关系。罗巴克和加伯特在伯明翰创建的精密实验室和硫酸盐工厂体现出18世纪伯明翰发展中的化

[①] Musson & Robinson 1960.

学和工业之间的联合。另外还有约翰·斯米顿（John Smeaton）、巡回讲师亨利·莫伊斯（Henry Moyes）、荷兰科学家彼特·坎普（Pieter Camper）①和拉斯伯等许多人。纽卡斯尔和德比等地的地方性科学学会同样可以找到科学的广泛传播和在工业中的应用的相关案例。在苏格兰，科学与工业之间的联系更为紧密，并在18世纪后半期产生了科学思想和技术发明的繁荣景象。

最后，文章指出，虽然我们不想低估那些对科学知识了解不多而具有才能和实际经验的工匠们对于技术革新的重要贡献，虽然18世纪末的许多制造商具备较少的科学知识，但是，一些重要的制造商，包括一些最有影响力的人物，都对科学充满了强烈的兴趣，而且，证据显示，这些知识对于18世纪末的工业变革产生了重要贡献，我们有必要对工业革命的传统观点作出修正。

在1969年出版的马森和罗宾逊合著的《工业革命中的科学和技术》②一书中，他们更为详细地论述了工业革命早期的科学与技术之间的关系，并且对于科学知识通过工业学会得到更为广泛的传播这一观点进行了论证。③马森和罗宾逊设法揭示伯明翰月光社、曼彻斯特文学和哲学学会以及其他一些城镇的哲学学会的工业意义，同时也分析了促进工艺技术的研究院，萌芽阶段的技术学院和学校，书籍、百科全书和图书馆，以及巡回讲座的工业意义。这些都有助于证实对于科学和技术的兴趣的广泛传播。

同时，这本书也提到了巡回讲师在伯明翰频繁地举办讲座，并将这一类型讲座视为对年轻商人教育的一部分。当1797年格拉斯哥的托马斯·加尼特（Thomas Garnett）博士打算开始在英国一些较大的城镇进

---

① 应该为Peter Camper。
② Musson & Robinson 1969.
③ Robinson 1953.

行巡回讲座的时候，他将自己的讲座内容说明发给瓦特，告诉他伯明翰是一个理所当然要访问的地方，"因为许多知识都与化学和自然哲学的其他分支相关"。这些科学家举办的巡回讲座对于制造商地区产生了一定影响，在伯明翰这种情况要更为突出，这也是这本书在试图探讨科学对于工业的影响的具体途径方面作出的努力之一。

这本书还指出，月光社的创立者之一达尔文也是德比哲学学会的创始人之一，月光社的成立无疑对德比哲学学会的成立产生了示范效应。正是这些学会所兴起的一种对科学与技术的互动有强烈兴趣的重要科学运动，导致了科学家、制造商和学者被联系在一起，加速了工业革命的技术进步。

在斯科菲尔德将要发表专著的同时，1963年，罗宾逊发表了《月光社：它的成员人数和组织》一文，系统地对斯科菲尔德的观点提出了不同的看法。斯科菲尔德的专著也采用了一些罗宾逊的解释，但是他们之间的分歧依然存在。

与斯科菲尔德相同的是，他认为月光社是18世纪英格兰最伟大的地方性哲学学会。在本文中，罗宾逊还提到了月光社的图书馆的相关情况。现在重点分析一下罗宾逊与斯科菲尔德观点的不同之处。

（1）关于月光社的起源地。通过达尔文1765年12月12日的信件可以推断，月光社会议的起源地应该在利奇菲尔德，而不是斯科菲尔德所认为的伯明翰。[1]罗宾逊认为，在我们将这个社团确定为非正式性社团的情况下，确定它的起源地为伯明翰则是犯了武断的错误。

（2）关于月光社的起止时间。塞缪尔·斯迈尔斯（Samuel Smiles）在《博尔顿与瓦特生平》（*Lives of Boulton and Watt*）一书中并没有详细地论述月光社的开始时间。他只是论述到，月光社在1768年肯

---

[1] Schofield 1966a, p. 147.

定存在了，因为正是1768年，斯莫尔、达尔文和凯尔被召集到索霍与瓦特相见。[①]此外，玻尔通（H. C. Bolton）在《约瑟夫·普里斯特利的科学通信》一书中提到，1766年，博尔顿、达尔文、斯莫尔和他们的朋友在一起聚会。[②]然而，斯科菲尔德却认为，没有足够的证据表明，月光社在1775年之前是存在的。斯科菲尔德将1775年之前的月光社称为月光派（Lunar Circle）。而罗宾逊在此提供了一条确凿无误的证据，表明月光社的存在。1772年10月2日，在斯陶尔布里奇（Stourbridge）附近的沃尔德斯里（Wordsley）的凯尔写给博尔顿的信中提到了月光社的会议。1774年来自于詹姆斯·赫顿（James Hutton）的两份信件也证实了月光社的存在。斯科菲尔德并没有将赫顿的名字更多地与月光社联系在一起。由此，罗宾逊断定，月光社在1772年的时候已经存在。他推测，或许在1765年的时候月光社已经在利奇菲尔德成立了。罗宾逊认为，由于月光社的特殊性，想要确切地定下一个月光社聚会的日子是很困难的。

此外，罗宾逊与斯科菲尔德关于月光社结束日期的判断也存在严重分歧。斯科菲尔德论述到，"尽管有迹象显示在迟至1799年的时候，有一些月光社的正式集会，但是在1791年伯明翰暴乱之后月光社的文献证明早期月光社的精神特征已经衰退了"。[③]随后，在1798年之后，月光社就临近死亡和解散了。[④]罗宾逊认为，月光社在1802年之前，甚至在1809年之前都没有结束，在瓦特之子格雷戈里·瓦特（Gregory Watt）的书中记录了1799年到1801年举行的十几次月光社会议。马修·博尔顿的袖珍本记载了1801年月光社的数次会议。罗宾逊认为月光社在1802年

---

① Smiles 1865, Chap XV, pp. 292-309.
② H. C. Bolton, "The Lunar Society" in Scientific Correspondence of Joseph Priestley, New York, 1892; 转引自Robinson 1963, p. 156, note 2。
③ Schofield 1956a, p. 124, note 17.
④ Schofield 1956a, p. 128.

之前，甚至在1809年之前都没有结束。

（3）关于月光社的成员。罗宾逊认为斯科菲尔德在《伯明翰月光社的成员人数》所确立的四条会员标准有一些武断，不尽合理，就算按照这样的标准，斯科菲尔德也遗漏了一些成员。罗宾逊认为，尽管由于月光社的非正式性，月光社的活动多在信件、论文、出版物、自传文稿，以及由其他人所写的传记之中，缺乏权威的和正式的文献来源，这正是月光社研究的难点所在，但是月光社所遗留下来的文献是广泛的，涉及月光社的文献可以说不计其数。

在确定了起止日期的分歧之后，罗宾逊认为斯科菲尔德关于月光社成员的界定存在很大的漏洞，因为斯科菲尔德界定的月光社开始日期是1775年，结束日期是1798年。因此，约翰·巴斯克维尔（John Baskerville）就被排除在月光社之外，因为他于1775年去世了。同样，斯科菲尔德认为斯莫尔只能算是月光社的奠基者，不是一名正式成员。无论如何，斯科菲尔德的这些判断都没有坚实的证据。另一方面，埃奇沃思写道："斯莫尔博士形成了一个联系网，他将博尔顿先生、瓦特先生、达尔文博士、韦奇伍德先生、戴先生，还有我自己联系在一起。"[①]由此可见，有不可争辩的证据表明，斯莫尔是月光社的成员。罗宾逊认为，事实上，斯莫尔是月光社成立时期的一个中心人物。他认为，在我们检查月光社的其他会员身份的时候，考虑一下当时会议发生时的详情是很有帮助的。

各种各样的人都被认为是月光社的成员，这增加了关于月光社成员的认定的困难。可以明确的是，月光社有一个正规的核心成员群体，还有一个相当稳定的参与月光社聚会的拜访者群体。一位成员转变成为一名偶然的拜访者，或者一名拜访者转变成为一名成员，这通常很难准

---

① Edgeworth & Edgeworth 1820, vol i, p. 186.

确地判定，也不应该武断地下结论。斯科菲尔德不是将理查德·柯万（Richard Kirwan）排除在会员之外，而是将他当成一名准会员，但是通过相关信件，罗宾逊判断柯万与许多正式会员的关系相当亲密，他倾向于将柯万视为月光社的正式成员。

一个很大的分歧是，罗宾逊认为，韦奇伍德可能不是月光社的核心成员，韦奇伍德提供了关于月光社成员界定的这种不确定的案例。韦奇伍德被邀请去参加月光社的会议，例如，1783年7月24日，普里斯特利给韦奇伍德写信：

> 在三个星期或者一个月内，我期望拜访一次贝利（Bewley）先生，并在那里度过大约一个星期。同时，如果能够见到您，我会非常高兴。在这个时机，我们将临时举行一次月光社的会议。①

再例如，1785年9月20日，瓦特给韦奇伍德写信：

> 在下个星期一，我们在威瑟林博士那里举行一次哲学聚会，我们所有的成员都非常乐意见到您，我请求您能来，我会在我的房间给您安排一张床。我们将在2点钟开始午餐，直到晚上8点钟。②

罗宾逊认为，从上述信件的风格和内容可以看出韦奇伍德可能是月光社经常邀请的准会员。

---

① Robinson 1963, letter 34.
② Robinson 1963, letter 42.

此外，罗宾逊与斯科菲尔德关于丹尼尔·索朗德尔（Daniel Solander）与月光社的成员之间是否有过通信存在争议。索朗德尔是"富兰克林的13人俱乐部"成员，这个俱乐部成员还包括詹姆斯·斯图亚特（James Stuart）、维特赫斯特、索朗德尔博士、戴、拉斯伯和道森（Colonel Dawson）等。[①]在此值得注意的是，月光社的成员，例如戴和维特赫斯特都参与了富兰克林的这个学会，这个学会的其他成员也都熟知月光社成员们，例如拉斯伯、斯图亚特和索朗德尔等。斯科菲尔德认为索朗德尔与月光社的成员没有通信。但是，罗宾逊认为，在伯明翰试金化验所（Assay Office Library）的博尔顿通信中，有四封或者五封信件是来自索朗德尔的，并且有关于索朗德尔的大量参考文献。1765年，索朗德尔曾经劝说博尔顿将他的事业转移到瑞典。

关于约翰·威尔金森（John Wilkinson），罗宾逊认为，威尔金森与月光社的联系虽然没有韦奇伍德亲密，但却要比斯科菲尔德认为的更加亲密一些。1787年，他被邀请去参加一次月光社的会议，普里斯特利给韦奇伍德写信：

> 下个周一的月光社聚会在我家里。我们期望见到威尔金森先生，如果您能够抽出时间参加聚会，我们会很高兴。[②]

罗宾逊认为，威尔金森曾经跟随肯德尔（Kendal）的罗瑟勒姆博士学习，并且对科学充满兴趣，如果我们否认他与月光社的亲密联系，那么可能有些冒险。无论如何，威尔金森经常拜访索霍，他看起来不是月光社的一名正式成员，但是他应该参加过一次或者两次月光社会议。

---

① Robinson 1955c.
② Robinson 1963, letter 46.

维特赫斯特是斯科菲尔德所认可的一名月光社成员，证据是关于维特赫斯特与学会的联系及其兴趣。斯科菲尔德叙述道："尽管没有直接的证据支持他的成员身份，但也没有强有力的理由拒绝他成为成员。"罗宾逊显然认为斯科菲尔德关于维特赫斯特是月光社成员的说法的说服力不够，但是他也没有对维特赫斯特是否是成员给出明确的判断，似乎更为倾向于认为他是月光社成员。

罗宾逊认为斯科菲尔德处理月光社的临时会员的问题的时候经常犯错。在罗宾逊的文章发表之后，斯科菲尔德在他的专著中修订了其中一些错误。例如，他对拉斯伯被介绍给月光社的可能性提出了有力的争论。事实是，拉斯伯至少参加了一次月光社的会议，瓦特的袖珍笔记本中记载，1779年6月13日，"周日在索霍举行的月光社的聚会上，与拉斯伯先生和埃奇沃思先生在一起"。①

斯科菲尔德没有认识到在亚当·阿佛齐里乌斯（Adam Afzelius）1791年的英格兰之行中，拉斯伯将阿佛齐里乌斯介绍给博尔顿。阿佛齐里乌斯与博尔顿探讨瑞典雕刻师，提到了瑞典的肖像画家卡尔·范·布莱达（Carl van Breda）。同样，斯科菲尔德认为，没有证据表明彼得·坎普拜访过月光社，因为在坎普与月光社之间没有通信。但是，在瓦特（伯明翰）1785年11月9日写给博尔顿（伦敦）的信件中提到了"我很高兴拜访了在弗拉内克（Franeker）已退休的著名天文学教授坎普"。虽然这封信没有提供确凿的证据，但是，坎普应该参加过月光社的活动。

罗宾逊赞同斯科菲尔德对于赫歇尔的成员资格的判定，但是他认为，斯科菲尔德对于赫歇尔与月光社成员之间联系的持续时间的判断是有问题的。因为，博尔顿和他的女儿安妮·博尔顿（Anne Boulton）曾

---

① Robinson 1963, letter 17.

经在1787年拜访过赫歇尔，在斯科菲尔德判断的日期的五年之前，赫歇尔在1801年也拜访了索霍。①斯科菲尔德也没有提及西里尔·杰克逊（Cyril Jackson）博士、基督教牧师迪安（Dean），以及两位牛津哲学家（其中一位可能是贝多斯）参加过月光社的聚会。②斯科菲尔德将斯米顿与月光社的联系最小化，尽管瓦特和斯米顿相识多年，并在运河和蒸汽机方面存在联系。在此，没有必要去区分商业兴趣和智力兴趣。

塞缪尔·怀亚特（Samuel Wyatt）在1791年7月被邀请参加了一次月光社会议。③托马斯·库珀（Thomas Cooper）在1794年6月参加了一次月光社会议。④当某一次月光社的会议开始的时候，康特·雷登（Count Reden）正好在索霍。此外，1782年10月28日，当某一次月光社召开会议的时候，雷登和德吕克在瓦特的家里。⑤由此可以推断，他们很可能都参加了这些会议。此外，罗宾逊还列出了其他的拜访者：普里斯特利的朋友亚当·沃克（Adam Walker），1781年7月拜访过索霍；1782年6月阿贝·莫雷莱（Abbe Morellet）拜访；哥廷根的高耶特林（Goettling）在1787年10月拜访；洪堡（E. A. de Humboldt）和乔治·福斯特（George Foster）在1791年拜访。此外还有许多其他人员。

罗宾逊判断月光社是一个具有类似的社会地位的社团，就算博尔顿和瓦特的一名雇员在经济水平上是满足要求的，但可能还不能成为月光社的一名成员。例如，就博尔顿和瓦特在康沃尔的代表洛根·亨德森（Logan Henderson）中尉而言，瓦特不同意亨德森成为月光社的成员⑥，尽管他在1782年1月之前也参加了一次月光社的会议。

---

① Robinson 1963, letter 83.
② Robinson 1963, letter 51.
③ Robinson 1963, letter 59.
④ Robinson 1963, letter 76.
⑤ Robinson 1963, letter 27.
⑥ Robinson 1963, letter 24.

阿格鲁

英国女作家珍妮·阿格鲁（Jenny Uglow）①在《月光社成员：五位朋友的好奇心改变了世界》一书中热情地歌颂了月光社，她认为正是月光社创造了现代世界，带来了机械化、平等主义和启蒙思想。

阿格鲁试图以一种热情洋溢的文学笔调将月光社题材的书籍变成一部畅销书。阿格鲁声称她的书"具有汗水、化学产品和油的味道，充满着活塞的砰砰声、钟表的嘀嗒声、现金的叮当响声、熔炉的爆炸声以及发动机的喘息声和喷气声，而且她还谈及了身体、求爱、孩子、绘画和诗歌"。阿格鲁的著作关注了许多斯科菲尔德和罗宾逊并未提及的感性的和生活的东西。

阿格鲁认为，月光社虽然是一个小规模的俱乐部，却是一个非常具有影响力的俱乐部，它是18世纪英国政治以及科学和工业领域有影响力的一个俱乐部。月光社成员们是科学、工业、宗教和政治的一个或另一个范畴中的最主要革命者。在宗教和政治两个范畴之中，他们通常具有不同的思想，但是他们设法让聚会没有宗教和政治冲突，并且集中于交流科学、自然和工业方面的思想。阿格鲁的著作中提到的改变世界的五位核心成员为博尔顿、达尔文、瓦特、韦奇伍德和普里斯特利，主要成员（按照出生顺序）为维特赫斯特、博尔顿、韦奇伍德、达尔文、普里斯特利、斯莫尔、凯尔、瓦特、威瑟林、埃奇沃思、戴、高尔顿，共计12人。7位非重要成员们围绕着一个5人组成的核心团体。她将斯科菲尔

---

① 阿格鲁毕业于牛津大学，兰登书屋旗下的查特与温达斯出版社（Chatto & Windus）编辑主任，是皇家文学会会员，沃里克大学荣誉客座教授，BBC多档经典节目的顾问。《月光社成员：五位朋友的好奇心改变了世界》（*Lunar Men: Five Friends Whose Curiosity Changed the World*）在2002年由法拉、斯特劳斯及吉洛克斯出版社（Farrar, Straus and Giroux）出版，这是美国版本的书名，英国同年版本的书名为《月光社成员：创造未来的朋友们》（*The Lunar Men: The Friends Who made the Future*）。该书曾获2003年度英国詹姆斯·泰特·布莱克（James Tait Black）传记文学奖。

德认为的成员斯托克斯和约翰逊排除在外，部分原因在于这两位成员对于月光社的作用有限。

阿格鲁对待科学非常谨慎，并且大量讲述了矿物学、地质学、化学和林奈植物学。她指出月光社成员们作为科学人士得到接受：他们中的五个人在同一年被选举为伦敦的皇家学会会员。她清晰和巧妙地解释了蒸汽机的改进，强调了作为蒸汽机基础的潜热和独立冷凝器的重要性。她特意地使用了一些现代术语：科学和物理学代替自然哲学，硫酸代替硫酸盐，科学家代替自然哲学家。她大量应用原始材料，很少应用与化学和工业革命相关的二手材料。她对于文件记录的强调使叙述性更加真实生动。书中没有那些使他们想要解释清楚的话题变得模糊的行话和理论性争论。

阿格鲁告诉我们，这五位月光社成员和一些次要的成员们"都站在科学、工业、艺术和农业领域的每项运动的前沿"。这本书描述了他们和他们的家庭，他们的企业家活力，他们的工业敏锐度，他们的科学争论和竞争以及他们的财政和空想主义的困难。

工业革命不仅围绕着机器和科学，也与财富和影响力紧密相关。伯明翰成为一个主要的工业城市，很大程度要感谢月光社成员们的努力。阿格鲁赞扬火与锻冶之神伍尔坎（Vulcan）是伯明翰的守护神，同时富有洞察力地注意到这个城市像爱丁堡或波尔多一样成为启蒙运动的中心。月光社成员们在运河和铁路的筹资和政治策略方面表现突出，而且阿格鲁生动地描述了修造运河的狂热。博尔顿和瓦特是采矿工业之中技术熟练的参与者，特别是在康沃尔郡，那里的锡矿和铜矿开采增加了对于劳动力和泵的需求，而且泵的使用为海下开采提供了可能性。

通过她收集的月光社成员传记，她对早期工业革命时期的英国历史进行了一些观察。她还插入了一些肖像图：韦奇伍德坚韧地接受了腿部截肢手术和他的高温计发明；达尔文的调情和悲痛；瓦特的发明不仅有新蒸汽机，还有完全不可行的用于复制雕像的设备；普里斯特利在化学实验之中使用了一些厨房容器，还有韦奇伍德专门为他制作的并且随后用于商业销售的模型的仪器；博尔顿将对工人的父爱般的关怀和富商专制主义结合起来。这本书提供了一份关于他们遭遇的丰富的清单。

阿格鲁展示出美国革命和法国大革命之后英国思想界的变化。1791年7月14日，在巴士底日的第二个周年纪念日，伯明翰的暴乱分子成为了一群乱用私刑的暴徒，他们破坏了普里斯特利的房子、实验室、论文和会议室或者小礼拜堂。阿格鲁对于那些"教会与国王"（Church and King）暴动的说明是最生动的。韦奇伍德和达尔文也参加了反对奴隶贸易的战役，韦奇伍德还进行游说并且设法将自己的利益最大化和限制竞争。工业间谍行为再次成为一个话题——如何保护专利权和智力产物，博尔顿和瓦特是对此最关心的参与者。

这本书的女性特征非常显著，书中记录：艾玛·韦奇伍德（Emma Wedgwood）嫁给了她的表兄查尔斯·达尔文（Charles Darwin）；伊丽莎白·波尔（Elizabeth Pole）嫁给了达尔文；埃奇沃思相继有四位妻子并且育有许多儿女，其中包括小说家玛丽亚·埃奇沃思（Maria Edgeworth）和安娜·埃奇沃思（Anna Edgeworth），她们相继嫁给了托马斯·贝多斯（Thomas Beddoes）博士；玛丽·威尔金森（Mary Wilkinson，一位制铁业者的女儿）嫁给了普里斯特利；玛丽·罗宾逊（Mary Robinson）和她的妹妹安妮·罗宾逊（Annie Robinson）相继成为博尔顿的妻子。总体来说，她们的思想与她们的配偶和父亲相关，但是她们的主要职责是应用这些学问抚养孩子。

毋庸置疑的是，这本书加深了人们对工业革命中科学和技术的地位的理解。此外，阿格鲁还对月光社在女性教育方面的活动进行了分析，并写成了《月光社与女性教育》一文。

1966年月光社创立200周年纪念专刊（伯明翰大学史学丛刊1967年第XI卷第1期）

1966年，为了庆祝月光社成立两百年，在伯明翰举行了一些展览和专题讲座，通过这些展览和专题讲稿所收集到的论文被编辑成为《伯明翰大学史学丛刊》，这是一本纪念月光社的专刊。这本专刊中的文章体现了月光社成员生活和兴趣的方方面面。虽然它们无法替代斯科菲尔德教授关于月光社的巨著，但是能够有效地对斯科菲尔德教授的著作进行补充。

斯科菲尔德教授将月光社视为"早期工业革命的最重要特征"，并且主张"任何其他社团对于工业革命的贡献都没有这么突出"，因为"任何其他社团的活动都没有这样持久地致力于工业主义和它的一些问题"。当我们最后消除对于英国其他地方性社团的完全无知的时候，这一无限制的热情可能需要缓和。罗宾逊对斯科菲尔德的文章进行了很好的补充，他提供了大量不为人知的和经过耐心研究获得的详细材料，特别是关于社团的开始和结束阶段的材料。他的论文显示出对于资料来源的大量了解，并且指出了医生和地方性社团在18世纪下半叶英格兰科学之中的重要作用。

经济地理学家怀斯（Wise）教授，谨慎地讨论了与其他相邻乡镇相比伯明翰的工业发展占有优势的原因。他强调了伯明翰试金化验所建立的重要性，以及月光社成员博尔顿、斯莫尔和韦奇伍德参与了开凿运河相关的财政和科技活动。伯肯黑德（Birkenhead）的科恩勋爵和约翰·麦米高（John McMichael）爵士分别对达尔文和威瑟林的工作给出了恰当的评价，这种评价既包括了他们在科学上的广泛兴趣，也包括了他们在医学实践方面做出的重要工作。斯米顿先生提供了一篇关于月光社成员的化学兴趣的学术论文，特别是关于凯尔的化学兴趣。他还强调了它与法国科学紧密联系的重要性，但是没有重点地谈论凯尔深入参与的化学生产和相关的企业活动。相比之下，安美达（Armytage）教授呈现出一篇有趣的、关于月光社活动的持久教育影响的文章。但是，他的论证缺乏系统分析，失败在于将19世纪的一些结果都归因于月光社的影响。事实上，他的论文将所有那个时代的良好发展都归因于"月光社根源"，忽略了团体的缺点和失败。这本专刊以威瑟林和达尔文的传记概略结束。

论文集的缺点是过分强调了团体中的个人，而不是月光社本身的特征。读者看不到在社会学、比较研究或数值分析方面的尝试。文中提到了1794年后团体无法维持原来辉煌水平的一些原因，然而，最复杂的问题就是1800年后英国在科学—技术—教育之间联系方面的衰退，这一点甚至没有被提及。在医疗方面和化学方面，讨论的人较多，但是并没有新的证据出现。大多数人的文章都没有超出斯科菲尔德的著作范围。学者之间存在的矛盾有：月光社成立和结束的日期；以及论文集第10页提到约翰逊博士对于化学有兴趣，第20页又提到他几乎不能算是一个科学家。

大量研究是这些论文的基础，它们成为我们谨慎乐观的原因。月光社是18世纪英国最吸引人的和至今最难以捉摸的团体之一，它的大量事实细节还没有被揭示出来。这一论文集还显示出我们对于科学和技术之间的动态关系的历史理解还相差甚远。

其他关于月光社人物的研究

月光社是一个非正式学会，没有记录，没有正式出版的会议文件，也没有正式的成员列表。不仅没有正式的官方记录，而且在当时的公开出版物中几乎也没有显示出月光社的存在。只有普里斯特利在月光社仍然活动的时候在公开出版物中提到了月光社。1869年，弗朗西斯·高尔顿（Francis Galton）①在《遗传的天才》（*Hereditary Genius*）一书中提到了月光社的历史是残缺不全的。

塞缪尔·斯迈尔斯（Samuel Smiles）是19世纪伟大的苏格兰作家和改革运动者。他的作品《博尔顿和瓦特的生平》是非常优秀的传记作品，现代对于月光社历史的研究首先就来自这本传记作品。斯迈尔斯在该书中详细论述了月光社的历史，并强调了月光社的重要性，为后续关于月光社的讨论设定了基本框架。斯迈尔斯第一次指出了月光社与同一时期其他地方性学会之间的类似之处，并且指出月光社成立的大约时间为1765年到1768年之间。斯迈尔斯给出了一个他认为合理的成员名单：博尔顿、瓦特、斯莫尔、达尔文、凯尔、戴、埃奇沃思、高尔顿、威瑟林、巴斯克维尔、韦奇伍德、普里斯特利，共计12人。

对于月光社个体成员的研究文献非常多，几乎对每个成员都有许多研究。例如，芭芭拉·史密斯（Barbara M.D. Smith）等对于凯尔的研究，②德斯蒙德·金－海尔（Desmond King-Hele）对于达尔文的研究，③迪金森（H. W. Dickinson）和里斯·詹金斯（Rhys Jenkins）对于瓦特和博尔顿的研究，④麦克斯韦·克雷文（Maxwell Craven）对于维特赫斯特的研究，⑤斯科菲尔德对于普里斯特利的研究，还有关于斯莫尔、韦奇伍德、高尔顿等的一些研究。⑥这些研究都会提到月光社。

此外，关于工业革命中科学所发挥的作用的研究，也会提到地方性科学学会，尤其是月光社的作用。这一方面的学者如托马斯·阿什顿（Thomas Southcliffe Ashton）、玛格丽特·雅各布（Margaret Jacob）、

---

① 伊拉斯谟·达尔文的外孙，塞缪尔·高尔顿的孙子。
② Smith, Barbara M. D. & Moilliet, J. L. 1967; Molliet 1859.
③ King-Hele 1988, 1995, 1998, 2002, 2003, 2007.
④ Dickinson 1935, 1937; Dickinson & Jenkins 1927.
⑤ Craven 1996.
⑥ 如 Schofield 2004; Clagett 2003; Meteyard 1865。

克里奇等。经济史专家乔尔·莫基尔（Joel Mokyr）也对这一问题从经济学的角度进行了阐述。①

科学史家萨克雷（A. Thackray）对道尔顿的工业背景研究之后认为，要想寻找工业革命与科学之间的关系，研究者要探讨的是工业革命的实际而非假象的科学基础，更不应该忽视技术对于科学的影响；与此同时，认定科学在1850年以后才对技术发生影响也是错误的。②

在1948年阿什顿教授的著作《工业革命，1760—1830》一书中，阿什顿教授指出，曼彻斯特文学和哲学学会与伯明翰月光社的成员在科学和工业领域内的合作是工业革命得以发生的一个重要因素。③同时，从保尔·芒图（Paul Mantoux）的著作中也可以看到这种刺激和受益是相互的。④

格里斯皮认为，当科学家着手研究工业的时候，他们会描述行业、研究程序和对原理进行分类，然后，18世纪科学在工业中获得应用，这几乎是工业发展的自然史。⑤

三　讨论的几个问题

本书研究所依赖的原始文献和二手文献的来源主要有以下几个渠道：科学史所和国家图书馆的藏书、Jstor等数据库、http://books.google.com和http://www.revolutionaryplayers.org.uk等网站。从文献综述中可以

---

① Mokyr 2005.
② 袁江洋 2005, p. 188; Thackray 1974, p. 678.
③ Ashton 1948, p.16, 21.
④ 芒图 1983, pp. 387-388.
⑤ Musson & Robinson 1969, pp. 127-129.

看出，新的月光社研究必须借助于前人的研究成果。在论述月光社及其成员的历史发展、科学活动、技术发明和工业成就时，本书借鉴大量已有的研究成果，尤其是斯科菲尔德教授和罗宾逊教授的专著，并结合部分原始文献，拟在以下问题和方面有所突破。

（1）月光社的起止日期与成员界定

斯科菲尔德和罗宾逊关于月光社的起止日期和成员界定存在许多分歧。本书通过分析，试图给定月光社的创立日期（1765年12月12日，在利奇菲尔德达尔文的住宅召开了第一次月光社的会议）以及结束日期（1813年8月8日，最后一次在月光社的会议上经过抽签决定了月光社的书籍归高尔顿所有）。同时，谨慎地提出了月光社的成员界定的困难，并给出一个合理的成员名单。

（2）月光社的特征分析

作为非正式的地方性科学学会，月光社能够取得重大成就的原因和动力是什么？月光社最重要的组织特征就是每月月圆之夜的聚会。与聚会同样重要的是，月光社成员之间极其频繁的通信交流，以及他们共同进行的实验和调研。月光社的一个重要特征是个人的兴趣能够很快地转变成为学会的兴趣。月光社成员之间共同的兴趣、密切的互助都是它能够获得成功的原因。本书试图进一步分析地方性科学学会作为当时一种盛行的科学组织形式，如何激发和保持了月光社成员对于科学、技术和工业的长久兴趣，并使月光社成为第一个工业研发组织。

（3）月光社如何体现科学、技术与工业之间的互动关系

科学与工业之间的关系是通过技术活动来实现的。本书通过分析月光社及其成员的科学活动、技术活动和工业活动的模式、领域、成就与特征，试图呈现月光社是如何将对自然的探究与技术开发和工商业推广有机地结合在一起的。同时，从经济史的角度来分析月光社的科学和技术对于工业的重要意义。由此，进一步阐述月光社对于早期工业革命

的推动作用，并试图架起理解科学革命与工业革命之间的关系的一座桥梁。

（4）月光社如何体现了18世纪下半叶英格兰科学的特征

对于月光社的研究为重新认识18世纪下半叶英格兰科学提供了有意义的视角。作为18世纪下半叶英格兰科学最富特征的发展，地方性科学学会的兴起是全面理解和认识18世纪下半叶英格兰科学的重要方面。本书试图通过对月光社的历史背景和过程，及其主要特征与成就的分析，揭示18世纪下半叶英格兰科学的独特性和重要性。

本书主要分为四个部分，前有引言，后有结语。引言提出问题，并给出选题的意义和文献综述。第一部分包括第一章，介绍了月光社产生的背景环境，简要概括了18世纪下半叶的英国科学，并分析了科学知识广泛传播和持续生产的渠道，例如出版物和巡回讲座。以地方性科学学会为例，展示了科学与工业应用中组织化的兴趣。当时，皇家学会和工艺学会、地方性科学学会与非国教学院、苏格兰与爱尔兰的学会等都是科学与工业结合的场所和途径。最后简单叙述了作为工业革命的重镇伯明翰在18世纪的相关情况。

第二部分包括第二、三章，详细介绍了月光社的成员名单以及他们的早期背景，并给出了月光社的历史分期。月光社的成员都具有旺盛的创新与创业意图，他们的兴趣非常广泛，热衷于新知识的学习与分享，并且还能将各种创新构想付诸行动。如何将科学知识应用于工业与商业活动，是月光社成员的共同兴趣，他们尤其关注技术进步对于产业发展的影响，成员彼此相互交流最新的科学知识。月光社成员之间的密切交流和互助是月光社能够取得成功的关键，也是月光社的灵魂。本书将月光社分为四个阶段：1765—1775年、1775—1780年、1780—1791年、1791—1813年，这四个阶段是按照相应的月光社事件来划分的。

第三部分包括第四、五、六章，详细介绍了月光社成员的科学活动

（化学、热学、地质学、植物学和电学等）、技术活动（蒸汽机设计、冶金、制陶、马车设计、运河修建、医学以及科学仪器的改进）、工业活动（蒸汽机的推广、化学工业、陶瓷工业、压印机和造币机等）。通过分析月光社在科学、技术和工业方面的活动和成就，科学、技术与工业之间的紧密关系得以展示。

第四部分包括了第七、八章，论述了月光社的对外联系及其影响和历史地位。月光社与其他学会的联系显示出月光社成为超出自身成员范围的科学活动的中心和场所。尽管月光社的兴盛时间不长，但对于工业革命之启动具有重大意义。月光社的重要性在于它是18世纪变革力量的光辉缩影。此外，这一部分也论述了月光社衰落的相关情况和原因。

结语部分给出了本书的一些思考。以月光社为代表的地方性科学学会的兴起，推动了轰轰烈烈的工业革命。这种科学与工业的密切结合体现出科学体制化的进一步巩固和实验哲学的进一步影响，至此，科学已经成为西方文化不可或缺的元素。科学作为一种公共文化这一观点进一步确定了科学革命、技术革命与工业革命在宽广的文化意义上的广泛联系。由此，18世纪下半叶英格兰科学的特征和重要性得以凸显。

第一章　月光社的历史背景

在大多数科学史家看来，18世纪是一个缺乏英雄的时期，这一时期被认为是17世纪第一次科技革命和19世纪第二次科技革命之间的过渡。18世纪经常被冠以各种名称："理性时代""启蒙时代""批判时代"和"哲学世纪"。就像19世纪被视为科学的世纪、17世纪被视为科学革命的世纪、16世纪被称为宗教改革的世纪、15世纪被称为文艺复兴的世纪一样。18世纪作为科学革命的遗产继承者，经常被视为一种新的科学范式被接受进而转变成为常规科学的时代。同时，18世纪的科学史经常被视为"17世纪的巅峰和19世纪的巅峰之间的过渡、无聊平淡的低谷，或被看作一片神秘的、一切都处于可以发生边缘的模糊地带"。[①]

斯蒂芬·梅森（Stephen Mason）认为18世纪上半叶在科学思想史上是异常暗淡的时期。在16世纪和17世纪的商业发展与18世纪下半叶的农业和工业革命之间，科学基本上依靠自己已经建立的传统来维持，很少有外力推动，因此，对科学的兴趣下降了，科学活动好像松弛下来了。在皇家学会1698年的《哲学汇刊》（*Philosophical Transactions*）上，莱布尼茨和原来"无形学院"当时唯一在世的成员约翰·沃利斯，讨论了他们所谓"当前哲学界萎靡不振状态的原因"。他们注意到科学

[①] Porter 2003, p. 23.

讨论的标准有显著下降，而且在他们看来，在那些比他们年轻的同时代人当中"很少孩孜不倦地进行自然观测"。① 直到18世纪下半叶，科学才开始出现复兴。

一　科学价值观的普及

18世纪经常被视为对17世纪科学革命所带来的遗产的消化和巩固，鲁珀特·霍尔（Rupert Hall）认为18世纪的基本任务是消化和巩固科学革命所带来的成果。② 然而，这种低调的消化和巩固并不能完全概括18世纪科学所取得的成就。18世纪也不能认为是在常规科学已经建立好的范式内的解谜活动。

18世纪的数学取得了辉煌的进步。在英国的数学因循守旧而固守牛顿"流数"程序时，欧洲的数学家在代数学、微积分和几何学领域都取得了巨大发展。他们建立了函数的一般理论，提出了方程和无穷级数，奠定了变分法的基础，发展了概率学说。同时，解析几何的原理获得了比较一般的表达，画法几何初露端倪。在《百科全书》（*Encyclopédie*）的序言中，让·达朗贝尔（Jean d'Alembert）声称数学是所有自然科学的基础。数学分析越来越多地应用于力学问题，用来分析天体的运动。天体物理学在观察、计算、理论上也有显著的革新。物理学几乎在其一切分支中都取得了可观的进步。在光学、声学、热学、磁学、电学、力学和气象学等领域都取得了显著进步。热的研究导致在热容量、潜热、热膨胀测量和热的动力说等方面作出了许多新的发现。人们

---

① 梅森 1977.

② Hall 1954, p.iii.

对于磁学和电学的认识在1700年到1800年间发生了根本的转变。化学在18世纪迎来了"迟来的科学革命"。①新的实验操作、实用性发现以及理论上的概念重构促使了燃素理论的衰落和安托万·拉瓦锡（Antoine Lavoisier）新化学的最终胜利。地质学和生物学是在18世纪出现的新学科。卡尔·林奈（Carl Linnaeus）建立了植物学新的分类体系。与布丰（Comte de Buffon）、达尔文和让-巴普蒂斯特·德拉马克（Jean-Baptiste de Lamarck）有联系的进化论的雏形也出现了。生命理论学家们开始怀疑基督教所宣扬的静态的、分等级的生命链条。总之，在18世纪期间无论怎样看，科学的理论和实践都没有停顿。

17世纪的科学被认为是以经验和正确的感知为基础的。任何一位通晓实验技术的人都可以对科学真理进行检验——这正是新的科学与传统知识，包括旧的科学、哲学或是神学，大相径庭的原因之一。而且，这些方法很容易掌握，任何一个人都可以做出发现或找出新的真理。正因为如此，真理的发现者不再只是少数几位精英。I. 伯纳德·科恩（I. Bernard Cohen）认为，17世纪的科学没有哪方面像其方法及方法带来的结果那样富有革命性。②在18世纪，实验哲学使人们的视野空前扩大，人们的眼光不再局限于17世纪的科学家关注的中心——天文学和力学等范畴，化学、电学、磁学和生物学等开始成为实验哲学关注的对象。月光社和早期的曼彻斯特文学和哲学学会都非常关心化学，这门学科对当地纺织品的漂白和染色具有相当的重要性。曼彻斯特文学和哲学学会的会章里也强调了化学的重要性，化学被列为可以和一般自然哲学区分开的单独讨论的项目。会章第八条写道："讨论的题材包括自然哲学、理论和实验化学、文学、民法、一般政治、商业和各种工艺。"会章还表

---

① 巴特菲尔德 1988.
② 科恩 1998.

明学会并不反对讨论法律、政治和商业，而这些项目是皇家学会宣称"不要乱碰"的项目。①

18世纪，科学理性和工具理性成为近代文化的一个明确的特征，伽利略式和牛顿式的研究自然界的数学和实验方法，成为欧美精英阶层思维方式的一部分。雅各布用类似的方式描绘这个世纪为"科学知识成为西方文化不可缺少的部分"的时代，②或者说，科学知识成为"公众知识"的时代③。这种科学融入近代文化所产生的飞跃与科学革命本身一样重大。

科学作为一种崇高的事业获得了稳固的地位，这一信念已经深入人心。科学革命对于人类历史的影响至为广泛和深远。巴特菲尔德这样肯定科学革命的地位：科学革命……使基督教兴起以来的一切事物相形见绌，它将文艺复兴和宗教改革运动降格为中世纪基督教世界体系中的内部更迭……④

18世纪"显著地"成了一个"信仰科学的时代"。⑤当埃德蒙·哈雷（Edmond Halley）的预言在1758年被证实时，科学家和普通民众对于科学的敬畏之情只能用"非凡""令人惊异"这类形容词才能表达。科学使得所有人都相信并期望，人类知识和社会事务都会产生一种类似的合理的演绎和数学推理系统，一种实验与批判观察相连接在一起的系统。牛顿是成功科学的象征，是哲学、心理学、政治学以及社会科学等所有思想的典范。⑥除了亚历山大·蒲珀（Alexander Pope）赞美牛顿的诗歌之外，许多文人对科学进步都表现出极大的热情。詹姆斯·汤姆逊

---

① 梅森 1977.
② Jacob 1988, p. 3.
③ Stewart 1992.
④ 巴特菲尔德 1988, p. 166.
⑤ 兰德尔 1940, p. 276.
⑥ 科恩 1998.

（James Thomson）唱道：

> 牛顿啊，完美的智慧
> 上帝将他借给人类
> 从极其简单的法则中
> 勾勒出他那无限的工作

在18世纪，人类获得的知识被传播到了空前广阔的范围内，而且还应用到了每一个可能的方面，以期改善人类的生活。月光社核心成员之一瓦特从小就能在家里看到墙上挂的艾萨克·牛顿（Isaac Newton）和对数发明者约翰·内皮尔（John Napier）的画像，科学的崇高威望可见一斑。

18世纪的科学家仍然是一些万能科学家，他们在许多科学学科之中游弋，对于在一些特殊领域之中感到不足的地方，他们会通过与具有各种经历和培训背景的人们之间的信息自由交换进行补偿。伦敦和爱丁堡的皇家学会、贸易和艺术促进学会和一些地方性哲学学会（伯明翰月光社、曼彻斯特文学和哲学学会、德比哲学学会和一些其他地方性哲学学会）经常是他们会面的地点。

二　科学知识的广泛传播

18世纪的英国在科学、技术、哲学、社会学等思想领域和生活领域都受到了科学革命的影响。科学革命所得到的成果被传播到空前广泛的范围内，而且还被应用到每一个可能的方面，以期改善人类的生活。亚伯拉罕·沃尔夫（Abraham Wolf）指出：

18世纪里，知识空前广阔地在知识界狭小圈子以外传播。这个时期的特征是拉丁语迅速被国语替代。整个著作家队伍把普及知识包括科学知识作为自己的使命，以推进启蒙运动的事业。传播知识的媒介包括百科全书、期刊和普通书籍；及至世纪末，为此目的还建立了专门的机构。跟其他方面一样，这些方面也在17世纪就已开始了；但是，只是在18世纪，这整个运动才获得势头。①

1、出版物

在英国，人们的生活方式已经发生改变。城市生活环境、贸易和技术越来越复杂，人们对自身素质的要求越来越高。慈善学校、文法学校以及一些高等教育的院校涌现。数量庞大的工匠和店主都将自己的孩子送入学校，以便能识字读文。书籍、小册子、杂志和报纸的需求越来越大，在1750—1775年的25年间，英国报纸的印花税几乎增加了两倍，主流的阅读群体是中产阶级，其中许多人属于非国教徒，他们强调清教徒的节约和努力工作的美德。②17世纪的期刊几乎全是各个专业的学术出版物，而18世纪出现了流行更广的期刊，在英国最著名的英文期刊有《闲谈者》（The Tatler, 1709）、《救助者》（The Guardian, 1710）、《旁观者》（The Spectator, 1711）和《检查者》（The Examiner, 1712）。这些期刊，实际上18世纪所有其他期刊的宗旨，诚如约瑟夫·艾迪生（Joseph Addison）在《旁观者》中所说："据说苏

---

① 沃尔夫 1997, p13.
② Schofield 1963, p. 11.

格拉底把哲学从天上降入人间；我有一个奢望，让人们说我把哲学从书房和图书馆、大学和学院带进俱乐部和集会，带到茶桌上和咖啡馆里。"①1718年，《自由思想家》（The Freethinker）首次发行，它刊载普及文章，"旨在唤醒人类被蒙骗的部分去利用理性和常识"。1798年，《哲学杂志》（The Philosophical Magazine）出版，它的宏旨是在每个社会阶级中传播科学及向公众报道英国国内和欧洲大陆科学界的一切新奇的东西。这本杂志刊载了许多精彩的文章，大都选自于各个科学学会的出版物。②

在18世纪的英国，科学传播的另外一个途径就是百科全书的出版。钱伯斯的《百科全书，或艺术和科学百科词典》（Cyclopaedia, or an Universal Dictionary of Arts and Sciences，1728，对开两卷本）、《英国百科全书》（Encyclopaedia Britannica，爱丁堡，1771）、皇家学会秘书约翰·哈里斯（John Harris）的《技术百科全书》（Lexicon Technicum，1704）、本杰明·马丁的《技术文库》（Bibliotheca Technologica，伦敦，1738）以及罗伯特·多兹利（Robert Dodsley）的《导师》（The Preceptor，1744）都对科学的传播起到重要的影响。

2、巡回讲座

在18世纪英国，科学向促进工业革命的工匠和企业家扩散的途径已经比较清楚。这方面的研究可以参考雅各布的著作《科学文化和西方工业社会的形成》（Scientific Culture and Making of the Industrial West）。除了科学教育和书籍报纸的影响之外，这些途径还包括公众讲座的机

---

① 沃尔夫 1997, p.18.
② 沃尔夫 1997, p.19.

制、实用知识的思想观念、机械学的范例，以及科学理性主义和系统实验研究。①

公众讲座机制或者巡回讲座成为18世纪传播科学的重要的途径之一。其实，早在1597年成立的格雷山姆学院就规定所有伦敦市民都可以自由参加学院的讲座，不收取学费。在托马斯·格雷山姆（Thomas Gresham）的遗嘱里，天文学教授"应当在他的庄严讲稿里，先讲述天层的原理、行星的学说以及望远镜、观测杖和其他通常仪器的使用，以增进海员的能力；讲授了或者开讲了这些以后，教授应当每一年以一个学期左右的时间通过讲授地理和航海术，将天文学加以应用"。②

在18世纪，巡回讲座在曼彻斯特、利兹和伯明翰等城市频繁地进行，有效地推动了科学的传播以及知识的应用。社会各阶层的成员们对于科学讲座都持有广泛的兴趣。以发明航海天文钟而闻名的约翰·哈里森（John Harrison）据说就是"抓住了一次关于自然哲学的简明讲座，并且开始发明机械设备"。③有些药剂师、内科医生和外科医生不仅参与医药方面的讲座，而且还参与一些化学讲座。例如，乔治·福代斯（George Fordyce），1758年在爱丁堡获得医学博士，他是威廉·葛兰（William Gullen，布莱克的老师）的学生，1759年移居到伦敦，开始进行一些化学讲座并且一直坚持了30年，1764年增加了药物学和医学方面的讲座。1776年，福代斯成为皇家学会会员，并且向《哲学汇刊》提交了一些化学和化验等方面的论文。福代斯是凯尔的朋友。他与兄长亚历山大·福代斯（Alexander Fordyce，原是一位银行家）企图从政府那里获得由盐制碱的特许权，因为凯尔先于他们发明了这种方法。

巡回讲师频繁地到伯明翰举办讲座。通过富兰克林的介绍，托马

---

① Jacob 1997.
② 梅森 1977.
③ Hans 1951, p.151.

斯·耶尔曼（Thomas Yeoman）和本杰明·马丁第一次到伯明翰举行讲座。眼科医生约翰·泰勒（John Taylor）早期也经常到这个城镇举行讲座。高尔顿出席了亚当·沃克于1776年和1781年在伯明翰的讲座。1776年9月28日，普里斯特利给博尔顿写信推荐沃泰尔到伯明翰讲座，[①]沃泰尔正是从伯明翰写信给普里斯特利，谈到他通过密闭玻璃容器进行电火花实验。[②]沃泰尔曾于1776年、1780年、1781年和1782年在伯明翰举行讲座。1777年10月3日罗巴克还请求博尔顿为亨利·莫伊斯介绍客户，莫伊斯也像沃泰尔一样很快被一些月光社成员们所知。莫伊斯曾一度想要作为一名数学、天文学和音乐教师移居到伯明翰。1782年9月和10月，莫伊斯在伯明翰举行讲座，正是这个时候他参加了月光社的会议并且卷入和工程师约翰·斯米顿（John Smeaton）之间的长期争论之中，这使得瓦特非常厌恶他。然而，莫伊斯与一些月光社成员们确立了友好联系；例如，接下来的一年，他收到了一本威瑟林博士翻译的托尔贝恩·伯格曼（Torbern Bergman）所著的《矿物学概要》。伯顿（Burton）曾在伯明翰进行了一些关于自然哲学和实验哲学的讲座，使用了一个"非常有价值和广泛使用的仪器"。同时朗（Lang）先生也被推荐给瓦特，他也曾在伯明翰举行讲座。《伯明翰公报》（*Aris's Birmingham Gazette*）显示詹姆斯·弗格森（James Ferguson）、詹姆斯·布斯（James Booth）等人也曾在此期间在伯明翰举行讲座。

博尔顿将沃泰尔推荐给在德比的达尔文和伊特鲁里亚厂的韦奇伍德。这些讲座被认为是每位年轻商人教育的基础部分，例如，布里奇沃特公爵（Duke Bridgwater）的干事约翰·吉尔伯特（John Gilbert）让自己的儿子陪同博尔顿参加詹姆斯·阿尔丁（James Arden）在伯明翰

---

① 普里斯特利写给博尔顿的信件，参见Musson & Robinson 1969, pp. 142-146。
② 1781年4月21日，普里斯特利，"实验和观察"（Experiments and Observations, 1781），第II卷，参考Priestley 1781, p. 398。

举行的讲座。①博尔顿也安排自己的儿子马修·罗宾逊·博尔顿参加在牛津大学举行的贝多斯博士和宏斯比博士（Dr. Hornsby）的讲座。②马修·罗宾逊·博尔顿的袖珍日记本提到自己参加了约翰·斯坦克利夫（John Stancliffe）的流电学讲座。③与在曼彻斯特一样，这些讲座的公告都强调了讲座在当地工业之中的实际应用。例如，沃泰尔的一些化学方面的讲座能够为伯明翰的制造商们提供：

>一个机会，能够改进在每日必需的各种程序之中所应用的不同物质的特殊属性，从而，提供一个对于改进自己产生良好效果的方法。④

巡回讲座在生产制造圈之内众所周知。韦奇伍德将自己的工厂作为实验场所，他与化学和机械学讲师保持有经常性的联系，例如，威廉·莱维斯（William Lewis）和弗格森。苏格兰的机械学讲师詹姆斯·丁威迪（James Dinwiddie）在英国旅行传授"机械学"方面的课程，并表现出对与制造业直接相关话题的兴趣，例如，水车的速度、最高效率和最准确的钟摆钟表、滑轮的最佳应用、工厂作业中的摩擦力、泵抽水的最佳方式、梳理机尺寸、旋转运动、走梭板中应用的最佳金属。不仅如此，他还有更广泛的兴趣。"为什么在赤道的位置重力下降

---

① 他考虑了自己儿子参加这些讲座的"最重大意义"。吉尔伯特（沃斯利）写给博尔顿（伯明翰）的信件，1765年9月7日，A.O.L.B.（Assay Office Library, Birmingham），《伯明翰公报》（*Aris's Birmingham Gazette*），1765年9月2日和9日，包括一些阿尔丁讲座的公告。转引自Musson & Robinson 1969, pp.142-146。

② A. Noble Brown（贝列尔学院，牛津大学）写给博尔顿（索霍）的信件，1791年2月25日，A.O.L.B.；转引自Musson & Robinson 1969, pp.142-146。

③ Robinson 1963, letter 83. 1801年3月4日和5日，4月5日。

④ John Warltire在伯明翰公报上面的广告，1779年10月11日。

会产生速度较慢的运动？"这名接受过大学教育的自然哲学学生，对看到的每台机器都进行了详尽记录，留下了一本实验书籍，指出如何干燥法纺丝和除去白内障，而且还使用了静电计和显微镜。他做了一些化学实验，尝试腐蚀玻璃，并且尝试着指出"在各种大气压力之下水达到沸腾的热度"。他还进行了瓦特关于蒸汽产生温度的实验。他的思想得到了理论和实践的训练，而且他对于所有自然现象和人类技巧都感兴趣。①

其他一些工业城市的当地报纸显示出，巡回讲师也曾频繁到访这些城市。例如，在布里斯托尔，所有知名的讲师都曾经在这里讲座。在布里斯托尔的报纸上面，刊载了关于阿尔丁、弗格森、沃泰尔、莫伊斯、小亚当·沃克和亨利·克拉克（Henry Clarke）的讲座公告，还有一位当地名人本杰明·多恩（Benjamin Donne）曾于1765—1798年期间每年都举办一些讲座。在这一时期，两位讲师可能偶尔会同时在一个城镇中举行讲座，而且多恩曾于同一周在布里斯托尔和巴思两个地方举行讲座。此外，牛津大学的化学教师和布里斯托尔气体研究所（Bristol Pneumatic Institute）的创始人托马斯·贝多斯是布里斯托尔的市民。②贝多斯是瓦特、达尔文等月光社成员的朋友，并且通过联姻与埃奇沃思家庭产生联系。贝多斯曾协助牛津工程师和飞行员詹姆斯·萨德勒（James Sadler）于1792—1793年进行蒸汽机实验。③当沃泰尔在布里斯托尔讲座的时候，他的接待人是约瑟夫·福莱（Joseph Fry），福莱曾与瓦特通信讨论沃泰尔由锰获得软金属的实验。④

1790年12月在利兹举行系列演讲的过程中，布斯先生指出他已将

---

① Jacob 2007.
② Robinson 1955c.
③ Raistrick 1953, pp. 158-159.
④ Joseph Fry to James Watt 1st Month 1783, Dol.；转引自Musson & Robinson 1960。

4000多美元投资于示范教学设备，总重超过7吨。甚至可以夸张地讲，这是一个强大的机械库，包括抽气机、天象仪、杠杆、滑轮、液体比重计、电气设备，还有小型蒸汽机或蒸汽机复制品。这种示范教学复制品是存在的，因为在下一世纪早期工具制造商已将它们列在自己的目录中。在布斯开课之前的20年，斯米顿告诉瓦特，他已经回家并制作了一个蒸汽机复制品，以验证瓦特关于他的蒸汽机可以提供动力的主张。维多利亚和艾伯特博物馆都有18世纪晚期以1：12的比例制成的单电容器蒸汽机。这一时期已印制的详细讲稿也使用了雕版图，描绘出蒸汽机的所有零件。1799年沃克的自然哲学课程包括可在冬季课堂（Winter Lecture Room）、康迪特大街（Conduit Street）和汉诺威广场（Hanover Square）中找到的机械清单，这份清单上有"博尔顿、布莱基、斯米顿的机械以及普通的灭火泵或蒸汽机"。这些笨重的机械被用于在机械课程中举例和展示。布斯因为在伯明翰有职务，因此只能在利兹传授一门课程，他告诉40名预约者他正在设法进行注册等级。①虽然布斯不是月光社的成员，但是他属于边缘人物。

18世纪谢菲尔德（Sheffield）刀匠托马斯·沃德（Thomas Asline Ward）的日记显示出巡回讲师在谢菲尔德工业家的文化生活之中的重要地位。②约翰·哈里森先生收集了一些关于班克斯、沃泰尔、莫伊斯等其他访问者在唐开斯特（Doncaster）活动的介绍。③

工业革命早期几乎所有工程师和技术专家都曾经与从伦敦的科学世界迁移而来的社会精英和知识分子一起工作过。《剑桥欧洲经济史：第

---

① 每个人一个几尼（英国的旧金币，值一镑一先令）的费用。
② "窥探过去：托马斯·沃德日记摘要"（Peeps into the Pasts: Extracts from the Diaries of Thomas Asline Ward）（e.d. A.B. Bell, Sheffield, 1909）；转引自Musson & Robinson 1960。
③ Harrison 1957。

六卷》中这样描述工匠的教育情况：

  A. E. 马森和埃里克·罗宾逊所进行的最新而重要研究给我们提供了一幅18世纪下半期兰开普动员和培训技术工人的生动画面——从遥远的伦敦和苏格兰引进工匠，并且利用其固有的大量熟练劳动力将工匠变为风车木匠和车床工，将铁匠变为铸造厂工人，将钟表匠变成车床和模具切削工。更为惊人的是这些人的理论知识，总体来看，他们并不是毫无知识的补修匠人。如同费尔贝恩所指出的，甚至最普通的风车木匠，通常也是"一个相当棒的数学家，知道一些几何、水平仪以及测量方面的知识，有时候他还拥有相当丰富的应用数学知识。他可以计算出机器的速率、能量与功率；可以画出计划图和分图……"。这些"优异成就和智力成果"大多反映出这一时期在诸如曼彻斯特这样的新兴城市中技术教育设施是非常丰富的，从迪赛特（Dissenter）[①]的学院和学术团体到地方性学术机构和访问学者，办有夜班的数学与商业学校、以及各种实用手册、期刊以及百科全书的广泛传播等，应有尽有。[②]

三　科学与工业应用中的组织化兴趣

  作为科学文化的传播方式，巡回讲座并没有起到发起和维持科学文化的作用。关于科学事业的传播历史，在了解当时的绅士文化和工商业史的时候，我们必须注意到那个时代的一些文学和哲学学会，从伦敦的

[①] 即不信国教者。
[②] 哈巴库克 2002, pp. 279-280.

皇家学会到斯波尔丁绅士学会（Spalding Gentlemen's Society）、北安普敦哲学学会（Northamptonshire Philosophical Society）以及18世纪末期的月光社和德比哲学学会。至今，我们还没有充分地强调这些18世纪私人学会在促进启蒙文化方面的作用。与欧洲大陆的其他国家一样，英国启蒙运动在以个人提高和社会交流为目标所形成的长期良好的环境之中蓬勃发展。这一文化是公共的和不受宗教约束的，因为它不是家族定位的，也不是由那些讲道台上的布道者负责的。然而，这种学会是私人性质的，因为它的核心成员资格受到收入、教育和职业的限制；而且虽然学会会议没有必要秘密召开，但它们都是闭门召开的，只有共济会会员（Freemason）是特例。

科学与经济需求之间的关系比17世纪更为紧密了。17世纪遗留下来的经度问题和矿井排水等技术难题都在18世纪得到了解决。经济需求使得英国科学家出于功利主义的目的更为注重某些科学研究，同时，他们也更为努力地发现某些科学发现的实用意义。

1、皇家学会与工艺学会

雅各布强调了科学学会在科学教育中的重要性。学会对于科学的传播和科学与技术之间的互动特别重要。早期的皇家学会联合了一批对自然哲学及其应用感兴趣的新阶层，并资助了"自然、艺术及工程史"（Histories of Nature, Arts or Works）的研究，第一次对17世纪采用的工艺技术进行了科学描述。皇家学会促进了重要的新科学技术发现的发表，从而使所有人都可以了解它们。尽管皇家学会在早期的科学传播中起到了重要的作用，并强调了工业、贸易和农业与科学之间的关系，但是1670年之后这种原动力丧失了。贸易的账目留在档案中不加以出版，与农夫、工人和工匠的咨询不受到鼓励。从促进技术的角度来看，皇家学会显然在应用科学方面缺乏持续的兴趣。①通过查阅皇家学会的技术活动，人们并不能接触到18世纪晚期的英格兰或者苏格兰的科学与技术的关系，因为，这一时期的皇家学会是停滞不前的。

伦敦的艺术、商业和制造业促进会，工艺学会，随后的皇家工艺学会的活动也见证了科学的广泛传播。与17世纪70年代在康惠（Cornhill）的加拉维咖啡厅（Garaway Coffee House）聚会的皇家学会俱乐部一样，艺术、商业和制造业促进学会的最初正式起源是1754年3月22日在路得氏迈尔咖啡厅（Rawthmell Coffee House）。路得氏迈尔咖啡厅得到皇家学会会员理查德·米德（Richard Mead）博士和皇家学会的其他会员们的喜爱，因而皇家学会和皇家工艺学会之间的联系非常紧密。皇家工艺学会的11名创始人之中有4名也是皇家学会的会员：斯蒂芬·黑尔斯（Stephen Hales）博士、亨利·贝克（Henry Baker）、布兰德（Gustavus Brander）和詹姆斯·肖特（James Short）。其他创始人包括福克斯通子爵（Visconnt Folkestone）、罗姆尼勋爵（Lord Rommey）……以及威廉·希普励（William Shipley）。基普斯博士证实，他曾经"在艺术和制造业学会之中听到约翰逊博士提到了机械学方面的话题，他表达得非常得体、清晰和具有活力，得到了普遍的敬佩"。②皇家工艺学会在促进技术进步和技术教育方面做了杰出的工作，当时的英国几乎没有一项单独的工业未被学会触及。关于皇家工艺学会的早期工作，可以通过《绅士杂志》（Gentleman's Magazine）和其他一些杂志获知。罗伯特·多思（Robert Dossie）也于1768年、1771年和1782年分三卷发表《关于工业和经济艺术的论文集》（Memoirs of Agriculture and other Economical Arts）。③

---

① Schofield 1963, pp.11-12.
② Musson & Robinson, pp. 127-129.
③ 亚瑟·杨于1783年主张在《哲学汇刊》上面发表。

斯科菲尔德教授认为有影响力的皇家工艺学会传播关于技术进步的信息，促进了技术进步。它没能维持下来的原因是它的工作之中存在大量的科学性质。但是，很难看到月光社的工作存在与皇家工艺学会不同的原则，我们对于其中之一提出的要求同样适用于另一个。科学定义的狭隘可能导致历史学家们怀疑自己对18世纪英国各个方面的看法，无论是他们考虑皇家学会的会议还是在沃克接待室的讲座。格里斯皮对于科学在这些社会活动之中的地位的评价对于我们更有帮助。根据他的观点，"当科学家着手研究工业的时候，他们将会描述行业、研究程序，对原理进行分类……然后是18世纪科学在工业中的应用，这几乎是企图发展一部关于工业的自然史"。[①]如格里斯皮所解释的，"18世纪科学家没有记述理论的应用情况。他们所说的是，科学启发了艺术，科学启蒙了艺术家们"。在这种意义上，皇家工艺学会和月光社都能证明科学的作用。

18世纪末成立的不列颠皇家研究院延续了皇家学会和皇家工艺学会旨在传播新知识和将科学发现应用于工艺改进以便促进人类福祉的实用主义传统。

在18世纪皇家学会这种态度的转变和衰落的同时，地方性科学学会建立非正式的省际对话群体，将进步的不信国教的工业家、科学研究者们聚集到一起。这些团体从18世纪中期开始，迅速壮大，其地理分布和工业化进程大体保持一致。它们不仅广泛地扩散了科学知识，也推动了科学知识与工业的有效结合，同时，也产生了大量不逊于任何时代的重要发现。

2、地方性科学学会

18世纪欧洲大陆地方性文化获得了广泛发展，法国出现了地方性学

---

① Musson & Robinson, pp. 127-129.

院，德国、意大利、西班牙和葡萄牙也出现了科学学会。①英国的地方性社团也意识到了它们在欧洲发挥了先行者的作用。《曼彻斯特文学和哲学学会纪要》(Memoirs of the Manchester Literary and Philosophical Society) 第一卷（1785）中记录：

> 在欧洲各地，出现了大量旨在促进文学和哲学的社团，在上个世纪和这一世纪，这些社团不仅成为更广泛地扩散知识的工具，也做出了不逊色于其他任何时期的大量的重要发现。②

达尔文在德比哲学学会的就职演说中提到"大量光辉夺目的文学社团已经建立起来了"。③这些社团包括许多英国社团和国外的社团。④最著名的是斯波尔丁绅士学会，它建立于1712年，繁荣至今。斯波尔丁绅士学会在传统考古学方面具有强烈的兴趣，在技术和科学事物方面，例如电学、泵机、沼泽排水等也具有兴趣，经常在一起讨论的成员包括德萨吉利埃博士（Desaguliers），约翰·米歇尔（John Michell），排水工程师约翰·格安迪（John Grundy）父子。类似的社团建立于彼得伯勒（Peterborough）、达文垂（Daventry）、北安普敦（Northampton）、德比、利兹、埃克塞特（Exeter）、诺里奇（Norwich）和许多其他城镇。当地历史学家进行的考察将会增强我们关于这种社团的活跃会员，以及它们的藏书和设备，还有它们与其他社

---

① Mckie 1948, pp. 133-143.
② Robinson 1963, p. 153.
③ Robinson 1953, pp. 359-367.
④ Musson & Robinson 1960, pp. 222-244.

团之间的联系的认识。[1]许多地方性的工业家和科学家都是皇家学会的成员，也是其他学术团体和不太正式性的团体的成员，例如，富兰克林的"13人俱乐部"和在坎特尔咖啡屋（Chapter Coffee House）聚会的化学学会。[2]在博尔顿1776年10月23日从伦敦写给安妮·博尔顿的通信中，我们可以发现：

> （在这一星期）我什么都没有做，与哲学家和艺术家紧密地结合在一起，我没有时间在这封信上写下细节，我的身体很好……现在有维特赫斯特先生、凯尔上尉、韦奇伍德先生、本特利先生、伯德特先生、艾尔康先生，等等。[3]

1776年3月6日，博尔顿从伦敦写信给安妮·博尔顿，信中提到了他参加了一个哲学学会，并在那里度过了周末。终其一生，博尔顿都在参加科学家和工程师的聚会。他是伦敦皇家学会和爱丁堡皇家学会的会员，也是工艺、商业和制造业促进会、全国工程师协会的会员。韦奇伍德、斯图亚特，罗伯特·欧文（Robert Owen），还有许多其他人也都一样。

在18世纪末，许多科学和文学人士在地方创立了许多小型俱乐部或派系，可能由于现在与大都市的交流更加容易，也可能由于伦敦比过去吸收了更多活跃的才智人物，特别是在科学、艺术和文学方面，现在类似的俱乐部或派系已经不复存在。我们所说的地方性派系通常是相邻地区的最好的和最具有才智的团体中心，而且它们在极大程度上以活跃和自由的调查研究精神为特点。它们的主要思想吸引了具有类似品位和追

---

[1] Hans 1951.
[2] Schofield 1959a.
[3] 转引自Robinson 1963, p. 154。

求的其他人，社会派系由此形成并且在很多情况之下被证明是智力活动和乐趣的来源。利物浦、罗斯科和库瑞（Currie）是这一类型团体的中心；沃灵顿，艾肯、埃菲尔德和普里斯特利是另一个团体的中心；布里斯托尔，贝多斯博士和戴维是第三个团体的中心；诺里奇，泰勒和马蒂诺是第四个团体的中心。但是，这些地方性团体之中最特别的就在伯明翰，博尔顿和瓦特都是这个团体的主要成员。

3、非国教学院

18世纪，许多一流的科学家都是被牛津、剑桥和许多传统职业和政治力量排除在外的英国不信国教者。例如，普里斯特利是一个一神派牧师，道尔顿是教友派，法拉第是山地门教派。当选为皇家学会会员的教友派人数增长，这是不信国教派教徒中科学兴盛的一个很好的标志。17世纪时，皇家学会只有4个教友派会员；在18世纪有14个；在19世纪有36个。在17世纪时，当选为学会会员的英国教友派和国教派人数差不多，在18世纪教友派是国教派的4倍，在19世纪是30倍。①

由于大学对非国教徒关闭，他们建立了学校来代替那些他们不能进入的大学，有些学校在18世纪达到了大学的教学标准。许多国教派宁可进这些"不信国教学院"而不进大学，因为这些学院开设一些近代课程，特别是有许多科学课程。不信国教学院讲授科学问题，聘请科学名人如普里斯特利和道尔顿从事教学，例如普里斯特利就在沃灵顿学院教书，道尔顿则是曼彻斯特的新学院的教师。在这些学校中，实用主义得到强调。在英格兰，正是这些非国教徒建立的学校第一次以现代语言提供了正规的教育，教授现代史和实用的商业算术。最重要的是，这些非

---

① 梅森 1977.

国教学院教授新的实验哲学。当时这些对于科学和技术广泛的兴趣支撑了关于自然哲学的巡回演讲。

苏格兰的长老会派大学，就像英格兰的非国教学院一样，在18世纪都以科学教学闻名。事实上，爱丁堡大学从那时起就以医科出名。苏格兰的科学家与英格兰的不信国教的科学家一样，也与他们当时的工业发展保持接触。詹姆斯·赫顿后来开了一个化学厂，而布莱克则曾在瓦特改良蒸汽机时提过建议，并介绍他认识工业家罗巴克。①瓦特的一生提供了一个重要的例子，说明了像布莱克那样的科学领袖在18世纪的个人影响。除了为瓦特出主意之外，布莱克也是第一位建议用氢气充气球的人，他的依据是卡文迪许确定的这种气体的比重。有许多例子记载了科学顾问对漂白业、陶瓷业、矿石开采、煤焦油业、蒸馏业和可锻铸铁业的贡献。法拉第是海军部的科学顾问委员会成员、领港协会的科学顾问、光学玻璃改进委员会成员。18世纪，科学与技术更为广泛的联系可能来自于应用科学的社会功能中救世或慈善概念的影响。人们对于科学减轻人类负担的力量具有强烈的兴趣。②

雅各布强调了如共济会这样的团体的重要性。近期保罗·埃里奥特（Paul Elliott）和斯蒂芬·丹尼尔斯（Stephen Daniels）的文章利用共济会的历史文献证明了自然哲学在共济会的语言中的重要性，强调了共济会的科学演讲对科学教育的重要意义。③共济会尊重理性、尊重科学和人性，反对宗教独裁。在他们看来，宇宙是可以被感知和理解的，是自然而不是超自然的——连天体运行这么神圣的事情都能被牛顿力学的雄辩精确地预测，还有什么神迹是不能理解的？他们认为，通过严格

---

① 这些学院尤其在英格兰中部和北部居多，尽管重要的学院仍在大都市，例如，哈克尼（Hackney）大学。参见梅森 1977 和 Hans 1951。

② 辛格 2004, p. 456.

③ Elliott & Daniels 2006.

地使用"科学方法"可以解决每一个领域的问题。这场从英国兴起，在法国达到高潮的启蒙运动，为整个西方世界后来近三百年的进步打好了基础。

4、苏格兰与爱尔兰的学会

科学和工业之间的联系在苏格兰特别强大，这一时期科学、思想和技术在那里得到了繁荣发展。[①]在爱丁堡和格拉斯哥大学，一些著名科学家，例如威廉·葛兰（William Gullen）、布莱克、赫顿和弗朗西斯·休姆（Francis Home）对于工业技术作出了重大贡献。他们的学生包括后来一些著名的工业家，例如罗巴克、凯尔和查尔斯·麦金托什（Charles Macintosh），他们都与伯明翰、曼彻斯特和其他一些工业中心的科学家和制造商保持着密切联系。在蒸汽机的发展过程中，布莱克、罗巴克、罗宾逊和瓦特之间的联系是著名的。但是在其他一些领域也有一些重要的科学与工业的合作，例如合成苏打水的漂白和生产。爱丁堡和格拉斯哥也有自己的哲学和化学学会，并且在大学之外还有一些教授科学的研究院，例如，安德森研究所（Andersonian Institute，由格拉斯哥大学的自然哲学教授约翰·安德森博士创立），它是格拉斯哥皇家技术学院（Royal Tehnical College）的前身。在自然哲学的巡回讲师名单之中提及的加尼特博士曾在那里举行了化学和物理学方面的讲座。加尼特后来转到伦敦的英国皇家研究院（Royal Institution）。乔治·伯贝克（George Birkbeck）也从安德森研究所来到伦敦，在伦敦带头创立了数学研究所并且参与创立大学学院。[②]

[①] Clow & Clow 1952, Chapter XXV.
[②] T. Kelly, "George Birkbeck"（利物浦，1957）。转引自 Musson & Robinson 1960。

爱尔兰也参加到这些发展之中。都柏林哲学学会（Dublin Philosophical Society）早在1683年就已经创立；1731年（皇家）都柏林学会建立；医学哲学学会（Medico-Philosophical Society）于1756年形成；爱尔兰学院（Irish Academy）在1783年创立（1786年颁布章程），《哲学汇刊》第一卷在1787年出现。到18世纪末，都柏林学会感觉到"当科学学校形成的时候，这一刻来临，有资格的教师可以在这里讲课……根据英国和苏格兰在这些方面已经确立的实例和先例，更有可能促进这个学会最初建立时候的目的"。[1]因此，威廉·希金斯（William Higgings）（1763—1825）于1795年被任命为学会的化学和矿物学教授，[2]配备了一个实验室，并且被指令"进行一些关于材料和其他物品染色的实验，以这种方式化学能够促进艺术品发展"。[3]化学和自然哲学方面的系统课程于1800年开始，[4]并且很快成为都柏林和最终延伸到的一些其他省市的学会工作的重要特征。1795年，沃尔特·韦德（Walter Wade）博士被任命为植物学的教授和讲师。1800年，光学仪器制造商詹姆斯·林奇（James Lynch）被任命了水力学、数学和实验哲学等方面的相同职位。[5]学会中最著名的科学家是理查德·柯万博士，他是皇家学会会员，1799—1812年期间皇家爱尔兰学院的院长，而且是那一时期欧洲最著名的化学家之一。[6]柯万和希金斯所发表的许多

---

[1] Berry, H.F. 1915, p.159. 一些自然哲学巡回讲师访问爱尔兰可以通过亚当·沃克（Adam Walker）的例子反映出来。转引自Musson & Robinson 1969, pp. 231-232。

[2] 他也是爱尔兰亚麻制品管理委员会（Irish Linen Board）的一位化学家，也是另一位著名的爱尔兰科学家莱顿大学医学博士布赖恩·希金斯（Bryan Higgins, 1737—1818）的侄子，他于1774年在伦敦索霍希腊大街（Greek Street）开办了一所实用化学学校，而且是最先使用合成苏打水的人们之一，转引自Musson & Robinson 1960。

[3] Berry 1915, p. 355.

[4] 参见W. Higgins, A Syllabus of a Course of Chemistry for the year 1802（"1802年化学课程的教学大纲"，都柏林，1801）。转引自Musson & Robinson 1960。

[5] Berry 1915, pp. 159-160.

[6] 参见D.N.B.中关于柯万的词条。

书籍和论文对于工业化学都有重大意义，特别是对于爱尔兰亚麻制品工业而言。

5、科学与工业的结合

18世纪末对应用科学的兴趣非常普遍。许多"自然哲学"科学家具有工业兴趣，许多工业家对于科学感兴趣。然而，有可能提出这样的反对意见，这些兴趣被称为"科学的"太过于经验主义和不完整。[1]这一批评在考虑这一时期什么是科学的时候可能出现。事实上，那时候许多的科学理论——完整的燃素理论、化学合成理论、染色理论和漂白理论——后来都被证明是错误的，但是它们在那个时候是有用的概念：现代科学已经通过一系列被抛弃的假定发展起来。18世纪末的科学理论只能根据那个时候能够获得的知识进行评论。那时候，就像同时代的威廉·尼科尔森（William Nicholson）指出的，科学"如果不是出于安全性考虑不断重新地进行实验测试，自然知识的任何部分都不会十分先进"。[2]这一被广泛采用的所谓的"科学方法"——"通过实验改进自然知识"的大量尝试，即皇家学会的最初目的——对于工业非常重要，因为大量实验都是实际的，甚至是功利性的，在这些实验之中，科学家和工业家具有共同利益。

现代化学家很可能对于瓦特、凯尔和亨利等人进行的一些原始尝试持有一种非历史性观点，相对于当时的化学知识来说，他们所分析的化学过程过于复杂。然而，他们的努力无疑是具有科学性的，基于理想模型的实验具有一定的意义。例如，当瓦特和凯尔考虑碱生产和使用氯进

---

[1] 这一批评意见是由D.W.F. Hardie博士在经济史会议上面提出的。转引自Musson & Robinson 1960。

[2] Nicholson 1790, pp. 413-414.

行漂白程序的时候，他们都明确地考虑了在实验室进行一些受控制的实验。同样地，库珀请求瓦特寄给他一个蒸煮器，这样他就可以在实验室条件下进行自己的实验，而且托马斯·亨利（Thomas Henry）也对染色和漂白程序进行了非常全面的实验。

毫无疑问，18世纪末期的许多制造商具备很少的科学知识，但是，一些重要的少数人，包括一些最有影响的人物，出于功利主义和知识需求，都对科学知识充满强烈的兴趣，而且毫无疑问，这些知识为那一时期的工业变革做出了贡献。我们不希望将这一论题延伸得太远，但是，一些传统观点低估了那些对科学知识了解不多而具有才能和实际经验的工匠们的价值，我们有必要对这些观点做出修正。

四　工业革命的重镇——伯明翰

月光社扎根于18世纪下半叶的英格兰中部地区的制造业中心——伯明翰。与17世纪相比，18世纪的英国科学有了显著的变化。伦敦的科学中心地位下降，伯明翰和曼彻斯特等新兴工业区成为富有活力的科学之地。17世纪英国多数重要科学家都是来自塞文河到瓦西河这条线以南的地区，18世纪下半叶，苏格兰、英格兰中部和北部，都有科学家出现。科学不再是贵族的专利，科学家的出身有了显著的变化，以前的科学家多是贵族或富人的子弟，现在则有许多来自工业发达地区的人和工人阶级的子弟成了科学家，例如，普里斯特利和约翰·道尔顿（John Dalton）就是纺织工人的儿子，戴维和迈克尔·法拉第（Michael Faraday）都是学徒出身。

在18世纪上半叶，伯明翰的人口就超过了曼彻斯特的人口，1740年，它的人口可能升至25,000人，1760年上升到30,000人。1801年，伯明翰的人口已经达到73,000人，伯明翰已经成为英国最富庶的城市之一了。①在1750年之前，人们所谓的一个大城市，就是一个有5000居民以上的地方。

伯明翰位于英国工业革命兴起的中心地区，距首都伦敦仅160公里。伯明翰是行将实现工业技术上最显著、最具有决定性的改革地点之一。在这里，整个18世纪的欧洲都在分享想法、物质与实践。②18世纪中叶，伯明翰已经形成了一个积极的工商业阶层。正是这些走遍英国最远各郡、又同欧洲大陆和美洲发生联系的商人迫使制造者不断增加其生产并改善生产方式。在《伯明翰的普里斯特利博士》一书中记载：

> 1780年，伯明翰有6个鞋匠用锥制造商、104个纽扣制造商、23个铸铜匠、26个带扣制造商、8个刀匠、9个磅秤制造商、12个烛台制造商、29个制模匠、15个锉刀制造商、21个枪匠、9个铰链制造商、8个翻砂匠、14个批发锁匠、46个镀金匠、9个圈环制造商、12个锯子和斧凿制造商、24个铁匠、40个玩具制造商、26个首饰匠、17个链条制造商。③

18世纪的伯明翰是当时英国的小五金生产的中心。为伯明翰的工业威望作出最大贡献的人就是索霍的博尔顿，其成功归功于他的商人才干，同时也归因于他的组织才能和指挥才能。正是以大胆而富有技巧的、熟悉市场的富源和需要的商人资格，他才敢于负担瓦特的发明费用

---

① 芒图 1983, pp. 293-294.
② 琼斯 2016, p.24.
③ S.蒂明斯：《伯明翰的普里斯特利博士》，第3页。转引自芒图1983，第293页，脚注74（第483页）。

以使阀门成为实用的东西。[1]博尔顿的工厂有1000多个员工，主要生产小五金器械，甚至包括望远镜之类的产品。但是，博尔顿非常有眼光，他看到英国工业正在兴起，许多新的工厂需要新的动力，于是，他就决定转产蒸汽机和加工机械。

伯明翰地区被排除在传统大学教育之外，因此该地的学校不必受限于传统教育的僵化思想，更为重视历史、地理、数学、科学、机械技能等实用知识的传授和个人能力的养成。英国第一所成人职业学校，就是在伯明翰地区首先被设立的。伯明翰地区的工商界人士对于启动工业革命的技术创新具有重大的贡献，而带动技术创新的基础来自这一地区所孕育的浓厚的创业精神，也就是永无止尽的追求成就的动机与实现事业的梦想。

月光社扎根于18世纪下半叶的英格兰中部地区的制造业中心——伯明翰。伯明翰作为英国的冶金工业中心，人口从1685年的4000人上升到1760年的30,000人，[2]已经成为英国最富庶的城市之一。它的两个戏院和一个公众捐建的图书馆就是明显的证据。[3]月光社的出现满足了这个日益崛起的工业城市对于科学与技术的兴趣和需要。

---

[1] 芒图 1983, pp. 79-80.
[2] 汤因比 1970, p. 13.
[3] 芒图 1983, p. 293.

第二章　月光社的成员和组织

月光社是一个非正式性的学会，没有官方记录和正式出版物，对于月光社的历史考察只能从月光社成员的通信、手稿和公开出版物中获取信息，这无疑增加了研究月光社的难度。第一本关于月光社的公开出版文献是普里斯特利于1781年发表的《关于自然哲学的各种分支的实验和观察》（*Experiments and Observations Relating to Various Branches of Natural Philosophy*）第二卷。在这本书中，普里斯特利对于一封1781年4月21日来自于约翰·沃泰尔的"关于密闭容器中易燃气体的点燃"信件作出评价，其中提到了威瑟林博士的一些观察，并且补充道：

> 这只是一个比较随意的实验，用于引起一些哲学朋友的兴趣，他们形成了一个私人的社团，很荣幸我能够成为其中一员。[1]

普里斯特利在信中所提到的"私人的社团"就是月光社。这个"比较随意的实验"是在一个密闭的玻璃容器中使用电火花点燃"易燃空气"与"普通空气"的混合物，然后观察沉淀在内壁上的湿气，这一实

---

[1] Priestley 1781, vol. ii, p. 398.

验最终引发了关于水的成分的争论。

从普里斯特利的这一著作开始，涉及月光社的文献越来越多。但是月光社的历史始终是模糊不清的，特别是月光社成员的界定。月光社从成立到结束一直没有一个很明确的成员名单。在18世纪下半叶科学、技术与工业存在密切关系的历史背景之下，我们应该将月光社所遵循的主旨，即相信科学与技术的力量，对于科学与技术知识拥有强烈的兴趣并且致力于将其广泛应用到工业之中，作为判定月光社成员的一条主要依据。

一 月光社的成员名单

在普里斯特利1793年的著作中，我们可以得到第一份月光社的成员名单：博尔顿、瓦特、凯尔、威瑟林、高尔顿、约翰逊、达尔文，还有他本人，共计8人。[①]1804年，安娜·西沃德（Anna Seward）出版的第一本伊拉斯谟·达尔文的传记阐述了达尔文的科学成就，但是并未提及关于月光社组织的任何信息。[②]1822年，小威廉·威瑟林（William Withering Jr.）出版了一本关于威瑟林博士的小册子，并加了"他的生平、品质和成就"的副标题，他曾在这本书中提及月光社。[③]1839年出版的《詹姆斯·瓦特的历史颂词》（*Historical Éloge of James Watt*）一书中这样描写月光社：

当瓦特开始定居到索霍的时候，在伯明翰他的邻居有普

---

① Priestly 1793, p. v.
② Seward 1804.
③ Withering 1822, vol. I, p. 46.

里斯特利、达尔文、威瑟林、高尔顿、埃奇沃思……，这些学者很快成为这位伟大的机械学哲人的朋友，这些人连同博尔顿和瓦特形成了一个社团，名称是月光社。①

上面的叙述中明显存在错误，例如，威瑟林和普里斯特利是在瓦特之后定居伯明翰的。1842年，在小詹姆斯·瓦特（James Watt Jr.）为"大英百科"撰写的他父亲的传记之中，他并未提到月光社。②

高尔顿的女儿玛丽·安妮（Mary Anne）的自传《玛丽·安妮的生平》（*Life of Mary Anne Schimmelpenninck*）是研究月光社经常提到的文献。她是月光社会议的见证人。可惜的是，她的自传是在老年时完成的，其中有许多常识性的错误。对于她的陈述，只能批判性地加以分析。在文中，她这样描述月光社的会议：

> 我的父亲属于一个由天才组成的小社团，社团每月定期在某位成员的家中举行聚会，这一社团的名称是月光社。月光社成员包括博尔顿先生、瓦特先生、凯尔上尉……他经常地带着自己的好友埃奇沃思先生和戴先生参加会议。月光社还包括著名的威瑟林博士……还有后来的斯托克斯博士……普里斯特利博士……
>
> 除了这些著名人物之外，我要提及的是，帕尔博士是月光社会议的经常出席者；还有达尔文博士也是月光社会议的常客，他与凯尔先生一样也是埃奇沃思先生和戴先生的朋友。我还可以指出一些有趣的著名人物，例如，赫歇尔爵士和约瑟

---

① Arago 1839, pp.92-93.
② Article on 'Watt' in *The Encyclopaedia Britannica*, Edinburgh, 1842, 7th edn., vol. 21. pp. 815-820.

夫·班克斯爵士，索朗德尔博士和阿佛齐里乌斯博士，他们形成了月光社的核心。事实上，每位月光社成员都是外国或英国的知识分子朋友圈的核心；而且每位成员都可以自由带着朋友参加月光社会议。[1]

除了措词上的含糊不清，叙述中还有许多矛盾之处。戴1786年已经引退回到自己的庄园并且于1789年去世，埃奇沃思于1782年去了爱尔兰，他们不可能由凯尔带着"经常地"参加月光社会议。帕尔博士直到1790年才结识普里斯特利，他不可能是月光社会议的"经常出席者"。玛丽·安妮将博尔顿、高尔顿、凯尔、普里斯特利、瓦特和威瑟林列入月光社成员，没有明确地提出埃奇沃思和戴的成员资格，甚至没有提及韦奇伍德、维特赫斯特和约翰逊等人，而且她认为达尔文只是一位参与者，而不是月光社成员。她在某种程度上认可了赫歇尔、班克斯、索朗德尔和阿佛齐里乌斯的成员资格。[2]玛丽·安妮的自传带来了一些混乱，在凯尔后人所著的凯尔传记之中提到了月光社，却引用了安妮自传中的内容来描述月光社。[3]

在詹姆斯·帕特里克·慕维廉（James Patrick Muirhead）所著的《詹姆斯·瓦特的机械发明的起源和过程》（*The Origins and Progess of Mechanical Inventions of James Watt*）一书中，他写道：

> 通过瓦特先生写给韦奇伍德先生的一封邀请他参加学会聚餐的信件，我们得知，从下午两点钟开始到晚上八点结束的

---

[1] Hankin 1860, 4th edn. pp. 30 ff.
[2] Schofield 1956a.
[3] Schofield 1956a, p.121.

哲学聚餐是一种惯例。①

在关于月光社历史的现代研究之中，大部分信息来自于塞缪尔·斯迈尔斯的著作。斯迈尔斯是19世纪伟大的苏格兰作家和改革运动者。在《博尔顿与瓦特生平》一书中，他给出了一个自己认为合理的成员名单：博尔顿、瓦特、斯莫尔、达尔文、凯尔、戴、埃奇沃思、高尔顿、威瑟林、约翰·巴斯克维尔、韦奇伍德、普里斯特利，共计12人。②《博尔顿和瓦特的生平》是一部非常优秀的传记作品，是月光社历史的现代研究的首要资料来源。斯迈尔斯在这本书中详细论述了月光社的历史，并强调了月光社的重要性，为后续关于月光社的讨论设定了基本框架。斯迈尔斯第一次指出了月光社与同一时期其他地方性协会之间的类似之处，并且指出月光社成立的大约时间为1765年到1768年之间。在斯迈尔斯之后，后续关于月光社的解释几乎都会引用斯迈尔斯的著作。

月光社成员的交往范围十分广泛，他们各式各样的身份无疑促进了他们与社会各个阶层的交往，在斯科菲尔德的14人核心名单中，我们可以发现绅士（戴），医生（斯莫尔、达尔文、威瑟林、斯托克斯），仪器制造商（维特赫斯特），工程师（瓦特），建筑商（维特赫斯特），玩具、玻璃、陶器和枪炮制造商（博尔顿、凯尔、韦奇伍德、高尔顿），化学实验家（普里斯特利）和圣公会牧师（约翰逊）。18世纪，英格兰中部地区的科学家、工业家以及社会名流几乎都与月光社的成员有过交往。斯科菲尔德写道：

月光社的重要性已经确立起来；18世纪生活在英格兰中部

---

① Muirhead 1854, vol. i. p. clix.
② Smiles 1865, pp. 367-369.

地区的所有显赫人物的传记可能都提到了月光社,如果没有特别提到月光社及其成员,任何一部18世纪英国科学的历史都不能认为是完整的。伴随着对月光社的每一次新评述,几乎就会有新的名字被添加到成员列表之中。现代认为的成员名单包括(除了普里斯特利所给的那些名字之外):斯托克斯博士(Dr Stoke)[①]、巴斯克维尔、斯莫尔博士、埃奇沃思、戴、韦奇伍德、托马斯·本特利[②]、默多克、塞缪尔、罗巴克博士、维特赫斯特、塞缪尔·特蒂乌斯·高尔顿、约翰·艾希博士[③]、威廉·赫歇尔爵士[④]、约瑟夫·班克斯爵士[⑤]、亚当·阿佛齐里乌斯[⑥]、丹尼尔·索朗德尔博士[⑦]、塞缪尔·帕尔牧师[⑧]、约瑟夫·伯瑞顿牧师[⑨]、彼得·坎普[⑩]、"柯林斯先生(美国叛乱者)"、亨利·莫伊斯、休·布莱尔牧师[⑪]、查尔斯·劳埃德(Charles Lloyd)、圣丰[⑫]、梅瑟利[⑬]、德吕克[⑭]、斯米顿、威尔金森、拉斯伯[⑮]、威廉·苏厄德[⑯],以及作

[①] 斯科菲尔德在文章中考证Dr Stroke即Dr Strokes。
[②] Thomas Bentley,1730—1780,韦奇伍德的合伙人。
[③] Dr John Ash,伯明翰医生。
[④] William Herschel,1733—1822,英国天文学家,天王星的发现者。
[⑤] Sir Joseph Banks,1743—1820,英国探险家、植物学家。
[⑥] Adam Afzelius,1750—1837,瑞典植物学家。
[⑦] Dr Solander,1733—1782,瑞典植物学家,师从林奈。
[⑧] the Rev. Samuel Parr,1747—1825,英语教师。
[⑨] the Rev. Joseph Berington,1743—1827,英国天主教作家。
[⑩] Pieter Camper,1722—1789,荷兰解剖学家。
[⑪] the Rev. Hugh Blair,1718—1800,苏格兰作家。
[⑫] B. Faujas de Saint-Fond,1741—1819,法国地质学家和旅行家。
[⑬] De la Metherie,1743—1817,法国地质学家。
[⑭] J.A. de Luc,1727—1817,瑞士地质学家和气象学家。
[⑮] R. E. Raspe,1736—1794,德国作家和科学家。
[⑯] William Seward,伦敦文人。

为"同事"的人，"雅典人"斯图加特、詹姆斯·赫顿①、约瑟夫·布莱克②、冯·雷登（Baron von Reden）、理查德·柯万③以及克劳福德博士（Dr. Crawford）。这个复合名单中的许多名字被另一些名单列举为"频繁的拜访者"或"外来成员"，而不是"正规"成员；几乎没有任何文献能够完全证实这些名字中每个名字的正当性。④

除了普里斯特利提出的8人之外，不包括"同事"中所提到的6人，还有31人的名单，斯科菲尔德在论文中排除了大多数没有文献证据或者文献证据不足的姓名。在这份名单中还没有包括其他一些经常与月光社成员保持通信的人物，例如富兰克林、杰斐逊、拉瓦锡，理查德·阿克莱特爵士⑤、贝多斯、安娜·西沃德⑥、约瑟夫·赖特⑦、詹姆斯·怀亚特⑧、塞缪尔·怀亚特⑨、克劳德·路易·贝托莱⑩，杰克·蒙戈尔费⑪等。此外，名单还没有包括月光社成员的儿子们，例如马修·罗宾逊·博尔顿、格雷戈里·瓦特、小詹姆斯·瓦特、塞缪尔·特蒂乌斯·高尔顿等。

阿格鲁的著作中提到的改变世界的五位核心成员为博尔顿、达尔文、瓦特、韦奇伍德和普里斯特利，主要成员（按照出生顺序）为维特

---

① James Hutton，1726—1797，苏格兰地质学家。
② Joseph Black，1728—1799，苏格兰物理学家和化学家。
③ Richard Kirwan，1733—1812，爱尔兰科学家。
④ 引文括号中的内容为作者注释，其中有些人名没有查到相关资料。
⑤ Sir Richard Arkwright，1732—1792，发明水力纺纱机。
⑥ Anna Seward，1747—1809，英国女诗人，被称为"利奇菲尔德的天鹅"。
⑦ Joseph Wright，1734—1797，英国画家。
⑧ James Wyatt，1746—1813，英国建筑师。
⑨ Samuel Wyatt，1737—1807，英国建筑师。
⑩ Claude Louis Berthollet，1748—1822，法国化学家。
⑪ Jacques Montgolfier，1745—1799，与其兄约瑟夫一起发明了热气球。

赫斯特、博尔顿、韦奇伍德、达尔文、普里斯特利、斯莫尔、凯尔、瓦特、威瑟林、埃奇沃思、戴、高尔顿，共计12人。

斯科菲尔德给出的主要成员除了包括阿格鲁给出的12人之外，还包括斯托克斯、约翰逊，共计有14位。本书采取斯科菲尔德所采取的成员名单（包括了1791年之后的加入成员），并且列表如下。

表1　月光社成员列表

姓名	生卒年	职业	其他学会成员	备注
威廉·斯莫尔（William Small）	1734—1775	医生，冶金家		威廉和玛丽学院的自然哲学教授，杰斐逊的老师
马修·博尔顿（Matthew Boulton）	1728—1809	金属产品制造商	爱丁堡皇家学会的成员（1784），F.R.S.[①]（1785）	
伊拉斯谟·达尔文（Erasmus Darwin）	1731—1802	医生，诗人，所有科学领域的业余爱好者	F.R.S.（1761）	Charles Robert Darwin的祖父，Francis Galton的外祖父
约翰·维特赫斯特（John Whitehurst）	1713—1788	仪器制造商，地质学者	F.R.S.（1779）	1775年离开伯明翰去伦敦
约西亚·韦奇伍德（Josiah Wedgwood）	1730—1795	陶工，化学家	F.R.S.（1781）	Charles Robert Darwin的外祖父
理查德·洛弗尔·埃奇沃思（Richard Lovell Edgeworth）	1744—1817	爱尔兰地主，机械发明家，对于农业和教育感兴趣	皇家爱尔兰学会（1785），皇家工艺学会（1770）	Maria Edgeworth（贝多斯的妻子）的父亲

[①] F.R.S.是皇家学会会员（Fellow of the Royal Society）的缩写。

续表

姓名	生卒年	职业	其他学会成员	备注
托马斯·戴（Thomas Day）	1748—1789	绅士，慈善家，对政治和形而上学感兴趣		
詹姆斯·瓦特（James Watt）	1736—1819	发明家，工程师，化学家	爱丁堡皇家学会的成员（1784），F. R. S.（1785）	
詹姆斯·凯尔（James Keir）	1735—1820	化学家，地质学家，化学制品制造商，开矿者	F. R. S.（1785）	
威廉·威瑟林（William Withering）	1741—1799	医生，植物学家，化学家	F. R. S.（1785）	
约瑟夫·普里斯特利（Joseph Priestley）	1733—1804	唯一神教派牧师，电学和化学领域的实验家	F. R. S.（1766）	威尔金森的连襟
塞缪尔·高尔顿（Samuel Galton, Jr.）	1753—1832	贵格会教徒，枪炮制造商，许多科学的业余爱好者——尤其是鸟类学和光学	F. R. S.（1785）	Francis Galton 的祖父
乔纳森·斯托克斯（Jonathan Stokes）	1755—1831	医生，植物学家，化学家		
罗伯特·奥古斯塔斯·约翰逊（Robert Augustus Johnson）	1745—1799	英国圣公会牧师	F. R. S.（1788）	
马修·罗宾逊·博尔顿（Matthew Robinson Boulton）	1770—1842	工业家		博尔顿之子

续表

姓名	生卒年	职业	其他学会成员	备注
小詹姆斯·瓦特（James Watt, Jr.）	1769—1848	工业家		瓦特之子
格雷戈里·瓦特（Gregory Watt）	1777—1804	矿物学者和地质学者	曼彻斯特文学和哲学学会会员	瓦特之子
塞缪尔·特蒂乌斯·高尔顿（Samuel Tertius Galton）	1783—1844	商人，科学家		高尔顿之子
威廉·默多克（William Murdoch）	1754—1839	工程师，发明煤气照明和一种蒸汽机车		1777年成为博尔顿和瓦特公司的雇员
约翰·萨瑟恩（John Southern）	1758—1815	工程师		1781年后成为瓦特的助手
约翰·巴斯克维尔（John Baskerville）	1706—1775	伯明翰的印刷商		富兰克林的朋友
约翰·威尔金森（John Wilkinson）	1728—1808	工业家，铸造商		普里斯特利的姐夫
约翰·米歇尔（John Michell）	1724—1793	自然哲学家，地质学家	F. R. S.（1760）	达尔文的老朋友
托马斯·贝多斯（Thomas Beddoes）	1760—1808	医生		瓦特、韦奇伍德、达尔文和凯尔的好朋友，埃奇沃思的女婿

月光社的非正式性增加了界定月光社成员的困难。斯科菲尔德提出的判断月光社成员的几条标准如下。

（1）商人或者专业人士，他们具有相同的平等社会地位。

（2）尽管没有一门科学能够使他们全部感兴趣，但他们的兴趣是非常广泛的，而且通常都存在重叠。

（3）他们通常都会极端地重视知识的实际应用……并且在解决个人和商业问题的过程中相互合作，在解决科学和技术的问题时也是一样。

（4）毫无疑问，成员中没有人的主要利益位于英格兰中部地区之外，如果有人生活在不方便到达伯明翰的区域之内，那么将不会被接受为一名成员。①

从上面的几条成员标准中我们无疑可以看出月光社具有比较清晰的成员政策。一般来说月光社的成员都是中产阶级，对科学和技术及其在工业和商业中的应用有兴趣；或者在科学上有杰出成就，例如普里斯特利；或者在技术上有重要发明，例如瓦特；或者拥有企业，例如博尔顿；同时，还应该处于英格兰中部地区能够方便地到达伯明翰的区域之内。根据上面的标准，埃里克·罗宾逊认为，由于雇员身份，默多克一直没能成为月光社的成员，直到获得类似的社会地位之后，默多克才在月光社末期被接受为成员。②同样，洛根·亨德森中尉是博尔顿和瓦特在康沃尔的代表，尽管他在1782年1月之前也参加了一次月光社的会议，但瓦特不同意接受亨德森成为月光社成员，我们可以从1782年1月19日瓦特写给博尔顿的信件中看出：

---

① Schofield 1956, p. 125; 亦参见 Robinson 1963, pp. 155-156。
② Robinson 1963, p. 160.

我谨慎地提醒一下威瑟林博士，他在与我们的朋友亨德森[洛根·亨德森]交流，因为我发现亨德森正在逐渐地取得威瑟林的喜欢，我想您应当确认一下我的说法，并且阻止他成为哲学学会的一名成员——虽然那些劝阻他人求学的人是令人讨厌的，但是这样做会使得他误入歧途，给我们的工作带来麻烦。①

根据现有文献，月光社并未明确制定过关于会员的标准以及会员应该遵守的规则和规章制度。1776年2月24日，在博尔顿写给瓦特的信中提道：

请记住第三个月圆之夜的庆祝活动将在三月份的第三个星期日举行。达尔文和凯尔都会来到索霍。那么，我提议制定一些会员应该遵守的新的规则和规章制度，这样可以防止学会的衰落，我期望月光社能够永久持续下去。请带威尔金森一起来，我认为他是一名好成员……②

尽管博尔顿曾在1776年提议，月光社还是没有最终确立自己的章程，也没有赞助和支持出版过任何科学论文，不过，这种非正式的模式使得月光社成员们感觉非常自由，他们可以自由地邀请任何人来参加月光社的会议。月光社是非正式的，但是它却是一个非常重要的研究中心，不仅是在科学方面，也在技术方面。③

---

① Robinson 1963, letter 24.
② Robinson 1963, letter 11.
③ Schofield 1957.

根据金-海尔的统计，可以从图1简单看出月光社成员的活跃时段。[1]

```
           1760    1765    1770    1775    1780    1785    1790
达尔文     ━━━━━━━━━━━━━━━━━━━━━━━━━━━━━━ ━ ━ ━━━━━━━
博尔顿     ━━━━━━━━━━━━━━━━━━━━━━━━━━━━━━━━━━━━━━━━
米歇尔     ━━━━━━━ ━ ━ ━
维特赫斯特 ━━━━━━━━━━━━━━━━━ ━ ━ ━ ━ ━━━━━━━━━━
韦奇伍德           ━━━━━━━━━━━━━━━━ ━ ━ ━ ━━━━━━━
斯莫尔             ━━━━━━━━━━━━━
埃奇沃思             ━━━━━ ━ ━ ━ ━ ━━━━━━━━━━━━━
瓦特                ━ ━ ━ ━━━━━━━━━━━━━━━━━━━━
凯尔                ━━━━━━━━━━━━━━━━━━━━━━━━━
戴                       ━━━ ━ ━ ━ ━ ━━━━━━━━━━
威瑟林                          ━━━━━━━━━━━━━━━
普里斯特利                         ━━━━━━━━━━━━
高尔顿                                ━━━━━━━━━
```

图1　月光社成员的活跃时间图，1758-1791

二　月光社成员的早期背景

博尔顿

马修·博尔顿1728年生于英国伯明翰市，是一位著名的英国制造商和工程师，被誉为"伯明翰之父"。他的父亲是一位纽扣生产商，在市镇郊区有一个中等规模的工厂。[2]博尔顿是月光社最为重要的一名成员，而且月光社的整个历史都留下了以博尔顿个性为标志的一些特征。关于他的一些早期经历，我们所知甚少。他参加了一个由教区牧师管理

---

[1] King-Hele 1998, p. 382.
[2] 参考博尔顿的传记 Dickinson 1937。

的学会；14岁时退学并且开始介入父亲的生意；17岁时已经展现出革新热情，他发明了上釉的和带镶嵌的扣子，这帮助扩展了他父亲的生意。1749年博尔顿成为父亲公司的生意合伙人，并且接管了大部分管理工作。从这时候开始，我们可以很容易地追溯到他的职业生涯。

1759年在父亲去世后不久，博尔顿与约翰·佛吉尔（John Fothergill）成为合伙人，并于1762年在伯明翰北部二英里处成立索霍工厂（Soho Manufactory）。在这个工厂他们所从事的是制造金属艺术品，如金属纽扣、白铁矿钻石模仿物等，这些东西在当时的英国社会广受欢迎。

博尔顿是一个天生的革新者。他从来都是以革新方式来对待自己的事业，始终如一地扩张和改进自己的工厂，从不懈怠。在他的一生之中，在一个项目还没有完成之前，甚至在不确信能够成功的时候，他就已经开始另一个项目。他具有敏锐的思维能力，能够钻研其他人的研究成果。月光社的两位朋友对他的个性作出了令人启发的陈述。詹姆斯·凯尔写道：

> 博尔顿先生是一个很好的证明，在不固定从事研究工作的情况下，可以获得这么基础牢靠的知识，而这依靠的是快速而准确的理解力，大量的实际应用和良好的机械感觉……无可置疑，他拥有这么多知识，他应当成为一个最好的导师，并且与一些杰出人物进行对话。[1]

詹姆斯·瓦特写道：

> 博尔顿……具有很大程度的便利性，通过组织和安排一

---

[1] Schofield 1963, p. 18.

些可能实施的程序，他能够提供那些对公众有用的自己的或其他人的新发明。

　　他关于发明性质的概念反应迅速，而且他对于发明应用和因而产生的利润的意识也是非常迅速的。[①]

博尔顿的个人生活和社会生活都附属于他的职业生活。1756年博尔顿与继承有巨额财产的远房表妹玛丽·罗宾逊结为夫妻。玛丽于1760年去世，一生并未生育。此后，博尔顿娶了玛丽的妹妹安南希为妻，这个婚姻和当时的宗教法律有冲突，被认为是乱伦的婚姻。两个姐妹为他带来了28,000英镑的遗产。他的朋友圈非常广泛，不过都是那些在兴趣或贸易往来关系上对他有用的人们。然而，表面现象很容易令人误解。博尔顿不是一个冷酷精明的人，他具有迷人的个性，如果他从朋友们那里获得很多东西，他会将自己的时间、金钱和有感染力的热情给予朋友们作为答谢。

达尔文

　　出生于1731年的伊拉斯谟·达尔文，是诺丁汉（Nottingham）一位提前退休的律师罗伯特·达尔文（Robert Darwin）的小儿子，他有3个哥哥和3个姐姐。1741年到1750年达尔文就读于切斯特菲尔德学校（Chesterfield School），随后在剑桥大学学习3年，其间参加了伦敦的约翰·亨特（John Hunter）的解剖学讲座，接下来两年在爱丁堡医学院（Edinburg Medical School）学习，于1756年成为一名合格的医生。由于诺丁汉没有太多的病人，1756年他移居利奇菲尔德开业行医。在利奇菲尔德，他治愈了一名其他医生都断定会死亡的当地名流，从而声名鹊

[①] Schofield 1963, p. 18.

起。达尔文可能是当时英格兰最出色的医生[1]，乔治三世曾邀请他作为自己的私人医生。

当达尔文移居到利奇菲尔德的时候，他已经体重超重，笨拙而傲慢。他经常说一些讽刺挖苦的话，而且讲话过度口吃，但是他的朋友们都喜欢听他讲话，并且热爱他的追根究底和乐善好施的精神。他具有很大的个人魅力，移居后不到一年的时间内，他就与一位年轻他8岁的利奇菲尔德美女结婚。他在利奇菲尔德生活了25年，直到1781年去了德比。达尔文与前妻玛丽·霍华德（Mary Howard）[2]生有4子1女，[3]与后妻伊丽莎白·钱多斯·波尔（Elizabeth Chandos Pole）生有4子3女，[4]并有2个非婚生女。

移居到利奇菲尔德不久，博尔顿和达尔文就结识了，达尔文成为博尔顿的妻室玛丽·罗宾逊的家庭医生。与博尔顿一样，达尔文也是一个志向远大的年轻人，并且与博尔顿有许多共同兴趣。达尔文受过正规的高等教育，与博尔顿具有类似的社会地位。博尔顿发现达尔文是他所结识的受过正规教育并对科学感兴趣的第一位朋友。1760年以来达尔文与博尔顿的通信洋溢着轻松友好的气氛。这份友谊对于两个人都意义重大，博尔顿在最开始阶段受益更多一些。早些时候，博尔顿结识了物理学家和化学家罗巴克博士，罗巴克是生产硫酸的铅室程序的发明者，但是他要比博尔顿年长10岁，在博尔顿开始职业生涯的时候，他已经功成

---

[1] King-Hele 1981, p. vii.
[2] 在达尔文的信件中常被称为波莉（Polly），因饮酒无度早死。
[3] 达尔文的儿子罗伯特·华林（Robert Waring）与约西亚·韦奇伍德（Josiah Wedgwood）的女儿苏珊娜·韦奇伍德（Susannah Wedgwood）结婚，生下2子4女，第五个孩子就是1809年出生的大名鼎鼎的查尔斯·罗伯特·达尔文（Charles Robert Darwin）。
[4] 达尔文的女儿弗兰西丝·安妮·维奥兰塔（Frances Anne Violetta）嫁给了月光社成员塞缪尔·高尔顿（Samuel Galton Jr.）的儿子塞缪尔·特蒂乌斯（Samuel Tertius），他们的孩子弗朗西斯·高尔顿（Francis Galton）是一名伟大的心理学家。

名就。显然，博尔顿与罗巴克的关系无法十分亲密，而与达尔文的交往更多的是一种平等交流，因为博尔顿具有实际经验和团体地位，这与达尔文的正规教育和科学兴趣是相称的。

达尔文是利奇菲尔德的知识分子的关键人物。18世纪70年代在利奇菲尔德的生活中，达尔文非常热衷于社交，不仅在月光社团体之中，而且在托马斯·西沃德（Thomas Seward）主持的利奇菲尔德文学圈之中也十分活跃。托马斯·西沃德是大教堂驻堂教士和伊丽莎白剧作家的编辑，而且他的女儿安娜·西沃德很快成为了利奇菲尔德的杰出诗人（利奇菲尔德的天鹅）。[①]这一文学圈的成员还包括乡绅布鲁克·布思比（Brooke Boothby），他是卢梭（Jean Jacques Rousseau）的一位知己。达尔文还是18世纪90年代最杰出的诗人之一，对英国浪漫主义诗人华兹华斯（William Wordsworth）、柯尔雷基（Samuel Taylor Coleridge）、珀西·雪莱（Percy Bysshe Shelley）和济慈（John Keats）都产生了重要影响。柯尔雷基称达尔文为欧洲"第一文学人士和最具原创思想的人"。达尔文的大部分科学研究最终都表现为训诲诗的形式，例如1789—1791年所著的《植物园》（*The Botanic Garden*）和1803年所著的《自然的圣殿》（*The Temple of Nature*）的哲学注释。这些高度理论性观点的诗意表达盖过了枯燥的科学研究。

维特赫斯特

约翰·维特赫斯特于1713年出生在一个钟表和手表制造商的家庭。他所接受的正规教育很少而且不完整，很早就成为了父亲的学徒，不过，父亲经常鼓励他发展"哲学兴趣"。维特赫斯特也成为了一位杰出的和才华横溢的钟表制造商。他于1736年移居到德比，1737年，他给市

---

① Schofield 1963, p. 56.

政厅赠送了一个钟表，因此成为德比市市民。维特赫斯特高大纤瘦，为人谦逊和蔼而且具有幽默感。他的妻子是一名地方牧师的女儿，这弥补了维特赫斯特在正规教育方面的缺憾。作为最年长的月光社成员，他以平等眼光对待月光社的其他成员们，为他们的讨论研究增加了一份耐心和敏锐的判断力。很多年，他都是月光社的一位最重要的多才多艺的成员。

维特赫斯特经常地被一些钟表和手表制造历史学家提及。他还设计出第一批定时时钟，随后由博尔顿制造和销售。但是，作为一名单纯的工匠无法进入这个初级阶段的由英国中部地区哲学家们组成的社团。维特赫斯特不仅是一位钟表制造商，还是一位具有创造才能的设备制造商。他的《论文集》（*Menoir*）记录：

> 几乎在德比郡和相邻地区的一切事业之中，他都是一名被咨询者，尤其在需要机械学、气体力学和水力学方面涉及高级技术的地方。①

1758年1月26日，维特赫斯特发给博尔顿一份之前工作的清单和注释：

> 我终于制成了高温计，我感到非常高兴。它具备了我所期望的尽善尽美，而且我想要确定金属膨胀比现有机器具有更大的精确度。我很快就能完成……而且我希望能够与您共度一日，尝试一下全部的必要实验。②

---

① [C.Hutton], *Works*, p. 9; 转引自Schofiled 1963, p. 22。
② Schofiled 1963, p. 23。

显然，这不是第一次通信。另一封信件未标明日期，但是推测起来应该是同一年，它体现出博尔顿和维特赫斯特之间的共同兴趣。维特赫斯特在信中提及了1月份信件中的高温计，并寄送给博尔顿一些丝绸用于进行湿度计的实验，要求准备更多的杆棒进行热膨胀实验，最后提到了在"停止编钟音乐中的铃声振动"方面的共同努力，结尾的附录中描述了新设计的气压计，博尔顿也对现有气压计持有不满意的态度。这是一项艰巨的研究计划，企图使用和改进高温计、湿度计和气压计，并且将它们用于观察金属的可变热膨胀和铃声的振动。[①]

1758年的信件表明了维特赫斯特与博尔顿的合作研究已经存在很长时间，这也是维特赫斯特第一次出现在月光社记录之中。[②]维特赫斯特还是一名比较重要的地质学家，他首次将地质学这个题目引入月光社的思考范围。

斯莫尔

斯莫尔出生于1734年10月13日，他是苏格兰福法尔郡的詹姆斯·斯莫尔（James Small）的儿子。1750年，他进入阿伯丁的马里夏尔学院（Marischal College）学习，并且于1755年获得A.M.学位。1758年10月18日，他成为了威廉玛丽学院（College of William and Mary）的自然哲学教授，这个学院位于弗吉尼亚的殖民地威廉斯堡（Williamsburg）。他如何获得了这一职位不为人知，因为殖民地学院的教授之职通常由英国教堂的牧师担任。学院权力机构对此曾有很多的不满意见，因为在伦敦的监事会（Board of Visitors）所选举出的候选人到达威廉斯堡之后，

---

① Schofiled 1963, p. 23.
② Schofiled 1963, p. 23.

他们无法胜任而且不愿意承担这一职务。斯莫尔为威廉玛丽学院开创了科学教学的传统,这对于学院的未来发展具有重大影响,而且许多听课者都对他的课程记忆深刻。约翰·帕格(John Page)曾三次被选举为弗吉尼亚的地方长官,他认为斯莫尔是"他最深爱的教授",而且在斯莫尔的鼓舞之下,他一生的兴趣都倾注在数学和自然哲学上面。[1]斯莫尔得到一个更加意味深长的赞扬,一位更杰出的学生托马斯·杰斐逊(Thomas Jefferson)曾写道:

> 我最大的幸运就是,苏格兰的威廉·斯莫尔博士成为(我的)数学教授,这决定了我一生的命运。他是一位几乎在所有科学分支造诣很深的人,具有良好的沟通才能,以及端庄和绅士的举止,同时还有一颗强大而自由的心灵。对我来说,最幸福的是,当他不在学院任职的时候,他很快与我联系,并成为我日常志趣相投的朋友;通过与他的交谈,我第一次得到了关于科学,以及我们所处于的系统的广泛的认识。[2]

在1758—1764年的任教期间,斯莫尔为学院作出很多贡献。他引进一种国外正在流行的课程体系,这一体系当时在殖民地还是非常罕见的;他的科学课程对于杰斐逊和帕格产生了重大影响,从而为美国独立战争后他们建议开设一些新科学课程奠定了基础。尽管斯莫尔在弗吉尼亚取得了这些成就,但是,由于他的健康状况欠佳,而且大学教员之间的矛盾冲突不断并于1764年春季达到顶峰,他感到并不称心如意。

---

[1] "Memoir of Governor Page", *Virginia Historical Register*, iii (1850), 147, 150-151; 转引自 Schofiled 1963, p. 37。

[2] This extract from Jefferson's autobiography is quoted by Ganter, "William Small", p. 505; 转引自 Schofiled 1963, p. 37。

斯莫尔利用殖民地政府拨款450英镑为学院购买科学设备的机会来到英国，更加富有吸引力的新机会摆在他的面前。另外，在学院的新院长詹姆斯·霍洛克（James Horrocks）就职之后，斯莫尔在威廉玛丽学院已经没有位置。①因此，在完成设备采购任务之后，他永久性地移居到英国。

到达伦敦后不久，斯莫尔就出席了皇家学会的一些会议。1765年1月24日，他作为富兰克林的朋友参加过皇家学会的会议。②他被一些医学学生们邀请到伦敦进行数学和自然哲学方面的讲座，但是他并不喜欢伦敦。在埃里奥特和格雷戈里博士的建议之下，1765年，斯莫尔获得了阿伯丁的医学博士学位，并且得知伯明翰需要医生，他带着富兰克林和杰弗里（Nathl Jeffry）写给博尔顿的推荐信来到伯明翰。

韦奇伍德

韦奇伍德于1730年7月出生在斯塔福德郡伯斯勒姆的一个陶工世家，他的父亲在伯斯勒姆教堂附近拥有一家陶器厂。韦奇伍德像他的父亲一样缺乏正规教育，但是他的母亲玛丽受过良好的教育，将自己的道德观和世界观传授给孩子。韦奇伍德9岁就开始在自家的陶器厂工作；他14岁从师于他的兄长，开始学习"拉坯和处理"的手艺。他的人生路线已经完全被规划好，但是1741年他患上严重的天花病，以致病愈后在脸上留下了许多麻点，更糟糕的是他的右膝盖感染引起关节粘连，他必须拄着拐杖走路。1745年，病情恶化迫使他停止工作。韦奇伍德利用这一机会开始自我教育，他日后取得的成功在某种程度上应当归因于此。他的姐夫威廉·维莱特（William Willett）对他的学习提供了帮助。维

---

① Dos Passos, Jefferson, 96ff；转引自Schofiled 1963, p. 38。
② Journal Book of the Royal Society, xxv, 1763-1766 pp.416, 426; Archives of the Royal Society of London；转引自Schofiled 1963, p. 38。

莱特是纽卡斯尔-莱茵（Newcastle-under-Lyme）附近的老礼拜堂的一神论牧师，他精通一些科学题目，并且博得1758—1761年期间在南特维奇（Nantwich）担任牧师的普里斯特利的好感。在自我教育期间，韦奇伍德阅读了大量关于改进制陶工艺的书籍，并开始进行实验。

1749年，韦奇伍德提议与兄长建立合作关系，以实现自己的一些实验，不过这一提议被拒绝。1752年，韦奇伍德离开了兄长的陶器厂成为一名独立的陶工主。两年后，他开始与小有名气的陶工托马斯·威尔顿（Thomas Whielden）合作。威尔顿支持韦奇伍德进行的实验研究，一部分原因是韦奇伍德向他介绍了陶器的一些新颜色和形状。这一合作关系持续到1759年威尔顿在赚到大量财富之后退休。此后，韦奇伍德开始创办自己的企业，他向叔父租借了常春藤（Ivy House）工厂的一部分，并且雇用堂兄弟作为经理。在接下来的七年时间里，韦奇伍德将大量时间投入实验之中，以求改进"奶油陶器"的设计和质量〔最初由托马斯·爱斯布理（Thomas Astbury）进行生产，他是通过婚姻与韦奇伍德产生关系的〕，这一陶器最终得到改进，并且成为韦奇伍德产品的重点，被称为"女王陶瓷"（Queensware）。

1762年，韦奇伍德到利物浦进行商务访问，在那里他的右膝再次受伤。他接受了利物浦外科医生马修·特纳（Mathew Turner）的治疗，而普里斯特利正是不久以后从特纳那里得到了最初的正规化学教育。特纳将韦奇伍德介绍给托马斯·本特利（Thomas Bentley）。本特利是一名有教养的、有学识而且相当成功的商人，并且拥有广泛的兴趣和一些重要的朋友。他积极地筹建利物浦哲学俱乐部（Liverpool Philosophic Club），并是创办沃灵顿学院（Warrington Academy）的协助人之一。他是利物浦的沃灵顿受托人（罗巴克是伯明翰的受托人），并且于1765年成为沃灵顿受托机构的副主管人。

韦奇伍德通过本特利被引入一个新群体和新的思想世界。他加入沃灵顿学院教员的团体，并且从此以后成为了普里斯特利的朋友。本特利为韦奇伍德在自我教育方面提供指导，提出了关于阅读书籍和制陶工艺设计的建议，并且对于韦奇伍德正在进行的一些实验提供建议和进行鼓励。韦奇伍德的实验书籍表明，他认为自己能够发展成为一名"科学陶工"是由于他和本特利的结识。此前，他的实验只不过是反复通过更换材料或焙烧温度改进陶器的颜色或釉面。韦奇伍德最早一次提及非经验主义实验是在1762年5月15日写给本特利的第一封信件之中：

> 自从回到家里，我一直很忙；但是我已经抽出时间完成了一两个Ather实验，我已经斗胆烦劳我的博士[马修·特纳]分析这些实验的结果；如果他同意我就这些话题给他写信，您和我自己都会不胜感激。您这次可能不用阅读关于酸性物和碱性物–沉淀–饱和等的冗长乏味的论述。[1]

1764年，韦奇伍德租借了"布里克室"（Brick-house）或"贝尔院"（Bell-yard）工厂，在这里陶器生产一直持续到1773年。不过这一期间他已经在考虑工厂搬迁，1766年，他购买了筹划中的大干线运河（Grand Trunk）流经的一块土地。正是在为伊特鲁里亚的新工厂规划运河的过程中，韦奇伍德结识了达尔文，并且与月光社联系起来。

埃奇沃思

埃奇沃思于1744年出生在爱尔兰。他与其他英裔爱尔兰贵族子弟的区别在于他对于科学问题的浓厚兴趣。埃奇沃思是家里的独子，他理所当然将会继承财产，因而他本没有必要学习任何有用的知识。1760年，

---

[1] Schofiled 1963, p.45.

埃奇沃思进入都柏林的三一学院（Trinity College）学习，由于父亲的一些爱好，他染上了爱尔兰绅士的一些品味和习惯，因而他很快地被学院开除。1761年，他进入牛津大学，成为基督圣体学院（Corpus Christi College）的一名高级自费生。为了保护他免受不得体举止的影响，父亲将他安置在一位杰出学者家中。1763年，他与一位地主的女儿结婚，不久以后发现他和妻子没有任何共同之处。1764年，按照父亲的要求，埃奇沃思和他的妻儿返回到爱尔兰。在爱尔兰生活的一年时间里，他阅读了法律和科学方面的书籍，摆弄器具并制造天象仪。1765年，他返回英国并且移居到贝克郡的黑尔讷市（Hare Hatch），在那里等待机会进入律师行业。他将大部分注意力都集中在科学方面，进行机械发明而且定期访问伦敦。在一次到伦敦的旅行之中，他出席了一个展览，通过与一位新朋友弗朗西斯·利拉伐（Francis Delaval）先生的配合，埃奇沃思将自己的发明展示给利拉伐的一群朋友们，由此他在伦敦结识了许多显赫人物。[1]

不久，埃奇沃思将注意力转向了通信问题，在阅读了威尔金（Wilkin）所著的《秘密和快速的信使》（*Secret and Swift Messenger*）之中关于这一设备的说明和罗伯特·虎克（Robert Hooke）的一些著作之后，他设计出一台机械电报机。埃奇沃思从1767年开始的这类设备实验先于沙佩（Chappe）在1792—1794年期间在法国进行的类似研究工作，但是沙佩确立了一个操作系统，而埃奇沃思在听到沙佩的研究成果之前没有进行这方面的尝试。

戴

戴于1748年生于伦敦，他是收税员托马斯·戴（Thomas Day）的

---

[1] Schofiled 1963, p.50.

儿子。在戴出生后13个月，他的父亲就去世了并且留下了比较富裕的家产。戴16岁进入牛津大学学习，是基督圣体学院的一名高级自费生。1766年，当戴与他的母亲和继父在贝克郡庄园度假的时候，他结识了一个年轻的邻居，这就是也曾就读于基督圣体学院的埃奇沃思。戴拜访了埃奇沃思，埃奇沃思对于这次拜访的记录如下：

> 直到他去世为止，我们一直维持着最亲密而且从未改变的友谊——这一友谊建立在品位、习惯、追求、行为方法和社会交往方面完全不同的两个人的相互尊重的基础之上……在第一次会面之后，除了有一天例外，在黑尔讷市居住期间我们每天都共同度过几个小时……我从没有结识过像戴这样的人，他能够如此深刻而富有逻辑地谈话，并且能够雄辩地阐述自己的观点。[1]

我们很难解释戴的月光社成员资格。他赞成月光社成员们在一些有价值的和实验性的事业方面的兴趣，但是他从没有积极参与过这些事业。虽然戴的外表缺乏优雅和不修边幅，但是他富有热情和雄辩的口才，他是一个自信的拥有公众地位的人，能够坚持一些不受欢迎的观点，并且有勇气坚守他的信念走着不寻常的人生道路。

关于戴的所有文章都将戴先生描述为行为反常、故作姿态和浮夸自负的一个人，但是，据达尔文了解，事实远非如此。戴是一位富有的绅士，如果他愿意的话，他完全可以购买一些地产悠闲度日。不过，他成为了一名社会和政治改革

---

[1] Edgeworth and Edgeworth 1820, vol. i, pp. 180-183.

家。他的主要兴趣在于哲学、慈善事业、教育和政治。在这些方面，他能够进行雄辩的谈论并且撰写具有说服力的文章。他最著名的作品是儿童故事，这些儿童故事在19世纪仍然非常流行。《桑福德与墨顿的故事》（ *The History of Sandford and Merton* ）致力于向年轻人的思想之中渗透正确的目标，这被最近的怀疑论时代嘲笑为"自负的尊崇"。①令人遗憾的是，盛行说教的时代体现出他的社会主张的活力，然而，随着时代的进步，只有陈词滥调留存下来。

瓦特

瓦特在1736年1月19日生于苏格兰格拉斯哥附近，克莱德河湾（Firth of Clyde）上的港口小镇格林诺克（Greenock）。瓦特的父亲是熟练的造船工人并拥有自己的造船作坊。瓦特的母亲艾格尼丝·慕维廉（Agnes Muirhead）出身于一个贵族家庭并受过良好的教育。他们都属于基督教长老会并且是坚定的誓约派。

瓦特小时候由于身体较弱去学校的时间不多，主要由母亲在家里进行教育。瓦特从小就表现出了精巧的动手能力以及数学方面的天分，并且了解很多苏格兰民间传说和故事。瓦特17岁的时候，母亲去世了，而且父亲的生意开始走下坡路。瓦特到伦敦的一家仪表修理厂做了一年的徒工，然后回到苏格兰格拉斯哥打算开一家自己的修理店。尽管当时苏格兰还没有类似的修理店，但是由于他没有做够要求的7年徒工，他的开店申请还是被格拉斯哥的锤业者行会拒绝了。

1757年，格拉斯哥大学的教授提供给瓦特一个机会，让他在大学里

---

① This is the phrase of Edward Robins in his "Dead Books and Dying Authors", *Pennsylvania Magazine*, li (1927), 315-316；转引自Schofiled 1963, p. 53。

开设了一间小修理店，这帮助瓦特走出了困境。1758年，当罗比森第一次见到22岁的瓦特时，他说："我希望找到一个工人，却碰到了一位哲学家。"[①]物理学家与化学家约瑟夫·布莱克更是成了瓦特的朋友与导师。此后，瓦特终身关注科学动态，并且亲自参与了一些重大发现，例如他与布莱克，以后又同罗巴克一起研究盐的成分，分析氢氟酸，研究对晴雨计和湿度计的构造进行改良。

1763年，瓦特得知格拉斯哥大学有一台纽科门蒸汽机，但是正在伦敦修理，他请求学校取回了这台蒸汽机并亲自进行了修理。修理后这台蒸汽机勉强可以工作，但是效率很低。经过大量实验，瓦特发现效率低的原因是由于活塞每推动一次，气缸里的蒸汽都要先冷凝，然后再加热进行下一次推动，从而使得蒸汽80%的热量都耗费在维持气缸的温度上面。1765年，瓦特取得了关键性的进展，他想到将冷凝器与气缸分离开来，使得气缸温度可以持续维持在注入的蒸汽的温度上，并在此基础上很快建造了一个可以运转的模型。

但是要想建造一台实际的蒸汽机还有很长的路要走。首先是资金问题，布莱克教授提供了一些帮助，但更多的资助来自于罗巴克。罗巴克是一位成功的企业家，著名的卡伦钢铁厂的拥有者。在罗巴克的赞助下，瓦特开始了新式蒸汽机的试制，并成为新公司的合伙人。试制中的主要困难还在于活塞与气缸的加工制造工艺。在当时的工艺水平下，钢铁工人更像是铁匠而不是机械师，所以对制造的结果很不满意。此外由于当时的相关专利申请需要国会的认可，大部分的资金都花费在相关程序上。由于资金的短缺，瓦特不得不另找了一份运河测量员的工作，并一干就是8年。后来，罗巴克破产，相关专利都由博尔顿接手。瓦特与博尔顿从此开始了他们之间长达25年的成功合作。

[①] Smiles 1865, p. 108.

瓦特心思细腻，做事动作迟缓并且非常容易焦虑。他常常会灰心丧气，但他的想象力丰富，总是能想到新的改进方法，以至于很多时候都来不及一一完成。瓦特的动手能力很强，并可以完成系统的、科学的测定，以量化自己的革新效果。

瓦特的素养，跟他的知识一样，他不是一个狭隘的专家，他的理论天才受益于当时繁荣的科学和活跃的思想。作为月光社的重要成员，瓦特总是对新的领域表现出极大的兴趣，被认为是很好的社交伙伴。但他对商业经营却基本一窍不通，特别讨厌与那些有兴趣使用他的蒸汽机的人们讨价还价或谈判合同。直到他退休时，他都一直对自己的财务状况感到不安。他的合作者与朋友都是些意气相投的伙伴并能保持长久的友谊。

凯尔

凯尔于1735年9月29日出生在爱丁堡，是18个兄弟姐妹中年龄最小的。[1]当凯尔8岁的时候，他的父亲约翰·凯尔（John Keir）去世了，因而他的教育责任就由他的叔父们林德家族承担。虽然早年丧父，但是他拥有充足的遗产，并且在爱丁堡的皇家高等中学和爱丁堡大学医学院接受了良好的教育。凯尔的堂兄弟詹姆斯·林德（James Lind）后来成为了温莎城堡（Windsor Castle）的一名医生，而且是詹姆斯·瓦特的朋友，他也曾在爱丁堡大学学习医学，而凯尔的医学专业很可能是叔父们为他选择的。[2]当达尔文就读于爱丁堡大学的时候，1754—1755年这个学期他与凯尔建立起友谊。

虽然凯尔非常喜欢安德鲁·普鲁默（Andrew Plummer，他也曾

---

[1] Molliet 1859.
[2] Schofiled 1963, p. 75.

给罗巴克、布莱克、威廉·葛兰以及一名化学制造商和地质学家詹姆斯·赫顿讲课）的化学课，但是他对于医学不感兴趣而且没有毕业。1755年，他给达尔文写了一封很长的拉丁文信件，当时他已经回到剑桥，信中他谈到了化学和医学，以青年人特有的夸张表达出对于在爱丁堡和苏格兰的学习的反感，并且声称希望到国外看看。虽然他在信中并未提到战争的威胁，但是我们可以合理地推想到这与他的态度有一定关系，因而不久以后他就开始在军中服役。在七年战争期间，他在西印度群岛（West Indies）服役，但是军队生活并未像他想象的那样令人满意。他在空闲时间写了一篇关于战争艺术的论述，并且翻译了希腊军事历史学家波利比奥斯（Polybius）的一些著作。在战争结尾的时候，他和自己的军团一起返回到爱尔兰的一个站点。他通过互通信件和访问利奇菲尔德的方式重新开始与达尔文交往，但是这并未改进他对于军队生活的看法。

在离开爱丁堡之后，他的经历充满危险，包括在西印度群岛因黄热病而九死一生。通过医院船的舷窗，他看到鲨鱼撕裂那些患病去世的战友们的尸体，直到"海水变成鲜血的颜色，他们被损毁的肢体漂浮在海面上"。[1]他也逐渐地变得虚弱，无法说话和动弹，直到军医声明"他也已经患病不行了"，但是正当一个人准备将他从船上扔到海中的时候，他潦草地写了一个纸条，想要一种不常见的药物"锑"，这种药物曾在很久以前被帕拉塞尔苏斯（Paracelsus）推荐。大家都认为他已经没有希望了，但是令所有人惊讶的是最终他居然康复了。在1766年一封写给达尔文的信件中，他讨论了各种哲学题目，如砷酸的医疗属性、人体的温度调节机能、二氧化碳气体的防腐性，甚至素食主义的瑞典人的军事优点。

---

[1] Uglow 2002, p. 155.

凯尔是一个在身体上和精神上都非常强壮的人，但是他不是一名典型的军人。他每天早上都要重读名著，翻译军事历史学家波利比奥斯的作品（手稿在出版者那里不幸被烧毁），继续进行地质学和化学研究。他很聪明和风趣，是一个耐心的倾听者和直率的讲话者，能够容忍其他人的古怪性情。在宗教方面，他是一个宽容的牧师；在哲学方面，他是斯多葛学派哲学家和马可·奥里利乌斯（Marcus Aurelius）的追随者；在政治方面，他是坚定的辉格党党员，而且与普里斯特利一样是知识的民主力量的信仰者。埃奇沃思发现凯尔非常实事求是，他将"自己强大的思想能量转化为科学，着眼于进行一些发明创造，由此可以增加自己的财富，并且在追求财富的过程之中他可寻找到自己感兴趣的职业"。[1]

当凯尔翻译法国学者皮埃尔·约瑟夫·马凯（Pierre Joseph Macquer）的第一本《化学词典》（*Dictionnaire de Chymie*）的时候，他曾与埃奇沃思待过几个月。虽然作为一名作家很难谋生，但是凯尔的《化学词典》在某种程度上是一个牟取利益的项目，能够在学生们、外行人和制造商之中取得更多读者人数。这也是自我教育的一种方式，因为他在自己的序言之中承认："我认为没有比利用空闲时间从事翻译和发表译作更好的方式能够将化学知识装入我的思想。"[2]

作为一位作家、实验者和工业家，凯尔是月光社会议的一位常任主持人，多次会议是他利用自己的机智和性格魅力召集起来的。凯尔相对来说仍然不为人知，一部分原因是普里斯特利和瓦特这些人夺去了他的光辉，一部分原因是他长期坚持燃素说，还有可能是因为他的谦虚。

---

[1] Uglow 2002, pp. 155-156.

[2] Uglow 2002, p. 156.

威瑟林

威瑟林于1741年3月17日出生在什罗普郡的惠灵顿。他的父亲埃德蒙·威瑟林（Edmund Withering）是一名药剂师。18世纪的药剂师大多数都是商人和没有接受过正规教育的经验主义者，但是威瑟林的父亲拥有良好的家庭出身和财产状况，并且与利奇菲尔德的布鲁克博士的妹妹结为夫妻。1762年，威瑟林开始在爱丁堡的医学学校学习，并且得到亚历山大·蒙罗斯（Alexander Monros）、威廉·葛兰和约翰·霍普（John Hope）的指导。威瑟林对待学习非常认真，加入了医学学会，并且阅读了许多医学论文。暑假时他经常到利奇菲尔德拜访叔父，很明显他在那里曾与达尔文和他的儿子查尔斯·达尔文会面。约翰·霍普是爱丁堡的一位医学植物学教授，而且是英国大学之中第一位林奈分类系统方面的讲师，他每年都给最勤奋的学生颁发金质奖章。威瑟林曾给他的父母写信：

> 这种激励经常能够在年轻人的思想之中产生最强的好胜心，不过，我承认它不足以消除我在植物学研究方面已经形成的一些令人不愉快的想法。①

威瑟林于1766年在爱丁堡取得博士学位，论文题目是《坏疽性心绞痛》（*de Angia Gangraenosa*，在爱丁堡发表，1776），献给他的叔父赫克托耳（Hector）博士和他的早期家庭教师亨利·伍德（Henry Wood）。②在法国的短暂旅行期间，他参加了皇家科学院举办的一些哲学讲座，返回英国后开始在斯塔福德郡实习，不久以后成为了一名医

---

① Withering, jun. *Misc. Tracts*. vol. i, p. 19；转引自Schofiled 1963, p. 122。
② Schofiled 1963, p. 122.

生。虽然威瑟林成为了医院的一名医生，但是他的实践经验积累很慢。他开始热衷于为一位心仪的年轻病人收集植物样本，并且将植物样本交给这位病人绘制草图，但是在他与这位病人结婚之前，他就已经开始写一本关于英国植物学的书籍。威瑟林计划在有生之年花费大量的业余时间收集、比较、分析和描述英国植物，并编写出多部植物学书籍。

1772年，威瑟林写了《关于在斯塔福德郡发现的各种泥灰土的一些实验》，这篇文章发表在《哲学汇刊》上面。[①]"泥灰土"是一种土壤，主要是黏土和碳酸钙的混合物，它能够被用作一种肥料。他提取了一些泥灰土样本，添加一些能够驱散二氧化碳的硝酸，保留可溶解的钙盐、水和黏土。他点燃黏土并且描述了结果。然后，他对样品进行称重、煅烧和再次称重，描述产品的外观，添加水并且确定石灰水是否已经被制造出来。论文结尾论述道："泥灰土中包含的固定空气或其他挥发性成分的数量不同对于农业生产之中优先选择的影响程度，这需要由农民的实践确定。"论文中所使用的化学技术表现出分析的适度性，而且论文表明威瑟林很早就意识到普里斯特利的实验（1772年在皇家学会宣读，1773年出版），这些实验显示出固定空气（二氧化碳）对于植物生长的影响。威瑟林的实验结果更多是定性的而不是定量的，而且它们所描述的形式是否实用，这一点值得怀疑，不过，论文显示出他在将化学知识实际应用到农业问题方面的兴趣，因此对于月光社成员们是非常具有吸引力的。正是这篇论文向伯明翰的朋友们展示出威瑟林的哲学品位。

普里斯特利

普里斯特利于1733年出生在约克郡的菲尔德黑德（Fieldhead）。

[①] 见附录2。Philosophical Transactions, lxiii (1773), 161.

他的父亲是一位粗纺毛织物制造商乔纳斯·普里斯特利（Jonas Priestley）。他的亲戚都是加尔文教派的反对者，当他开始对书籍产生兴趣的时候，他的职业生涯就被规划为非国教教堂的牧师。由于这一想法，他开始研究拉丁文，学习初级的希腊语，后来又研究希伯来语、阿拉马方言、古代叙利亚语和阿拉伯语。由于自己的兴趣，他还研究几何学、代数学以及理论和应用数学的各种分支，并且阅读了格拉夫桑得所著的《自然哲学的元素》（Elements of Nature Philosophy，瓦特在同一时期也阅读了这本书）和洛克所著的《人类理智论》（Essay on Human Understanding）。当健康状况影响到化学研究的时候，他开始研究法语、意大利语和高地德语（也就是德语），以进一步拓展自己职业生涯成功的机会。他的健康状况得到改善，并且加入了位于达文垂（Daventry）的非国教学院。他19岁就显现出自己的独立思想，拒绝接受神父们的信仰支柱。在达文垂，普里斯特利在一个著名的早期非国教学院学习"自由主义"课程，成为了阿里乌斯派信徒（Arian，也就是，对于三位一体产生质疑），并且结识了伯明翰的亚历山大先生和后来成为伯明翰老会议教堂（Old Meeting House）牧师的雷德克里夫·斯科菲尔德（Radcliffe Scholefield）。

1757年，普里斯特利成为萨福克郡的一位牧师。由于年轻，他在发表意见的时候结结巴巴，而且他的神学的非正统性并不受欢迎。他在语言和数学方面的课程也不成功，但是他设法购买了一套球形玻璃器皿，并且捐献出来供讲课之用。他计划以这种方法继续进行科学仪器的收藏，但是1758年他接受了位于柴郡南特维奇的一个教堂的邀请。他曾利用一个小型排气泵、电动机和一些小型的科学仪器开办了一个讲授自然哲学的学校。

1761年，他被邀请到沃灵顿学院担任纯文学教师，他接受了这一邀请，虽然他更希望教授数学和自然哲学。沃灵顿学院是英国最著名的非国教学院之一，而且普里斯特利帮助学院取得了很大荣誉。他不仅讲授语言和修辞，而且还开设一些历史、英语语法和解剖学方面的课程。威廉·威尔金森是普里斯特利在沃灵顿学院的一位学生，1763年普里斯特利和威尔金森的妹妹结婚，她的父亲是铸铁商伊萨克·威廉·威尔金森（Isaac William Wilkinson），她的另一位兄长是18世纪末英国最伟大的铸铁商约翰·威尔金森，并且是长期供应博尔顿和瓦特公司的机器零件的铸铁商。①

1764年，普里斯特利凭借他的《传记图表》（Chart of Biography）被授予爱丁堡大学的LL.D.学位，《传记图表》是现在最著名的教学表格之一，图表中绘制的线条体现出一些重要历史人物的地位和活动。这一成果的大部分工作是由普里斯特利以前的一位学生托马斯·珀西瓦尔（Thomas Percival）完成的，珀西瓦尔还是威瑟林的一位朋友和医学学生。珀西瓦尔后来移居到曼彻斯特，并且在曼彻斯特文学和哲学学会的创立之中起到重要作用。

普里斯特利的科学职业生涯正式开始于1765年年末一封将他介绍给约翰·坎顿（John Canton）、理查德·普里斯（Richard Price）和富兰克林的信件。这些人鼓励他撰写一部电学史，他们帮助获取参考材料，检查手稿，并且对一些实验提供指导，这些实验都是普里斯特利认为对于消除他的所撰写电学史之中的混乱之处所必需的。他们还帮助普里斯特利成为皇家学会的会员，普里斯特利认为这有利于自己书籍的出版。1766年6月12日他被选举为皇家学会会员。②

普里斯特利单凭电学调查研究就在科学史之中取得了显著地位。他的《电学史》（The History and Present State of Electricity）受到广泛

---

① Schofiled 1963, p.195.
② Schofiled 1963, p.195.

欢迎。第一次于1767年出版，分为五个英文版、一个法文版和一个德文版。这是非常具有影响力的一本书；我们现在还可以追溯到这本书对于现代电学史中的某些特殊说法、叙述和解释的影响，有时候可能是不正确的影响，它们都源于普里斯特利的《电学史》这本书。他自己进行的一些实验和《电学史》具有同样的重要性，关于这些实验的说明发表在《电学史》和后来《哲学汇刊》上面的一些论文之中。富兰克林对于这些实验评价很高，因此他提名普里斯特利为皇家学会科普利奖（Copley Medal）的获得者，而且菲利普·哈托（Philip Hartog）先生认为这些电学实验是普里斯特利曾做过的最好工作并且是他的科学思想的关键，哈托先生对于普里斯特利的科学工作的研究是最具价值的。①

在《电学史》出版之前，普里斯特利已经离开沃灵顿去了利兹，他成为了米尔希尔小礼拜堂（Mill Hill）的牧师。在利兹他成为了一名索齐尼派教徒（Socinian）；他还开始出版一系列宗教出版物，还有一些有争议的论文，这使得他成为唯一神教派（Unitarianism）的一个重要人物，并且最终给他带来许多辱骂和伤害。人们对于《电学史》的接受鼓舞了他进行一系列的自然哲学历史研究。因此，他于1772年出版了《关于视觉、光和颜色的发现的历史和现状》（*History and Present State of Discoveries relating to Vision, Light and Colours*）。②这没有取得像《电学史》一样的成功（只有一个英文版和德文翻译版），但是它仍然在很多年之内是英国唯一一部光学历史书籍。这本书的订阅者有托马斯·本特利、富兰克林、约翰·米歇尔、约翰·斯米顿和韦奇伍德。因为这本光学著作的失败，普里斯特利决定放弃自然哲学历史的想法。此外，他对于化学创新研究的兴趣不断增长并且开始涉足其中，这样他就

---

① Weld 1848, vol. i. pp. 67-69.
② Joseph Priestley, History…of…Vision, Light, and Colours (London: J. Johnson, 1772), generally called the History of Optics；转引自Schofiled 1963, p. 196。

没有时间撰写其他发明创造的历史。

他的第一本化学出版物于1772年发表,那就是他发表的一个小册子《向水中注入固定空气的指南》(Directions for Impregnating Water with Fixed Air),它第一次描述了制造苏打水的技术和饮用人工苏打水的益处。从这个时候开始直到他于1804年去世,气体化学的任何发展都没有摆脱普里斯特利的研究工作的影响。在这里我们没有必要讨论普里斯特利化学研究的范围和意义,但是关于他的重要著作的目录就能显示出他的巨大成就。在1772年提交给皇家学会的一篇论文之中,普里斯特利宣布发现了两种新气体(现在被称为一氧化氮和盐酸),介绍了光合作用研究,并且指出了氮、一氧化碳和氧气的存在(虽然他没有识别出这些气体的明确种类)。在随后的著作之中,他宣布发现了氮气、氧气、一氧化二氮、二氧化氮、亚硫酸气、氨气和硫化氢。他描述了四氟化硅的研究,并且开始进行一系列实验,从而导致水成分和气体扩散的一些规律的发现。普里斯特利被称为"气体化学之父",这一点名副其实。

1774年,在普里斯特利化学研究职业的早期阶段,他已经离开利兹成为谢尔布恩(Shelburne)勋爵的图书馆员。六年时间,普里斯特利和他的家人都住在谢尔布恩家族附近,在威尔特郡(Wiltshire)靠近伯伍德(Bowood)的卡恩(Calne),或者谢尔布恩勋爵在伦敦的市内住宅。1774年,普里斯特利陪伴谢尔布恩到法国旅行,在那里他见到了拉瓦锡和其他著名的法国化学家。在美国独立战争的大部分时间之中,他都属于辉格党政治团体。1780年,由于一些无法解释的原因,普里斯特利和谢尔布恩之间发生了一些矛盾,他离开谢尔布恩来到了伯明翰。

高尔顿

高尔顿于1753年出生在伯明翰。他主要依靠家庭教育,直到1768

年进入沃灵顿学院学习，也就是普里斯特利离开那里之后一年。在17岁的时候，他离开沃灵顿进入高尔顿和农场主（Galton and Farmer）的会计室工作。在21岁的时候，他的父亲转给他10,000英镑，他成了由他的父亲和叔父开办的枪炮制造厂的经理，到1788年，他的财富达到43,000英镑。在开始枪炮制造厂管理工作之后不久，高尔顿就开始在科学知识方面进行自我教育。1776年，他参加了在伯明翰的亚当·沃克的科学讲座。1781年，他开始收集科学仪器，购买了显微镜，1782年购买了电动机，1786年购买了反射式望远镜和一些各种各样的光学仪器，1818年购买了太阳系仪。关于高尔顿的研究工作和兴趣在月光社记录之中很少提及。他出版了三本科学主题的著作，这些著作能够体现出高尔顿的全部科学兴趣和他与月光社的关系；还有一个来源是他女儿玛丽·安妮的论文集。

斯托克斯

斯托克斯于1775年出生在切斯特菲尔德。根据威瑟林儿子的说法，当斯托克斯还是孩子的时候，威瑟林就认识他并且"从他出生开始就培养和资助他"。[①]然而，关于斯托克斯就读于爱丁堡大学的医学学校之前的信息很少。在1778—1779年期间他成为爱丁堡医学学会的会员；1781—1782年期间，他被选举为学会的四位年度会长之一。大约1776年，威瑟林告知了斯托克斯关于毛地黄在治疗浮肿病方面的实验，1778年9月再次告知他这一信息；到1779年，斯托克斯才将这一信息传达给爱丁堡医学学会。[②]从1780年12月14日至1781年8月，斯托克斯经常出席在伦敦的皇家学会会议。他可能参加了约翰·亨特的解剖学讲座，

---

① Withering, *Mis. Tracts of ... Withering*, vol. I, p.101；转引自Schofiled 1963, p. 223。

② Schofiled 1963, p. 223.

达尔文和威瑟林早期也曾参加过这一讲座，至少亨特是将他带入皇家学会会议的成员之一。① 他可能在出席的一些皇家学会会议上面见到了维特赫斯特、韦奇伍德、博尔顿和普里斯特利；他也见到了约瑟夫·班克斯先生和班克斯先生的一位来宾，即正在访问伦敦的卡尔·林奈（Carolus Linnaeus），因为斯托克斯那个时候已经是一位知名的植物学家。

约翰逊

约翰逊出生于1745年10月21日，他是奥尔尼（Olney）教区牧师奥尔西·约翰逊（Woolsey Johnson）的第二个儿子。② 他于1765年8月21日被任命为第十三步兵团（Thirteenth Regiment of Foot）的少尉。他在此期间所做的事情不为人知，没有记录他是否被录取到任何大学。我们只知道一点，那就是他在获得任命之前接受的是家庭教育。他的名字在军队清单之中保留到1770年，从1768年8月12日开始被列入中尉。这一阶段的生活一定很轻松，第十三步兵团一直在英国服役，直到1768年他们被指派到爱尔兰，并且计划在八个月后出发前往地中海西部岛屿米诺卡岛（Minorca）。事实上，约翰逊并没有去米诺卡岛，他可能也没有去爱尔兰，因为他的注意力转向了那些更容易和舒适的生活环境。③ 约翰逊与克雷文（Craven）勋爵的妹妹［路德福尔德·泰勒（Ludford Taylor）先生的遗孀和财产继承人］相恋，后来他们结为夫妻并且移居到距离伯明翰附近的阿贝狭谷庄园（Coombe Abbey）。

---

① Journal Book of the Royal Society, vol. xxx (1780—1782); Archives of the Royal Society of London；转引自Schofiled 1963, p. 224。
② Schofiled 1963, p. 227.
③ Schofiled 1963, p. 227.

三　月光社的组织与特征

月光社作为一个地方性的学会，它的地域性是很显著的。月光社的正式成员和外围成员几乎都定居或曾定居于英格兰中部地区。月光社的成员可以方便地往来于伯明翰与德比、利奇菲尔德、斯塔福德、伊特鲁里亚、提普顿等城市。斯科菲尔德写道：

> 成员之间居住得相当近，使得他们彼此之间几乎每天都可以联系；他们在居住地，或者在伯明翰之外的临时住地都会与其他成员通过持续不断的通信而保持稳定的联系。[①]

大部分月光社成员都不具有英国国教徒的背景，也不属于牛津、剑桥所培养出来的社会精英。他们要么在苏格兰接受教育，要么从他们父辈的工作台获得实践知识，并结合随后的学习形成了一套正确的知识体系。他们依靠自己受到的科学教育和工艺兴趣，建立了提倡工艺和科学的学术组织——月光社。因此独特的教育和宗教背景是月光社成员的一个重要特点。此外，月光社成员的优秀素质，合理的成员数量，各种各样的职业背景也是它能够取得成功的重要因素。在月光社及其外围成员之中，我们能够看到各种类型的人物。医生（斯莫尔、达尔文、威瑟林、约翰·艾希），工程师（瓦特、约翰·威尔金森、默多克），玻璃制造商（凯尔），陶工（韦奇伍德），化学家（凯尔、普里斯特利），钟表制造商（维特赫斯特），地质学家（赫顿）和植物学家（斯托克斯）等。他们具有不同的科学和商业身份，并在很长时间内坚持不同的政治立场。这些月光社成员们可以在图书馆、发动机室、会计室和讲堂

[①] Schofield 1957, pp. 410-411.

之间自由行走。虽然月光社成员们的共享经验的多产可以通过很多方式证明，普里斯特利是正式强调了月光社重要性的唯一成员。在他的回忆录中这样记载着他拥有了"各种类型的优秀工匠"：

> 定居伯明翰是我一生最幸福的事件，我所关注的每件事都非常顺利，哲学的或者神学的。在哲学方面，我很方便地拥有了各种类型的优秀工匠，社团的每个人都以他们在化学方面的知识而闻名，特别是瓦特先生、凯尔先生，以及威瑟林博士。同时，还有博尔顿先生、达尔文博士（不久以后将要离开我们，从利奇菲尔德移居到德比）、高尔顿先生，以及后来来自凯尼尔沃思的约翰逊博士，还有我自己，每个月聚在一起共进晚餐，我们将自己称为月光社，因为我们的会议总是在靠近月圆之夜的时间。①

月光社成了最著名和最具有影响力的地方性知识俱乐部。参加这个著名团体的会议，手中并不需要有推荐信，只需要表示对所讨论的话题感兴趣并由一名月光社成员推荐即可。科学家、化学家、地质学家、植物学家、电学家、光学家、医师、天文学家、钟表专家、教育家、诗人、力学家和在任何领域之中具有专业技能的任何人，都可以被邀请参加谈话。月光社招待了一些尊贵的客人：叶卡捷琳娜二世、富兰克林、约翰·斯米顿、布莱尔、詹姆斯·弗格森、詹姆斯·赫顿、丹尼尔·索朗德尔和亚当·阿佛齐里乌斯，还有声名狼藉和给人带来阴影的拉斯伯和美国叛乱者约翰·柯林斯。他们的思想交流通过相互通信得到维持，从而个人友谊和多样的团体成员数量得到维持。许多人来到伯明翰与博

---

① Rutt 1831, pp.338-339.

尔顿、瓦特或斯莫尔会面,这些人熟悉欧洲和美国的主要科学和工业人物,而且月光社本质上的社交性意味着任何人都可以被邀请参加会议。虽然关于会议上所发生的事情知之甚少,"在思想异体受精的情况下,它的间接重要性通过长期生活得到检验,它不仅得到了成员们的尊敬,并且得到了广泛的著名同时代人物的尊敬"。

作为地方性科学学会的代表,月光社的非正式性体现了它的纯粹性,它没有其他地方性学会的规章制度和外在形式,却保留了一个科学学会最应该具有的本质特征,即这种相互激发和相互帮助的学术交流。1793年4月15日,克莱普顿的普里斯特利在给威瑟林写信提到:

> 月光社对于我来说具有无法形容的优越性,我在这里找不到任何可以替代的。[1]

没有规则和规章,所感兴趣的话题非常灵活,美味的菜肴和吸引人的谈话,月光社无意识地由博尔顿、斯莫尔和达尔文发展起来,发展为包括一些英国最著名的知识分子的社团。月光社的成员们通常上也属于其他的知识分子俱乐部,短时间内它的联系网络扩展到英国、欧洲和美国。伯明翰月光社的最大优势就是它充当了思想交换场所的作用;成员们和来宾互相资助、建议和帮助,不考虑报酬或赞誉。虽然由具有不同背景和兴趣的个人组成,成员资格的复杂性体现出对于宗教、政治、文学和教育的非传统性态度,还有对于科学和工业进步的革命性姿态。成员们的社会属性和影响力对于英国的科学、经济、社会和文化发展具有深远的影响。

月光社成员之间极为密切的交流和互助使得月光社更像是一个研

---

[1] Robinson 1963, letter 74.

究组织。斯科菲尔德认为，绝大多数社团的重要意义主要通过它们的成员个体成就的总和来衡量。然而，月光社成员之间的通信和公开出版的论文很好地展示出一个相互交换建议并相互帮助的事实，在这一点上，月光社实际上不仅是一个科学和技术的学会，还是一个活跃和多产的研究小组。在成员之间的交流和互助方面，月光社要比绝大多数更为著名的社团做得更为充分。斯科菲尔德更为强调成员之间频繁的通信交流和共同组织的活动的重要性。他认为，每月的会议相对而言仅是团队活动的社会表现，成员之间由于友谊和共同的兴趣所保持的通信交流更为重要：

> 通常从伯明翰的一名成员的住宅每周平均至少发出一封信件。会议以月光社的名义召开，然而在别的方面，这些会议只是作为一种社会黏合剂，在将成员保持在一起这一点上是重要的。在会议之外，信息在成员之间自由而频繁地相互交换，这种频繁程度甚至超过了会议内的交流程度。[①]

月光社成员的整体精神可以引用达尔文写给博尔顿的一封信件中的一句话进行概括，信件是达尔文因为不能参加会议而进行的致歉：

> 很抱歉，由于死神带着疾病来访问人间，并因此同医生们展开了一场持久战，因此我今天不能到索霍去同您的那些贵宾相见。天哪！有多少发明创造，有多少智慧，有多少妙言佳句，何等深奥、机巧而又令人眼花缭乱！它们都将在您那批知识渊博、才华横溢的哲学家之间，好像生出羽翼，如羽毛球一

---

① Schofield 1957, p. 411.

般,你来我往,令人目不暇接,而可怜的我则作茧自缚,不得不把自己关在一辆晃荡拥挤的邮递马车里,在皇家公路上被撞得青一块紫一块,同胃痛和发烧进行搏斗。①

"如羽毛球一般你来我往",正是这种热烈的讨论和高质量的交流使成员们分享了彼此对于科学领域和工艺技术的兴趣,这种密切的伙伴小组式的研究促使月光社取得了一系列卓越的成就。月光社成员们吃过饭就进行讨论、论证、讲演和团体实验。博尔顿的家是最受欢迎的会议地点,可能因为他和蔼可亲的性格和慷慨大方的餐宴。

月光社信仰争论和合作。他们曾进行了关于打雷发出隆隆声的原因的长期讨论,并且判定检验各种理论的最好方式就是实验。博尔顿制造出由浸漆绝缘纸制成的5英尺直径的气球,他们向气球中填充了空气和氢(来自于铁的易燃气体)混合物,点着了下面的熔丝,在一个宁静而晴朗的夜里,将气球释放到空中并且等待着它的突然巨响。不幸的是,熔丝太长了,而且他们都觉得熔丝已经熄灭;因此,当发生巨大爆炸的时候,他们已开始聊天,所有人都说"也就这样了",并且忘记了倾听隆隆声。瓦特在3英里外的家中,他写道:"突然巨响是瞬间的,并且持续了大约1秒钟。"这好像自相矛盾,但是,无论如何,实验没有能够为原问题提供简单的答案。

还有更多的实例,比如瓦特的压印机和为韦奇伍德设计的水平式风车。月光社成员们的经历显示出,通过经历各种人生道路的人们之间的学术交流,科学和技术取得进步。与密切的学术交流一样,月光社成员之间的互助同样是月光社的一个非常重要的特征。斯莫尔、达尔文、戴、凯尔和韦奇伍德等月光社成员对于博尔顿和瓦特在蒸汽机的研发与

---

① Uglow 2002, p. 265.

推广过程中所给予的帮助包括了资金支持、业务互助、智力支持和精神鼓励等，同时，几乎所有月光社成员对于普里斯特利的资助使得普里斯特利将定居伯明翰的时期视为他一生中最为愉快的阶段。还可以举出很多关于这种互助合作的案例。这种互助是月光社能够在科学与工业领域取得辉煌成就的重要因素。

月光社历史的最大吸引力之一就是成员兴趣的快速蔓延。如果一个成员产生了某一想法，那么很快地大多数其他成员也会开始从事这方面的研究工作。然而，1791年后，除了气体医疗研究所，月光社成员的活动很少有联合行动。这一阶段他们更多是在相对独立的状态下进行个人形式的研究。虽然月光社未能接受默多克和萨瑟恩作为成员或者未能留住斯托克斯，然而，月光社并没有很早地消亡。这些情况表明了社团的性质，它导致月光社处境困难。作为一个由私人朋友组成的非正式团体，社团更多地受到个性而不是规则的支配，它的存在基于个人的持续热情而不是组织。这种滋味、兴奋和月光社的独特贡献是精力充沛的个性和积极的精神之间相互作用的结果。规则和组织可能会抑制这些东西；通常，当第一批成员们取得成功和地位的时候，社团的主要动机就会消失，而社会偏见和个人敌意阻碍了未取得相等成功和地位的新成员加入。

在所有地方性的哲学学会中，月光社是最为重要的，这是因为月光社不仅仅是一个地方性的社团。全世界的人们都来到索霍会见博尔顿、瓦特或者斯莫尔，他们认识整个欧洲和美洲的科学界的主要人物。这种极为重要的社会性意味着任何人都可能被邀请来参加月光社的会议。关于会议是如何进行的，我们所知道的非常有限。但是，月光社会议在所谓的思想的"异体受精"中所具有的间接的重要性和威望已经被证明了。月光社聚会不仅在月光社的成员之中举行，还在各种各样的著名的同时代人中举行。

第三章　月光社的历史发展

作为一个非正式的地方性科学学会，月光社甚至连具体的起止日期也难以确定，那么关于月光社的历史分期也肯定存在争议。月光社的发展虽然有其连续性，但也呈现出阶段性。参考斯科菲尔德和罗宾逊等学者对于月光社的分期，本书拟将月光社的历史分为五个时期：1750—1765年，月光社的萌芽阶段；1765—1775年，创建之中的月光社，重要标志是1765年斯莫尔移居伯明翰；1775—1780年，月光社的正式确立，重要标志是1775年斯莫尔的去世，月光社会议由定期会议转变为不定期会议；1780—1791年，月光社的顶峰，重要标志是普里斯特利1780年年底定居伯明翰；1791—1813年，月光社的结束，重要标志是1791年"教会与国王"暴乱导致月光社的衰落。下面按照历史分期对月光社的历史进行梳理。

一　1750—1765，月光社的萌芽阶段

月光社的正式创立是在更晚一些时候。1765年，达尔文在信中第一次提到哲学家的聚会，在团体存在之日起不久，成员资格就确定了，它已经满足月光社的大多数职能。因为没有其他名称，这一团体被斯科菲

尔德称为"月光派"。1776年第一次有记录显示"月光社"这一名称出现。在1780年之前月光社聚会的时间特征和地点都没有最终确定。

月光社几乎是无意识地发展起来的，最初由于一群人发现他们对科学和技术具有共同兴趣，而且通过共享能够更好地发展这些兴趣和享受由此产生的乐趣。在1765年之前的一些年，博尔顿、达尔文和维特赫斯特就已经结识并且开始合作，他们是月光社发展的核心。个性的力量使得这一团体的成员们聚在一起，并且为这个团体提供了发展目标。

1758年是英国政治活跃和军事胜利的一年，对于月光社而言，这一年最重要的事件是富兰克林访问伯明翰，这是富兰克林第二次访问英国。1757年他曾作为美国宾夕法尼亚州议会（Pennsylvania Assembly）的代表访问英国。更早一次未公布的到访还是在他非常年轻的时候。1758年的这次访问就如同凯旋旅行，因为当时他已经成为英国最重要的实验主义哲学家。与大多数殖民地居民一样，他将自己的访问视为回国，在出席剑桥大学的毕业典礼之后，他到伯明翰拜访了自己的远房表兄妹和妻子的亲戚们。他访问伯明翰还有一些其他原因。[①]约翰·巴斯克维尔的《维吉尔》（*Virgil*）已于前一年出版，富兰克林（他的名字与博尔顿和达尔文的名字并列在捐助者名单上面）对于自己能够成为印刷商感到十分荣幸，他想要与这本新书的其他印刷商会面。他带着一封约翰·米歇尔于1758年7月5日在剑桥写给博尔顿的信件：

> 我确信，您会欣然地谅解我冒昧发这封信，我想介绍您认识一位最优秀的美国哲学家，您可能已经多次听过他的名字，只是没有当面见过他。我想您会很愿意对这位送信人，即来自宾夕法尼亚州的富兰克林先生给予力所能及的礼遇；去年

[①] Smyth 1905. vol. iii, pp. 451-454, Letter 268.

在伯明翰我得到了您的热情礼遇，这使得我希望您能够允许我提出这一请求，希望您能够照顾以前不相识或没有注意到的这个人。①

富兰克林对伯明翰的访问标志着他与巴斯克维尔的长期友谊的开始，他们的友谊一直持续到1775年巴斯克维尔去世。这也标志着富兰克林在月光社中影响的开始。不久以后，他熟识了14名月光社成员之中的7个人（包括早期月光社9名成员中的6个人）；他还结识了这些月光社成员的许多科学领域中的朋友。

关于达尔文和富兰克林在这次访问期间是否会过面，我们没有确凿的证据。不过，在1760年达尔文写给博尔顿的一些简短信件中，他曾以不经意而友好的方式提及富兰克林。如果博尔顿安排将富兰克林介绍给其他朋友，那么他也应该介绍了富兰克林与达尔文相识。1758年7月19日，博尔顿和巴斯克维尔的一个共同朋友威廉·申斯通（William Shenstone）写信给博尔顿：

我受朋友希尔顿先生之托向您提出一个请求，希望您能够给他提供一台电气设备；发送货物的所有事宜都依照您的意思办理。他希望能够有力地展示出所有普通的电学实验；这完全留给您进行决断，您在这方面更加精通……我万分感谢您给予我结识富兰克林先生的荣誉，我希望有机会的时候您能够再给予我提供这样的帮助。②

---

① Schofiled 1963, p. 24.
② Schofiled 1963, p. 24.

博尔顿是当地著名的电学专家和电气设备的销售代理商，米歇尔的介绍信暗示博尔顿对于富兰克林的研究工作也十分了解，因而，博尔顿的电学兴趣占据着富兰克林访问的优先位置，这次短暂的访问对于富兰克林了解博尔顿已经足够。

在返回美国之前，富兰克林和维特赫斯特也建立起友好关系，他曾从纽约写信给维特赫斯特：

> 我向蒂辛顿（Tissington）先生致意……我最近寄给他……一份矿石和矿物的目录。代我向达尔文先生问好。我希望能够了解到他关于伤风的想法……您最近的地球理论是非常切合实际的……我只保留了一年的天气杂志。但是，我有一个宾夕法尼亚州的朋友，他已经保存天气杂志很多年，我让他给您寄送一份……我希望您……将您为我制成的温度计交给……史蒂文森（Stevenson）女士。[1]

在这一期间，达尔文和博尔顿关注的主要问题是建立自己的威望。对于达尔文来说，这并不是很难。他的教育背景和婚姻状况良好，而且能够在社交方面结识一些有影响力的人物。在不断增长实践经验的过程中，他通过成为皇家学会的会员提高了自己的职业威望。达尔文曾发给皇家学会一篇电学方面的论文。1760年，他又发给皇家学会一篇医学方面的论文。这篇论文以"一个咳血的不寻常案例"为题，[2]是一名病人由于夜间少量和无痛苦地吐血而醒来的琐细病例。达尔文推论，睡眠时病人的肺部不够敏感以推进整个呼吸循环，血液逐渐地堆积起来，从而

---

[1] Franklin to Whitehurst, 27 June 1763, MSS. Collection, Yale University Library; 转引自 Schofiled 1963, p. 25。

[2] An Uncommon Case of Haemoptysis, *Philosophical Transactions*, li (1760), 526.

引起一些毛细血管破裂，随后焦虑不安使得病人醒来。这一诊断揭示出达尔文的理论：疾病是机体敏感度下降或提高的结果。治疗方法是在病人平日醒过来之前的一个小时唤醒他，并且让他保持清醒两个小时，这更像是治疗症状而不是疾病。但是，达尔文断言这一治疗方法能够取得成功，而且这篇描述案例的论文得到发表。为了确保印刷本适于销售，这篇论文的出版等待了很长时间，这一期间达尔文已经被提名为皇家学会的会员，而且于1761年4月9日被选举为会员，他是月光社成员之中的第一位皇家学会会员。①

达尔文也没有忽视取得当地声誉的机会。在《伯明翰公报》中的一个注释如下：

> 1762年10月23日——一名犯罪分子被判决于25日星期一在利奇菲尔德处死，随后尸体被运到达尔文的住处，达尔文将会在星期二下午4点钟进行一次解剖讲座，之后每天他都继续进行讲座，直到尸体可以保存起来，而且他很高兴与从事医药或医疗的来宾们或者热爱科学的来宾们进行交流。②

博尔顿建立威望的问题更为复杂，因为他的志向更加远大。1759年，他父亲去世时留给他一个中等规模的纽扣厂，他的财务地位稳固。这对于博尔顿来说并不够，他从不满足于在任何一项活动之中担当次要角色。1761年，他开始扩大工厂规模。他购买了一大块土地，这就是伯明翰附近的索霍工厂房产，有一条小溪穿过工厂。他立刻将自己的制造厂转到新地点。在一封写给伦敦商人蒂莫西·豪立斯（Timothy

---

① Royal Society Certificates 1761—1766, Archives of the Eoyal Society of London. 转引自 Schofiled 1963, p. 26.
② Langford, *Birmingham Life*, vol. i, p. 148.

Hollis)的信件中,博尔顿提到了搬迁原因:

> 我最近在英国购买了一个最便利的水力磨坊(water mill),它将会在天使报喜节(Lady Day,3月25日)之后投入运营,这一期间我要对它进行一些其他改造,我希望随后寄给您一些样品,我认为这将极大地提高我们之间的贸易往来。①

这次搬迁直到1766年才完成;扩展的业务也是经过更多年才取得真正成功。事实上,博尔顿已经过度扩张。他卖掉了父亲留给他的财产,依靠妻子的财产生活,借贷了更多钱,还有一个合伙人的投资,这些都不能负担起新业务的经费。1763年他的总收入仅有300英镑,虽然1767年总收入增加到30,000英镑,但是他的开支也增加了,业务仍然没有取得利润。博尔顿对于这些困难作出了特殊反应:他没有缩减自己的业务,而是不断扩张。他利用票据信贷并且取得更多贷款,他努力工作,以增加销售产品的种类和数量。有证据表明,直到1780年,索霍工厂还没有真正盈利。但是,博尔顿经受住了这些困难。他度过了不止一次金融恐慌,并且最终成为了英国最富有的制造商之一。②

索霍工厂最早成为一个参观地,作为现代化英国的一个奇迹,所有旅行者都想要到此参观。一些特殊来访者在索霍会馆得到豪华招待。大使、王子和俄国的叶卡捷琳娜二世都是他的客人,但是这些并不是最特殊的来访者。博尔顿喜欢舒适的物质生活,这使得他生活愉快并且能够以豪华的规模招待来访者,不过这都不是他的生活目标。金钱、闲暇和上流社会都不能引诱他离开工作。通过第二次婚姻,博尔顿得到足够的

---

① Matthew Boulton to Timothy Hollis, 2 February 1761; 转引自 Schofiled 1963, p. 26。
② Roll 1930。

土地财产，他接受绅士地位是完全正当的，可是博尔顿绝不会隐退。他的特殊来访者是像他一样的制造商，或者能够给他带来知识收获的一些科学家。①

达尔文和博尔顿都参加了一些公共讲座。1761年9月，一位苏格兰的天文学家和讲师詹姆斯·弗格森在伯明翰进行了一系列的科学谈话；博尔顿与弗格森结识很明显就是从这次访问开始的。1763年1月17日的《伯明翰公报》刊登了下面的公告：

> ……一件艺术品展示出许多行星的变化无常的各种旋转……添加了各种移动图形和风景画……恰到好处……就是一个小宇宙。——在四点以前的任何时间都可以参观，每个人一先令……②

这一"独特演示"肯定吸引了博尔顿的关注，达尔文肯定也参加了讲座。还有记录在《伯明翰记录》（Birmingham Register）之中"自然和实验哲学"方面的课程；或者在1765年3月28日星期四的《有趣的博物馆》（Entertaining Museum）之中记录了关于物质、排斥力、电学、引力作用和运动、摩擦力、杠杆、地球仪、天文学、流体静力学、空气静力学和压力、气压计、泵、声音、灯光、透镜、日光显微镜和磁铁（包括人造磁铁）方面的12个讲座。很明显，伯明翰能够提供启发性的乐趣，并且为初期的自然哲学家提供机会。

1765年，在伯明翰地区已经逐渐形成一个科学思考的小中心：博尔顿在伯明翰，达尔文在利奇菲尔德，维特赫斯特在德比，他们将关于电

---

① Schofiled 1963, p. 27.
② Langford, *Birmingham Life*, vol. i, p. 142.

学、温度计、气象学、地质学和蒸汽机的想法集合起来,并且吸收了苏格兰的罗巴克、利兹的斯米顿、沃灵顿的塞登、剑桥的米歇尔和费城的富兰克林的经验。这完全不能构成一个独立的科学团体,它还不是一个社团。这甚至不能算作社团的初级阶段,除了成员数量少以外,还需要在他们中间发展一种团结感。[①]这一团结的形成归功于另一个人,这个人就是威廉·斯莫尔,他于1765年5月到达了伯明翰,并且开启了月光社历史的下一个阶段。

二 1765—1775,创建之中的月光社

依据罗宾逊的看法,月光社的起源应该是在利奇菲尔德的一个俱乐部,达尔文是这个俱乐部的主要成员。达尔文于1756年到达利奇菲尔德,1758年在大教堂院子(Cathedral Close)附近购买了一栋住宅。达尔文召集朋友们在自己的家里举行聚会,他的夫人玛丽·霍华德对此十分欢迎。安娜·休华德叙述了这些哲学家如何聚集在一起:

> 牧师米歇尔先生多年后去世了,他精通天文学,谦虚而有智慧;西布罗姆维奇(West Bromwich)的天才凯尔先生,也就是随后的凯尔上尉;博尔顿先生,在机械制造哲学方面广为人知并且受到尊重;瓦特先生,著名的蒸汽机改进者。上述成员都与达尔文博士拥有良好的个人关系,还有富有成就的伯明翰的斯莫尔博士。
>
> 1765年,一位年轻活跃的哲学家从邻近的里丁(Reading)

[①] Schofiled 1963, p. 32.

来到利奇菲尔德，这就是埃奇沃思先生。[1]

　　1765年12月12日，达尔文向博尔顿和斯莫尔通报了自己对于蒸汽机的热情，并且提到"米歇尔先生已经和我待了一两天，而且我想给您介绍一下哈里森钟表——实际上这是一项非常精巧的发明"。[2]在这封信件中，达尔文第一次提到"您那些伯明翰的哲学家们"[3]，这也是第一次提到月光社的雏形。1766年博尔顿写给斯莫尔的手稿的注释显示，博尔顿曾与斯莫尔一起前往利奇菲尔德，信中提到，"在这里他享受了一场哲学盛宴，并且与博尔顿和他的妻子于星期一中午返回伯明翰"。[4]1768年7月8日，瓦特和布莱克共同的朋友约翰·罗宾逊（John Robison）写信给瓦特，信中提到"在利奇菲尔德度过了一天（星期日），十分幸运地遇到了斯莫尔博士和达尔文先生，还有与他一起的最令人愉快和最令人温暖的朋友，博尔顿先生"。[5]这些零碎的片段证明了月光社会议最初在利奇菲尔德举行，而不是伯明翰。月光社的第一次聚会应该发生在利奇菲尔德的达尔文家中。[6]

　　在随后三年中，月光社逐渐扩大，吸收了陶工约西亚·韦奇伍德、机械发明家理查德·洛弗尔·埃奇沃思、绅士托马斯·戴、工程师詹姆斯·瓦特和化学工业的先锋詹姆斯·凯尔。谦逊、友善和博学多识的斯

---

[1] Edgeworth and Edgeworth 1820, vol, i, pp. 167-168, 184-187, 196-197, 204.
[2] King-Hele 2007, p. 66；亦参见Schofiled 1963, p. 108。
[3] King-Hele 2007, p. 66.
[4] John Robinson (Watford) to James Watt (Glasgow), 8 July 1768, Birmingham Reference Library, 转引自Robinson 1963, pp. 155；亦参见Schofiled 1963, p. 46。
[5] R. E. Schofield, in *Annals of Science*, 12, 2, June 1956. 转引自Robinson 1963, pp. 155。
[6] 参见http://www.search.revolutionaryplayers.org.uk/content/files/2/2/326.txt 第6标题 "6.Inventions, the Commonplace Book and the Lunar Society"。巴洛（Barlow）指出，月光社的第一次会议可能在Sutton Coldfield附近的高尔顿的住宅中召开，这里到利奇菲尔德和伯明翰很方便。Barlow 1959, p.88，可能有些问题。

莫尔很快成为月光社的"组织秘书"，索霍会馆成为月光社的主要聚集点。

1765年5月，威廉·斯莫尔带着富兰克林写给博尔顿的充满赞誉的介绍信来到伯明翰：

> 请允许我将我的朋友斯莫尔医生介绍给您认识，并且托付您给予礼貌的招待——如果我不确定您会欣然同意，我是不会这么直率的；而且您将会感谢我给您带来一位朋友，依据知识水平您必须尊敬的一个人，他是拥有创造力的哲学家和最可敬的正直人。
>
> 如果自我上次有幸见到您以后，您在磁学、电学或者自然科学其他科学分支方面取得任何新成果，希望能够进行交流，不胜感激。[1]

从1765年到1775年去世为止，斯莫尔一直是博尔顿的家庭医生。斯莫尔很快地证明了自己是太过繁忙的博尔顿和达尔文的理想中间人。如果没有斯莫尔的建议，博尔顿不会取得那么多成就，特别是在科学方面。斯莫尔的个性对于正在成长中的月光社的其他成员也产生了很大影响。正是1767年至1775年斯莫尔与瓦特之间的一连串通信，使得瓦特没有继续常有的消极情绪，并且为瓦特移居到伯明翰铺平了道路。斯莫尔也是达尔文特别喜欢的学术朋友之一。[2]戴在斯莫尔去世的时候悲痛万分。凯尔曾这样描述斯莫尔：

---

[1] Schofiled 1963, p. 35.
[2] Seward 1804, p. 16.

> 一位具有非凡优点的绅士……他在科学、文学和生活方面拥有最广泛的、多方面的和准确的知识，有魅力的举止和最严格的品性，最宽广的心胸和最开明的博爱。[1]

关于斯莫尔对月光社的重要意义，埃奇沃思作出了最好描述：

> 通过凯尔先生的介绍，我结识了伯明翰的斯莫尔博士。熟悉他的所有人都非常敬重他，而且他的所有朋友们都以非凡的热情深爱着与他之间的友谊。斯莫尔先生将博尔顿先生、瓦特先生、达尔文博士、韦奇伍德先生、戴先生以及我——这些性格非常不同但却致力于文学和科学的人们联系在一起。[2]

对于月光社来说，斯莫尔来到伯明翰是一种喜悦——达尔文于1766年3月11日写信给博尔顿：

> 我们的具有创造力的朋友斯莫尔博士，我最近一次在伯明翰的时候通过您与他结识，这些天在正常生活的间隙时间，我都会带着难以形容的喜悦想起他。[3]

1766年夏，斯莫尔开始与令人尊敬的伯明翰医生约翰·艾希住在一起，并且合伙创办了一家诊所。斯莫尔在伯明翰成为一个受到欢迎和有影响力的人物。不过，他并未对自己的处境感到十分高兴，他的信件经常地谈及头痛、嗜眠症和厌倦。此外，他不喜欢作为一名医生，并且认

---

[1] Keir 1791, pp. 29-30.
[2] Edgeworth and Edgeworth 1820, vol i, p. 186.
[3] King-Hele 2007, p. 72.

为医疗实践比坐监狱还要糟糕。但是，他还是留在了伯明翰，而且在接下来的十年间，当月光社的规模扩展并且影响力遍及中部地区和整个英国的时候，他发挥的作用首屈一指。

月光社的第一位新人是约西亚·韦奇伍德，斯塔福德郡的陶器制造商。韦奇伍德在设计特伦特和默西（Trent and Mersey）运河工程的过程中与达尔文相识，他引起了月光社成员对于修建运河的兴趣。达尔文为韦奇伍德谋取到斯莫尔和博尔顿在廉价运输方面的帮助，相应地，韦奇伍德将博尔顿的动力机械装置引进到维特赫斯特帮助他建立的陶器工厂之中。共同的兴趣很快转化成为友谊，韦奇伍德成为月光社的一位成员。

韦奇伍德为月光社带来的不仅是他对于运河工程的热情，作为一个专业的陶工、艺术家和商人，韦奇伍德的兴趣经常地改变，但是至少与月光社的一位成员并驾齐驱。

运输方面的共同兴趣也将埃奇沃思吸引到月光社之内。作为一位机械发明家，埃奇沃思对于农业和教育都感兴趣。他和达尔文一样，对于机械发明有很高的热情。在了解到达尔文设计的新式马车之后，埃奇沃思复制了新式马车，并向伦敦的工艺学会送交了一份设计草案。1766年他拜访了达尔文，并向达尔文告知了工艺学会的反应，此时，他已经与斯莫尔和博尔顿相识。自此以后，埃奇沃思成为月光社的一员。

埃奇沃思出现在1766年夏季达尔文写给博尔顿的信件中：

> 我结交了一位来自牛津郡（Oxfordshire）的机械发明家朋友埃奇沃思先生——我见过的最伟大的"魔术师"——上帝赐予我们美好的境况，恳求您帮助我，请说服斯莫尔先生和博尔顿夫人明天早上陪同您到我这里，我们会在星期一送您回到伯明翰。

而且您可以通过两块没有玻璃的坚固橡木板看到东西！令人惊异！魔鬼！恳请您告诉斯莫尔先生必须过来看一下这些奇迹。①

博尔顿签注了这封信件：

博尔顿先生和夫人于星期日早上七点出发到利奇菲尔德和维奇诺尔（Wichnor），为了参加与埃奇沃思先生的聚餐，他们很高兴斯莫尔博士能够同行，他就坐在轻便马车的中间并且在利奇菲尔德下车，在这里他享受了一场哲学盛宴，并且与博尔顿和他的妻子于星期一中午返回伯明翰。②

车辆的设计和制造是埃奇沃思一生的主要兴趣，这使得他与月光社联系起来。在这次会见之后，埃奇沃思一直在月光社的活动范围之内。埃奇沃思这样描述这次会见：

他（达尔文）开始与我谈论起我发明制造的马车，以及那些我已经向他们展示过马车的学会成员们的评价。我满足了他的好奇心，而且……我们谈论了其他一些机械问题，然后又开始讨论那些形成古典文学典故的各种学科；通过这些谈话，他发现我接受过绅士教育。达尔文博士说："哎呀！我还以为您只是一个马车制造者！"……第二天我被介绍给利奇菲尔德的一些文学人士，在他们之中这对于西沃德小姐是最重要

---

① Robinson 1963, letter 2.
② Schofiled 1963, pp. 45-46.

的。下一个晚上,这个学会又在另一个场所重新召集会议,随后的一些晚上,我在利奇菲尔德参加了各式各样令人愉快的聚会。

伯明翰的博尔顿先生正好在这个时候过来拜访达尔文博士。我向他和他的朋友们展示了我发现的一些"宴会欢乐之神的诡计"。这些发现的展示是被特别提议的,因为那个时候博尔顿先生正在制造大量用于出口的磁铁。他请我到他在伯明翰斯诺希尔(Snow-Hill)的家里。[1]

埃奇沃思具有个人魅力而且性格古怪,撰写了一本自传《埃奇沃思论文集》(*Memoirs of Richard Lovell Edgeworth*),这本书甚至自我中心地对他所生活的时代进行了评论。论文集没有提及他自己为月光社所做的工作,只是对于月光社早期的个人和社会历史进行了相关说明。

托马斯·戴,月光社的第三位加入者,戴在1766年与埃奇沃思相识,随后被埃奇沃思介绍给达尔文、维特赫斯特和斯莫尔。戴与月光社的其他成员对政治和教育改革都感兴趣。

戴被介绍给月光社的情况非常特别。1768年春季,达尔文和维特赫斯特一起到斯塔福德郡旅行,他们进入一家客栈,看到一个粗野人和丑角正在表演,达尔文认出了扮演丑角的那个人。他就是埃奇沃思,在戏中扮演一个仆人,夸大自己对于食物豪华品味的重要性的观点。那个粗野人士是戴,假扮一位对于简朴和粗制乡村食物颇为热爱的古怪绅士。这一"诡计"被揭穿,达尔文、戴、埃奇沃思和维特赫斯特相互认识了。埃奇沃思这样描述了这次偶然会面:

---

[1] Edgeworth and Edgeworth 1820, vol. i, pp. 164-167.

我结识了我知道的最真诚和谦虚的哲学家维特赫斯特，并且有机会将戴先生介绍给达尔文博士。然而，他们之间的了解并未顺利地展开；戴先生对于机械学不感兴趣，他几个小时都没有参与我们的谈话……在我们分手之前，提起了一些戴先生感兴趣的话题，戴先生开始展示出自己的知识、看法和雄辩口才，这完全征服了达尔文博士。他邀请戴先生到利奇菲尔德，这一邀请不仅导致了他们的熟识，而且带来了他们之间真诚的友谊。[1]

戴先生博得了达尔文、凯尔、韦奇伍德和博尔顿的喜爱，这说明他这个人不是陈腐的。虽然戴对月光社的活动参与较少，但是他对于他们的活动表现出尊重并且保持着关注。他曾屡次借钱给博尔顿、斯莫尔和凯尔以支持他们的企业。这容易让人联想到戴的成员资格源于他给成员们借贷资金和他展现出的友爱精神，但可能并非如此。在斯莫尔去世之后，在钱款全部还清之后，甚至在引退之后，他仍然是月光社的一部分。戴先生能够博得月光社成员们的喜爱，因为他对待月光社朋友们和他们的研究工作非常认真。

戴先生一心想要服务和改革人类。他曾考虑过从事医学研究，但是斯莫尔博士劝阻了他，斯莫尔认为医学实践不会让他感到快乐，而且也不会对人类产生帮助。一些年后，他曾给自己的房客提出过医学建议，但是他的科学研究选择了另一方向。物理科学也从未让他真正感兴趣。当斯莫尔博士去世的时候，戴购买了他的一些遗产，其中包括一套《皇家科学院论文集》（*Memoires de l'Academie Royale des Sciences*）。根据玛利亚·埃奇沃思（Maria Edgeworth）的说法，她的父亲曾从戴先生

---

[1] Edgeworth and Edgeworth 1820, vol. i, p. 197.

的遗产之中得到一些数学方法，这些方法"非常有用……对于他来说，对于一些过去时期的回忆"。① 但是，戴忽略了这些题目，没有进行相关研究。在1780年10月29日一封写给博尔顿的信件中，他写道：

> 我非常地感谢您，感谢您提供给我一个博物馆，在康沃尔产品范围之外——事实是，虽然我认为每一门科学研究都比我所从事的人类研究对研究者的回报更多，不过目前我在这方面从事的工作已经太多，以至于其他研究工作都安排在空闲时间。②

1767年年初，詹姆斯·瓦特拜访伯明翰，将他的资助人罗巴克的讯息带给博尔顿的好朋友加伯特。当时博尔顿外出，达尔文和斯莫尔带着瓦特参观了索霍工厂，瓦特发现这正是他所需要的理想地方。瓦特不善于处理商业事务，并且需要不断的鼓励，在第一次拜访月光社成员的时候，这种需求开始得到满足。此前，博尔顿做过蒸汽机实验，斯莫尔和埃奇沃思也对蒸汽动力感兴趣。博尔顿和瓦特的合作关系很快确立起来，这对于工业革命的兴起和月光社的发展都是非常重要的。

1774年瓦特开始定居伯明翰。在1767—1774年的七年时间里，瓦特成为月光社的一个非常驻成员，通过与"伯明翰哲学家"持续不断的通信往来，他为月光社贡献了自己的兴趣和专业技术。月光社向他提供了许多建议和鼓励，尤其是斯莫尔，向他提供了许多关于制陶业、化学、染色、冶金术、钟表学和光学系统的行业信息。

在1767年瓦特加入月光社后几个月，另一位同样重要的成员——詹

---

① Edgeworth and Edgeworth 1820, vol. ii, p. 107.
② Schofiled 1963, p. 54.

姆斯·凯尔也于1767年加入月光社。他是达尔文在爱丁堡大学的同学。1767年11月8日，达尔文在给韦奇伍德的信件中曾写道：

> 我很高兴向您介绍一位上尉詹姆斯·凯尔先生，他是我的一位老朋友，并且是一位成功的人文学科和军事培育者。他恳求到您的第一流的制造厂参观，并且希望能够在您家中见到我们共同的朋友哲学家维特赫斯特先生。[1]

随后，凯尔被介绍给达尔文在索霍和伯明翰的其他一些哲学朋友们，并且参与到月光社活动范围之内，他再也没有回到军队。凯尔展示出在化学方面的成就，他进行了从盐中提取碱的初步实验，并翻译了马凯的《化学词典》（完成于1769年，最终匿名出版于1771年）。凯尔将月光社的兴趣引入专业的化学领域之中，并且引起了团体对于冶金学和地质学的兴趣，加强了团体在这些领域的研究。

到1768年，月光社由九名成员组成：达尔文、博尔顿、维特赫斯特、斯莫尔、韦奇伍德、埃奇沃思、戴、瓦特和凯尔。当他们不能见面的时候，他们相互通信，并且发一些感兴趣的样品和物品，从骨头和化石到花瓶和骨灰瓮，驿递马车行驶在尘土飞扬的收费公路上面，车上是满载的篮子和盒子。他们之间讨论的问题非常广泛，从天文学和光学到化石和蕨类植物。一个人的热情可能是马车、蒸汽、矿物、化学或钟表，但是他的热情燃烧了所有其他人。没有纯粹的单独话题。斯莫尔和瓦特之间的通信内容涉及发明和想象中的万花筒，蒸汽机和气缸；作为一种半金属的钴；如何蒸发一种热带树木的树脂"苯乙烯树脂"，以便用于涂清漆；透镜和钟表以及瓷釉的颜色；碱和运河；酸和蒸汽；还有

---

[1] King-Hele 2007, p. 83.

瓦特鼻子上面的疖子。①

在1771年2月12日，达尔文写给博尔顿的信件中提到："我想在第一个空闲的星期日再次到伯明翰拜访您。"②在此，"第一个空闲的星期日"显示出达尔文、博尔顿和斯莫尔（可能还有凯尔）经常在闲暇的星期日在索霍会馆聚会。每个月一次的月光社聚会逐渐成为一个习惯。③

月光社的核心成员已经通过共同的兴趣而聚集在一起。至此，伯明翰已经形成了一个地方性的科学中心，一个科学和技术信息的交换场所。有充分的证据显示，月光社的成员之中已经形成了足够的凝聚力，诸如"伯明翰哲学家"的名称已经出现在他们彼此之间的信件之中，但是没有证据显示他们之间出现了有规律和有计划的会议。

三 1775—1780，月光社的正式确立

随着月光社的成员数量不断增加，月光社与沃灵顿、剑桥、爱丁堡和格拉斯哥建立起联系，显然月光社成员们已经意识到组织联系的价值，但是，月光社这一非正式性团体还没有正式确立。

在1765年12月12日达尔文第一次使用了"伯明翰哲学家"这个名称之后，虽然团体人数不断增长，但是这一名称没有改变。起初，达尔文想要通过安排一些非经常性的会面进行持续不断的信息交换，但是，这些会面非常频繁和自发，甚至没有必要特意安排。月光社的确立已经水到渠成。然而，月光社的会议仍然没有规律性，也没有提到"月光"或"月圆之日"。很明显，只要"组织秘书"斯莫尔存在，那么就没有

---

① Uglow 2002, p. 154.

② King-Hele 2007, p. 109.

③ King-Hele 2007, p. xii.

必要确定正式的规律性会议。斯莫尔负责了月光社成员们之间的联系，其中包括博尔顿先生、瓦特先生、达尔文博士、韦奇伍德先生、戴先生……[埃奇沃思]，依据推测还有凯尔。①

1773年，斯莫尔草率地产生了离开伯明翰到苏格兰的一个学院任职的想法，后来他放弃了这一想法。如果斯莫尔离开伯明翰，这些"伯明翰哲学家"可能需要正式地结合为一个社团，正是由于斯莫尔的存在，这一组织一直没有建立起来。在1775年2月2日博尔顿写给达特茅斯勋爵的长信中，他恳求勋爵支持将瓦特的专利权延长到1800年的议会法案，并提到了斯莫尔博士"几乎失去了康复的希望"。②1775年2月25日，斯莫尔去世。博尔顿和月光社的其他成员们十分悲痛。斯莫尔的去世真正地威胁到刚发展起来的月光社的凝聚力，他们需要制订新计划，以维持"伯明翰哲学家"之间的合作关系。1775年至1780年期间，这个团体的最重要非商业活动就是月光社的最终组建。

1775年5月13日，达尔文写给威瑟林一封信件，邀请他来参加月光社会议。这次会议的大概时间是5月20日星期日，参加人员包括博尔顿、凯尔和瓦特等。这是斯莫尔去世之后的第一次月光社会议。信中讨论了威瑟林即将完成的第一本植物学著作。关于这一著作的标题，达尔文直率地提出了自己的想法，但是威瑟林并未接受达尔文有些盛气凌人的建议，而是采用了一个很长的书名，《自然生长在大不列颠的所有植物的植物配置……》（*A Botanical Arrangement of all the Vegetables naturally growing in Great Britain*……），完整的标题在标题页之中占24行。威瑟林的行为也预示着他和达尔文之间的长期不和。虽然信中没有指出这是一次"月光社"联系，但这实质上是月光社团体的一次

---

① Schofield 1963. pp. 115-116.
② Schofield 1963. p. 116.

聚会。①

随后是分别于1775年12月31日星期日和1776年2月4日星期日举行的月光社会议。1776年1月20日，凯尔写信给博尔顿，讨论一些关于银抽锭和金属板废料的镀金的问题，目的是重新利用一些贵重金属，并且得出结论："我希望，当我们见面的时候（如果情况允许的话，那将会是我们上次见面之后的第五个星期日），您已经准备好足够量的纯硝酸钾和硫酸盐油等，用于实现我们的共同目标。"②

1776年3月1日，博尔顿写信给瓦特，提到了他最近已经发运的镀金和电镀的金属废料，并且补充道：

> 神啊，您上一次月圆之夜去了哪里？我希望您不是由于流行性感冒的影响待在家里。我昨天在利奇菲尔德见到了达尔文。他想要知道，您是否将在3月3日星期日来到索霍，这样的话，他就能够见到您，他说他已经给那个时候可能生病的孩子们注射了预防针。假如您能够来的话，他11点钟就会在索霍，那个时候我想要对成员们做出一些提议。愿上帝保佑您相依火炉边，而且它不会冒烟和落下烟囱，以及其他地球灾祸。③

1776年2月24日博尔顿和佛吉尔写给约翰·怀亚特的另一信件第一次正式提到了月光社会议④：

> 博尔顿先生请求您在收到这封信件之后立即去舰队街

---

① King-Hele 2007, pp. 136-137; 亦参见Schofield 1963. p. 141.
② Schofield 1963. p. 141.
③ Schofield 1963. p. 141.
④ Smiles 1865, pp. 368-369.

（Fleet Street）的帕克先生那里，购买一种向水中注入固定空气的仪器，这一仪器是由诺斯（Nooth）博士发明并由帕克先生改进——博尔顿先生向帕克先生询问得到了普里斯特利博士的推荐——因为对于一个哲学学会来说请求每件事情都可能是最恰当的——哲学家们将会于3月30日在索霍见面，而且他们非常渴望那个时候得到这一仪器。①

1776年6—7月瓦特在苏格兰。1776年7月10日，博尔顿写信给瓦特，谈到了他最近患病："月光社的医生们最近给我开了处方。"在1776年7月12日维特赫斯特写给博尔顿的一封信的附言之中，维特赫斯特写道："我很高兴听到您的健康状况已经好转，而且请您替我向哲学家们致敬。"1776年7月25日，博尔顿写信给瓦特："罗巴克博士和我已经待了一周，我不知道他还要继续待多长时间，我期待着乔治·福代斯和他的朋友凯尔以及达尔文、查尔斯·达尔文和威瑟林下个星期日到来。"这听起来好像是一次月光社会议，特别是1776年7月28日星期日接近于月圆之夜。②

1776年8月14日，维特赫斯特写信给博尔顿：

> 我昨晚到了老友考宾（Cobbin）这里，并且与勒德伦（Ludlam）先生共进晚餐，勒德伦先生希望有机会到索霍拜访博尔顿先生。简而言之，我们协商决定星期一在达尔文博士的家里见面，并且晚上和托马斯女士③一起到伯明翰。这一计划打乱了我要去拜访凯尔先生的计划，因此，我请求您邀请凯尔

---

① Robinson 1963, letter 10.
② Schofield 1963. p. 142.
③ 可能是Thomason，一位伯明翰玩具制造商的家属。

先生也来参加索霍的魔法聚会。①

这次聚会是在星期一或星期二进行的，距离月圆之夜还有一个多星期，它不符合月光社会议的形式，但是这好像是一次"魔法聚会"，参加人员包括博尔顿、瓦特（这个时候已经从苏格兰归来）、达尔文、凯尔和维特赫斯特，应该还包括威瑟林，从而构成了月光社会议。②

凯尔在1777年1月16日写给博尔顿的一封信件之中提到月光社会议："我不确定能够在下次月圆之夜见到您，但是我祈祷您一切顺利。"

还有一封未标明日期的凯尔写给博尔顿的信件：

我昨天收到了达尔文博士的一封信件，信中谈到他渴望哲学乐趣——因此，当您在星期日月圆之夜有空闲时间的时候，我希望您能够满足达尔文博士的愿望，并且及时告知我们，我们可能放下患者和玻璃制造，赶去参加您的会议。③

1777年3月，达尔文写给博尔顿的信件：

我非常抱歉地告知您，我下个星期日不能拜访您了，因此我只能等到下次您再次召集聚会的时候。我也会写信告知凯尔先生。我希望您记得替我向亨德森先生问好，并且提醒他不要忘记曾经承诺给我弄到一些黄铜制或钢铁制的正方形和圆形气缸。④

---

① Schofield 1963. pp. 142-143.
② Schofield 1963. p. 143.
③ Robinson 1963, letter 6.
④ King-Hele 2007. p. 142.

1778年2月4日，达尔文写信给博尔顿：

这么多个月圆之夜没有听到你的消息，我还以为你死了——请求你给我只言片语，以便我开始给你写墓志铭。如果你还活着我计划下个周日（我相信是2月15日）来拜访你，当然要看你是否方便，不知凯尔能否也来。①

达尔文在1月11日给博尔顿写过信，因此这次聚会肯定是一次月光社会议。在1777年下半年，月光社的会议举行的次数比较少。因此，达尔文试图重新开始这种有规律的会议。

1778年4月5日，达尔文写信给博尔顿：

很抱歉，由于死神带着疾病来访问人间，并因此同医生们展开了一场持久战，因此我今天不能到索霍去同您的那些贵宾相见。天哪！有多少发明创造，有多少智慧，有多少妙言佳句，何等深奥、机巧而又令人眼花缭乱！它们都将在您那批知识渊博、才华横溢的哲学家之间，好像生出羽翼，如羽毛球一般，你来我往，令人目不暇接，而可怜的我则作茧自缚，不得不把自己关在一辆晃荡拥挤的邮递马车里，在皇家公路上被撞得青一块紫一块，同胃痛和发烧进行搏斗。

我为您准备了一本《白马王子》（*Prince Pretty-man*）的印刷本，而且我还为月光社准备了一本关于不透明颜色的书

---

① King-Hele 2007, p. 149.

籍，现在都是徒劳的了！①

1778年4月5日是星期日，星期一就是月圆之夜。这一期间，最后一次特别提及月光社是在一封未标明日期的凯尔写给达尔文的信件之中，这封信件提到了1779年《关于气体的论文》（Treatise on Gas）新版本的出版问题，凯尔写道：

> 博尔顿今天启程去了康沃尔，他可能在那里停留三个星期。他已经很长时间不在家，当他在家的时候，他还要忙于生意，因此几乎没有一个星期日献给哲学和达尔文博士。②

关于会议时间表的分析是更有意义的。最早一次提到的月光社会议是在斯莫尔去世之后三个月，在所有参加人员之中，只有威瑟林是新面孔，在被提议召开会议的那个月，他刚刚移居到伯明翰。因此，威瑟林不可能是月光社创立的原因。与这一哲学家会议相关的唯一新情况就是斯莫尔的去世。这一点证明了半组织性会议的形成是斯莫尔去世的结果。③这些会议于星期日在博尔顿家里召开。特例是写给怀亚特的信件之中提到的1776年3月30日的月光社会议和维特赫斯特提到的"魔法聚会"。乔纳森·斯托克斯的陈述能够证实星期日会议的主张：

> 索霍花园（Soho Garden）的……伯明翰哲学家……与博尔顿十分友好……在接近于月圆之夜的星期日常有来访者瓦特……凯尔……达尔文……和威瑟林……当普里斯特利接受牧

---

① King-Hele 2007, p. 150.
② Moilliet, James Keir, p. 65.
③ Schofiled 1963, p. 144.

师职务的时候……在伯明翰，月光社将会议时间更改到星期一，成员们轮流在彼此家中吃饭。①

这一重构有助于解释早期月光社会议的前后不一致性。在1776—1780年期间，会议形式由定期会议转变为不定期会议，又转变为不经常举行的会议。这是由于这个组织由一些繁忙的人们组成，他们的热情可能在经过最初兴奋之后逐渐减退。②另外，会议在很大程度上受到博尔顿的愿望支配，并且取决于他是否在伯明翰，这一点阻碍了团体的发展。1777年，博尔顿和瓦特的蒸汽机业务启动；这一业务需要博尔顿在康沃尔与一些铜矿经营者打交道。如果会议继续在博尔顿的索霍家中，那么只能等到他在家里的时候召开。

斯科菲尔德认为：会议可能是月光社成员的活动之中最不重要的；这些会议既具有浪漫主义气息又注重实效，它们为月光社提供了团体特征并且让月光社令人难忘，但是月光社出名的主要原因是成员们所取得的成就，而不是这些会议的直接产物，其中大部分成就通过成员们的合作变为可能，而最频繁的合作机会产生在月光社会议之外。③不过，这些聚会为共同合作提供了连续性。通过瓦特先生发给维特赫斯特的参加月光社宴会的邀请，我们可以发现，这些哲学共餐人"两点钟吃饭，到晚上八点钟还不分开"。④他们在一种相互展示和祝贺的氛围之下会面，他们带来访问者，展示实验和讨论问题。这些会议具有价值而且非常有趣，但是没有定期召开。会议无法实现规律性，因为这需要博尔顿

---

① Jonathan Stokes, *Botanical Commentaries* (London: Simpkin and Marshall, 1830), vol. i no more were printed, 'Abbreviation explained', pp. cxxv-cxxvi；转引自Schofiled 1963, p. 145.
② Schofiled 1963, p. 145.
③ Schofiled 1963, p. 145.
④ Muirhead 1854, vol. i, p. clix.

定期待在索霍。会议时间和地点的变更出现在普里斯特利到达伯明翰的时候。

这一时期一位最重要的新成员是威瑟林。1775年2月25日，在目睹了自己的朋友和病人斯莫尔去世之后，达尔文写信邀请威廉·威瑟林加入月光社：

> 我刚从令人忧伤的情绪之中恢复过来，因为我一位最亲爱的朋友去世了，那就是伯明翰的斯莫尔博士，他的推理能力、发明创造的高效率、对其他人发明创造的学习和一颗正直的心（这比其他一切都有价值），无人能及。博尔顿先生对于损失这位学者的数学和医学能力承受着无法想象的痛苦。
>
> 伯明翰的人们希望我能尽快通知您斯莫尔博士的死讯……现在，我突然想到您可以有机会进行选择，您的哲学鉴赏力将为您带来与博尔顿先生的友谊，这份友谊可能使您代替斯莫尔博士。通过斯莫尔博士的文章，我注意到他在伯明翰的整个时间里每年平均收入约为500英镑，去年超过了600英镑……如果您认为这一前景值得您去索霍见博尔顿先生，如果我见不到您，我会在家中给您留一封写给博尔顿先生的信件。[1]

经达尔文提议，毕业于爱丁堡大学医学院的威瑟林成为月光社成员，替代了斯莫尔的位置。达尔文邀请威瑟林的原因可能是他得知威瑟林准备出书，也可能是威瑟林与利奇菲尔德的赫克托博士的关系，以及达尔文对于威瑟林的个人了解。然而，威瑟林最终成为18世纪末最著名

---

[1] King-Hele 2007, pp. 130-131.

的地方医生，达尔文的竞争对手。

威瑟林在《哲学汇刊》发表的关于农业化学的笔记，以及1776年在伯明翰出版的关于英国植物学的汇编证明了他对于自然哲学的兴趣，使他具有成为月光社成员的资格。对于月光社成员来说，威瑟林也不是完全陌生的。1766年12月11日，博尔顿和威瑟林都曾作为皇家学会一次会议的来宾，两个人肯定在那里见过面。① 此外，威瑟林曾于1771年访问了韦奇伍德的伊特鲁里亚厂，他在那里定购了一些陶器。普里斯特利称威瑟林为一名"有见识的医生"。

1775年3月末，威瑟林决定移居伯明翰，并且明确地加入了月光社。在威瑟林移居到伯明翰之前，艾希博士正在寻找这样一个人"我只能在友谊关系之下与其生活在一起，就如同我最亲爱的朋友斯莫尔博士"；斯莫尔的替代者还有其他的候选人，其中包括罗巴克的儿子。② 不过，小罗巴克决定开始从事生铁铸造生意。艾希博士与威瑟林建立起亲密的友谊，1779年他们被共同指派到综合医院担任医疗人员。博尔顿很明显对威瑟林施加了自己的影响力，威瑟林最终离开了斯塔福德医院。

威瑟林成为博尔顿的医生和月光社的成员，他与月光社的大多数成员们保持着友谊关系，然而在感情上他无法替代斯莫尔的位置。月光社中发生过两次严重的争论，威瑟林都处在争论的中心。虽然他每次都面临了严重的挑衅，但是他的个性急躁，这也是事实。关于威瑟林的记录充满着争论，包括一次被挑战进行决斗。玛丽·安妮写道："他人很好，但是他的精确性和谨慎使得他的性格不太开放，他没有博尔顿先生的受人欢迎，也没有瓦特先生的真正谦逊的吸引力。"③ 甚至他的讣

---

① MS. copy, Journal Book of the Royal Society xxv, 1763-1766: 11 December 1766; Archives of the Royal Society of London；转引自Schofiled 1963, p. 124。
② Schofiled 1963, p. 124.
③ Schofiled 1963, p. 124.

告的作者也这样描述他："甚至在职业性格方面也是腼腆的和有所保留的。"①

威瑟林也无法替代斯莫尔的科学地位。他不是一位数学家，在斯莫尔去世之后，在月光社之中再没有数学家，埃奇沃思对于数学问题的半理论方法最接近于斯莫尔的方法。威瑟林没有斯莫尔在钟表、光学或天文学方面的兴趣，还有很快将要从月光社研究之中消失的一些学科。他支持月光社在化学和矿物学方面的兴趣，他通过自己在植物学方面的活动扩展了月光社的研究兴趣，并参加了其他学会成员对于化学、热学和矿物学的研究。

这一期间，月光社的其他成员们展现出博物学方面的兴趣。达尔文和威瑟林就植物学话题进行通信，达尔文开始打点自己的植物园，并且最早于1779年开始编写自己的《植物园》。1776年9月21日，威瑟林在爱丁堡的植物学教师约翰·霍普博士写信给博尔顿，他介绍了法布里休斯（Fabricius）先生们和德拉·罗什（de la Roche），他们想要见识一下博尔顿的植物和昆虫收藏品。1778年，韦奇伍德和本特利的通信也提到了在植物以及贝壳和鱼方面的研究情况。埃奇沃思也参与了这一兴趣。威瑟林还扩展了月光社成员们的联系。他与爱丁堡的联系要比达尔文和凯尔更近；他曾是曼彻斯特的珀西瓦尔博士（以前在沃灵顿学院是普里斯特利的学生）的爱丁堡大学同学。他的植物学研究给月光社带来了新的访问者，其中一位是普里斯特利的朋友约翰·艾肯（John Aikin）博士。

1775年月光社的一个损失是维特赫斯特移居伦敦。事实上，这一变化为月光社带来了好处。维特赫斯特成为月光社在伦敦的常驻代表，加强了月光社与皇家学会的联系，他经常作为来宾参加月光社成员的会

---

① Hankin 1860, p. 35.

议，并频繁地访问伯明翰和伊特鲁里亚。

维特赫斯特曾给纽卡斯尔公爵的家乡的克伦伯公园（Clumber Park）供过一个钟表，这个钟表给公爵留下深刻印象，因此维特赫斯特被推荐担任"钱币砝码模压工"的职位，这一职位创立于1775年，用于控制金币的标准。[①]当维特赫斯特接受这一职位的时候，这意味着他与月光社的联系可能终结。在所有团体成员之中，博尔顿最担心维特赫斯特移居。1月，他的老朋友约翰·巴斯克维尔去世；随后2月，斯莫尔去世，而且现在维特赫斯特也要离开。幸运的是，博尔顿和月光社没有失去维特赫斯特。他从事钱币砝码的工作并没有阻止他到中部地区参与月光社活动，而他居住在伦敦对于月光社成员们来说也是一个便利条件。1775年6月，维特赫斯特开始作为一名来宾定期参加皇家学会的会议；1779年5月，他被选举为皇家学会会员。他不仅自己参加皇家学会的每次会议，还带来了一些来宾，其中包括月光社的成员们。

维特赫斯特继续进行仪器制造并且作为博尔顿和瓦特的转包商，制造蒸汽机计数器、钟表、编钟和其他仪器，还为博尔顿的生产提供指导。索霍工厂的制造项目也包括砝码，他与砝码的法定检验人员的友谊是最方便的。维特赫斯特有时候给他的朋友们提供一些标准砝码，这样朋友们就会告知其他活动的信息。

1773年，埃奇沃思带着家人们来到爱尔兰；1776年，他们返回到英国，居住在靠近伦敦的赫特福德郡的北堂（North Church）。他多次拜访了戴，到过伊特鲁里亚厂和索霍工厂，并且拜访了他在利奇菲尔德和伯明翰的月光社同事们。这些月光社朋友们也曾拜访过埃奇沃思，1777年12月底，韦奇伍德的一个女儿就曾到北堂拜访埃奇沃思。

埃奇沃思继续自己的发明和计划，并将朋友们需要的想法提供给

[①] Schofiled 1963, p. 127.

他们。他设计和制造了一些新式钟表，协助达尔文、瓦特和韦奇伍德完善水平式风车，他将设计一种盖子上面带有匙的盐碟的想法告诉韦奇伍德。他还设计了一种气密坐便器，韦奇伍德在此基础上进行改进并且作为"各种用途的气密容器"制造出来和广泛销售。[1]1778年，他在此成为工艺学会的会员，在1782年去英格兰之前他一直都在支付会费。他还给学会发了两份信件，信件日期分别为1778年1月25日和1778年2月17日，关于他所见到的用于清理河流、沟渠和运河的一种机器；这一机器不是他发明的，他只是为了得到学会的奖励将其推荐给学会。[2]

1779年，埃奇沃思的妻子霍诺拉·埃奇沃思（Honora Edgeworth）身患重病。当霍诺拉接受达尔文治疗的时候，他们居住在利奇菲尔德，当在伦敦咨询赫伯登（Heberden）博士的时候，他们经常拜访戴。埃奇沃思坚信达尔文能够挽救他的妻子，但是那个时代没有医生能够完成这个任务，霍诺拉最终因肺结核去世。在得到霍诺拉许可的情况下，埃奇沃思准备与霍诺拉的妹妹伊丽莎白结婚。1780年的大部分时间，埃奇沃思都留在利奇菲尔德筹备第三次婚姻。埃奇沃思和伊丽莎白于1780年圣诞节在伦敦结婚，戴是见证人之一。

这一期间，韦奇伍德的通信经常提到对利奇菲尔德和伯明翰的访问，令人惊讶的是，信中都是关于道路距离和状况的内容。韦奇伍德的伊特鲁里亚厂成为旅游参观地，就如博尔顿在汉兹沃斯的索霍会馆和索霍工厂一样。一些访问者经常来到索霍工厂和伊特鲁里亚厂，并且成为索霍-伊特鲁里亚轴心的重要朋友。[3]其中包括建筑师和装潢师兰斯洛特·布朗（Lancelot Brown）和亚当兄弟，还有德比的艺术家弗拉克斯曼（Flaxman）和约瑟夫·莱特（Joseph Wright）。弗拉克斯曼为韦奇

---

[1] Schofiled 1963, p. 129.

[2] Schofiled 1963, pp. 129-130.

[3] Schofiled 1963, p. 130.

伍德设计出肖像奖章，随后还为博尔顿的造币厂设计出一些银币和奖章。韦奇伍德从莱特那里购买一些绘画，莱特为维特赫斯特、戴和达尔文绘制肖像画。索霍工厂和伊特鲁里亚厂的另一位访问者是威廉·尼科尔森，他于1776年成为韦奇伍德的欧洲代理，随后作为重要的刊物《自然哲学杂志，化学和艺术》（Journal of Natural Philosophy, Chemistry and the Arts）的编辑，他曾和博尔顿通信，并且为埃奇沃思、高尔顿和普里斯特利发表论文。伊特鲁里亚厂也成为月光社成员们的访问焦点；戴、埃奇沃思和达尔文的社会生活都牵涉到韦奇伍德和本特利。

1775—1780年期间，达尔文和韦奇伍德家族之间的个人联系特别紧密。达尔文很早就成为了韦奇伍德的家庭医生，这个时候两个家庭开始经常互访。他们的友谊更多体现在子女教育方面。达尔文和韦奇伍德比大多数同时代人对子女教育更感兴趣，主要原因是孩子们呈现出各种问题。达尔文和韦奇伍德（以及博尔顿、瓦特、高尔顿、普里斯特利和埃奇沃思）都对英国的正规教育评价不高。[①]总体来说，从中学到大学的课程都是为绅士和牧师设计的，但是韦奇伍德的孩子们想要从事贸易，而达尔文的孩子们想要从事医学。他们在教育方针方面的一致意见使得这种亲密关系传承到下一代。罗伯特·达尔文经常在伊特鲁里亚待上几个月，与小韦奇伍德跟同一个教师学习。亲和性和相互依赖使得他们成为两个亲密的联姻家族。1859年，达尔文的孙子查尔斯·罗伯特·达尔文的《物种起源》（The Origin of Species）出版，而1959年是韦奇伍德陶器厂创立两百周年。

这一时期，戴很少参加月光社的活动。在斯莫尔去世之后，戴返回伦敦。1775年年末，他准备进入律师业，但是最终没有成行；他更多地处于政治兴奋之中，并且写了很多训诲诗。1778年，经过长期的寻觅，

[①] Schofiled 1963, p. 131.

他最终与斯莫尔博士帮助介绍的一位女士结婚。博尔顿写信表达祝福，并且邀请他到索霍会馆居住，戴拒绝了这一邀请。他和妻子移居到在艾塞克斯（Essex）购买的庄园。他并不是完全与世隔绝的；他们有时候拜访一些月光社成员，而且月光社成员们也来拜访他们。埃奇沃思的女儿玛利亚就曾在他们家中度过一段假期；韦奇伍德的女儿也曾与他们待过一段时间。维特赫斯特于1775年10月30日写给博尔顿的一封信件表明博尔顿曾咨询过戴关于自己女儿的教育问题。戴有时候给月光社成员或者他们的孩子们写信。他特别喜欢不从事科学研究的小达尔文。

这一时期正值美国独立战争，英国人对于这一问题的感情高涨而且存在许多异议。与月光社成员对于其他问题的意见分歧相比，他们对于政治问题的意见不统一更容易让他们产生分裂。不过，成员们都过于全神贯注于自己的活动，政治意见分歧不能打乱他们作为月光社成员刚确立起来的关系。这一期间的大多数发展鼓励了月光社成员们的合作和相互尊重。

1775年到1780年是月光社成员的一个主要的职业活动和科学活动的阶段。1780年，凯尔与亚历山大·布莱尔（Alexander Blair，凯尔以前在军队中的老朋友）合作，在提普顿开办了一家制碱和肥皂的化学工厂。博尔顿和瓦特的绝大部分时间花费在瓦特蒸汽机的销售之上，韦奇伍德继续改进陶器制造过程中的工艺，维特赫斯特出版了他的主要著作《关于地球原始状态和形成的探究》（*An inquiry into the Original State and Formation of the Earth*）。

四 1780—1791，月光社的顶峰

由于普里斯特利的到来，月光社进入最繁荣和多产的活动时期。对

几乎每一位月光社成员而言，1781—1791年都是他们取得个人成功的阶段。博尔顿、瓦特和凯尔获得了他们长期为之努力的财富，戴和达尔文发表了一些著作并且赢得名望，威瑟林完成了伟大的研究工作，韦奇伍德取得了重大的科学和技术成就，埃奇沃思找到了自己的家庭和事业。对于普里斯特利来说，这些年是一段安稳平静的时光，这也是他一生之中唯一的安稳时期。他是最复杂的一位月光社成员，而且也是最有才能的月光社成员之一。他被人们铭记为一位科学家，但是他自己更希望被铭记为一位牧师。他认为自己是一个思想开放而且没有个人偏见的人，了解他的人们也都认同这一点。在那个时代和后来一段时间，他被谴责为一个固执己见的人。而且在科学史之中给人印象深刻的是，他顽固地维护着燃素理论，即使他已经做了很多事情能够打破这一理论。在那个时代，他被认为是一名伟大的科学家和坚持不懈的善辩论者，他经常对当时的政治和神学问题坚持一种异端立场。那些不认识普里斯特利的人们将他描述为一个暴力的和爱好革命的无神论者；然而，那些认识他的人们，甚至那些不同意他的观点的人们，都被他的个人魅力、显而易见的真诚和对于真理的献身精神所征服。

在伯明翰和月光社的十年可能是普里斯特利一生之中最快乐的时光。普里斯特利是唯一多次公开地表示他受益于月光社的一位成员，这一点具有重要意义。还有一点更值得注意，在加入月光社之前，他已经完成了较大部分的重要原创科学著作，这在月光社成员之中是唯一的，因而他对于月光社的持久感情在很大程度上是心理上的。在伯明翰期间，普里斯特利是新会议教堂（New Meeting House）的一位牧师，他从事了大量自己喜欢的工作，并且在业务时间的活动之中收获了一些人的友谊、帮助和敬佩，反过来他也帮助和敬佩这些人。与月光社的其他成员们不同，他与月光社的联系不是自愿结束的，不是由于去世，也不是由于逐渐的摩擦和团体的消失。普里斯特利由于暴动被驱逐出伯明翰和他的朋友圈，这次暴动标志着法国大革命后的英国政治反动的开始。58岁这个年龄是大多数人等待着享受早期工作的成果的时候，但是，普里斯特利的家、图书馆、实验室和内心的宁静都被破坏了，他不得不首先移居到伦敦，然后又到了美国，从人生挫折之中重新恢复起来并且寻找已经被夺走的安全感。因此，普里斯特利特别怀念这十年的时光，这一点也不令人惊讶。

然而，怀念之情也不是普里斯特利乐于回忆月光社的唯一原因。普里斯特利是18世纪不信奉国教的中下阶级科学家的最好例子，这些中下阶级科学家的背景、教育、职业和个人喜好使得他们具有一种远离伦敦而靠近英国北部和中部地区的倾向。甚至当他居住在或访问伦敦的时候，当他向一些伦敦学会的知识分子表示敬佩之情的时候，他也从没有忘记自己的地方性和中产阶级属性。他没有真正地喜欢过在谢尔布恩勋爵家族的生活，他确信中产阶级要比上层阶级拥有更多的快乐、美德和优雅。①他在伦敦的朋友们与他具有相同背景，他的通信人都和他一样曾经在乡下生活。在成为月光社的正式成员之前，他已经与几乎每一位月光社成员建立起友谊和联系。他移居到伯明翰是一种必然的回到家乡的性质。普里斯特利对于月光社的回忆在某种程度上是一种体现，在这个组织之中他得到了鼓舞并且完成了最有影响力的工作。

在1780年年底定居伯明翰之前，普里斯特利已经结识韦奇伍德和博尔顿，并在伦敦与维特赫斯特相识。他在自己的科学著作中引用了达尔文、博尔顿、斯莫尔、凯尔和威瑟林的著作。他与富兰克林、米歇尔、斯米顿和托马斯·珀西瓦尔是好朋友，是约翰·威尔金森的连襟。早在1767年，在他的《电学史》的序言之中，普里斯特利就力促小型地方性科学团体的形成，并提出地方性学会的职责和组织，总结出地方性学会

---

① Joseph Priestly, Memoirs, vol. i, pp. 82-83.

开展定期活动的优势。①他的观点暗示出较小规模的学会和大规模学会之间的更直接关系，但是，他长期以来都乐于欣赏小规模组织。只是为什么他那么快就成了月光社的正式成员，这一点很难解释。1781年4月他已经成为月光社成员并且为月光社的活动做出主要贡献，他使月光社很快恢复了有规律的会议。作为唯一神教派牧师，普里斯特利不能在星期日下午参加月光社聚会，因此在普里斯特利成为成员之后，每月举行的会议被改到靠近月圆之夜的星期一的下午，地点在成员们的家中。尽管不存在一个完整的记录，但是有迹象表明在1781—1791年期间月光社活动最有规律而且最富有成效。

1780年夏，当他离开伦敦到伯明翰之前，他仍然在计划投入教学之中并且以此谋生，他的朋友们讨论建立一个基金以资助普里斯特利和他的家庭，以便他能够专心于科学研究。1781年春，这一计划还未实行多长时间，普里斯特利接受了到伯明翰的新会议教堂担任牧师职务的邀请。补助金可能引诱他放弃了教学工作，但是任何数额的金钱都无法引诱他放弃科学研究和宗教活动。在伯明翰的十年期间，普里斯特利进行传教，教导孩子们宗教方面的知识，编辑神学杂志，并且帮助在英国创立了最初的主日学校（Sunday Schools）。与现在的主日学校不同，它是面向正在工作的孩子们的综合学校，在那里他们可以学习到阅读和写作知识，还有力学学院或者成人教育的课程。他还在神学和政治－神学的课题方面撰写了大量文章。在1781年至1791年期间，他出版了11卷宗教历史（从一神教派信徒的观点出发），至少7卷布道、小册子和教义问答手册，准备了一个版本的歌曲和赞美诗，编写了至少14本辩证法神学，并且发表了写给皮特（Pitt）的关于宽容和教会政府的一些信件以及写给伯克（Burke）的关于法国大革命的一些信件。

---

① Joseph Priestly, History of Electricity, p.xci.

然而，普里斯特利同一时期的科学著作也是非常充实的，他的月光社朋友们都热心于提供帮助，无论他们持什么宗教观念。1782年3月30日，博尔顿给韦奇伍德写信请他处理一下普里斯特利的事情，韦奇伍德回答道：

> 普里斯特利博士今天早上和我一起吃的早餐，我已经支付了募捐款，达尔文也已经支付，我是否也要替您和高尔顿先生这样做，如果您知道高尔顿的意图。①

月光社募捐款明显不对普里斯特利保密，但是它是以非常机智的方式支付的，普里斯特利没有意识到这是一种资助。事实上，他认为自己的研究是个人独立进行的，而且对募捐款表现出一种天真无知的愉悦。他愉快地接受了支持他研究的基金。②

如果捐款的月光社成员们有时候感到好像雇用了一个顾问，普里斯特利对此并不介意。他并不是一个纯粹的科学家，对于研究成果的实际应用的提议并不反感。他的《电学史》强调了富兰克林的避雷针发明的应用，并且讨论了电学的医疗应用；他的一些电学实验使得韦奇伍德想到将电学应用到陶器装饰之中。1772年，他在皇家内科医学院（Royal College of Physicians）的建议之下编写完成了关于苏打水的小册子，并且赠送给海军部的勋爵们，这本小册子推荐将人工苏打饮料用于抗坏血病。在1775年的《哲学汇刊》论文之中，普里斯特利描述了"脱燃素空气"（O_2）的发现，他提出将这一新发现的气体应用到喷灯以达到熔化铂的效果，并且预见到纯脱燃素空气的医疗应用的可能性。

---

① James Wedgwood letter to Matthew Boulton, 8 April 1782, Boulton and Watt Collection, Birmingham Reference Library；转引自Schofield 1963, p. 200。

② Schofield 1963, p. 200.

普里斯特利支持在月光社活动之中将科学、应用科学和技术结合起来。因此，作为一个社会性和科学性的团体，月光社认为普里斯特利是一位具有魅力而且积极活跃的成员；作为一个工业研究组织，月光社也认为他是一个需要支付薪酬的顾问。当韦奇伍德比较两块黏土样本的时候，他发现其中一块黏土上面的釉料无法玻璃化，他认为另一块黏土之中可能缺乏酸性物，他写道："将每一种黏土给普里斯特利博士寄去一些，请他帮助从黏土之中提取'空气'，并且检查它们之间的差异。"当博尔顿和瓦特发现一个与"空气"相关的有趣问题，他们也咨询了普里斯特利。

瓦特一直都担心有人找到逃避蒸汽机专利权的合法方式，或者更糟糕的是有人发明一种更好的不同样式蒸汽机，甚至有人发明一种完全不同的蒸汽机，这会使他丧失劳动果实。1781年7月16日，他极度兴奋地写信给博尔顿，叙述关于他的竞争者霍恩布洛尔（Hornblowers）将要取得一种蒸汽机专利权的谣言：

> 我有一些想法，那就是使用这些新气体的一些设计，可能是木头或稻草的燃烧烟尘——我希望您能够询问一下，所有可能种类的气体在最膨胀状态之下每1000英尺相应的体积和价格。硫酸气体[SO_2]可以通过生石灰浓缩。挥发性碱气体[NH_3]可以通过硫酸气体或氮气[NO]浓缩。易燃气体必须通过燃烧中的膨胀产生作用。[1]

在瓦特再次写信告知博尔顿这些完全是基于谣言的推测之前，1781

---

[1] 这封信以及随后的两封信所用术语来自于凯尔翻译的马凯《化学词典》一书。Schofield 1963, p. 202.

年7月21日博尔顿回复了这封信件,对于这一气体发动机进行了评论,描述了使用玻璃U形管所做的一个实验,U形管一端封闭,在封闭一端具有饱含氨或"海洋酸性气体"(HCl)的水,并且混合有汞。

当您将热量应用于水的时候,水释放出空气,当你立刻地冷却它的时候,空气又立刻被水所吸收,再次加热,水释放出空气,以便使得汞达到一定高度,然而,对于那些还未尝试的高度,我下周将会尝试,因为我现在对于普里斯特利博士非常信任,他向我承诺保守秘密,并且提供给我全部的事实和他在这方面的全部发现。普里斯特利博士对于我存有一些感激之情,这一点你可能不知道,我认为他不会出卖我,我相信他一定不会的。①

7月21日博尔顿写道:"我现在感到轻松多了,因为我已经找到了由霍恩布洛尔提出的让我们思维混乱的所有气体。"但是他仍然求助于普里斯特利。7月26日,他写道:

我不能否认自己很高兴告诉您我被普里斯特利博士的一些实验所说服,他的所有气体都没有给我们带来麻烦。铁和硫酸所释放出的易燃气体是最廉价的,您还可以将它应用于黑色火药。②

7月28日,他写道:

---

① Schofield 1963, p. 202.
② Schofield 1963, p. 202.

> 普里斯特利博士和我已经被说服，他的任何气体都不能产生像蒸汽一样廉价的机械动力，但是由于玻璃管所发生的意外事件，他没能完成自己的实验，从而无法给出精确的实验结果，但是他会继续进行实验，直到我满意为止，虽然他现在很肯定在那方面做不出什么东西。①

瓦特对于自己的小题大做感到十分抱歉，但是7月28日和8月30日的信件已经给气体蒸汽机设计带来意想不到的转机，瓦特产生一种想法，那就是混合有"固定空气A"（CO_2）的水可能产生蒸汽，这种蒸汽能够在增加和去除一点额外热量的情况下膨胀和紧缩。

这一初级阶段的内燃蒸汽机的最重要结果是，它是瓦特改进自己的"可膨胀的双动蒸汽机"并且取得专利权的推动力。这一蒸汽机于1782年3月12日取得专利，它由蒸汽驱动并且依着活塞每一侧面的真空交替地膨胀，在蒸汽充满气缸中的四分之一空间之后，蒸汽供应切断。早在1781年7月28日瓦特已经开始对专利说明进行讨论，并且考虑专利应用的措词应当包括"紧缩或压缩和膨胀其他的弹性流体"，但是他想出了一个更好的主意。1784年7月11日，瓦特在写给博尔顿的一封信件之中指出，拉瓦锡发现了一种通过向赤热的木炭上面倒水制造易燃气体的廉价新方法，但是瓦特判定他们没有理由对此担忧，因为"所需的热量……非常多"。然后，达尔文继续从事这一计划并且在他的备忘录之中推测到，将拉瓦锡的由木炭产生的易燃气体与普通气体或特级气体结合起来，使用爆炸力将蒸汽轮机运转起来。这些大部分都是推测，只有约翰·巴伯（John Barber）于1791年获得了一项"为了实现运动而使

---

① Schofield 1963, p. 202.

用易燃气体的一种蒸汽机"的专利。这些想法仍然在继续，直到塞缪尔·布朗（Samuel Brown）于1823年至1826年期间生产出第一台相对成功的蒸汽机。克洛（Clows）指出，推广这一蒸汽机的阻碍并非是它的不可靠性，而是与瓦特蒸汽机相比它的费用很高；博尔顿在1781年就在普里斯特利的帮助之下意识到了这一点。[①]

除了普里斯特利，1781—1791年期间月光社新增的四位成员还包括小塞缪尔·高尔顿、乔纳森·斯托克斯和罗伯特·奥古斯塔斯·约翰逊。在这十年时间，月光社逐渐有了一个比较明确的成员资格标准。

在普里斯特利成为成员之后不久，达尔文再婚并与新妻子移居到德比。但达尔文仍然是一个活跃的月光社成员，通过信件与其他成员进行交流，并频繁地参加会议。他甚至明确模仿月光社而组织起一个德比哲学学会。然而，达尔文与月光社的松散联系使得社团需要一个新人，这是第一次由于现有成员缺席而积极寻找替代人选。新加入者是高尔顿（也被称为塞缪尔·约翰·高尔顿，以避免和他父亲名字的混淆），他是一名枪炮制造商，却以鸟类学儿童读物《鸟类的自然史》（*The Natural History of Birds*，伦敦，1791）的作者而知名，他还写了一篇关于颜色的三色理论的论文，并在皇家学会宣读。

高尔顿与月光社成员们联系的第一次记录是在一封1781年7月3日博尔顿写给瓦特的信件之中：

> 我昨天在月光社（凯尔的家中）与布莱尔、普里斯特利、威瑟林、高尔顿和一位美国叛乱者柯林斯先生一起吃饭。[②]

[①] Clow and Clow 1952, p. 447.
[②] Schofield 1963, p. 219.

直到1782年3月16日，当探讨寻找蒸汽机投资以减轻财政负担的时候，瓦特向博尔顿提出高尔顿是否可以独立于他的父亲做一些事情。虽然高尔顿是一名月光社成员，但是对于月光社同事们来说，他仍然有许多不为人知的事情，他不愿显露身份。高尔顿的父亲是伯明翰一位富有的贵格会教徒商人和制造商，通过出身、结婚和宗教信仰，他与18世纪贵格会教徒运营的银行业和工业有着非常复杂的联合关系。殷实的家产使得高尔顿的职业生涯非常轻松。虽然他一生都在工作，但是他的工作没有急需的东西，而且他的科学并不具备月光社制造商们所共有的工业和实用倾向。事实上，除了宗教信仰和行业所产生的差异，与月光社的其他成员们相比，高尔顿与埃奇沃思具有更多共同之处。

高尔顿对于月光社历史最重要而且最令人遗憾的贡献是他的女儿玛丽·安妮。她是一个焦躁的宗教信徒，她遗弃了父母的贵格会教徒的信仰，依次因摩拉维亚教徒、卫理公会派教徒和詹森教派信仰而动摇，并且最终在摩拉维亚教徒信仰之中找到慰藉。在75岁的时候，她开始编写自传，自传中她总是强调自己的精神悲痛，她设法诽谤儿时认识的每个人的宗教理解。她是唯一幸存的月光社会议的见证人。因为没有其他来源，月光社历史学家充满感激之情地接受了玛丽·安妮的叙述，没有提出任何质疑。但是，她的记忆力很不好，而且她的动机也不是无私的。她对于经常给她母亲看病的达尔文的叙述是带有偏见的，这得到达尔文和高尔顿家族的公然指责。根据她的叙述，她与家人长期疏远，因为她坚持自己的丈夫能够经营她从祖父那里继承的财产。很明显，我们对于玛丽·安妮提供的信息应当非常谨慎。

在埃奇沃思1782年返回爱尔兰之后，他就逐渐淡出了月光社的活动。但他仍继续保持着与月光社成员之间频繁的通信，并经常拜访他们，《哲学汇刊》和《皇家爱尔兰学院汇刊》（*Transactions of the*

Royal Irish Academy) 都记录了他在这一时期的科学活动。埃奇沃思的代替者是乔纳森·斯托克斯, 爱丁堡大学的医学博士, 他对于化学、地质学和植物学都感兴趣, 一度曾是威瑟林的好朋友。

1781年8月20日, 应佛吉尔的财产遗嘱执行人的要求, 斯托克斯出版了他汇编的关于佛吉尔的植物学收藏的温室和温室植物的目录, 佛吉尔的这些藏品将要进行拍卖。[①]第二年, 斯托克斯被安排和林奈在巴黎见面, 此后斯托克斯返回到爱丁堡。

在爱丁堡的最后一段时间, 斯托克斯展现出他的兴趣不止是植物学。他于1782年发表的学术论文《脱燃素空气》(de Aere Dephlogisticato) 献给他的朋友威瑟林和他的合作伙伴们, 这篇论文证明了他的阅读知识面之广, 至少在气体化学方面。他的主要目标是发展详细的命名和分级方法, 各种气体的林奈等级、次序、类别和种类, 包括对于当时所知气体的物理和化学属性的描述。随后是关于"脱燃素空气"以及它的医疗用途和它在呼吸和植被方面的功能的专门讨论。除了注意到通过与威瑟林的个人交流得到的许多实例, 斯托克斯还提到了许多化学家: 伯格曼、吉恩·瑞伊、波义耳、谢勒、拉瓦锡、莫沃、克隆斯塔特、布莱克、列奥米尔、布尔哈夫、鲍茨、梅犹、凯尔、普里斯特利和达尔文。

无论斯托克斯的兴趣转到哪一方面, 他都对分类情有独钟。1782年6月21日, 他向爱丁堡大学的自然历史学会宣读了一篇论文《关于化石的命名系统》(On the Nomenclature of Fossils)。在他向自然历史学会提交这篇论文之后不久, 斯托克斯获得了医学博士学位, 启程开始在欧洲大陆旅行。他来到巴黎, 然后又到了苏黎世、维也纳、布拉格、德

---

① Jonathan Stokes, *Botanical Commentaries*, 'Abbreviation Explained', …Foth. Cat; 转引自 Schofiled 1963, p. 224。

累斯顿、莱比锡、柏林、哥廷根、阿姆斯特丹和海牙,并且于1783年5月15日回到伦敦参加皇家学会的会议,他是以普里斯特利的来宾名义参加的。他在巴黎再次见到了林奈,而且两个人承诺互相通信。1783年1月19日,斯托克斯从莱比锡写信给林奈,并且于8月21日从伯明翰和斯陶尔布里写信给林奈,描述了自己与一些著名植物学家(例如,布洛斯奈特、海德薇格和雅坎)的会面和自己正在进行的一些欧洲植物样本的收集。

斯托克斯于1783年来到伯明翰协助威瑟林撰写《英国植物的植物配置》(*Botanical Arrangement of British Plants*),并参与了林奈著作的英译工作。斯托克斯加入月光社对于威瑟林有很大帮助,因为斯托克斯在植物学方面的正规知识无疑要多于威瑟林,斯托克斯在爱丁堡期间没有形成"令人不愉快的观点……在植物学研究方面"。[①]月光社的其他成员们也欢迎斯托克斯的到来,他旅行过的地方要比月光社的任何一位成员都多,与世界各地的科学家具有广泛联系,这些科学家不仅是植物学方面的,还有气体化学、动物学和地质学方面的。

在威瑟林和斯托克斯撰写的《植物学排列》前两卷出版的时候,两人之间出现了严重的争吵,原因不甚清楚,有可能是因为新版本的版税和名誉的分配。争吵带来的结果是斯托克斯离开了伯明翰和月光社。他的代替者应该是罗伯特·奥古斯塔斯·约翰逊,因为1787年在社团事务中出现了约翰逊的名字。约翰逊对于化学有一定的兴趣,并写过关于地震的论文,发表在1796年的《哲学汇刊》上。约翰逊是月光社这一时期吸收的最后一位成员,不过他似乎并不具备成员资格,对月光社的活动没有产生实质性的影响。在月光社的所有成员之中,约翰逊参与的活动很少,在月光社的信件记录最少,在外部世界没有什么重要影响。

[①] See Chapter 6, supra, p.122, n.1; 转引自 Schofiled 1963, p. 226。

早在1772年，约翰逊就曾在阿贝狭谷庄园拜访了克雷文家族。阿贝狭谷庄园是克雷文勋爵的一个庄园，距离伯明翰不到20英里。3月13日，艾希博士写信给博尔顿："克雷文女士，约翰逊先生和小姐将要到您的工厂……路德福尔德·泰勒女士和艾希小姐也会乘坐下一辆马车过去。"[①]1773年1月21日，约翰逊和路德福尔德·泰勒夫人结婚。

约翰逊和妻子移居到阿贝狭谷庄园。除了1785年年末关于从索霍工厂订购一些灯的商业通信，再没有提到约翰逊，直到他突然成为月光社成员，1787年他写给博尔顿的一封信件如下：

> 约翰逊先生向博尔顿先生致以敬意，并且希望能够有幸在他的陪同之下于十月份的第一个星期一两点钟在伯明翰的宾馆之中见到月光社的朋友们。
>
> 约翰逊先生将会很高兴见到博尔顿先生所带来的每一位朋友。[②]

这是第一次提到月光社在宾馆举行会议，而不是在成员家中；大概这一变化是由于约翰逊没有居住在自己的房子里面。

1788年4月，约翰逊被选举为皇家学会会员，他的任命证书标着"他精通化学和实验哲学的其他分科"。在1788年3月26日凯尔写给普里斯特利的一封信件之中，约翰逊被称为"我们的具有创造才能的哲学家朋友"。约翰逊曾提醒凯尔和普里斯特利注意卡文迪许的一些观察，即银能够通过"大量燃素的亚硝酸"溶液沉淀获得。[③]还有一封约翰逊

[①] Schofiled 1963, pp. 227-228.

[②] Schofiled 1963, p. 228.

[③] 见附录2。Joseph Priestley, 'Additional Experiments and Observations relating to the Principle of Acidity,…'

写给约瑟夫·班克斯的信件，信件记录了在凯尼尔沃思（Kenilworth）的地震冲击的印象，而且它的摘录于1796年发表在《哲学汇刊》上面。这两次是仅有的提及约翰逊名字的与皇家学会的联系。约翰逊成为了具有皇家学会会员资格的月光社成员，这点非常令人惊讶，斯莫尔、斯托克斯和戴具有更好的资格，但是他们都不是皇家学会会员。更令人惊讶的是，我们发现皇家学会每年发布的正式清单将约翰逊的名字一直记录到1806年，但是约翰逊在1799年就已经去世。[1]

在这一时期的月光社记录之中还有两处提到了约翰逊。1788年12月21日，他写信给博尔顿，感谢博尔顿赠送的化学灯和仪器；1789年9月22日，他写信给韦奇伍德关于他夏初订购的"一些上釉的陶制管……与普里斯特利在哲学实验之中使用的类似"。我们很难认为这些对于月光社的工作具有价值。这个时候，月光社成员们也许对于雄心和才智以及不断的好奇心和尖锐的问题感到厌倦。

到约翰逊成为月光社成员的时候，月光社已经不再需要科学家。虽然成员数量不多，但是他们具有广泛的兴趣并且愿意深入研究一些次要学科，这样几乎没有他们完全未触及的研究领域。他们的研究工作重点是应用科学，但是这不是一个严格限制，成员们（如博尔顿）发现很容易将"纯粹的"科学研究转向实际应用。月光社成员们所关注的学科的目录令人生畏：热学、冶金术、仪器设计和机械发明、电学研究、光学、地质学、化学和医学，而且几乎每一位成员都参与到各种农业调查之中。在他们的著作之中还偶尔提到一些声学、天文学、动物学、弹道学、水力学和空气动力学、气象学和心理学的问题。作为一个团体，虽然他们没有对于那个时代的科学做出特别重大的贡献，但是研究的学科

---

[1] List of the Royal Society for the Year 1806 1789-1806, (London: W. Bulmer & Co. 1789-1806 yearly); 转引自Schofiled 1963, p. 229。

范围是值得关注的，而且这样一个小规模团体所做出的重要贡献也是令人惊讶的。

普里斯特利加入月光社是一个现象而不是策略问题，然而，关于其他几位成员的加入，我们可以认为是为了填补空缺。达尔文1781年离开月光社，而高尔顿在同一时间加入团体。埃奇沃思于1782年离开去了爱尔兰，1783年斯托克斯成为月光社的成员。月光社失去了戴，而且维特赫斯特于1788年病逝，这个时候约翰逊的名字与月光社联系起来。如果这是增加这些月光社成员的一个因素，那么我们就可以解释他们的性质。早期的月光社成员们由于自己的声望给月光社增色；然而，在这些新成员之中，只有高尔顿赢得了在月光社的成员资格之外的其他声望，而且他还是优生科学创立者弗朗西斯·高尔顿的祖父。

在1781—1791年这十年中，月光社有两位成员去世。维特赫斯特1788年去世于伦敦。他完成了《关于地球原始状态和形成的探究》第二版（伦敦，1786），并为第三版收集了一些材料［他去世后，以《约翰·维特赫斯特著作集》（The Works of John Whitehurst）出版，伦敦，1792］，他与月光社成员的讨论和实验促使他撰写了著作《获取关于长度、容量和重量的不可变测量的尝试》（Attempt toward Obtaining Invariable Measures of Length, Capacity, and Weight，伦敦，1787）。维特赫斯特的去世是学会的真正损失。随后，戴于1789年在他的庄园里去世。

1781—1791年是月光社成员们获得实质性成就的阶段。博尔顿和瓦特开始从蒸汽机业务中获取经济回报。他们两人都开始探索新的课题。博尔顿将瓦特蒸汽机应用在伦敦的阿尔比恩磨坊（Albion Mill）和压印机上。瓦特沉湎于继续改进蒸汽机，并对植物学和化学研究产生了兴趣，另外，普里斯特利在月光社所进行的一些实验导致瓦特发现了水的组成成分。达尔文在1788年的《哲学汇刊》上发表了一篇关于绝热压缩的论文,并完成了他最著名的著作——《植物园》(利奇菲尔德,1789;伦敦,1791)。

1785年12月8日,凯尔被选举为皇家学会的会员,高尔顿与他一起当选,一个月之后,博尔顿、瓦特和威瑟林也成为会员。这一时期,凯尔的科学贡献是马凯著作的翻译,关于玻璃结晶的论文,还有一篇《关于各种永久性弹性流体或气体的论文》[1]。随后是相对不重要的关于硫酸凝固和印度矿物碱样品检验的论文。一篇关于酸性物之中金属分解的论文的实验部分得到了法拉第的称赞,虽然论文的理论解释不充分,但这些实验基于凯尔在斯陶尔布里玻璃厂进行的从金属板废料之中剥离出银的实际经验。凯尔还开始编辑他自己的《化学词典》(只有第一部分,伯明翰,1789)。

这一阶段,韦奇伍德的工作卓有成效,他在《哲学汇刊》上发表了一系列温度测量和化学方面的论文,他还作出了独创性的研究,即如何从光学玻璃中去除粗条纹和条痕,遗憾的是,这些研究直到最近才公布于世。威瑟林出版了他的临床研究《毛地黄论述》(*An Account of the Foxglove*,伯明翰,1785),像其他被普里斯特利所鼓励的月光社成员一样,他也开展了化学研究,并在《哲学汇刊》上发表了关于化学矿物学的论文。

五 1791—1813,月光社的结束

在美国独立战争时期,月光社成员的政治观点就表现出一定的差

---

[1] Treatise on the Various Kinds of Permanently Elastic Fluids or Gases, 1777年和1779年,作为马凯译作的第二版的附录出版。

异，法国大革命的爆发很快引发了月光社内部的紧张情绪。1791年7月14日由于纪念法国革命两周年而引发"教会与国王"暴乱，矛头直接指向了月光社成员，这次暴乱毁坏了普里斯特利的住宅、实验室、仪器和他20年的研究记录，并迫使他逃离伯明翰。暴乱分子也侵犯了威瑟林的住宅，并导致博尔顿和瓦特武装索霍工厂。经过这次浩劫之后，月光社严重衰落下去了。

凯尔写了一系列的文学小册子，《消灭者》(*Extinguisher Maker*)和《高教会派政治学》(*High Church Politics*)都与1791年的暴动相关。一直到1798年他才告诉达尔文"皮特先生的真诚，邓达斯（Dundas）先生的公正、伯克先生的克制力和好脾气，还有英国人民的理智和精神"，并且在一系列爱国军事主义出版物之中表示出对法国的威胁的关注。英法战争激起月光社成员反对法国的民族主义，反对政府的一些密谋和伯明翰的持续暴动降低了自由主义者的改革热情，促使政府部门采取过度保守的政策。约翰逊给威瑟林写了一封长信，描述了当政府部门发布危险公告的时候引起的恐慌，这促使政府派来军队保护伦敦；提供奖金"逮捕煽动性论文的出版者，一些人就去引诱仆人泄漏出他们主人的谈话内容。'改革'和'革命'被当作同义词……被动顺从和不反抗的旧原则再次流行"。[1]

1791年8月，拉瓦锡和塞金（Seguin）请求韦奇伍德提供一些关于用于熔炉的耐火黏土方面的信息。韦奇伍德返回到自己的实验室，但是他没有找到明显优于法国黏土的黏土。8月19日，他将这一信息发给拉瓦锡，但是他想要确认这些事实，因而他继续进行研究，9月2日，他写信给普里斯特利征询意见。1793年，他是工艺学会无铅釉奖金的评判者，虽然没有令人满意的无铅釉被提交，但是他再次返回到这一问题的

---

[1] Schofield 1963, p. 371.

实验工作。他的最后一个系列实验，在一个记事本中占据了很多页，这一系列实验都与1773年他第一次开始调查研究的问题相关。这一系列不如先前的那些系列成功。但是，我们应该考虑到这是韦奇伍德的最后实验工作，是在他重病无法完成调查研究的情况下进行的。他晚期在制陶术方面的专业研究工作没有引起月光社其他成员们的兴趣，虽然月光社朋友们哀悼他1795年1月3日的逝世，但是事实上他们的关系已经有些年头不是十分亲近了。

月光社成员中下一个去世的是约翰逊。我们很难确定他对于月光社的影响，就如很难解释他在月光社之中的成员资格。除了一些关于1795年11月8日阿贝狭谷地震的实验，他没有发表其他著作，而且地震原因说明也不是以他的名字发表的。然而，我们可以有把握地认为，1791年他被任命为什罗普郡威斯坦斯多夫（Wistanstow）教区长和斯塔福德郡Manstall Ridware教区长，这些并未增加他对于月光社的重要性。因为他从未积极地在任何一个教区中任职，他不仅是多个教堂兼任者而且也是一名科学家。普里斯特利曾严厉地批评在英国国教中担任闲职和兼职的做法。在1791年至1799年期间，他的主要活动中涉及月光社成员的就是剧院。他曾多次写信给博尔顿，请求安排观看西登斯小姐演出的票。关于他去世的消息报道在1799年1月的《绅士杂志》："著名人物讣告……在巴斯，什罗普郡威斯坦斯多夫教区长罗伯特·奥古斯塔斯·约翰逊。"在月光社成员们的通信之中并未提到他的去世。

博尔顿和瓦特都未在1791年后的通信之中再提及月光社，尽管他们从一开始就参与到月光社之中，都曾受益于月光社，而且继续从事一些早期感兴趣的研究工作。他们与月光社成员们之间的联系明显地不是那么频繁了，甚至在需要月光社朋友们帮忙的情况下，他们都不利用月光社朋友。1792年，他们最终被迫通过法庭解决他们的专利权索赔。案件拖延到1799年，花费了19,000英镑，博尔顿、瓦特和他们的儿子们付出了大量时间和努力，通过许多证人的证词，审判最终取得成功。他们的专利权被予以肯定，允许征收拖欠的100,000英镑的蒸汽机税款。令人惊讶的是，达尔文、凯尔和埃奇沃思都没有被召集来进行作证，而他们都从制造出第一台蒸汽机开始就与博尔顿和瓦特的公司有联系。[①]

1794年，马修·罗宾逊·博尔顿和格雷戈里·瓦特加入公司。这使得老一辈能够自由地做自己喜欢的事情。1800年，瓦特名义上退休，但是他仍然继续着蒸汽机实验，或者让约翰·萨瑟恩为他进行实验。1802年，他与罗伯特·富尔顿（Robert Fulton）就船用蒸汽机的问题通信，1803年，他进行了高压蒸汽机的实验。在卸下蒸汽机的任务之后，博尔顿在铸币和索霍工厂方面作出了更多努力。1797年至1805年期间，在与英国政府的合同项目之下，他铸造了大约4000吨铜币，另外还为其他国家政府进行铸币生产。1825年，在索霍工厂制造的造币机器安装在政府的塔山（Tower Hill）造币厂，一直使用到1882年。索霍工厂的大部分产品是蒸汽机、气体照明设备、气体医疗设备、铸币、拉姆福德壁炉以及其他产品，但是工厂也生产装饰按钮和纽扣、银制和镀银器皿以及装饰灯。

两个人也继续发展具有创造力的科学活动。在1804年至1819年8月25日去世期间，瓦特花费大量时间在家中进行发明、创造并且制造各种尺寸的雕塑品。瓦特为格拉斯哥自来水厂（Glasgow Water Works）设计了输水干线。博尔顿于1797年取得液压油缸设备的专利权。博尔顿重新开始一些旧有的科学兴趣，例如，气压计和望远镜。博尔顿和瓦特还扩展了在蒸汽加热方面的尝试，他们担任了兰斯当勋爵（Lord Lansdowne）的市镇住宅中的图书馆的蒸汽加热问题的顾问。1794年，他们开始从事食品保藏方面的研究，进行了一些关于在酸性的碳酸盐

[①] Schofiled 1963, p. 379.

空气之中保存新鲜食品的实验。1795年，他们与约翰·达里波（John Dalrymple）通信，讨论正在由麦利士（Mellish）先生进行的在充满"固定空气"（二氧化碳）的容器之中保持牛肉新鲜的试验。很明显，他们不知道普里斯特利在这方面进行的较早实验，因为他们都没有提及普里斯特利已于1777年和1779年发表的研究成果。1801年，博尔顿写信给查尔斯·哈切特（Charles Hatchett）："我已经发明出一种镀金壁炉或者炉子，它能够有效地排除烟雾并且将这些烟雾浓缩在一个铁容器之中，这样全部水银都保存下来，而且镀金工人也不会受伤。"[①]这一镀金壁炉的草图于1802年发给了哈切特。1792年博尔顿组建了隶属于索霍工厂的保险协会（Insurance Society），这是工厂中创立的维护工人利益的第一个友好社团。

瓦特和博尔顿已经成为年长的科学和技术领袖，在国内受到尊敬，在国外拥有许多学会的会员资格和许多荣誉，很多人请求他们提供建议或者寻求他们的支持。1792年，博尔顿和瓦特成为土木工程师协会（Society of Civil Engineers）会员。1801年12月17日，博尔顿被选举为英国皇家研究院的成员。1806年，瓦特成为格拉斯哥大学的法学博士。1808年，瓦特被选举为法国科学院（French Academy of Science）的通讯会员，并且于1814年成为科学院的8名外国会员之一。

博尔顿支持由月光社创立的"科学书籍图书馆"的继续发展，而且在这个时候具有不同的名称"伯明翰医学和科学图书馆"（Birmingham Medical and Scientific Library）或"伯明翰物理学图书馆"（Birmingham Physical Library）。博尔顿协助创立了植物学学会（Botanical Society），还成为了伯明翰哲学学会（Birmingham Philosophical Society）的会员。伯明翰哲学学会的会员还包括高尔顿，

[①] Schofiled 1963, p. 381.

他因为协助建立学会博得了卡尔·皮尔森（Karl Pearson）的信任。

1793年3月6日，理查德·钱伯斯（Richard Chambers）从纽卡斯尔写信给博尔顿：

> 麻烦您看一下附上的不久前在这里创立的文学学会的计划，不仅能够体现出我们遵循了您的范例，而且请求您在闲暇时候提供一些与煤炭或煤炭贸易相关的观察资料，这将是我们的荣幸。①

随后还有1795年10月30日的另一封信，他提到了"文学和哲学学会"（Literary and Philosophical Society），并且请求博尔顿帮忙散发一个关于煤炭贸易的调查问卷。根据一位社团历史学家罗伯特·思朋斯·沃森（Robert Spence Watson）的说法，位于纽卡斯尔的"文学和哲学学会"是通过威廉·特纳（William Turner）的努力建立起来的，他是一名信仰一神论的官员，而且是普里斯特利的朋友。

瓦特在伯明翰参与的社团活动不多。瓦特集中精力在他的出生地寻找志趣相投的朋友，特别是在1809年博尔顿去世之后，他的大多数团体精神也都花费在那里。1808年，他在格拉斯哥大学创立了"詹姆斯·瓦特自然哲学和化学奖"②。1809年，他建议格拉斯哥委员会竖立一座约翰·摩尔（John Moore）的雕像。1816年，他捐款用于给位于格里诺克的数学学校采购书籍。

1791年后，月光社成员们只是偶尔交往，而且没有迹象表明第二代保持着依恋之情。这一氛围变化在一封小詹姆斯·瓦特写给陶工朋友罗

---

① Schofiled 1963, p. 383.
② James Watt Prize in Natural Philosophy and Chemistry.

伯特·哈密顿（Robert Hamilton）的信件得到说明：

> 我已经写信给韦奇伍德先生们，但是由于最近两个家庭关系不是十分亲密，我只不过提到了祭日，并没有邀请他们参加葬礼。①

凯尔和高尔顿是经历月光社活动结束的最后两个人。1798年1月，当博尔顿重新装修索霍工厂的时候，他想要从凯尔那里订购一些"黄金国"（Eldorado）窗框，但是得到了一个简短而友好的答复。1800年9月7日，范尼·德吕克（Fanny DeLuc）给博尔顿写信道，她已经将父亲的"电疗法实验"说明发给凯尔，而且她对于"听说我的哲学家朋友们没有利用它"感到十分惊讶。过去，这应当是进行联合实验的信号，但是现在它不再是这一信号。②这些过错不能完全归于博尔顿和瓦特。1804年2月24日，凯尔曾写信给博尔顿：

> 自从上次有幸见到您已经过去很长时间了，但是我向您保证这并非所愿。只是有一点必要性……导致我必须离开家里，我每次因为它遭受了太多痛苦……因此，我不得不在冬天放弃月光社的亲爱朋友们。当夏天到来的时候，我希望能够与您共度更多的时光，现在，我必须拒绝所有宴会邀请，我对自己的好朋友高尔顿也是这样做的。③

这封信表明凯尔与高尔顿之间的联系更为频繁，而他与博尔顿之间

---

① James Watt, jun., to Robert Hamilton, 21 August 1809；转引自Schofiled 1963, p. 383。
② Schofiled 1963, p. 384.
③ Schofiled 1963, p. 384.

的联系不是很多，凯尔继续写信给小詹姆斯·瓦特、埃奇沃思、小韦奇伍德和汤姆·韦奇伍德，但是他好像很少写信给博尔顿或瓦特。1800年8月30日，一封写给博尔顿的信件提到了达尔文的即将来访，然而达尔文后来选择了拜访高尔顿；很明显达尔文对博尔顿的这次拜访没有能够成行。高尔顿有给同事写简短信件的习惯，但是他在索霍工厂的通信人却是小詹姆斯·瓦特。

两个人将自己成功的职业生涯延续到了19世纪。凯尔和布莱尔的化学研究工作十分成功，1794年，他们合伙在蒂维戴尔（Tividale）创立了自己的煤矿。在凯尔去世之后，公司也生存下来了，并且在布莱尔的指导之下继续化学研究工作。1791年和1792年，凯尔与汤姆·韦奇伍德通信，提到了汤姆正在进行热辐射研究，还提到由提普顿化工厂提供的铅白的不足之处。凯尔对于汤姆·韦奇伍德的研究工作的评价体现出他已经仔细地阅读过论文；他鼓励汤姆继续进行研究，但是没有迹象显示研究已经渗透到物理学而不是化学。[1]1791年9月，在一封写给韦奇伍德的信件中，凯尔写道："我的《化学词典》进展速度缓慢，因为我过去一段时间很忙，不过它仍然在继续进行之中，而且第二部分的一些内容已经打印出来。"但是，第二部分的内容没有发表，《化学词典》并没有完成。一封凯尔随后写给达尔文的信件体现出原因："您问我为什么不撰写《化学词典》——因为我想当时没有人会阅读它们。我确信您就不会阅读；更糟糕的是，我敬畏的人们都不会购买。"[2]

只有在地质学方面有迹象表明凯尔仍然对科学十分感兴趣。1808年，凯尔成为地质学会的荣誉会员，小詹姆斯·瓦特和老瓦特已经于前

---

[1] James Keir写给Thomas Wedgwood的信件，1791年9月17日和19月27日；1792年3月17日（未注明出版日期，可能是3月或4月）、4月19日和4月30日；all Wdg.。请参见第12章第371页。转引自Schofiled 1963, p. 385。

[2] Molliet 1859, p. 146. 未注明出版日期。转引自Schofiled 1963, p. 385。

一年成为地质学会的会员，高尔顿于1820年成为会员。到1810年为止，凯尔和小詹姆斯·瓦特之间有一些地质学方面信件。1791年之后，凯尔唯一发表的地质学作品是斯蒂宾·肖（Stebbing Shaw）所著的《斯塔福德郡历史和古迹》（History and Antiquities of Staffordshire）的一部分。斯蒂宾·肖列出了月光社成员对于他的著作的帮助：博尔顿和瓦特向他提供了关于索霍工厂的信息，韦奇伍德提供了关于伊特鲁里亚陶器的特殊说明，在斯塔福德郡的植物学方面提到了威瑟林和斯托克斯，摘录自威瑟林的《植物配置》（Botanical Arrangement）和《植物园》的第三个版本，达尔文关于巴克斯顿（Buxton）和马特洛克（Matlock）供水系统的信件再版自皮尔金顿（Pilkington）所著的《德比郡的自然历史》（Natural History of Derbyshire），还有达尔文关于从细盘条上面去除镀金表面的照明效果论述，但是，贡献最大的还是凯尔，他的帮助使得肖表示："我无法言表对于詹姆斯·凯尔提供的矿物学和制造业方面的最宝贵信息的感激之情。"①

这一信息是指1798年6月14日信件中的"斯塔福德郡西南部地区的矿物学"。②在这篇论文中，凯尔重复了他在玻璃人工结晶化方面的观测报告，并且再次将自己列入撰写煤矿床、石灰石层和玄武岩方面文章的"热月学家"（Vulcanist）。这可能是他的其他论文"关于蒂维戴尔煤矿的凹陷地层的说明"未能发表的原因，他于1811月1月18日将这篇论文与一些实验样品一起提交给地质学会。凯尔与地质学会的第一任会长格林诺夫（G. B. Greenough）关系很好，并且于1810年7月15日拜访了他，但是格里诺与许多其他学会创始人都是沃纳（Werner）

---

① Schofiled 1963, pp. 385-386.
② Stebbing Shaw, 斯塔福德郡历史和古迹（History and Antiquities of Staffordshire, 伦敦：J. Nichols, 1798）第1卷，pp.xiv 97-99, 116-125, appendix pp.13 ff. 25。转引自Schofiled 1963, p. 385。

的学生。①凯尔比较赞成沃纳的更加实际和描述性的地质学。1809年10月21日,凯尔写信给小詹姆斯·瓦特:"我不愿意对爱丁堡韦氏(Wernerians)给予太多注意,因为我认为他们的系统和命名过多地拘泥于形式,而不是科学的实质。"写这封信与小詹姆斯·瓦特想要得到凯尔关于罗利希尔(Rowley Hill)采石场的一篇论文有关,这篇论文还没有完成。②从1813年到1820年逝世,这一期间的虚弱健康状况使得凯尔不便外出,而且在1811年提交给地质学会这篇论文之后无法再撰写任何文章。

高尔顿的职业生涯比凯尔的职业生涯更加混乱。他所运营的和具有部分所有权的枪支制造厂在18世纪90年代十分成功,他在伦敦和伯明翰都设有工厂,在政府合同项目下制造燧石步枪和带有手枪皮套的手枪。③1795年,伯明翰朋友会(Birmingham Society of Friends)的每月例会对于高尔顿和老高尔顿制造和销售战争武器提出抗议。老高尔顿退出了这一生意,但是高尔顿对自己的行为提出辩护。他的主要观点是他的祖父、叔叔、父亲和他自己已经从事这一业务70多年,他的全部资金都投到了这一业务中,他拒绝退出,直到找到转变行业的适当机会,而

---

① 凯尔写给小詹姆斯·瓦特的信件,1810年7月15日,伯明翰图书馆。宣布了对Greenough和"其他3位博学的矿物学先生"的拜访,并且邀请小瓦特与他们一起吃饭。参见,Horace B. Wedgwood, 伦敦地质学会历史(History of the Geological Society of London)(伦敦: 地质学会, 1907)pp.10-14。转引自Schofiled 1963, p. 386。

② 凯尔在1809年10月21日写给小詹姆斯·瓦特的信件,伯明翰图书馆。图表可能就是Thomas Thomson使用的那个图表,"伯明翰乡村的地质草图(Geological Sketch of the Country round Birmingham)",哲学记录(Annals of Philosophy), viii (1816),包括一个来自小詹姆斯·瓦特版画的关于Rowley Hill采石场的一个盘子。转引自Schofiled 1963, p. 386。

③ A. Merwyn Carney, English, Irish and Scottish Firearms Makers (London and Edinburgh: W&R. Chamber, Ltd.,1954), p. 39; 转引自Schofiled 1963, p. 387。

且他声明他将会不理会朋友会的行为。[1]1796年，他被伯明翰朋友会驱逐。1804年，枪支业务结束，高尔顿和他的儿子塞缪尔·特蒂乌斯·高尔顿与约瑟夫·吉本斯（Joseph Gibbons）合作组建了一个银行，约瑟夫·吉本斯的父亲曾参加过反对枪支制造的抗议，最终，高尔顿在名义上重新被吸纳到朋友会。

除了一些著作之外，与凯尔相比，高尔顿的一些活动更加不为人知。1799年，高尔顿支持班克斯先生的自然哲学演讲。他于1816年12月31日撰写的一篇论文《关于运河水平面》（On Canal Levels）发表在《哲学记录》（Annals of Philosophy）上面。[2]这是一篇奇特的论文，主要是通过各种渠道收集到的运河信息的图解表示。这一研究的最初目的是通过参考运河高度寻找确定英国各个地点高度的方法。然而，成果就是将数据收集到三个图表之中：（1）英国主运河的草图，只是关于长度；（2）相连的一些运河的上涨和下降草图，没有考虑到它们的相应长度，彩色的；以及（3）从位于朗科恩（Runcorn）的默西（Mersey）到位于宾福特（Brentford）的泰晤士（Thames）的运河交流部分，显示出长度和水位高度。这些图表都附上了信息来源参考资料，还有在信息完整之前需要回答的一系列问题，还有含有图表（1）和（2）中信息的两个表格。[3]1817年3月15日，高尔顿写信给小詹姆斯·瓦特谈到他正在保存的气象日志。1818年他支付42.6英镑购买了一台天象仪。他是伯明翰促进美术品创作学会（Society for promoting the Cultivation of the Fine Arts, in Birmingham）的一名资助人。他主持了1821年2月7日的会

---

[1] Samuel Galton, jun., To the friends of the monthly meetings of Birmingham, fol. Birmingham, 1795 and Margaret E. Hirst, the quakers in peace and war (New York: George H. Doran Company, 1923), pp. 233；转引自Schofiled 1963, p. 387。

[2] Samuel Galton, On Canal Levels, Annals of Philosophy ix（1817），pp. 117-183。转引自Schofiled 1963, p. 387。

[3] Schofiled 1963, p. 388。

议，会议上确定了这一伯明翰工艺学会的规章，他和他的儿子们塞缪尔·特蒂乌斯和休伯特（Hubert）捐款100英镑，高尔顿家族和詹姆斯的银行业公司被选为学会的司库。这一组织的目标是提供一个艺术品的铸件、模型和图纸的展览馆用于美术专业的学生进行参观和模仿，并且安排艺术品展览和讲座。[①]虽然他直到1832年才去世，但是这是高尔顿引起我们关注的最后一件事情。他的儿子们接管了他的生意和公共活动。高尔顿引退并且开始了乡村生活。

在"教会与国王"暴乱之后，威瑟林、达尔文和埃奇沃思逐渐淡出了月光社的圈子。他们开始单独地进行富有成效的研究工作。虽然如此，在他们的研究工作之中，我们还可以看到月光社历史的持续推动力。

威瑟林的主要贡献是完成了《植物配置》第二版的第三卷。第三卷的问世得到了很多赞扬，整卷内容都专门论述了隐花植物，这是林奈所忽略的问题并且曾是威瑟林的特殊兴趣和研究方向。他发明了一种全新的蘑菇分类系统，与《植物配置》前面几卷相比，这一卷中更多迹象表明是威瑟林自己的观测资料，并从威瑟林与斯托克斯的争论体现出来，因为扉页中只将提供参考资料的部分荣誉归于斯托克斯。这篇文章描述了保存真菌类、苔藓和地衣的化学方法，这发表在《林奈学会学报》上面，威瑟林不久前已经成为该学会的会员。

在威瑟林刚刚完成第二个版本之后，他就开始筹备第三个版本。第三个版本是最好的和最重要的版本。1796年以共四卷的形式出版，以《英国植物配置》（An Arrangement of British Plants）为标题。这一版本体现出威瑟林在筹备过程中的认真程度，并且在很大程度上吸取了过去的经验。这本书包括了《植物种志》（Species Plantarum）和

[①] Langford, *Birmingham life*, vol. ii, pp. 410-413.

《自然系统》（*Systema Naturae*）1791年版本的新内容。在詹姆斯·爱德华·史密斯（James Edward Smith）和瑞典乌普萨拉（Uppsala）的林奈接任者查尔斯·图恩伯格（Charles Thunberg）先生的鼓励之下，威瑟林积极采取措施修改林奈系统。协助这一版本出版的人员总共有22人，人员名单宣读起来就如同"植物学名人录"。阿佛齐里乌斯、图恩伯格、詹姆斯·迪克森、戴维斯·吉迪、塞缪尔·格林诺夫、理查德·富特尼、詹姆斯·爱德华·史密斯、约翰·斯塔克豪斯和托马斯·伍德沃德就在名单之列。还有爱丁堡的外科医生罗伯特·布朗（Robert Brown），他随后成为了林奈学会的图书馆员和会长、皇家学会会员和科普利（Copley）奖章获得者以及法兰西研究院（the Institute of France）的外国合伙人，他以植物受精研究和布朗运动描述而闻名。

大量研究工作是威瑟林在肺结核病重的阶段完成的。通过通信和偶尔会面，威瑟林对朋友们的活动保持着兴趣，他利用自己被迫引退的时间继续进行植物学和医药研究。1793年他出版了《关于猩红热和喉咙痛的论述》（*Account of Scarlet Fever and Sore Throat*）或《猩红热病》（*Scarlatina anginosa*）的第二个版本，以及他写给贝多斯（1794）和《医药记录》（*Annals of Medicine*）（1796；1799）关于气体医疗的信件。

他也尽可能地进行着其他领域的研究工作。在1793—1794年葡萄牙停留期间，他对位于卡尔达什－达赖尼亚（Caldas da Rainha）的医疗温泉的水质进行分析。1797年和1799年1月期间，威瑟林与詹姆斯·莫瑞斯（James Morris）就史前巨石柱（Stonehenge）的问题进行通信，其中一封信件提到了瓦特的立场，最近的石头降落可能需要花费至少100英镑。威瑟林还与园艺家托马斯·安德鲁·奈特（Thomas Andrew Knight）就作物育种问题进行通信，提及了奈特的交叉豌豆实验，这可能成为孟德尔的意义重大的研究工作的序言。1798年，威瑟林写信给托马斯·弗兰克兰德（Thomas Frankland）讨论关于外科用柳叶刀的钢铁铸造问题。1797年，他写信给班克斯告知在葡萄牙制成一种韧性玻璃，它能够抵抗温度的突然变化。在访问伯明翰期间，班克斯发现了这一玻璃的缺陷，并且要求了一块样品用于光学用途。威瑟林怀疑它的透镜价值，但是坚持认为这一玻璃对于化学研究是非常重要的。他说服瓦特进行一些实验，瓦特也曾写信给班克斯，报告了检验结果并且得出结论："这一被质疑的玻璃能够承受冷热变化，它要强于我所试验过的任何其他玻璃。"①

威瑟林这些年的研究工作与早些时候的研究工作的区别可能就是他集中于植物学研究，大多数月光社同事都没有追随他。瓦特家族为他进行了一些收集工作，玛丽·安妮和她的朋友们为他收集了一些蘑菇。但是，这不是真正的月光社活动，偶然提及的史前巨石柱或一些关于韧性玻璃的实验都无法显示出月光社的复苏，与威瑟林在生病之前充满热情和好奇心地参加化学和矿物学、空气静力学的学习或科技研究无法比拟。就如小詹姆斯·瓦特所写，他将这一悲痛的消息告诉了父亲："在您听到这一消息之前，您一定需要多准备一些时候"，但是，无论是否准备好，威瑟林已于1799年10月6日去世，他在月光社迅速缩小的队列之中留下一个巨大的缺口。②

1790年以后，达尔文陆续出版了他的几部著作。1800年之后，达尔文与博尔顿的友谊已经持续了40年，随着时间的流逝，这种友谊也发生了很大的变化，他们之间的信件更多了一份回忆。在1791年至1802年去世的11年内，伊拉斯谟·达尔文集中于研究一些特殊课题。达尔文的部

---

① Copy Withering to Banks, 31 October 1797, copy Watt to Banks, 5 November 1797, Banks Correspondence, Museum of Natural History, British Museum, London；转引自Schofiled 1963, p. 392。

② Schofiled 1963, p. 393。

分著作列表如下：

《植物园》（*The Botanic Garden*）（1791）；

《生物规律学》（*Zoonomia*）（1794-1796，四卷本）；

《植物学》（*Phytologia*）（1800）；

《自然的圣殿》（*The Temple of Nature*）（1803，长诗集）等。

第四章 科学活动

18世纪，对科学的兴趣从国王和皇家学会向乡间牧师和纺织厂厂主扩散。当人们谈论18世纪文化的时候，经常想到这样的场景：一群人围观电学的实证；乡绅抱怨降雨的测量；公爵夫人收集贝壳，孩子们制造热气球；母亲教给孩子们新百科全书上描述的各种奇怪的动物、鸟类和植物。科学开始流行起来，成为一种绅士化和有修养的象征。

月光社成员对于探索未知世界和改造未来具有强烈的兴趣，大多数成员，有时候是全部成员都参与了实验、观察和他们所感兴趣的活动，这些研究活动范围广泛，涉及声学、天文学、化学、农业、电学、地质学、热学、金属学、气象学、光学、蒸汽动力、城市改造、教育以及运输等。由两个或两个以上成员参与的活动，或者围绕着月光社主题开展的活动都可以视为月光社的活动。本书拟将月光社的活动分为三类：科学活动、技术活动和工业活动，并通过选择适当的领域和案例来展示月光社在这些方面的成就。

尽管月光社具有强烈的实用主义倾向，但是它也在纯科学领域作出了重要贡献。许多成员都是受过正规教育的科学家，例如普里斯特利、达尔文、斯莫尔、威瑟林和斯托克斯等。此外，其他成员也都具有良好的自我教育经历，他们所具有的科学素养一点都不亚于当时的职业科学家。月光社活动几乎涉及当时所有的科学领域，他们拥有在化学和植物学等方面的专业科学家，与当时整个英国甚至欧洲的科学家都保持着密切的来往。月光社在化学、热学、地质学、植物学和气象学等许多科学领域都作出了杰出的贡献。虽然在18世纪的科学史中，很难见到月光社的名字，但是任何一部18世纪的科学史都会提到月光社成员的名字：普里斯特利、达尔文、凯尔和瓦特等。与当时英国的纯粹科学学会相比，月光社的成就也是值得称道的。通过对月光社科学活动的案例分析，月光社成员对于科学的兴趣以及相互之间的卓有成效的合作可以展示出月光社作为一个地方性科学学会的活力和贡献，由此，月光社在18世纪下半叶英国科学中的地位显得更为清晰。

一　凯尔的化学研究

凯尔是月光社的一位化学家。在定居伯明翰之后，凯尔立刻展示了他在化学方面的才华，将月光社引入专业的化学领域。当由盐制碱的项目遇阻的时候，他翻译了马凯的《化学词典》。凯尔的翻译活动得到了月光派团体中其他成员们的支持和敬佩，并且为他日后的成功铺平了道路。埃奇沃思讲道：

> 我大约在这个时候与伯明翰的凯尔先生建立起密切联系……他离开了"枫丹白露"（Fontainebleau）的处于和平状态的军队，将自己的强大思想活力转向科学，以进行发明创造为目标，通过这些发明创造他可以增加自己的财富，而且通过追求这些发明创造，他可能寻找到感兴趣的职业。当凯尔先生从事于马凯所著的《化学词典》的翻译工作的时候，我开始与他熟识，这本著作经过译者的翻译注释呈现出双倍价值。凯尔

先生接受了到我家里的邀请，在我家中的几个月时间里，他在空闲时间继续进行研究。[1]

由此我们可以看出，对于月光社成员而言，将科学知识应用于实际是一个经过深思熟虑的考虑。凯尔的制碱实验成为"进行发明创造，从而增加自己的财富"的慎重计划的一部分。此外，它们决不是一连串偶然的无目标的尝试。他曾将注意力转向那一时期最好的化学论文集，这也是在应用化学分析方面引人注目的一本书。凯尔翻译了这本书并且于1771年匿名出版，题目为《由化学理论和实践组成的化学词典；……依赖于化学的艺术、贸易和生产的一些基本原则》[2]。从法文翻译过来，并附带凯尔添加的彩图插页、注释和附录[3]。

马凯所著的《化学词典》于1766年在巴黎第一次发表，它是这一类型著作中最有价值的，而且是18世纪中期法国化学家对于化学所做出的重大贡献之一。[4]我们可以通过马凯的评论推定凯尔译作的准确性和附加注释的价值，因为凯尔曾给马凯邮寄过一本译作。1776年3月28日，马凯写道，虽然我不能阅读英文，但是我的朋友们向我保证凯尔翻译得非常好，而且关于附加注释的质量，朋友们给马凯翻译过那些附加注释，他认为"对于原文的解释不可能有比这更加完美的了"。[5]

凯尔翻译《化学词典》带有一定的功利性，他在自己的序言之中承认："我认为没有比利用空闲时间从事翻译和发表译作更好的方式能够将化学知识装入我的思想。"这也是他进行自我教育的一种方式。

---

[1] Edgeworth and Edgeworth 1820, vol. i, pp.184-185.
[2] A Dictionary of Chemistry Containing the Theory and Practice of that Science;…and the Fundamental Principles of the Arts, Trades, and Manufactures, dependent on Chemistry.
[3] T. Cadell, P. Elmsly, J. Robson & S. Bladon, 1771.
[4] Schofiled 1963, p. 80.
[5] Molliet 1859, pp. 54-56；转引自Schofiled 1963, p. 80。

凯尔在译者序言（第3—4页）之中写道，他为《化学词典》补充了关于"最近的一些发现……布莱克博士发现的固定空气……麦克布赖德博士和尊敬的卡文迪许先生的一些最新发现"的注释，而且他增加了"许多植物和一些动物的化学分析历史……而且还有一些种类矿物质的化学属性，这些内容是通过鲍茨、瓦莱里于斯、克隆斯塔特、沃格尔、林奈、博马尔、亨克尔、莱曼和其他作者的一些著作而获得的，并且依据他自己的经验"。凯尔在备注中表达了对于同时代的一些著作或译作的感激之情，例如，从威廉·莱维斯翻译的卡斯帕·诺埃曼（Caspar Neuman）著作之中，凯尔采用了一些关于植物和动物分析的内容；从克伦威尔·莫蒂默（Cromwell Mortimer）博士翻译的克拉姆尔所著的《化验金属艺术的要素》（Elements of the Art of Assaying Metals）之中，凯尔采用了关于矿物质的化学属性以及金属矿石和金属矿石熔炼的较长篇幅注释。除了这些内容，附加备注还与瓷釉、染料和玻璃的颜色相关。在"碱"项目的注释之中，凯尔没有添加关于盐的化学分解的注释，因为在"碱"这一部分内容中马凯提及了蒙索、杜哈明、马格拉夫和鲍茨关于从海盐中得到矿物碱的著作。关于"空气（固定空气）"和"生石灰"的注释非常详细，长篇幅地引用了布莱克的著作，还有一些关于约翰·梅奥（John Mayow）[①]著作的评论。译作中有染色方面的长篇幅注释，对赫罗特（Hellot）的染色理论有相当多的讨论（赫罗特是马凯的前任，法国染色工艺产业的负责人），并且对于真正的染色理论应当包含什么内容进行了一些考虑。根据托马斯·亨利的说法："凯尔先生是马凯《化学词典》的最有创造力的译者，他好像是第一位怀疑明

[①] 约翰·梅奥与波义耳和胡克是同一时代人，他好像已经被18世纪的化学家所遗忘，直到拉瓦锡开始从事这方面的研究。

矾土［用作媒染剂］沉淀的人，并且因而对材料产生兴趣。"①凯尔关于"土壤"的较长注释：

> 大多数哲学家……已经列举出一些元素……他们相信所有物质都由这些元素组成。然而，他们没有证明出任何一个元素的存在……让我们相信任何物质都是一个元素的唯一原因是，我们不能分解这一物质；……我们没有能力分解，这并不意味着无法分解……依据这一含义，当我们发现关于现在无法分解的一些物质的分解方法，元素的数量将会减少。②

通过对马凯著作的翻译工作，凯尔对那一时期的化学研究作出了重大贡献。当然，这一研究成果具有技术上的重要性，并且确立了他在月光派中的地位。

1776年3月，凯尔得知马凯正在准备《化学词典》的第二个法文版，他写信给马凯表示自己计划翻译相应的英文版，他征询马凯的同意和建议，并且请求在第二版打印出来的时候寄给他一份。马凯作出回复，对于第一版的翻译工作提出赞扬，并且授权凯尔翻译第二版。凯尔得到了第二个法文版的一部分内容，并且于1777年首先发表了自己的第二个英文版，而马凯的法文版直到1778年才发表。第二个法文版中的剩余内容随后出现在凯尔于1779年发表的《化学词典补充》（*Additions to the Dictionary of Chemistry by M. Macquer*）之中。

凯尔的第一版和第二版在很大程度上是相同的，但是仔细比较两者能够得到一些小惊喜。很少一部分证据体现出凯尔六年的化学实践经

---

① Thomas Henry, 'Different Materials as Objects of the Art of Dyeing', Memoirs of the Literary and Philosophic Society of Manchester, iii (1790), p. 395; 转引自Schofiled 1963, p. 81.

② Schofiled 1963, p. 81.

历。《化学词典》内容得到更新，拉瓦锡关于燃烧钻石的实验被提及，而且匿名的"来自1774年《罗茜的杂志》（*Rozier's Journal*）的关于燃素的论述（拉瓦锡所著？）"被引用，但是，没有迹象表明凯尔自己从事工艺化学工作。[①] 关于矿物碱和金属条的注释也是一样，尽管凯尔有一些关于两者的新信息。除了对于无色玻璃中的纹理提出意见，关于玻璃、玻璃化、退火或黑陶器没有任何新信息。

凯尔更基础的化学工作是十分复杂的溶液理论。这一研究开始于1787年他的一篇论文《关于硫酸凝固的实验》（Experiments on the Congelation of the Vitriolic Acid），提出了不同重力的硫酸溶液可以凝固的不同温度。他的结论是硫酸溶液具有一个最易凝固的密度，当温度足够低（凯尔估算是45华氏度）的时候，凝固仅仅取决于密度。这一点在溶液研究的历史上不是最重要的，然而，凯尔是开始研究这一性质的第一个英国人；一年之后，查尔斯·布拉格登（Charles Blagden，皇家学会秘书，卡文迪许的助手）的研究证明不同密度盐溶液的凝固点会变化。凯尔继续进行溶液研究，发表了另一篇论文《关于酸性物质之中分解出金属的实验和观测；以及它们的沉淀；关于全新的合成酸溶剂的说明，用于一些分离金属的技术操作之中》（Experiments and Observations on the Dissolution of Metals in Acids; and their Precipitations; with an Account of a new compound acid Menstruum, useful in some technical operation of parting metals）。这篇论文被视为金属溶液研究的第一部分，随后应当是一篇"对于金属溶液和沉淀理论的一些再考虑"的论文，但是第二篇论文并没有写出来。凯尔可能发现这个问题相对于当前的科学状况来说太大了，因为在1878年之前并没有出现关于溶液理论的真正有意义的研究工作。凯尔的论文是对于硫酸和硝酸钾的不同混

[①] Schofiled 1963, p. 180.

合物的初级观察报告。他指出，除了对"王水"（aqua regis）的研究之外，人们对于酸性组合物质的研究很少，关于这些性质如何随着浓度、温度或"燃素化"而变化的研究也很少。在新命名系统的出现之后，凯尔描述了具有不同浓度的"合成酸性物质"对银、铜、锡、汞、镍、锌和铁的作用。对于解释这一合成酸性物质的作用，或者在亚硝酸溶液之中沉淀银的过程中证明铁的特殊特性，他的实验设备是完全不足的。虽然法拉第随后指出这些实验是很好的，但是这并不表明接下来的研究工作都取决于它们。这篇论文的唯一实际成果是凯尔将他的研究成果应用到从金属板废料表面剥离银的技术问题中，这一技术也不是全新的。伯明翰金属工人已经应用从镀铜板表面回收利用银的各种处理方法很长时间，博尔顿的朋友加伯特和罗巴克的第一家化学工业合资公司就从事这一剥离加工处理。凯尔的特殊技术可能有些是全新的，但是，他开始应用自己的技术至少也是在1776年1月20日他从索霍工厂接收到一批金属废料的时候，一直到1785年4月。[①]

在普里斯特利加入月光社之前，凯尔的化学研究工作是最系统性的。他在化学方面的专业兴趣引起月光社其他成员的兴趣，并引发月光社对于冶金学和地质学的兴趣。达尔文在化学方面的关注最少，但是，他也被鼓励更多地学习化学知识。凯尔写信给他："我感到十分高兴，您能够这么热切地学习化学……。"[②]然后，他推荐了在化学研究之中最重要的14本书籍，其中一些已经摘录在《化学词典》的备注之中。[③]通过达尔文日记中的一些记录，我们可以发现达尔文对于化学的兴趣已经远不是偶然的热情。达尔文在日记中特别提到了一些化学实验，这些实验在普里斯特利于1772年发表在《哲学汇刊》的关于"通

[①] 参见Schofiled 1963, pp. 298-299。

[②] Schofiled 1963, p. 89.

[③] Molliet 1859, pp. 50-52.

过在水中清洗空气，将空气恢复到适于呼吸的状况"的论文之中曾经提到。达尔文建议将这些实验用于潜水钟。达尔文还提到了普里斯特利关于工厂净化污染空气的发现，这一发现也在《植物园》一书中有所提及。

韦奇伍德和本特利以及博尔顿、斯莫尔和瓦特在化学研究方面都不需要鼓励。工作的实际需要维持着他们的兴趣。这两个小团体都有一些难以解决的化学问题。事实上，韦奇伍德主要关心的是陶瓷化学问题，博尔顿、斯莫尔和瓦特主要关心的化学问题是冶金化学，他们刚刚在物理化学和固体物理学之中找到坚实基础。两个团体坚持不懈地进行研究工作、实验（有时系统性地，经常是以经验为主）和广泛阅读，互相拜访并且寻求凯尔和维特赫斯特的帮助。当他们开始精通化学的时候，反过来他们成为了其他人的顾问。

威瑟林将化学转入医学应用。1776年，他翻译了托本·伯格曼的矿质水论著《水族分析》（*de Analysi Aquarum*），并且自己开始一系列矿泉水的分析。最后，他至少完成了关于四个英国矿泉水的分析，并且准备合成其中一种水。[①]达尔文也对医学化学的问题感兴趣。在一封1779年凯尔写给达尔文的信件之中，讨论了通过动物骨头制造出磷酸的谢勒方法，指出达尔文正在计划开列含有这种酸的处方，用于治疗骨软化病症。达尔文思想的一个线索可以在他的疾病分类学论著之中找到，在1794—1796年的《生物规律学》之中他描述了这种疾病：等级I，种类II，类别14，称为"骨头营养不良"，并且提出缺少磷酸可能是导致这一疾病的一个原因。[②]

---

① Withering, Jun., *Misc. Tracts of Withering*, vol.i, p.46. 转引自 Schofiled 1963, p. 179。
② Molliet 1859, pp. 64-65.

二 燃素说的争论

在所有科学学科之中，化学吸引了众多月光社成员的关注，而且在普里斯特利加入月光社之后，成员们将更多时间花在了化学实验上面——特别是在燃素化学领域。月光社在普里斯特利的燃素化学研究方面发挥了重要作用，然而，这一研究只能称为他在科学职业生涯中的悲剧。在1780年年底刚到伯明翰的时候，普里斯特利是世界化学界的领军人物，他的论文和观点得到广泛传播。在10年后离开伯明翰的时候，他的观点已经过时，逐渐地成为人们取笑的对象，但是，他仍然顽固地为"燃素说"进行辩护，但这一学说已经为赞成氧理论的"新化学"或"法国化学"所抛弃。1781—1791年期间，普里斯特利在《哲学汇刊》上发表了9篇论文，写了无数的科学信件，出版了《关于空气的实验和观察》（Experiments and Observations on Air）的后两卷，然后准备出版包含六卷内容的全新三卷版本。但是，这些著作都不是独创性科学，大多数是应对他人观点的著作。他详细阐述了与拉瓦锡对立的一些观点，这些观点现在被认为是"荒谬的独创性"观点。[①]

鉴于月光社成员对于普里斯特利坚持燃素说的支持程度，燃素说的失败也成为月光社的失败，几乎每位月光社成员都公开表示维护燃素说的观点。然而，在早期，月光社成员对燃素说是存有疑问的。派克（Peck）和威尔金森写道：

威瑟林反对这一学说，他认为这一学说不仅是不正确的而且对于化学发展是有害的，1796年他向月光社宣读了一篇异

[①] Schofield 1963, p. 289.

想天开的文章，题目是《燃素的存在和消亡》。①

我们没有1794年后的月光社会议记录，也没有《燃素的存在和消亡》（The Life and Death of Phlogiston）这篇文章的记录。但是，在这篇文章出现之前14年，即1782年1月13日，博尔顿给瓦特写信称：他收到了一篇名为《燃素的诞生、发展和消亡》（The Birth, Life & Death of Phlogiston）的文章。这应该是威瑟林的文章，他应该早在1782年1月就表达出对于燃素说的不信任，但是，在两个月之内，月光社改变了自己的态度。3月30日博尔顿给韦奇伍德写信称：

> 我们已经谈论燃素这个话题很长时间，甚至在不知晓其为何物的情况下，但是现在普里斯特利揭示出这一问题。我们可以将这一元素从一个容器注入另一个容器，可以将其从一种金属之中取出并且放到其他金属之中，可以通过精确测算得出需要多少燃素能够将金属灰转变为金属……简言之，这一"多变的女神"能够像其他物质一样测量和称重。②

4月8日，韦奇伍德回信称：

> 对于破落燃素说的复兴，我感到十分欣喜，我们是老朋友了，在我有生之年，任何理论都无法取代它的位置。③

1782年，韦奇伍德用燃素理论测试碱金属的特性，解释其与釉上

---

① Peck & Wilkinson, *Willian Withering*, p. 148.
② Schofield 1963, p. 290.
③ Schofield 1963, p. 290.

彩色料混合情况下的熔解特性。1787年3月30日，他和奇泽姆提出使用石膏加热的"锻铁"特性的燃素解释，在一些实验之中，他们对列氏（Reaumur）和威廉·莱维斯的观点进行了测试。1788年夏，韦奇伍德进行了一些实验以确定出特定类型黏土是否能够变成"红棕色……像燃素物质一样点燃……"。在这一期间，普里斯特利将自己的化学实验定期地报告给韦奇伍德，作为韦奇伍德赠送资金和设备的一部分报酬。韦奇伍德通常以鼓励和深入评论的方式予以回应。1788年10月17日的回信中，韦奇伍德表达出他对燃素说的持续钟爱：

> 我无法克制地想要表达，我特别地满意旧有的受欢迎的燃素说，这一学说或许应当在化学世界恢复到原有等级。[①]

在1785年8月11日威瑟林与麦哲伦（J. H. Magellan）的通信之中，威瑟林评论道：

> 我非常怀疑新法国学说的基础，它使得旧有的燃素说被放逐到空想的凯米拉地带（Land of Chimaras）。[②]

这表明威瑟林仍然对旧有化学保持着同情态度。这一点在1785年威瑟林与凯瑟琳·莱特（Catherine Wright）女士的通信之中得到确认，威瑟林向她提供了一些化学基础说明。他选择在次序、属别和种类的系统

[①] 韦奇伍德—博尔顿的1782年信件在伯明翰参考书阅览室的博尔顿和瓦特集之中。韦奇伍德的实验书和备忘录在韦奇伍德集之中，多处提到这一期间的燃素学说。普里斯特利—韦奇伍德的大多数通信都以《普里斯特利的科学通信》（*Scientific Correspondence of Priestley*）在Bolton印刷出版；上面引用的段落选自韦奇伍德集中的副本，也可参见Bolton 1892, p. 97.

[②] Schofield 1963, p. 291.

之下呈现物质；对于次序 I.化石燃烧；属别 II.硫化作用（Sulphis），种类 1.硫黄和种类 2.石墨进行描述，两者都将燃素作为要素。1786年，莱特女士写道：

> 我已经将我的一些著作发给您（我想是在10月份）；通过摩尔先生，他告诉我伯明翰的哲学家们不再容许有"燃素"这个概念。他可能是在开玩笑。我经常听到在哲学系统之中哲学家们之间出现矛盾错误。这迫使我担心月光社的智慧都是虚幻的。[1]

摩尔先生可能确实是在开玩笑。毫无疑问，那时候，普里斯特利、威瑟林、瓦特、约翰逊和凯尔都没有放弃燃素说。普里斯特利在1788年的一篇题目为《关于酸性原理、水分解和燃素》（Relating to the Principle of Acidity, the Decomposition of Water, and Phlogiston）的论文中引用了威瑟林和凯尔的信件，信中确定普里斯特利通过使用电火花点燃"脱燃素空气和易燃气体"得到的液体是"亚硝酸"，不管两种气体的来源为何。[2]依据反燃素说者的说法，这一液体应当是纯净水。

凯尔由于不满意燃素说而得到赞扬，国家人物传记中的"詹姆斯·凯尔（James Keir）"词条标明，凯尔由于怀疑燃素说未能完成自己的《化学词典》（Dictionary of Chemistry）[3]。《化学词典》第一部分出版于1789年，其中有充分证据表明，那时他仍然是燃素说的支持

---

[1] 麦哲伦和凯瑟琳女士的信件，包括威瑟林说明的复印件，都在英国伦敦皇家医学学会（Royal Society of Medicine）的威瑟林论文中。Robinson 1963, letter 43.
[2] 见附录2. 约瑟夫·普里斯特利，"关于酸性原理的补充实验和观察……"，Philosophical Transactions, lxxviii（1788），pp.319-23, pp.323-330。
[3] 与凯尔翻译马凯的《化学词典》是两本书，除了参考马凯的著作，还大量参考了一些未出版的文章和理论性增刊。

者。《化学词典》的第一部分仅包括序言和一篇关于通过"酸性物（植物）"得到吸收剂的文章，共228页四开纸张。凯尔在这本书中通过详尽论述为旧理论提供辩护，然而它却承受着根本错误的致命缺陷。凯尔试图做到公平，他对于实验发现和反燃素说者的观点表现出极大尊重，全文都详细地引证了这些观点，但是他还是不能接受这一全新的理论。特别是通过序言，我们可以发现这位睿智学者对新化学理论持有反对意见，虽然他本人与旧化学理论的关系不是十分密切。他的大多数批评性意见都针对法国化学家的那些贡献。他反对新命名系统，以及包括发酵和腐烂的燃烧概念范围，他反对在有机化学中通过确定碳、氧、氢和氮的基本成分达到的秩序。他的论点是清晰和合理的，不过，时间已经证明这些论点也都是错误的。他反对新理论的批判意见是常见的。凯尔想要在一篇理论性增刊之中对自己的观点进行完整的陈述；现在能够得到就是在"酸性物（亚硝酸物）"和"酸性物（植物）"文章中的两段较长的注释。这些注释对燃素说进行了一些具有独创性的辩护，包括坚持主张酸性物表现为易燃特性，反对一些法国实验的推论，还包括怀疑碳元素的存在，以及怀疑对于自己的基本有机成分的替代：空气（纯净的）、燃素、石灰质土和水替换为拉瓦锡的碳、氧、氢和氮。

在《化学词典》第一部分出版之后至少十年时间里面，凯尔仍然是一个燃素说者。《化学词典》第一部分是关于燃素说争论的一个绝好案例，斯科菲尔德视其为"垂死的燃素说理论的纪念碑"，它很好地证明了对新概念进行实验证明的保守性。

1799年，戴维的记录显示凯尔和瓦特仍然是燃素说者。虽然凯尔指出他对燃素说的信任不多于对氧理论的信任，但是他仍然频繁地使用燃素说术语，并且公开地表明反对法国人1787年提出的全新命名系统。这一命名系统通过依据一些基本要素确定物质的方法给化学物质指定名称，这对于化学具有重要的永久性贡献，但是应用这些新名称就意味着接受新理论。这就是凯尔拒绝这一命名系统的理由，也是普里斯特利和其他月光社通信人拒绝的理由。凯尔曾写信给普里斯特利："我希望贝托莱和他的合作人能够平铺直叙地讲述他们的事实，这样所有人都能理解他们，而用于这些事实基础上的理论注释的新命名系统可以保留诗意。"[1]德吕克认为新命名系统是"一个放肆的愚蠢行为的实例"；梅瑟利抱怨"碳酸盐来自硫酸盐、硝酸盐等等"说法泛滥，而且他说自己被法国的同时代人嘲笑，由于他仍然坚持反对"革新，这对于科学进程是非常危险的而且本身也是很荒谬的"。[2]

1783年11月9日，贝托莱从巴黎给瓦特来信写道：

您对新命名系统的观点让我们十分高兴……您的认可很大程度上补偿了我们受到的嘲笑和批判……您使用这些[化学]符号比我们使用它们更有意义。这也是我们向您请教商议的原因！[3]

虽然瓦特有时候使用新命名系统，但是他从未接受与其连带的理论。事实上，瓦特必须承担很大一部分的月光社的职责，他必须鼓励普

---

[1] Schofield 1963, p. 292.
[2] Schofield 1963, p. 292.
[3] Muirhead 1854, pp. 225-226.

里斯特利继续维护燃素说。1784年9月9日至13日，在瓦特写给德吕克的信中，他写道：

> 普里斯特利博士最近做了一些实验，似乎可以确定拉瓦锡先生的关于不存在燃素的学说，但是我仍然希望能够以另一种方式说明。①

这些实验大概就是普里斯特利在1785年的《关于空气和水的实验和观察》（Experiments and Observations relating to Air and Water）论文中所描述的。尽管普里斯特利坚信燃素说，他进行的这些实验更加清晰地证明新化学的正确性。菲利普·哈托克论述到，这些实验是"美好的实验"和"非凡的研究报告"，它们能够让普里斯特利确信拉瓦锡是正确的。在实验描述之中，普里斯特利写道：

> 对于我来说，这一事实看来似乎很明显，带有或没有固定空气的水都是易燃空气的产物，而且依照这一方式操作，纯净水能够从铁中释放出来；瓦特先生提出让我纠正这一假设并且以不同方式说明这一结果。②

1789年5月19日，贝托莱写信给凯尔，批评了凯尔《化学词典》第一部分中的一些内容，并重申了对新术语的解释，但是凯尔仍然表示反对。在1790年3月15日凯尔给达尔文的一封信件之中，他的立场得到了

---

① 瓦特给德吕克的信件，1784年9月9—13日；柏恩第图书馆（Burndy Library）。转引自 Schofiled 1963, p. 293.
② 见附录2. 普里斯特利，《关于空气和水的实验和观察》，Philosophical Transactions, lxxv 1785 p. 286.

最好的描述：

> 我非常感谢您提出的建议，让我转变到对化学的真正信仰；虽然您所赞同的基本观点是不正确的，但是它们已经开始流行起来。……我不喜欢反燃素说者的地方是他们拘泥于形式而且喜欢假设推断，自认为他们的系统已经得到证明，但是它们在更大程度上都是假定的……然而，他们还在不断地谈及实证。关于他们的术语，这形成于他们的系统确定的假设基础上……现在，我可能使用古老的术语，虽然我怀疑这些术语所基于的理论，但是这一理论是古老的并且曾经为人们所接受，然而，我不能使用另一种理论术语，在它们所基于的理论得到认可之前。①

直到1801年，凯尔才放弃了燃素说。在《一位父亲和他的女儿的化学对话》（*Dialogues on Chemistry between a Father and His Daughter*）的介绍性教科书手稿之中，在他的女儿艾蜜丽结婚之前，凯尔将此口授给他的女儿，他说道：

> 燃素的存在已经被质疑，而且无法提出关于燃素的证据，因此建立在假定基础之上的这一理论已经被抛弃。

在《对话》之中谈到了氧气：

---

① Moilliet, 詹姆斯·凯尔，来自德吕克、梅瑟利和贝托莱的信件，写给普里斯特利和达尔文的信件，pp.87-94, p.100。德吕克和梅瑟利的观点由法文翻译过来。转引自Schofiled 1963, p.293。

同一个化学家（拉瓦锡）相信空气和所有气体的弹性状态取决于热量的结合，他将其假定为一种物质，并且称其为"热质"（Caloric）（正在决心将所有东西重新命名），特别是对于每一种气体，他将新发现的纯净或充满生命力的空气命名为"氧"（oxygen），……被称为"氧气"（oxygenous gas）。当这一空气或气体消失的时候，当在硫黄之中燃烧的时候……他假想，气体中的热质跑出来，产生热量和光，只有氧气被吸收并且与硫黄结合起来……其他哲学家否认这一物质、热量物质或热质的存在，并且认为全部气体被吸收……不仅是被称为"氧气"的假想部分……他们不认为，气体与另一种物质相结合失去弹性是更为特别的，较之酸性物质在与碱性物质相结合的情况下失去酸性……或者较之水在与土或碱相结合的情况下失去流动性。[1]

对于拉瓦锡"热质"理论的适当拒绝有助于解释而不是判定，凯尔早期为何拒绝拉瓦锡化学哲学的剩余部分。《对话》的阅读趣味性很好，读者被写作的文学技巧打动，为许多描述性段落（例如关于结晶化的描述）和作者的谦虚（"我已经学习了足够多的化学知识，但是我意识到与还未了解的内容相比，我所知甚少"）折服。很可惜，这本书没有出版，这本书的大量内容有引用价值。

达尔文是最早抛弃燃素说的一位月光社成员。18世纪80年代，达尔文就采用了在当时非正统的法国学者的解释，认为燃烧是与氧气的结合。1788年11月18日，达尔文给瓦特写信：

---

[1] Barbara M.D. Smith; J.L. Moilliet, James Keir of the Lunar Society, Notes and Records of the Royal Society of London, vol. 22, No.1/2. (Sep. 1967), pp. 144-154.

我有一些想法，如果没有问题，我想要参加下一次月光社会议——请通知我，您、博尔顿先生和普里斯特利博士是否参加下一次月光社会议，也请告诉我会议在哪天举行。

……

您提到的锰是从哪里得到的？将会送到何处？什么价格？

请阅读伏克劳的《基础》[即《博物学和化学基础》（*Elements of Natural History and Chemistry*），4卷本，伦敦，1788年译注]的导言的前40页，并告诉我，书中描述的内容是否真实。如果真实，那么这个理论将它们很好地结合起来了。

当蒸汽穿过红色的赤热的铁碎屑的时候，如果水没有分解，那么生命延续所需的气体来自何处？什么与铁结合在一起？——水消失了吗？或者它彻底被分解了吗？请解释这项实验。

在普里斯特利博士确认的溶液当中，有许多亚硝酸，一些盐酸（marine acid），还有十倍数量的水。下列所述？——水是否可以分解为两种气体？或者亚硝酸存在于这两种气体之中？而碱酸存在于另外一种气体之中？或者它们所有都在这一过程中产生？如果可燃空气是不纯的，如果它包含恶臭的空气（燃素空气），那么水和亚硝酸可能都形成了。

我将耐心地等待这场伟大争论如何进展，这场争论牵扯到很多的化学理论——感谢上帝，化学的信条不是靠火与剑来推广的。目前，对于这一问题，我倾向于非正统的解释。上帝带给您神圣的和谐。①

在这封信中，达尔文试图巧妙地说服瓦特。在抛弃燃素说的过程之中，达尔文的理性理论和科学事实高于一切的态度明显地体现出来。

三 水成分的争论

与普里斯特利一样，与瓦特相关的水成分争论同样有助于拉瓦锡新理论的建立。1781年1月3日，瓦特邀请达尔文来参加月光社的会议：

> 我请您记住，您曾允诺在下星期一来我家同各位学者共同进餐。我恳求您将会实施这个想法。
>
> 在您的激励之下，现在要对一本新书提出严厉的批判；并将对热到底是不是燃素和空气的化合物，以及究竟热量是否是燃素和空气的混合物作出结论。我向您提出一个友好的预告，您可能会被问到，您对于第二个问题持有哪一种观点，因而您应当谨慎——如果您表现得温顺和谦恭，那么您可能会被告知，光由什么组成和光是如何形成的，而且您还可能会被告知通过合成法和分析法所证实的理论。
>
> 我请您与罗伯特先生②一同前来。③

1月6日，达尔文回信说：

---

① King-Hele 2007, p. 328.
② 证据显示罗伯特·达尔文参加了月光社会议。
③ Robinson 1963, letter 20.

> 至于物质哲学（material philosophy），我可以告诉您一些秘密，作为您的邀请的回报，也就是说，大气是由光和水的土（the earth of water）组成的。水是由水的气组成的，水化气体由于浓硫酸而从它的土（earth）中产生。
>
> 请您替我向所有的哲学家致以最高的尊重，也请您转告普里斯特利博士我期望他能够试验一下在水银中绝缘的植物是否将会污染空气。①

1781年，几乎所有人都认为水是一种不能分解的简单元素。达尔文的玄妙现在看起来有三个要点：第一，他粗略地估计水不是一种元素，可以分解；第二，水的组成成分之一是气；第三，在土（尽管"earth"经常是一种矿石）上面使用硫酸的时候，产生的气体是现在所称的氢气。在1791年出版的《植物园》中，达尔文将氧理论和水的构成理论应用到自己的诗集和科学思考之中：

> 女神！您辉煌的队伍具有一双化学家的眼睛，
> 他们注视着寒冷而富有弹性的蒸汽升起；
> 当蒸汽经过眼前的时候，顽皮地将它们逮住，
> 将这些可燃烧的气体许配给纯净的空气。
>
> 小溪和河流都有着神秘的身世，
> 海洋的千百只臂膀拥抱着地球。②

---

① King-Hele 2007, p. 181.
② 伊拉斯谟·达尔文, II 201-204, 209-210; Canto III, "植物经济（Economy of Vegetation）", 植物园（Botanic Garden）。

可能受到达尔文的信件的启发，普里斯特利在1781年4月的时候进行了几项点爆带有氢气的空气的实验，"用于引起一些哲学朋友的兴趣，这些朋友们组成了一个私人的社团"——月光社。他尝试点燃可燃空气（氢气）和脱燃素空气（氧气）然后产生水，但是未曾成功。卡文迪许重复了这个实验，在1784年1月15日和1785年7月2日向皇家学会介绍自己的两篇论文之中，他表达了自己关于水的复合性和硝酸形成的理论。1783年4月之前的一段时间，卡文迪许与普里斯特利交流了关于自己的脱燃素空气（氧气）和可燃空气（氢气）实验的一些信息。同时，瓦特长期以来都相信通过"潜热"完全转化为"可感热"，水可以变为弹性流体（气体），并试图为卡文迪许和普里斯特利实验提供理论解释。

普里斯特利的实验和瓦特的解释很快传达给月光社的其他成员以及他们的一些直接朋友：博尔顿、韦奇伍德、威瑟林、凯尔、布莱克、斯米顿和德吕克。瓦特在1783年4月26日写给普里斯特利的一封信中写到了他的解释。他的解释分为两个部分：第一部分是"易燃气体和脱燃素空气的爆燃案例"；第二部分是"通过多孔渗水的陶器吸收水产生空气"，后一部分没有什么意义，虽然它提出能够与外部空气联系起来的原理。第一部分解释引起了争论。瓦特作出结论：

> 我认为这篇论文中全新的内容是概念，首先，脱燃素空气由失去燃素的水组成，并且与处于水或水蒸气状态相比，它能够与更多数量潜热结合；其次，水是失去一部分潜热并且与燃素结合在一起的纯净空气；您的实验证明了这些假设。[1]

---

[1] Schofield 1963, p. 297.

但是，对于瓦特而言很不幸的是，普里斯特利在伦敦期间发现实验中的蒸发错误，并且在1783年4月29日写信指出，瓦特的"完美假设"不能成立，月光社应该提出新观点。虽然瓦特同意召集月光社会议，但是他愤怒地拒绝承认自己的假设无法成立，而且要求不要在皇家学会宣读他的信件。这时，皇家学会的许多会员已经看到这一信件，并且将其保留在学会文件之中。

既然瓦特的信件已经被阅读，那么他就应当被认同为首先发表关于水成分的论述——虽然在最终宣读的普里斯特利论文之中记述的特殊实验不能得出他报告的结果。究竟瓦特解释了普里斯特利从最终报告之中剔除的实验部分，还是他解释了卡文迪许取得和通过普里斯特利传给瓦特的定量结果，目前不能确定。

到1783年夏，身为皇家学会秘书并且不久前成为卡文迪许助手的查尔斯·布拉格登于6月份访问巴黎，向拉瓦锡通报了卡文迪许的实验和结论，接近于瓦特的结论，这一结果是通过单独地做了一系列类似实验得出的。拉瓦锡立刻意识到如果水是由气体组成的，那些先前质疑氧理论的实验就可以得到解释。拉瓦锡迅速地在1783年7月和11月的两篇论文中发表了自己的这些解释。瓦特感到非常疑惑，拉瓦锡是如何得知他的理论，在德吕克的极力主张之下，瓦特于1783年11月26日对自己的理论进行了重述。随后，1784年1月15日，卡文迪许阅读到瓦特的论文，并且宣布了这一结论：

我认为，我们必须承认脱燃素空气事实上只不过是脱燃素水或者是失去燃素的水；换句话说，水由与燃素结合的脱燃素空气组成。①

瓦特现在相信两个人主张的理论正是他的理论，他设法将自己写给普里斯特利和德吕克的信件宣读给皇家学会，以确立他的这一主张。这些通信，连同1784年4月30日的第三封通信，发表在《哲学汇刊》上面；著名的"水成分的争论"由此开始。②

卡文迪许、普里斯特利和瓦特对于水的构成的态度摇摆不定，因此很难证实，燃素说在他们关于水的理论解释中占据何种位置。大多数月光社成员都是不情愿地接受水成分理论，就如他们接受新命名系统。月光社成员全部牵连到推翻旧理论的革命之中，但是其中大多数人没有理解这种转变。在他们的化学之中，而且在他们的政治和经济活动之中，月光社成员都不自觉地表现为革命者。

四 热学

在瓦特移居伯明翰之后，热学的研究成为了月光社大多数成员们的兴趣。索霍团体成为热学实验的中心。

---

① Henry Cavendish, Experiments on Air, Philosophical Transactions, lxxiv (1784), p. 137.
② 参见《化学简史》译者：胡作玄；作者：J.R.柏廷顿。瓦特写了两封信，第一封（日期是1783年4月26日）给普里斯特利，第二封（日期是1783年11月26日）给德吕克，解释普里斯特利的实验。普里斯特利把4月26日的信交给皇家学会主席约瑟夫·班克斯，并被布雷顿阅读。皇家学会本来打算宣读这封信，但瓦特要求推迟一些日子，因为他希望有时间检查一些新实验，据说普里斯特利的这些实验与他的理论有矛盾。1784年1月15日，宣读了卡文迪许的论文《关于空气的实验》，于是瓦特要求宣读他的信，1784年4月22日宣读第一封信（日期是1783年4月26日），1784年4月29日宣读第二封信（日期是1783年11月26日）。这是由于一个皇家学会的外籍会员德吕克向瓦特表示卡文迪许想剽窃瓦特理论所致。

1776年2月15日，皇家学会宣读了一篇来自罗巴克的论文，题目是《关于燃烧物体的实验》（Experiments on ignited Bodies）。这篇论文的开头写道："不久前，当我在伯明翰的时候，我很幸运地得到了两个机会，依靠我的朋友博尔顿先生的两个精确的天平……"，[1]论文接着描述了在索霍工厂进行的一系列实验，测试一个铁球的重量在加热之后是否重于它冷的时候。罗巴克质疑了布丰认为热具有重量的观点，得出结论认为加热后铁球的重量没有变化。可以确定，罗巴克参加了1776年7月的月光社的会议，他的这些实验很有可能在月光社的会议上得到了讨论。

在同期的《哲学汇刊》上，还有一篇维特赫斯特关于同一主题的论文。维特赫斯特进行了很多类似的实验并发现，铁在加热后重量有微量损失，在冷却后重量有少许增加，对于这种现象他的结论是，天平一侧的热金属使空气稀薄，从而引起了向上的气流，影响了天平的测量。对于布丰的实验，他写道"可能[布丰]所使用的加热的铁块对于它所悬挂的横梁臂比其他物质具有更大的影响"。[2]布莱克关于热没有重量的观点则主要基于他对维特赫斯特的实验结果所作的解释。

韦奇伍德也进行了关于热问题的实验，1778年11月4日他写信给本特利：

> 您关于茶壶的实验是完全错误的。我不能接受令人生疑的结论——我尝试这些实验了吗？没有。但是它们同一个受信任的理论相抵触，我有充分证据决定，完全不能相信银茶壶所包含的热要比伊特鲁里亚茶壶多。[3]

---

[1] Schofield 1963, p. 168.

[2] Schofield 1963, p. 169.

[3] Schofield 1963, p. 170.

在韦奇伍德的论文中，有一篇10页四开本的论文，"爱丁堡大学化学教授约瑟夫·布莱克医学博士关于化学的讲义1766—1777年"。虽然这些笔记的来源不明确，但是热学的内容要多于化学。韦奇伍德研究的主要问题是测量任何普通的温度计所不能测量的高温。1780年，韦奇伍德试图通过颜色的变化来标定热的温度，并以此设计高温计，但是这个设计是不可行的。而在制造陶器的过程中，焙烧之中的陶瓷材料会出现收缩，于是，韦奇伍德将此作为他发明高温计的依据。经过研究，韦奇伍德发现一些黏土的收缩与它们被加热的温度呈线性关系，他进而使用"高岭土"（white clay）做实验，最终确定了几百种不同黏土与温度的关系列表，这些黏土被确定为制造温度计的可能材料。韦奇伍德制造的第一个高温计，出现在普里斯特利1780年提交给皇家学会的一篇未出版的论文（"一篇名为高温测量方法的论文，由韦奇伍德先生提交，由普里斯特利博士递交"）之中，虽然被证明难以令人满意，却导致了1782年著名的韦奇伍德高温计的诞生。韦奇伍德高温计随后为18世纪以及以后的科学提供了一个标准的高温测量方法。韦奇伍德的工作得到了月光社成员的帮助和肯定。1782年4月8日，韦奇伍德写信给博尔顿，"普里斯特利博士对我的温度计给予了高度赞扬"[①]，5月15日，他写信给瓦特：

> 我的温度计论文上星期二在皇家学会被宣读。在这之前，它已经受到了这里许多化学家和哲学家的核查，他们对温度计完全满意。在我闲下来时，我将给您一些关于各种不同的

[①] Schofield 1963, p. 267.

物体形状改变与温度（之间关系）的解释。①

瓦特很清楚韦奇伍德工作的重要意义。1784年5月28日，在韦奇伍德提交给皇家学会的第二篇论文"制作一个测量高温的温度计的尝试，温度范围从赤热状态到制作容器的黏土所能承受的最高温度"被宣读之后，布莱克写信给瓦特：

> 我收到了拉瓦锡和拉普拉斯的论文集。他们测量热量的方法具有独创性，但在某些情况下缺乏准确性；这就是我对于韦奇伍德先生以这种方法来测量温度的实验存在怀疑的理由，韦奇伍德先生的实验不能精确地进行。②

瓦特并没有顾及这种怀疑，他接受了拉瓦锡和拉普拉斯的数据来进行关于空气比热的粗糙计算，但是，瓦特没有对比热进行测量，他对于热的兴趣主要在应用方面。

布莱克对于韦奇伍德的工作的观点来自达尔文，1784年3月，达尔文在致韦奇伍德的信中这样写道：

> 我钦佩您所使用的使蒸汽凝结以支持您的新理论的方法……我把您对于实验的解释送给罗伯特先生③，并期望他展示给布莱克博士，这样我可以期望从布莱克博士那里获得一些关于您所提及的奇怪事实的意见，即在您使用一个热的物体接

---

① Schofield 1963, p. 267.
② Schofield 1963, p. 267.
③ 罗伯特·韦林·达尔文（Robert Waring Darwin），即伊拉斯谟·达尔文的儿子，查尔斯·罗伯特·达尔文的父亲。

触冰块的一部分的时候，冰块的另外一部分（在解冻的过程中）却在凝结。①

达尔文继续思考了一些不同密度的物体与空气接触时产生重新结冰的热学现象。他在信中写道："您所观察的这种现象，依赖于一种没有被注意到的环境"②，达尔文对于水的微粒在冻结过程中的行为和挤压过程中产生的"压紧"（pressing out）热给出了一个机械论解释，并添加了相关实验，"我能够从一些实验中得出结论，空气在机械膨胀时总会从它附近的物体上吸收热量，因此当水在膨胀时也是如此"。达尔文在1788年发表的《空气机械膨胀的致冷实验》中扩展了他对于"机械膨胀中的空气"的观点。在这篇论文中，达尔文描述了1775年所进行的关于空气压缩变热和膨胀冷却的实验，这次实验是与爱丁堡的赫顿博士和埃奇沃思等一起进行的。可惜，达尔文的研究不是一种定量的解释。显然，他没有将这些实验作为一种热力学现象来看待。他记录道："很有理由推断，在所有情况下，当空气机械膨胀的时候，它能够从与它接触的其他物体那里吸取流动物质的热量。"③达尔文的主要兴趣是解释气象学或者自然地理问题，他认为太阳热、冷却和膨胀可以用来解释云的行为，但他的尝试并不令人满意。达尔文在《植物园》中至少两次提到了1788年发表的这篇论文，其中一次带有以下诗句：

——啊，活塞在黄铜泵中运动，
隔膜阀支撑上面的重量；
冲程接着冲程，冰冷的蒸汽失守，

---

① Schofield 1963, pp. 267-268.
② Schofield 1963, p. 268.
③ Schofield 1963, p. 268.

薄雾和露珠使晶体的缸壁模糊；

稀薄，越来越稀薄的扩张使得液体越来越少，

寂静伴随着空虚。——①

在"附加注释VII——基本的热（Elementary Heat）"中，达尔文展示了各种实验，用来证明热是一种基本的流体。他的实验中包括了我们目前所知的用来证明热的分子运动论的绝热过程。约翰·道尔顿在他的著作《气象观测和随笔》（Meteorological Observations and Essays）中提到了达尔文的实验，詹姆斯·焦耳（James Prescott Joule）写道："卡伦（布莱克的老师）博士和达尔文博士似乎是第一次观察到气体的温度随着稀薄而降低，随着压缩而升高的人。"斯科菲尔德认为达尔文是第二个描述绝热过程的英国人，也是第一个开始明确和详细地进行绝热实验的人。②

普里斯特利的热学工作也很有趣。他对气体的热传导进行实验。对各种气体，例如易燃的、普通的、缺乏燃素的、碱性的、固定的以及酸性的空气，都进行了定性实验，并按照热传导性的顺序进行排列。他给出的顺序就是我们今天的热传导排序。普里斯特利在1789年3月26日一封写给本杰明·沃恩（Benjamin Vaughan）的信中写道，他曾试图用"空气在压缩过程中释放出热量"这种方式对不同类型的空气进行实验（但是并没有普里斯特利进行绝热实验的记录）③。然后他做了一系列不同空气的热膨胀实验，获得了足够的定量数据，允许他粗略计算出气体恒定压力下的膨胀系数。他的实验方法是非常天然的，因此除了他所怀疑的不正确的碱性空气（氨气）之外，其余气体的结果在当时都是很

---

① Schofield 1963, p. 268.
② Schofield 1963, p. 269.
③ Schofield 1963, p. 269.

好的。

博尔顿早在18世纪60年代就开始制造温度计进行销售。他对于热学的兴趣可以从1777年1月13日一封来自于查尔斯·达尔文的信中发现：

> 自从您渴望得到一份关于布莱克博士的理论的笔记副本以来，时间飞逝，您肯定认为我已经忘记或者遗漏了笔记的抄本……我担心这份抄本恐怕对您用处不大。一卷用来给出关于长度的争论，另外一卷给出对反方争论的应对。我将它缩短为一卷，就笔记目前的这种状态，我不应该冒险将它交给您，我不知道凯尔先生是否解决了推理过程中的所有困难，瓦特先生是否修改了我对于事实的陈述——事实上关于蒸发这一部分，瓦特先生宣称他做的工作比布莱克博士还要多。[1]

这份信中附有一篇名为"布莱克博士的热学理论，从1775—1776年学期的笔记提炼而来"的论文，涉及热容、潜热、流动性和蒸发。瓦特和布莱克处于频繁的通信之中，其中一封信写道："如果我不头疼，我本应该向您叙述威瑟林博士的一些实验的结果，这些实验使用锤打的方式来将铁块加热到赤热（在我的鼓动之下）。这些实验能够确认您的理论，与您曾经告诉我的很接近。"[2]

加入月光社之后，瓦特继续他的热学实验。他对于热的研究最杰出的贡献可能是压容图的发明。压容图是通过瓦特和萨瑟恩发明的指示器或者压力计展示出来的，借助于压容图，蒸汽机的一个冲程内发生的压力变化的平均值就可以容易地显示出来。1796年，萨瑟恩用一支铅笔来

---

[1] Schofield 1963, p. 169.
[2] Schofield 1963, p. 169.

取代指针，并使用了一块载有指示卡片的活动板，这样就可以获得汽缸内压力变化的连续数值。瓦特在1782年的专利"对于用来提升水和其他机械用途的蒸汽机或者火力机的新改进，对于机械装置的新部件同样适用"中描述了第一张压容图。如瓦特所述，他的压容图显示了蒸汽的膨胀力效率。尽管瓦特没有明确地计算过曲线下面的面积，他还是通过压容图对蒸汽机所要完成的工作总量进行了粗略估计。压容图第一次在科学上的使用出现在1832年B. P. E. 克拉珀龙（B. P. E. Clapeyron）对卡诺循环给出的一种分析形式之中，随后，压容图在热机的热力学研究中得到了广泛应用。

五　矿物质分析

除了关于燃素说的争论，最引起月光社成员关注的化学问题是矿物质分析，因为这是科学和潜在利润之间引人注意的结合。当然，博尔顿特别喜欢这一途径。1781年9月6日，他写信给自己的在康沃尔郡的代理人亨德森：

> 化学有一段时间已经成为我的癖好……自从见到您，我已经取得了很大进步，并且几乎已经擅长于冶金湿化学。我已经得到伯格曼最后一卷所有那一部分的翻译本……我已经毁坏威廉·默多克的卧室，取走地板，并且将炊具搬到一个带有许多架子的高屋之中，在这些架子上面都摆上了化学仪器。我已经架起一个普里斯特利式的水盆和水银盆，用于进行气体和蒸汽等方面的实验，而且明年我会将其与具有各种熔炉和进行干

化学实验的其他器具的实验室合并起来。①

在1786年之前，博尔顿一直在进行自己的化学冶金实验，直到他将注意力转向铸币项目。关于博尔顿的兴趣范围，我们可以通过1784年5月29日他给韦奇伍德的一个化学仪器订单规格评估出来：10个不同尺寸的研钵和研杵、2个酸性物架子、12个滤液漏斗。伯格曼仍然是他在冶金化学方面的引导者。1782年1月13日，博尔顿写信给瓦特，告知他已经购买了4本伯格曼的"《关于化学亲和力的新表格》，英文印刷，分别给您、威瑟林、高尔顿和我自己"。一位在苏格兰旅行途中相识的朋友，格拉斯哥的威廉·埃尔文（William Irvine），1784年4月1日写信给他，感谢他寄过来的样本，对于格拉斯哥附近的"奇异化石"缺乏表达歉意，并且寄来了博尔顿提出需要的伯格曼《关于铁的分析》（Analysis of Iron）的翻译本，埃尔文已经帮助博尔顿将其翻译过来。②

韦奇伍德对于矿物分析也十分感兴趣而且更加直接相关。虽然那个时候已经不再急于寻找有用的新矿物质，然而，他继续分析黏土并且检查搪瓷颜色的金属矿石。1781年和1782年的韦奇伍德实验书记录了矿石提纯处理方面的实验，以及对于"钴和镍……主要涉及溶液和沉淀"属性的检查。③直到1788年他仍然还在实验他多年以前提出来的处理程序，从钴之中提取沉淀物以替代研磨操作。就研究与实际需求相关性而言，韦奇伍德的化学是非常出色的，但是对于一些超出专业研究范围的东西，他易于犯一些小错误。1790年，约瑟夫·班克斯发给他一个黏土样本和一个来自新南威尔士的矿物质进行测试。黏土被发现是用于陶器的好材料；韦奇伍德和奇泽姆对矿物质进行了分析，分析报告显示矿物

---

① Schofield 1963, pp. 300-301.
② 参见Schofield 1963, p. 301.
③ Schofield 1963, p. 301.

质含有一种新泥土，他们将结果以《关于来自新南威尔士的矿物质的分析》（On the Analysis of a Mineral Substance from New South Wales）为题发表在《哲学汇刊》上面。没有人就黏土是否适用于陶器的问题质疑韦奇伍德，但是新泥土激起了进一步调查的兴趣，最初矿物学者确认了韦奇伍德的分析结果，而且将一种新泥土添加到系统中，这种新泥土有多个名称，分别为"澳大拉"（Australa）、"澳大利亚土"（Terra Australia）和"澳大利亚沙"（Austral Sand）。后来，克拉普罗特（Klaproth）发表了一篇关于类似矿物质的简短分析报告，指出在矿物质之中并未发现新泥土。那个时候韦奇伍德已经去世，他的朋友威廉·尼科尔森提出辩护，提出检验的矿物质可能不同，但是1798年查尔斯·哈契特对班克斯保留的样本进行了重复实验，结果还是没有发现新泥土，从而只能判定韦奇伍德所使用的试剂是不纯净的。①

还有一些其他分析与月光社更加直接相关。1789年，埃克塞特的约瑟夫·布雷特兰（Joseph Bretland）寄给普里斯特利一块黑色物质要求进行分析。5月7日，普里斯特利没有提出自己的观点并且表示"我需要咨询一些在这方面比我更有经验的人们"。但是，5月12日，他写道：

> 我的一些哲学家朋友昨天回绝了我。我出示了您寄给我的黑色物质，而且我们对它进行了检查。它好像是真正的煤，那种无烟无味燃烧的煤；我们一致认为坚持寻找更完美种类的煤是鼓舞人心的。②

一个更令人兴奋的共同活动案例就是普里斯特利、韦奇伍德和威瑟

---

① 参见Schofield 1963, p. 302。
② Schofield 1963, p. 302.

林对一种矿物质进行了分析，这种物质被给予了不同名称，如"黑色锰土"或"德比郡矿物"（Derbyshire Mineral），它好像是一种天然的锰二氧化碳物或者软锰矿。虽然这一物质是一种强氧化剂，现代化学指标建议其与有机材料一起使用时应当十分谨慎，但是18世纪政府合约商会将亚麻子油中混合的灯黑（lamp-black）与黑色锰土掺杂在一起。由这些材料制成的油漆涂料会自燃。约瑟夫·班克斯寄给普里斯特利一个样本进行测试，以确定自燃的原因。1782年12月28日，普里斯特利写了一份报告回复这一问题，这种物质中还有"相当数量的脱燃素空气"，脱燃素空气会很容易释放出来并且因而导致危险情况的发生，因为这一空气可以促进物质的脱燃素作用（也就是燃烧）。普里斯特利在关于《自然哲学的实验和观察》的第三卷之中重复说明了这些实验：

> 这一情况有助于说明这一物质在与亚麻子油混合的情况下起火的原因。如果无论如何它被加热都将会排放出纯净空气，这必然有助于燃烧；油中的燃素与靛蓝染料（黑色靛蓝染料）中的未呈现为空气形式的脱燃素物质之间的化学吸引力可能是质量变热的原因。[①]

在班克斯和他的朋友的直接请求之下，韦奇伍德也对这一物质进行了分析。韦奇伍德写了一篇论文《关于达克斯塔的Ochra friabilis nigro fusco的一些实验》（*Some Experiments upon the Ochra friabilis nigro fusca of Da Costa*）（《化石历史》第102页），而且德比郡矿工将其称为"黑色锰土"，1783年发表在《哲学汇刊》上面。通过这篇论文和韦奇伍德的日记，我们可以发现韦奇伍德曾于1782年12月到访过班克斯住

---

① Schofield 1963, p. 303.

所，班克斯请求韦奇伍德对这一物质进行分析，在咨询过多方面权威人士之后，韦奇伍德在1783年完成了自己的分析。他于3月8日亲自向班克斯宣读了自己的分析说明，并且得到班克斯的鼓励将这一分析结果提交给皇家学会。韦奇伍德的分析证明了能够在非常精巧的分馏沉淀之后正确识别锰的简易性，但是它未能触及一个基本问题，为什么黑色锰土会引起自燃，而普里斯特利已经回答这一问题。

至于威瑟林如何牵扯进来，我们并不了解。1782年12月29日，约翰·肯尼克（John Kennick）写信给军械局（Board of Ordinance），感谢威瑟林提出的关于掺杂黑色锰土的灯黑存在的危险性的警告。威瑟林的警告也许是基于普里斯特利的分析。关于威瑟林的化学矿物质研究工作，我们可以参见他翻译的《矿物学概要》（*Outlines of Mineralogy*, 伯格曼，1783）中的备注。这一著作能够体现出18世纪自然主义者对于根据属类和种类进行信息分类的特殊热情；另一点值得注意的是，伯格曼服从克朗斯提（Crostedt）的指导意见，使用化学组成成分而不是外部特征作为信息分类的基础。威瑟林的翻译本简单而直接，他的补充备注包括一些通过阅读和个人研究获得的材料，这些材料有时能够校正或扩充原著的内容，但是并没有使它成为更加意义重大的著作。他将卡伦对盐的定义替换为伯格曼的定义，他指出6年前他在"内维尔·霍尔特"（Nevil Holt）水之中发现了未结合的盐酸和明矾，引证瓦特使用"瓷土"校正了伯格曼的"管土"，并且引入了一个新的矿物质种类："铅（石墨），硫酸物和铁经过矿物质化"，在安格尔西岛（Anglesea）发现大量这种矿物质。事实上，这是一个新种类；不幸的是，威瑟林的分析是不正确的，铅矾（$PbSO_4$）被不正确地描述和命名一直延续到1832年。[①]

[①] 参见Schofield 1963, pp. 304-305。

《矿物学概要》译著中最有意义的备注就是威瑟林第一次宣称发现了重晶石（terra ponderosa aerata），并且指出随后将会对这一发现进行特别说明。伯格曼关于在自然状态之下无法发现重晶石的观点，引起威瑟林对于在博尔顿矿物质收藏品中的一块晶石样本进行调查的兴趣。博尔顿是从坎伯兰郡（Cumberland）的铅矿得到这块样本的，他准备考察晶石中是否存在某种金属，但是早在1782年威瑟林就已经判定这一物质是重晶石，并且进行了一些实验证实这一判断。威瑟林决定重复这些实验，并且将实验说明发表出来。威瑟林关于重晶石的论文是他对于矿物学化学的最重大贡献。论文包含了关于天然钡碳酸盐的最早清晰鉴定和分析，出于这一原因，德国地质学家沃纳将这种矿物质命名为"碳酸钡矿"（Witherite）。依据倍数标准和燃素术语学，它描述了重晶石（$BaCO_3$）和硫酸盐晶石（terra ponderosa vitriolata, $BaSO_4$）的物理和化学属性，以及两者之间的区别。还有一些关于重晶石是否为金属性土地的思考，不过从中分离钡是不可能实现的。韦奇伍德可能透彻地研究了这篇论文，因为威瑟林指出使用纯净试剂的重要性，并且分析了经过水稀释的不纯净硫酸沉淀获得的一种物质。根据弗雷德里克·塞曼（Frederic D.Zeeman）的说法，这篇论文中还包括关于现在大家熟知的硫酸盐测试的最早综述。[1]

威瑟林作为一名矿物学家得到了认可，并与韦奇伍德和普里斯特利合作，从事其他方面矿物学研究。理查德·柯万于1784年发表的《矿物学要素》（Elements of Mineralogy）是第一本用英文撰写的矿物质学的系统性著作，其中引用了凯尔的《化学词典》译著中的注释，韦奇伍德对于一些沙土精细度的测量和对于碧玉的描述，韦奇伍德和普里斯特利关于"黑色锰土"的分析，普里斯特利的一般化学研究，威瑟林对伯格

---

[1] 参见Schofield 1963, p. 305。

曼著作的注释以及关于重晶石、蟾蜍岩（toadstone）和罗利石（Rowley Ragg）的分析，并且注解了威瑟林在安格尔西岛发现的新种类铅。[①]由于对《克朗斯提矿物学》（*Cronstedt's Mineralogy*）第二版的注释，麦哲伦更依赖于月光社成员。1783年12月2日，麦哲伦写信给威瑟林，要求威瑟林分析一些云母样本，并且发来一份关于"经分析的石头组成成分"的表格，以便他将这一内容加入《克朗斯提矿物学》第二版。[②]当1788年这一版本出版的时候，它包括了对于来自威瑟林、韦奇伍德和维特赫斯特的个人通信内容的注释，还有对凯尔、普里斯特利、韦奇伍德和威瑟林已发表著作的参考。

六　地质学

早在18世纪60年代，化学兴趣就已经将月光派引向地质学。达尔文在捕捉知识动向方面具有天赋，他首先于1767年7月29日向博尔顿通告：

> 我将去看望您和斯莫尔博士，由您来选定那一天，我会发送一封快信给您，以防止您在我不在的时候来。
>
> 我已经到过古老的大地母亲内部，看到了许多奇迹，了解到未知领域内的许多有趣的知识——请告诉斯莫尔博士我已经冒昧地请人转录他的稿件，并因为它们的唯一而非常感谢他——我已经看到了蒂辛顿家族，地下的灵魔！我准备进行大

---

① Rochard Kirwan, *Elements of Mineralogy*, pp. iii；转引自Schofield 1963, p. 306。
② Schofield 1963, p. 306.

量的实验，关于水汽、硫黄气体、金属气体和含盐气体。再会，上帝保佑您。①

1768年12月28日，博尔顿写信给维特赫斯特：

> 我现在需要对球形物进行化验。我希望化验顺利进行，请求您不要拖延，因为我的实验室也已经建立起来，我很快就会自己开始操作。……这封信的主要意图是想要告诉您我发现了布洛约翰（Blew John）（也就是在德比郡发现的一种蓝色氟石）……因此，如果您能够问一问这种矿山最近是否出租或者什么时候能够再次出租，因为我想要租用一年，我会认为这是对我的特殊帮助……（附笔）请不要忘记答应过我的德比郡地图。②

1769年4月13日，维特赫斯特写给博尔顿的一封信件中提到了博尔顿曾通过他订购的卡拉米（Calamy，也就是锌矿），并且讨论了费伯（Ferber）先生③到访伯明翰的问题。两周之后，维特赫斯特写信感谢博尔顿、斯莫尔和达尔文对费伯先生的礼遇。费伯随后在1776年和1778年发表的著作中都提到了这次旅行。首先，他高度评价了通过富兰克林介绍认识的维特赫斯特，指出斯莫尔博士向他介绍了德比郡制造瓷器的方法，并且谈到德比郡地层，这部分看起来与维特赫斯特在两年后出版的《对于大地原始状态和形成的调查》（*Inquiry into the Original State and Formation of the Earth*）中的内容非常相似。其次，他再次对维特赫

---

① Robinson 1963，第3封信。
② Schofiled 1963, p. 101.
③ 林奈的学生。

斯特提出赞扬，维特赫斯特向他展示了提炼锌和由炉甘石药、铁和铜制造出顿巴黄铜（一种金色的黄铜）的精巧方法，并且赞扬斯莫尔博士是"一个很了解化学的人"。[1]

月光派时期所产生的最有趣和冒险性的地质学思想体现在1773年10月27日斯莫尔写给瓦特的信件之中，信中提到：

> 地球的冷冻空间每年都在以1纬度300等份的平均比率或更高的比率增长。因此一些年后，整个欧洲都会冷冻起来，就如同现在的月球。[2]

> 斯莫尔提议了一个"制造永久性夏天"的计划。计划包括使用黑色炸药爆炸极地冰并且将冰山直接运到热带地区，这样热带地区就会凉爽而且温度适宜。达尔文随后在《植物园》中也提出了这一想法。[3]他建议欧洲政府"不要牺牲他们的海员，在没有必要的战争中浪费他们的精力"，应该让他们的海军将冰山拖到赤道，这样可以使得热带地区变得凉爽，并减缓北方冬季的严寒。[4]

瓦特对于地质学的研究不需要鼓励。土木工程师都要调查一些地区的地质情况，从而制订建造公路或开凿运河的计划。在1771年进行开凿运河的地质勘测过程中，瓦特就曾对史翠斯摩尔（Strathmore）地区的玄武岩脉作出评价。他的一些研究工作使得他与苏格兰最伟大的地质学家詹姆斯·赫顿建立起友谊关系。在和赫顿一起到柴郡勘测盐矿

---

[1] Schofiled 1963, p. 102.
[2] Schofiled 1963, p. 102.
[3] Darwin 1791, "Economy of Vegetation", Canto I, ll. 529-540.
[4] Uglow 2002, p. xvii.

之前，1774年瓦特就将赫顿介绍给月光社的其他会员。①瓦特的地质学知识于1777年为一位苏格兰工程师和古文物研究者约翰·威廉斯（John Williams）所用。威廉斯正在准备一本书《关于最近在苏格兰高地和北部地区发现的一些著名远古遗迹的说明》（An Account of Some Remarkable Ancient Ruins Lately discovered in the Highlands and Northern Parts of Scotland），并且向瓦特询问对于在文尼斯附近的克雷格－帕特里克（Craig-patrick）的堡垒的看法，这个堡垒是瓦特在为因弗内斯－福特威廉姆（Inverness-Fort William）运河进行勘测的时候见到的。瓦特在1777年3月29日的一封信件中回复道："克雷格－帕特里克的岩石都是花岗岩类型，夹杂着'颗粒状的石英'和普通石英。"堡垒的墙壁是由烧制的当地石头建造而成，花岗岩熔化和形成一系列玻璃化块，它使得未熔化的石英在一种多孔熔渣之中。这本书还包括一个瓦特绘制的克雷格－帕特里克草图，还有一封布莱克的信件，信中提到了他曾和瓦特讨论这个堡垒。②鉴于这些观察，我们不难看出，瓦特支持凯尔、韦奇伍德、赫顿和维特赫斯特关于一些岩石的火山起源的观点。

韦奇伍德在土壤、黏土、岩石和矿物方面的关注，自然地将他引入地质学研究，而且地质学成为韦奇伍德和维特赫斯特之间的联系纽带。维特赫斯特曾是一名建筑师和建筑承包商，由于这方面的才能，他被带到伊特鲁里亚厂的新厂，协助韦奇伍德和本特利设计他们的家和工厂，但是维特赫斯特很快地将对地质学的兴趣转向道路和运河设计。③1767年2月16日，韦奇伍德写信给本特利："维特赫斯特先生和我已经确定

---

① James Watt, "A Report concerning the Possibility and Experience of carrying as Artificial Navigation into Strathmore" pp. 81, 8vo, MS.3164, National Library of Scotland, Edinburgh. 转引自Schofiled 1963, p. 102。

② Schofiled 1963, p. 176.

③ Schofiled 1963, p. 96.

一种通信方式，他让自己的矿工为我寻找或储存一些各种土壤和黏土样本，而我向他提供在我们的运河开凿过程中看到的一些新奇东西或事情。"①维特赫斯特对于韦奇伍德在运河开凿过程中得知的一些事情非常感兴趣，他愿意以提供黏土样本作为交换，而且有时候他还陪同韦奇伍德在德比郡和康沃尔郡进行地质勘测。在韦奇伍德1778年的实验记录本之中，他报告了自己对于石头颗粒化的观察，他相信这些观察能够巩固关于火山产生的石头、斑岩和花岗岩的颗粒化等级理论。1779年11月1日，韦奇伍德告知本特利他正在对自己的化石进行整理和编辑目录。梅特亚地（Meteyard）称道"后来的清单显示韦奇伍德经常从德比的一家公司获得化石供应"。②

凯尔在退火或玻璃物质方面的实验是月光社成员们对于科学理论的一个重要贡献。1776年5月23日在一篇标题为《关于玻璃结晶化》（On the Crystallizations observed on Glass）的论文在皇家学会被宣读。他在论文中描述晶体，提供了绘图并寄送了样本，并且指出它们出现在玻璃的成分之中。在讨论玻璃属性的变化的过程中，凯尔指出在正常状态之下晶体的密度大于玻璃中的晶体密度，并且指出晶体在温度变化的情况下不易碎。他对玄武岩晶体和玻璃晶体的形状进行对比，并且提到了德马雷（Desmarest）关于玄武岩的火山起源的观点。③这一观察在詹姆斯·霍尔（James Hall）先生关于实验地质学的经典论文被宣读之前22年就已经公布，霍尔先生的论文指出玄武岩能够熔化为玻璃质液体，并且再次慢慢冷却为晶体形式。在霍尔先生的一篇"关于暗色岩和火山岩

---

① Schofiled 1963, p. 96.
② Eliza Meteryard, A Group of Englishman (1795—1815), Being Records of the Younger Wedgwoods and their Friends (London: Longmans, Green & Co., 1871), footnote, p. 13. 转引自 Schofiled 1963, p. 175。
③ 见附录2 . Philosophical Transactions, lxxi (1776), pp. 530-542.

的实验"的论文之中,他特别指出了慢慢冷却的玻璃的结晶化,就如"凯尔先生先前所观察到的",并且提出正是类似于凯尔的观察引导他进行了这些实验,这篇论文于1798年3月5日和6月18日在爱丁堡的皇家学会被宣读。[1]在1798年6月14日的一封信件之中,凯尔赞成地质层形成的"硫化"理论,这封信件发表在斯泰宾·肖的《斯塔福德郡的历史和古迹》上面。这也是他于1811年2月18日向地质学会(他也是一名荣誉会员)提交的论文的课题,在论文之中他报告了煤矿中的煤炭形成可以支持硫化理论,因为玄武岩在煤炭的上面。

不过,团体中最重要的地质学家还是维特赫斯特,月光社完成的最重要的一项地质学工作可能是他的著作《对于地球初始状态和形成的探究;通过事实和自然法则进行推理。还有一个附录,包括一些对于德比郡地层的一般观察》(An Inquiry Into the Original State and Formation of the Earth; deduced from facts and the laws of Nature. To Which is added an Appendix, containing some general observations on the Strata in Derbyshire)。早在1763年,一封来自于富兰克林的信件指出:"您的地球新理论非常明智,在一些最细节的地方非常令人满意。我不能投入全部感情,这艘船刚刚启航;到了波士顿之后我会再详述。"1776年11月9日,韦奇伍德写信给本特利,同意订阅两本维特赫斯特的著作,其他订阅者包括本特利、博尔顿、达尔文、戴、凯尔和普里斯特利博士。

当这本书最终问世的时候,它得到了不同的评价。1778年2月,韦奇伍德写道:

> 我很高兴在伊特鲁里亚见到哲学家约翰(维特赫斯特),

---

[1] Sir James Hall, 'Experiments on Whinstone and Lava', Transactions of Royal Society of Edinburgh, v (for 1799, published 1805), pp. 430-475. 转引自 Schofiled 1963, p. 175。

并且阅读到他的书籍，我毫不怀疑书中将会有大量有趣的事实。①

维特赫斯特的地质学兴趣最早起因于观察"在[德比郡]地层的所有混乱之中，存在着一个永恒不变的秩序"。此外，维特赫斯特在书中尝试在《启示录》和当时科学的基础上解释地球的结构和形成。他记录了自己的观察结果和与一些煤矿主的谈话结果，这些结果也体现在地层图表和版图之中。当J. 查连洛（J. Challinor）写到自己对于维特赫斯特著作的分析的时候，他指出附录是真正的科学描述和事实讨论，这本书的很大一部分内容让他非常钦佩。根据查连洛的说法，维特赫斯特对于德比郡地层的陈述已经被菲顿、格基、科尼比尔、莱伊尔和斯泰宾引用或提及；关于德比郡玄武斑岩的火山起源的假定，他在德马雷之后四年独立提出，这是对于地质学的一个重大贡献，揭示出火山活动的证据和地球表面的火成岩的存在。他的"德比郡演替的说明确立了地层经常叠加的原则"，他意识到侵入岩浆的可能性，而且他的"关于接触变质作用的正确记录……肯定是对于这一现象的第一次关注"。②维特赫斯特的著作表现出月光社对于科学发展具有显著的贡献，同时具有直接的实用价值。

此外，达尔文也有过地质学方面的思考。在1782年4月13日写给韦奇伍德的信中提到：

  阅读伯格曼③的手稿给了我很多的快乐，谢谢您将此手稿

---

① Schofiled 1963, p. 176.
② Challinor 1954, pp. 10-16.
③ 伯格曼（T.O. Bergman）（1735—1784），瑞典科学家，对于化学和矿物学感兴趣，以在化学亲和性方面的研究而著称。

借给我。这本手稿写得很不错，我认为，关于热的新理论的笔记，以及您关于黏土的观点等都值得印刷出版。但是在手稿的翻译过程中有许多错误，缺乏准确的英语词汇，例如，bulb for bud, fluss-spat[?] for fever[?]等，其中一些错误如果不对照原著是无法得到纠正的。看起来有1/4的工作被遗漏了，有一章比较奇怪，是关于大气。

……

我花了一几尼①购买了一本默瑞（Murray）版本的《林奈植物系统》（*Linneus Systema vegetabile*），这本书的内容应该与您的观点相对。

请替我向普里斯特利博士致以最崇高的敬意，并转告他，如果他来到德比附近，我将会非常愿意拜访他，我从他的信中的信息中受惠良多。

如果地球的中心是流动的熔岩，不是通过火焰，而是逐渐地分解并释放出热量，就像硫黄和铁一样，这说明了两件事情②：

1. 地壳的普遍热量；

2. 如果在靠近北极（the North）的地核的熔岩中有一块100英里左右的浮动铁块，那么，铁块会逐渐被留在后面，罗盘也会因此产生年度变化；

3. 化石世界中有所有的奇迹。③

如果地球的中心是流动的熔岩，不是通过火焰，而是逐渐地分解并

---

① 1几尼=1.05英镑=21先令。
② 原文是两件事，但是应该是三件事。
③ King-Hele 2007, pp. 203-204.

释放出热量，就像硫黄和铁一样，这说明了两件事情：一是地壳具有普遍热量，二是地球磁场的创建、维护和转移，地球的磁性的产生可能来自于外层地核中液态铁的移动。达尔文关于地质学的思考是很超前的。甚至现在我们也不能完全地模仿地球的磁场的创建、维护和转移。

七　植物学

植物学是月光社科学的特例，它并没有引起所有成员的兴趣。月光社有三位成员（达尔文、威瑟林和斯托克斯）从事植物学研究。植物学引起了达尔文与威瑟林、威瑟林与斯托克斯之间的争论。

1780年，达尔文和威瑟林之间存在的矛盾第一次凸现出来。当达尔文发表儿子查尔斯[①]的《准则和说明》（*Criterion and Account*）一书修订版的时候，书中包含一部分关于毛地黄应用的内容，还有对于使用毛地黄进行治疗的五个病例的解释，这是人们第一次对毛地黄的药用价值进行阐述。威瑟林对此很生气，认为这是自己的发现，并攻击了达尔文死去的儿子查尔斯·达尔文。达尔文对于威瑟林攻击他已去世的儿子而感到愤怒。

1785年达尔文与威瑟林之间还有一场小冲突。威瑟林指责达尔文偷取了他的植物学的命名法。达尔文组织建立了利奇菲尔德植物学学会（Botanical Society of Lichfield），学会由三人组成，达尔文、一位当地的业余爱好者布鲁克·布思比先生和利奇菲尔德大教堂监督人约瑟夫·杰克逊（Joseph Jackson）先生。这一协会开始着手翻译林奈所

[①] 达尔文的儿子查尔斯（Charles）才华横溢，但在19岁早逝了，当时他还是爱丁堡的一名学医的学生。查尔斯的天才给每个人留下了深刻印象，而且他与父亲的一些月光社朋友关系很好。见King-Hele 1995, p. 240。

著的《植物属志》（*Genera Plantarum*）和《植物种志》（*Species Plantarum*）。杰克逊完成了大部分工作，达尔文非常繁忙，布思比则太懒惰。①这本著作不像威瑟林的《植物配置》，它安排了大量基础性的工作。这一译著的一些样稿寄给了遍布英国的40位植物学家，并在英文植物学术语的编制方面得到了塞缪尔·约翰逊的帮助，同时，还就术语、版本、排版和书籍销售方面的问题咨询了班克斯先生。1783年，利奇菲尔德植物学学会发表了林奈著作的翻译版《蔬菜系统》，书中向约瑟夫·班克斯博士和塞缪尔·约翰逊的帮助致谢，并对林奈发来的稿件以示感谢，同时也表示了对于其他植物学家的感谢，其中包括爱丁堡的霍普和赫顿、普特尼（Poultney）博士、W. 哈德森（W. Hudson）、古迪纳夫（Goodenough）博士和珀西瓦尔博士。尽管斯托克斯向林奈提出意见，称《蔬菜系统》是无关紧要的一本书，但这本书于1785年在《月评》（*Monthly Review*）之中得到了高度赞赏。译者的序言之中对威瑟林的研究工作提出了批评意见：

> 威瑟林博士在《植物配置》的标题之下提出花草（Flora Anglica），并且在其中翻译了林奈所著的《植物属志》和《植物种志》的一部分内容；但是他完全忽略了性别差异；这对于系统的哲学是基本的；并且引入了大量的英文属类名称……与林奈的属类名称不相似……；因而，他的著作中许多部分内容对于拉丁语植物学家来说很难理解；对于英文学者也是同样的困难；给科学增加了新单词的负担。②

---

① 这是Anna Seward关于他们的劳动分工的解释，参见Hopkins, *Dr. Johnson's Lichfield*, p. 294；转引自Schofiled 1963, p. 307。

② Schofiled 1963, pp. 307-308.

1789年4月，达尔文出版了《植物之爱》（*The Loves of the Plants*），但是对于这本书的批评反应非常激烈，达尔文的押韵两行诗可能已经过时，但是他的主旨是新颖的，他的注释就像是充满新技术和科学进步的百科全书。在《植物之爱》出版之前一个月，达尔文还曾将其寄给韦奇伍德阅读。后来，在受到痛风病困扰而彻夜难眠的情况下，他继续进行着一些关于云和矿泉水的创作，并为《生物规律学》（*Zoonomia*）积累材料。当桂冠诗人托马斯·沃顿（Thomas Warton）于1790年5月去世的时候，他曾向一位朋友暗示自己可以被推选为桂冠诗人。在《植物园》的最后版本之中，他提到了宇宙产生的景象，预示出"宇宙大爆炸"（Big Bang）理论。

1767年，韦奇伍德送给达尔文在黑尔卡索耳隧道（Harecastle Tunnel）的挖掘过程中发现的一些骨头化石，这个时候，达尔文已经开始朝着生物进化的思想进发了。韦奇伍德提供的许多骨头化石来自于一些灭绝动物，在1767年7月2日一封写给韦奇伍德的信件中，达尔文表达了自己的困惑。但是，达尔文随后很快发现了问题的答案，那就是进化的思想。[1]

他相信地球上的生命起源于早期海洋中的微观"细状体"（filaments），并在自然力量的影响下通过生存竞争而发展，先后形成鱼类、两栖动物、爬行动物和人类。在他的巨著《生物规律学》中，他很清楚地解释了性别选择的机制，并且说明，某些物种内雄性之间的竞争结果是最为强壮、最富活力的动物将负担起延续和进化物种的任务。达尔文第一次成功地告诉了我们人类从何而来的问题。他的进化思想更为接近拉马克。达尔文的进化思想排除了上帝在物种创造中的角色，因此在宗教上具有颠覆性，因此他在1770年到1794年与朋友的通信中从未

---

[1] King-Hele 2007, p. 78.

谈及与进化论有关的内容。

  达尔文的进化论在后来也获得了某些学者较高的评价。有证据表明，他的孙子查尔斯·罗伯特·达尔文在17岁的时候已经阅读过他的著作《生物规律学》，并接触到了进化的思想。[①]虽然达尔文的那些"科学幻想"冒犯了有宗教思想的读者和19世纪的科学家，但是它们显然具有更广泛的影响，这一影响超出人们承认的范围。神学的争论的一个典型案例，佩利的《自然神学》（*Natural Theology*，1802），特别地受到《植物园》和《生物规律学》中的达尔文推论指导，但是19世纪的生物学家似乎已经忽视了他的研究工作，直到他的反对者查尔斯·罗伯特·达尔文使用伊拉斯谟·达尔文的更具目的论的进化论思想回答物种起源。查尔斯·罗伯特·达尔文的回答添加在"历史草图"（historical sketch）的脚注之中（几乎是作为补记），"历史草图"是"物种起源"之后版本的前缀部分，他叙述道："非常奇怪，我的祖父伊拉斯谟·达尔文在他1794年发表的《生物规律学》（第i卷，500-510页）之中主要采用了拉马克的观点和观点的错误背景。"直到之后一些年，在写给孩子而且不希望发表的自传之中，查尔斯·罗伯特·达尔文承认了自己受到祖父影响的可能性。

  金-海尔对于达尔文的进化论思想评价很高，他认为达尔文的进化思想形成了一种新的有根据的生物学世界观，与哥白尼的日心说所形成的一种新的有根据的物理世界观在地位上是对等的。这两种思想都在当时引起震动但最终都被接受了。还有，哥白尼延迟了将近20年才公开他的著作，以避免宗教的激烈反应，达尔文也是如此，他没有在自己有生之年看到自己的思想被接受。[②]

[①] King-Hele 2007, p. x.

[②] King-Hele 2007, pp. xvi-xvii.

八　电学

达尔文发表的第一篇科学论文，也是月光社的第一篇科学论文，说明了达尔文在电学方面的兴趣。1757年3月20日和3月23日，达尔文向皇家学会提交了两封信件，这两封信件以"对于亨利·埃利斯（Henry Eeles）先生在《哲学汇刊》上面发表的有关蒸汽上升的观点的评论"为标题在《哲学汇刊》上面发表。① 埃利斯认为蒸发作用需要比空气更加稀薄的某种流体，并引用了一些实验证明蒸汽的上升流是带电的，他提出这一必需流体可能是电。达尔文立即提出反对意见。在他的第一封信件之中，他指出太阳热的特性足够说明"蒸汽的上升和支撑"，因为由于加热、冷却和热膨胀的不同速度，物体的相对比重产生变化。达尔文接受热量和电的流体性质以及蒸发作用的机理，但是他有效地列举出自己的争论意见。第二封信件包括一些电力实验说明，实验证明"导电物质"（electric matter）能够与其他物质混合起来，特别是空气，这不会增加它的体积。达尔文指出这一现象不是导电物质独有的，他还引用了酒精和水的实例，他提出埃利斯的观点是错误的，因为埃利斯没有观测到"在和导体接触的情况下，许多带电体会将带电状态保留一段时间"。普里斯特利在他的《电学史》中两次提及了达尔文的这些实验和观测，而且认为它们作为对埃利斯的驳斥非常有用。尽管如此，埃利斯在《哲学论文集》（Philosophical Essay）中仍然保留着相同观点，直到1771年他才作出重大转变。②

这可能是博尔顿产生电学兴趣的主要根源，1758年博尔顿的电学

---

① "Remarks of the Opinion of Henry Eeles, Esq., Concerning the Ascent of Vapour, published in the Philosophical Transaction, vol. xlix, part 1, p. 124", *Philosophical Transactions*, 1 (1757), p. 240.

② Joseph Priestley, *The History and Present State of Electricity*. 转引自 Schofiled 1963, p. 21.

兴趣第一次被记录下来。虽然这篇论文没有提及博尔顿，但是他可能协助达尔文完成了一些实验，也有可能实验工作是达尔文在剑桥时候完成的。不过，这至少有助于解释约翰·米歇尔1757年访问伯明翰。米歇尔是那一时代最著名的科学家之一，他曾在剑桥举办关于希伯来语和希腊语、算术、几何学和哲学的讲座，那个时候达尔文正好也在剑桥。这是英国中部地区的团体扩展与外部科学联系的第一个例子。米歇尔没有成为月光社的成员，但是安娜·西沃德将其列为在利奇菲尔德的达尔文家的经常来访者，而且达尔文后来将他描述为"一位哲学家……他的友谊我拥有了很长时间，而且失去它令我悲痛了许久"。[①]正是米歇尔将博尔顿和达尔文介绍给富兰克林。1758年7月5日，富兰克林带着米歇尔的介绍信来到博尔顿在伯明翰的斯诺希尔（Snow Hill）的家中。

在博尔顿筹建索霍工厂的时候，他同时致力于电学实验和温度计研究。1760年9月，富兰克林再次来到伯明翰，他和博尔顿完成了1月份开始的实验，以确定密封的莱顿瓶（Leyden jar）能够阻止电流泄漏。[②]很明显，富兰克林也展示了自己的玻璃口琴或音乐玻璃制品，因为约瑟夫·欣德利（Josh. Hindley）于1760年9月24日曾写信给博尔顿：

> 对于您的电力设备，我感到非常高兴，就如您的温度计和其他一些新奇东西……[我的父亲]希望获悉我们想要得到的那些玻璃制品已经制造完成。我将要和斯米顿先生一起吃饭……我会转告他，在他到访您那个地区的时候，您很高兴与他见面。[③]

[①] Darwin 1800, p. 38.

[②] Smyth, writing of Franklin, vol. iv, p. 133; letter from Franklin to Kinnersley. 转引自Schofiled 1963, p. 28。

[③] Schofiled 1963, p. 28.

1760年7月的一封通信揭露出博尔顿"以前曾极度爱好电学"。然而，他对电学的极度爱好肯定不只是在以前。1763年，根据一位当地零售商呈递给博尔顿的一份清单，他有两台电力设备；他作为一名电学家在当地的名声很大，他收到了一些关于风湿病电疗方面的询问。1766年9月29日，《伯明翰公报》描述了在利奇菲尔德大教堂上竖起了一个避雷器。"这是在一些哲学绅士的建议和指导之下进行的"，博尔顿或许就是其中之一。

尽管电学在月光派时期曾经占据了重要地位，但是在1775年之后基本上消失。维特赫斯特给约翰·普林格（John Pringle）先生写了一封关于"使用电学进行治疗的说明"的信件，这封信件于1779年12月23日在皇家学会被宣读；但是，维特赫斯特所描述的一些观察都是1764年做出的，而且普林格特别需要这些信息。[1]

达尔文是真正继续电学研究的唯一月光社成员。1778年关于伏打（Volta）发明的"起电盘"（electrophorus）的报告激励了达尔文发明一种机械操作起电盘的方法。他的备忘录记录了1778年的设计图，这一设计被描述为"机械倍频器"（mechanical doubler）。它展示出双层玻璃板之间有一个金属板，初次充电就是充电到这个金属板。中心板的两面是可移动的黄铜板，黄铜板通过绞盘密封到中心部分。假定中心板上面所充电荷是负电荷，达尔文设备的操作被描述如下：因为外部板接近于中心板，正电荷感应到上面，负电荷被排除，通过与它们连接和连接到莱顿瓶上面的叉形导体。当外部板向后运动联系被破坏的时候，莱顿瓶只有负电荷。金属板的电荷能够通过接地被中和，重复进行这一程

---

[1] MS. Journal Book of the Royal Society, vol. xxx (1780—1782), 154, Archives of the Royal Society of London. 转引自Schofiled 1963, p. 166。

序——莱顿瓶每次收到额外的负电荷。阿伯拉罕本·涅特（Abranham Bennet）是电倍频器的发明者，他在1789年的《新电学实验》（*New Experiments on Electricity*）之中提到了达尔文的工作，然而，随后在《动物法则》（1794）第一卷之中，达尔文称赞了涅特的倍频器，却没有提到自己设计的倍频器。1797年的《尼克森期刊》（*Nicholson's Journal*）也提到了达尔文设计的机械倍频器。

第五章　技术活动

18世纪，科学成为一种对工业的刺激，帮助英国远远走在其他欧洲国家之前。教授和专家将他们改进后的数学、化学、矿物学、热学和水力学等理论知识用到原有的技艺上，而且技工也加速了技术革新的脚步。月光社成员中的理想主义者，尤其是普里斯特利，想要用一种不同的方式改变世界。他们相信，自己的技术装置能够给地球带来天堂：就像化学家能够制造纯净空气来医治疾病一样，知识能够点燃民主主义改革的导火索。

在应用科学和技术活动方面，没有人会质疑瓦特、博尔顿、凯尔、达尔文、普里斯特利和英格兰中部地区的其他工业家和科学家所扮演的领导角色，也没有人质疑月光社和其他的哲学学会在18世纪晚期的英格兰所产生的广泛影响。他们在陶瓷、玻璃制造、仪器制造、医药和金属制造等方面都非常专业。这些新技术本身就意味着劳动生产率的提高。

一　蒸汽机的研究与设计

蒸汽动力一直都是月光社关注的问题。早在瓦特开始自己的蒸汽机研究工作之前，达尔文就曾对蒸汽、蒸汽机和马车进行了一些思考。博尔顿在结识瓦特之前就已经开始设计自己的蒸汽机。

在达尔文移居利奇菲尔德之后，他与博尔顿的通信就引入了蒸汽动力的话题。1757年，在《哲学汇刊》上发表的论文《对于亨利·埃利斯先生的蒸汽上升观点的评论》（Remarks on the Opinion of Henry Eeles, Esq., concerning the Ascent of Vapour…）之中，达尔文提到了一些自己关于导电物质和空气混合方面的实验："这一实验我原来曾以不同的方式尝试过，因为我认为如果导电物质能够替代空气，那么可以将导电物质用于蒸汽机中，以满足蒸汽机中的蒸汽需要。"[1]1764年，达尔文给博尔顿写信：

> 昨天在乘车回家的路上，我考虑了火战车（Fiery Chariot）计划——考虑这一想法的时间越长，我越认为它可行。我想要把这些想法呈现给您，虽然它们还是粗略的和考虑不充分的……因为通过那些提示，您可能产生关于这一题目的一系列思考，通过这些方法（希望这些提示可以帮助发挥您的天赋，即使没有提示，您的天赋是我认识的所有人之中最高的），您更可能进行改进或者提出反对意见。我对这一计划非常狂热，我请求您不要向怀亚特（Wyot）或任何人提起它或者向他们展示这篇文章。[2]

随后产生了关于三轮或四轮车辆优点的讨论，并且最终结论是四轮更好。达尔文建议使用两个相同的"对应"蒸汽缸，按照这样的方式从一个单独的汽炉开始操作，"汽旋塞运动的操纵可以立即地和轻易地加速、减速、破坏和倒转。如果实践中的答案与理论相符，机器就不会

---

[1] Schofiled 1963, p. 29.
[2] King-Hele 2007. pp. 58-59.

失败"。①动力通过和传动杆末端相连的两个蒸汽缸的活塞供给后轮。有两根细绳，每根绳的一端固定到传动杆的末端，另一端固定到两个滚轴上面，两个细绳可以交替地缠在单独的滚轴上面或者松开。这些应当连接到每个后轮的单独车轴上面，并且由一个通用齿轮连接，这个齿轮使得用于转动车轮的一个滚轴上面的绳子松开，并且同时缠上另一个滚轴上面的那根绳子，使其暂时与它的车轮不相连。依次施加给每个轮子的力量能够驱动马车平稳地向前运动，并且不损失任何动力或机械的重量。②信件继续写道：

> 如果您了解普通火力机的煤炭消耗和它所汲取的水的重量，您就能做出一些评估，这个计划是否能够实现。……如果您认为这个计划可行，那么请寄给我一台战车，我肯定……尽力造出一台火战车；如果取得成功，我们可以申请专利权。如果您选择作为我的合作伙伴，愿意与我共同承担利润、费用和产生的问题，请告诉我：如果你认可这个计划，我决定开始实施。③

这是一个具有独创性的计划，但是很难实践，这也体现出达尔文对蒸汽机了解甚少。博尔顿没有同意达尔文的计划，后来没有人尝试生产达尔文所描述的这种火战车。然而，达尔文的这些思考可能是博尔顿最早于1766年开始对蒸汽机产生兴趣的起源。1791年，达尔文回想起这个蒸汽动力马车的想法，他写道：

---

① Schofiled 1963, p. 30.
② 参见Schofiled 1963, p. 30。
③ Schofiled 1963, pp. 30-31.

> 不久就会成为您的武器，未被征服的蒸汽！遥远地
> 拖曳着缓慢的驳船，或者驾驶着疾驰的汽车；
> 或者伸展着宽阔摇摆的机翼，
> 飞翔的战车掠过天空。
> 美丽的乘务员兴高采烈，
> 挥动着她们振抖的方巾，
> 士兵队使得分散的人群恐慌，
> 军队在阴云之下退缩。①

博尔顿的索霍工厂缺乏动力，他担心索霍工厂使用的水磨机可能出现缺水的困境，特别是在夏天，水磨机的水池处于干旱状态或者由于伯明翰运河（Birmingham Canal）要从中取水，博尔顿经常担心动力来源。因此他决定建造一台蒸汽机为水磨机的储水池供水。由于没有可以接受的设计和蒸汽机制造商，他决定自己进行设计和制造。他拜访了一些科学上的朋友，寻求他们关于改进蒸汽机的建议。在1765年7月30日的一封信件中，康特·卡比昂（Count Carbioni）写道："我最近拜访了普林格和富兰克林博士，我们谈到了您的善良、优点和新蒸汽机项目。我十分希望见到您的蒸汽机。"②那一年博尔顿完成了蒸汽机的一个模型，他将这个模型发给富兰克林征求建议。1765年12月12日，达尔文写信给博尔顿：

> 我不知道富兰克林博士对您的蒸汽机评价如何，除了对您提出一些赞扬和认可，我也没有听到最终意见，斯莫尔博

---

① Darwin 1791, "The Economy of Vegetaztion", Canto, I. ll. 289-296.
② Count Carbioni to M. Boulton, 30 July 1765, AOB: translated from the French; 转引自 Schofiled 1963, p. 60。

士提出了一些重要的问题，蒸发作用是否在沸水表面？——如果蒸汽作用在容器的表面，而容器暴露于火中，那么我怀疑……蒸发器中的蒸汽数量……是一个最重要的问题……而且我希望您自己和我们的天才朋友斯莫尔博士能够对这一最重要的问题提出你们的共同意见。①

博尔顿的书信集中有一封1766年2月22日的信件，这封信是博尔顿写给富兰克林的：

> 自圣诞节开始的一些约会使我不能在火力机研究方面取得进展；不过，干旱季节很快就要到来，我需要非常认真地着手工作。您最喜欢哪一个蒸汽阀？将冷水喷嘴置于接收器的底部或顶部，哪一个更好？②

在信件结尾，博尔顿邀请富兰克林返还蒸汽机模型。1766年3月11日，达尔文写信给博尔顿：

> 您的蒸汽机模型在伦敦得到了很大的赞扬，我必须祝贺您由此得到的机械学声望……我非常急于看到这个模型，并且听一下您对于这一问题的评价或者您听说的其他人的评价，我决定与您共度一日，对于我来说，这是第一个空闲日子：相信这是在家中与您会面的开始。③

---

① King-Hele 2007, pp. 65-66.
② Schofiled 1963, p. 61.
③ King-Hele 2007, p.72.

1766年3月19日，富兰克林回复了博尔顿的问题：

> 我相信，您一定能够原谅我这么长时间没有给您回信……请您体谅我在处理美国事务中的过度繁忙和焦虑……
>
> 我不知道应该优先选择哪个阀门，也不知道您的冷水喷嘴最好置于上面还是下面。在这种情况下最好由实验确定……
>
> 我上周已经将模型寄给您，里面还有您的一些文件，我希望它们能够安全地抵达索霍工厂。[1]

博尔顿继续进行自己的蒸汽机实验，甚至在1767年和1768年瓦特访问索霍工厂之后，当博尔顿知道新蒸汽机设计的时候，他仍然继续制造自己的蒸汽机，并准备在自己的制造中应用瓦特的研究成果，直到他听说瓦特想要获取专利权。[2]达尔文也一直保持着兴趣；直到1767年7月29日，达尔文写信给博尔顿："我将要进行关于含水的、硫化的、含金属的和含盐的蒸汽的大量实验。火力机的养料！"[3]然而，总体来说，随着瓦特加入月光派团体，与瓦特无关的蒸汽机实验不复存在。

关于瓦特和他的独立冷凝器蒸汽机的叙述很多，因此这里我们仅概述一下。瓦特在格里诺克市接受了初等教育，并且在科学问题方面表现出兴趣和能力，这决定了他后来能够成为一名数学仪器的制造者。1755年，瓦特来到伦敦，他为一名仪器制造者工作了一年，然后返回了苏格兰。在经过一些挫折之后，1757年12月，他在格拉斯哥大学设立了一个工作间，成为"大学的仪器制造者"。

---

[1] Schofiled 1963, p. 61.
[2] Smiles 1865, p. 184.
[3] King-Hele 2007, p.79.

瓦特很快由一个未受过教育的技工转变为受过教育的科学家。他成为了安德斯顿俱乐部（the Anderston Club）的一名成员。安德斯顿俱乐部并不是代表性的格拉斯哥社会聚会，而是米尔（Millar）教授、罗伯特·辛普森（Robert Simpson）博士、数学家亚当·斯密博士、布莱克博士和葛兰博士的会议。[1]瓦特这样描述这个俱乐部：

> 除了一些年轻人的平常话题，我们的谈话主要集中在文学、宗教和纯文学等方面；我对于这些题目的最初偏见都源于那些谈话，我从没有就读过大学，而是一名技工。[2]

他将这个工作间提供给大学教授和学生们举行聚会。瓦特最初只是一个倾听者，后来他也参与到科学谈话之中，通过这些讨论，他得到了关于科学和实验程序的知识。

其中一名学生就是约翰·罗宾逊，后来是爱丁堡布莱克教授的接任者及其遗著的编辑者，他是瓦特的好朋友。正是罗宾逊使得瓦特最初对蒸汽机产生兴趣。瓦特写道：

> 在这一期间，他将自己的注意力转向了蒸汽机，他对于这一机器还非常无知，并且提出它可能被用于车辆的动力供给……他已经在《宇宙杂志》（*Universal Magazine*）上面发表了后一种想法。结果，我开始研究带有两个马口铁汽缸的模型，通过两个架子的运动，两个汽缸按照与车轮轴相连的小齿轮的运动交替运转；但是，模型制造得不牢固而且不准

---

[1] Schofiled 1963, p. 62.
[2] Smiles 1865, p. 112.

确，不能够满足期望……罗宾逊先生和我还有一些其他业余爱好……但是，两个人都没有关于机器真正原理的想法，这一计划被放弃了。①

这些早期实验是在1758年中期正式开始的。罗宾逊于这一年年底离开了格拉斯哥，瓦特指出放弃这一蒸汽机计划是两个人共同决定的。瓦特一个人不可能将大量时间投入这一项目。他建立起自己的生意，并且花费了大部分的精力。1764年年末，他已经取得一些小成就并且拥有充裕的空闲时间进行实验。瓦特对于蒸汽机的兴趣并未因罗宾逊的离开而完全中止（他曾谈及1761年或1762年的一些实验，实验中膨胀力被用于推动活塞），他重新开始进行蒸汽机研究的真正诱因是，1764年春季一台发到伦敦进行修理的纽科门蒸汽机模型返回到格拉斯哥大学。

经过修理的模型仍然不能有效地运行，瓦特对这个模型进行了研究，并且最终发现了独立冷凝器的原理。虽然讨论瓦特在发明过程中进行的一些实验可能是多余的，但是这些工业革命初期的制造者和发明家的研究工作是否具有科学意义，这一点具有重要意义。如果这些研究工作没有科学意义，也就是在某种程度上否定月光社的科学地位。

根据瓦特同时代人的主张，独立冷凝器是布莱克的潜热发现的结果。但是瓦特否认布莱克的发现和自己的发明之间的一对一关系，只承认："他的正确的推理方式和实验方法给我树立了榜样，当然有利于促进我的发明的进展。"②

我们现在认为，单纯的实验不应当认为是科学，除非这些实验由一系列推理、假设或试验理论方法指导。那么，瓦特的实验是不是经验

---

① Muirhead 1854, vol. ii, p. 294.

② Muirhead 1854, vol. ii, p. 355.

主义的，还有这些实验是否对独立冷凝器的发明是必要的，我们必须考察这些问题。根据当前的解释，在重复加热和冷却一个单独汽缸的过程中产生热损失，这一认识直接地导致使用两个汽缸，一个汽缸在高温状态下，另一个汽缸在低温状态下，不需要科学或实验研究。①但是，这可能避开了一个问题，在没有发明随后的独立冷凝器的情况下，热损失已经在纽科门蒸汽机之中存在很长时间。在瓦特的研究工作之前不久，约翰·斯米顿开始研究改进蒸汽机的设计，他系统地更改了纽科门蒸汽机中每个部件的尺寸、形状、材质和操作模式。通过这一经验主义的方法，他将蒸汽机的效率提高了60%，但是他没有发现独立冷凝器的原理。事实上，当他初次见到自己改进的蒸汽机，他还曾怀疑机器是否能够运转。②瓦特像斯米顿一样开始进行实验，他继续进行蒸汽的机械属性的研究。他测量了不同温度下的蒸汽弹性，在压力高于和低于大气压力的情况下蒸发作用的热量，与水体积相比较的蒸汽体积，压缩一定数量蒸汽所需要的冷水数量。这些实验的结果是，瓦特再次发现了布莱克利用潜热理论向他描述的一些现象。那么，瓦特的实验明显受到了布莱克的推理和实验方法的影响，因此，这些实验是科学性的。

比热和潜热被视为18世纪热学的成果。瓦特了解这两个理论，但是第一个理论对于他的研究工作价值不高，而且他否认应用了第二个理论。在布莱克于1766—1767年在爱丁堡发表的一些化学演讲的备注中，其中一页内容很有趣：

> 瓦特先生尽量使用少量燃料进行蒸馏，通过降低空气压力，这样水可以在90度或98度的情况下沸腾。但是，他惊讶地

---

① Fleming 1952, pp.3-5.
② 沃尔夫 1997, pp. 732-740.

发现这需要较长时间和大量燃料；然而，只有在96度的情况下，蒸汽能够对冷却装置之中的冷水进行加温，它与在212度的情况下差不多，不仅如此，甚至在等于1000度的情况下也是一样，假如热量处于可感状态。①

10年后对于布莱克演讲的另一些备注更加坦率地表达了这一点：

瓦特先生认为他能够通过在真空中进行蒸发作用节省燃料，但是真空需要时间，给予冷却装置的热量等于需要的时间，热量在空气之中产生。②

这些实验的操作日期没有标明，但是值得注意的是，在瓦特了解到蒸馏器的潜热理论的时候，他开始致力于有效地应用蒸汽；他没有再进一步试图通过"使用更少的燃料，降低空气压力"取得蒸汽。布莱克的发现没有暗示独立冷凝器，但是它可能已经成为独立冷凝器发展过程中的一个重要的要素。

严格地讲，瓦特对于蒸汽属性和状态的研究可能没有被称为热力学研究，它们是对于蒸汽机的经验主义试验。他对于自己进行发明的直接起源的描述表明，关于作为一种弹性流体的蒸汽的知识是通过对于蒸汽实验和阅读弹性流体方面资料获得的。③在瓦特想法的实现过程中具有大量的经验主义，但是，独立冷凝器的核心要素是对于蒸汽的弹性流体性质原理的"科学"理解。④瓦特进行了一系列定量的蒸汽实验，详细

---

① Schofiled 1963, p. 65.
② Schofiled 1963, p. 65.
③ Muirhead 1854, vol. I, pp.lxxxvi-lxxxvii.
④ Fleming 1952.

探究了蒸汽的特性，逐渐形成了"完美蒸汽机"的概念。这一思想为瓦特改进蒸汽机提供了直接和间接的支持。①

在月光社之中，不只是达尔文、瓦特、斯莫尔和博尔顿从事蒸汽机的研究工作，蒸汽动力也不是月光社成员们研究的唯一动力源。在1774年瓦特移居伯明翰之前，他的研究工作的详细情况还是保密的。在这一期间，埃奇沃思开始从事蒸汽四轮车方面的实验，1768年6月14日，达尔文写信给韦奇伍德：

> 埃奇沃思先生，我的一位哲学家朋友……写信告诉我他几乎已经完成了由火力机驱动的四轮车，而且还有一个能够运载40人的可移动台子。②

1768年8月12日，斯莫尔向瓦特交流了一些信息：

> 埃奇沃思先生是一位年轻富有的绅士，了解机械学而且具有坚持不懈的品格。他……已经决心使用蒸汽驱动陆运和水运工具，而且已经在短期之内取得相当大的进展，他花费时间在这项研究上面。他不知道您的独特改进方法，但是他很有可能了解到关于这一题目的任何信息。现在他在爱尔兰。③

埃奇沃思所取得的进展的最好证据就是，在"1768—1769年的艺术、制造和商业促进学会的会议记录"之中："1768年12月28日。一封来自于埃奇沃思先生的关于'火力机和四轮车的模型'信件被宣读，提

---

① 李斌，刘思扬 2023, p. 30.
② King-Hele 2007, p. 88.
③ Schofiled 1963, p. 72.

到了向机械学委员会提供的模型。"①而且在"1768—1769年学会的会议记录：机械学"之中：

> 1769年1月5日。埃奇沃思先生关于新发明的火力机模型的信件中提到，12月28日埃奇沃思先生参加了会议并且解释了他的火力机的特征。
>
> 进入下一个项目，关于他的模型的试验。
>
> 决议：埃奇沃思先生的火力机模型似乎是对于蒸汽膨胀力的独创性应用，而且值得学会的进一步关注，以确定它的动力。②

其中有两点需要注意。首先，学会的决议特别提到了"蒸汽的膨胀力"，这表明埃奇沃思已经超越了同时代的纽科门式蒸汽机，因为纽科门式蒸汽机是一台真空蒸汽机；另外，虽然委员会认为蒸汽机"值得学会的进一步关注"，但是很明显学会并没有给予关注。在学会记录之中再没有提到埃奇沃思的蒸汽机，埃奇沃思的附信也已经消失。然而，埃奇沃思并没有放弃自己的想法，在1773年6月2日斯莫尔写给瓦特的信件中提到："埃奇沃思先生已经返回到英国，并且非常认真地从事通过蒸汽移动四轮车的研究工作。"1769年11月5日，斯莫尔写信给瓦特："我已经想出一个构造轮子的非常简单的方法，一种通过往复式蒸汽机移动四轮车的最简单和最明显的方法，假如我们能够找到较好的密封活塞。"③

然而，对于月光派团体来说，动力四轮车对动力的需求是最不紧

---

① 参见Schofiled 1963, p. 72。
② 两份会议记录都在工艺学会的档案库之中。转引自Schofiled 1963, p. 73。
③ 参见Schofiled 1963, p. 73。

迫的。另外，韦奇伍德需要动力运行燧石研磨机和研磨瓷釉颜料。瓦特的蒸汽机是往复式蒸汽机，但是动力的最大需求是圆周运动。这也是博尔顿于1767年至1774年期间集中注意力进行轮式蒸汽机的研制工作的原因。当然，这也是1774年后他强烈要求瓦特将往复运动转变为圆周运动的原因。在这一期间，韦奇伍德得到了达尔文提供的帮助。在1768年3月3日一封写给本特利的信件中，韦奇伍德提到了达尔文设计的风车，这种风车被讨论用于研磨颜料。在1768年3月15日的另一封信件中，韦奇伍德描述了这个风车，并且提供了关于风车运转原理的简图。达尔文已经向工艺学会写信告知了自己设计的风车：

> 我最近构造了一个水平式风车的模型，它的动力好像比具有相同直径翼板的任何垂直式风车高出三分之一，另外水平式风车更加易于控制，不会轻易产生维修问题，因为它的风车轮运转较少，只是在固定翼板的顶部位置具有一个垂直轴……这个模型是三英尺直径的，我不能选择支出费用以提高水平式风车的设计，除非有偶然性的机会……这一机会就是学会授予我奖金，协助我将这一想法充分地执行。①

1786年，工艺学会为水平式风车提供了奖金，但是1769年他们对此并未给予关注。②然而，达尔文并未放弃这一项目，虽然它已经闲置很多年。达尔文的备忘录中有一条记录，1779年8月6日，他详细讨论了对于风车各种变化所做的一些实验。1779年8月20日，埃奇沃思写信给韦奇伍德：

---

① Schofiled 1963, p. 74. 也参见King-Hele 2007, p. 86。
② 参考达尔文1769年2月4日写给Dr. Templeman的信件，King-Hele 2007, pp. 97-98。

> 作为达尔文博士的一名学徒，我已经尝试了大量实验，以确定我们的水平式风车有利于您的用途：依照达尔文博士提议的一些独创性设计，我进行了一些经验测试，按照4∶1的比例或者更高的比例，这一种类的机械可以超越任何其他水平式风车。①

在同年写给本特利的一封信件之中，韦奇伍德写道：

> 我从斯塔福德来到利奇菲尔德，目的是协助在达尔文发明的风车方面提供咨询意见，这一风车正在埃奇沃思和瓦特先生的手中进行改进。②

韦奇伍德采用了水平式风车进行燧石和颜料的研磨，直到他获得瓦特蒸汽机用于旋转自己的研磨机。

二　冶金化学

博尔顿和瓦特在冶金学方面的兴趣从1769年与他们的蒸汽机研究一起开始。博尔顿在较早时候就开始研究金属，当蒸汽机实验开始的时候，博尔顿和斯莫尔开始参与金属探测，他们所需的金属应该能够进行令人满意的浇铸和加工、抗磨损和抗蒸汽腐蚀，并且能够与汞混

---

① Schofiled 1963, p. 74.
② Schofiled 1963, p. 74.

合起来，从而得到他们所期望的蒸汽密封装置。还有一些更早的关于金属研究的内容记录。1757年，博尔顿曾与本杰明·亨兹迈（Benjamin Huntsman）就亨兹迈的优质钢问题进行通信；1767年7月，他写信给他的欧洲商业代理人温德勒（Wendler）先生："如果……您为我收集了一些金属矿石或化石物质，或者其他新奇的天然产品，我将不胜感激，因为我对于那些能够改进自己的机械技术方面知识的事物都非常喜好。"[1]

1768年6月14日，达尔文写信给韦奇伍德：

> 博尔顿先生已经得到了一种新金属[白金？]，它在光泽和纯净度方面都能比得上银，不会因为空气腐蚀失去光泽。凯尔上尉正在努力弄清楚这一金属的秘密。[2]

1769年年初，斯莫尔曾向瓦特询问苏格兰钴和镍的可用性。1769年2月12日，他解释了自己的要求：

> 我想要询问您的是钴矿的可用性，而不是钴。您一定知道，我怀疑钴是否是一种不同的半金属。我已经对于从含氧化钴的混合物还原的钴进行了大量潮湿和干燥实验，还有大量其他实验。……我对镍也有同样的疑问。[3]

1769年3月，瓦特为比亚尔格（Berjarg）勋爵进行了钴实验，在实

---

[1] Smiles 1865, pp.165-172.
[2] King-Hele 2007. p. 88.
[3] Schofiled 1963, p. 97.

验中他测试了一些寄给他的可用于陶器釉的样本。[①]7月26日，斯莫尔向瓦特报告："我正在研究冶金学并且取得了一些小进展。这些书非常肤浅而且错误很多，所有金属物质和溶剂都是不纯的，一些未发现的物质产生了很大影响。"[②]1769年9月3日，一位伦敦化学家和冶金学家彼得·沃尔夫（Peter Woulfe）写信给博尔顿：

> 首先，我很荣幸能够给您写信，我一直在等待一位朋友的到来，我曾承诺借给他一些书，现在我将这些书寄给您，还有一些准备好的钴、锰和柯巴胶清漆（Gum Copal Varnish）……当您阅读过这些书以后，请您将它们交给斯莫尔博士和凯尔先生，在他们阅读完之后，我希望他们能够还给我。如果我在化学试验方面能够给您提供帮助，请您尽管给我命令。[③]

1771年年初，应博尔顿的要求，莫顿（Morton）勋爵从苏格兰寄来钴和铜的样本，并且对于一个储量丰富的矿藏，他提出建议"凯尔上尉能够找出空闲时间分析它"。[④]斯莫尔曾给瓦特多次写信提到"白铜"制造，1771年12月24日，瓦特给斯莫尔发来一个制造"黄铜"的方法："我在莱曼的一本著作中看到了制造黄铜的方法，他讲述得非常神秘，但是我想他想要将白色砷黄铁矿和颗粒状的铜和碱熔合起来。"[⑤]1769年12月13日，当阿奇博尔德·格兰特（Archibald Grant）就在他的财产

[①] See copy of Watt's letter to Barjarg, 14 March 1769, National Library of Scotland, Edinburgh, MS.5099, fol.86; 转引自Schofiled 1963, p. 97。

[②] 参见Schofiled 1963, p. 97。

[③] Schofiled 1963, p. 97.

[④] 参见Schofiled 1963, p. 98。

[⑤] Schofiled 1963, p. 98.

基础上开发铁矿藏的问题给索霍工厂（推测起来是给博尔顿）写信的时候，钢铁冶金学又再次被引入。

与韦奇伍德一样，博尔顿、斯莫尔和瓦特对于一个化学特定领域的研究导致更大范围的化学研究。在凯尔致力于玻璃制造之前，他也开始了小范围的玻璃和化学实验。1772年10月2日，凯尔给博尔顿寄去一份账单，并且带有一些早在1769年11月1日的说明，写道：

> 昨天在您那里很愉快。您的指令应该尽可能快地执行，特别是我希望您能够实施自己的实验，因为我很清楚我的那些计划者伙伴的渴望程度，很抱歉，我应该检查您现在的化学实验是否延迟了。①

斯莫尔和瓦特之间的通信也体现出他们化学兴趣的扩展。1772年，斯莫尔写信谈到了卡尔·威廉·舍勒（Carl Wilhelm Scheele）最近发现的氢氟酸："您是否见到了这种酸将水变为燧石？我没有见到。"12月3日，他再次提到："布莱克对于这种酸怎么讲？因为他是我信任的唯一化学家，虽然我不认识他。"②1773年1月17日，瓦特回信提到，埃尔文博士制成了燧石酸（flint acid）。1月27日，斯莫尔声明他已经派人到德比为瓦特寻找晶石，并且补充道："我们这里被告知蒸汽损坏了蒸馏瓶，甚至损坏了接收器。"③

月光派的一项重要联系在1773年3月15日斯莫尔写给瓦特的信件中表明：

---

① Robinson 1963, letter 5. 凯尔此时正在致力于玻璃制造，因此这封信可能是指玻璃仪器。
② Schofiled 1963, pp. 98-99.
③ Schofiled 1963, p. 99.

普里斯特利博士发现所有金属（除了锌）之中释放出的蒸汽都能够溶解入亚硝酸，从而成为最强有力的防腐剂，而且这是对于空气纯净度的最好测试。由于混合了多种不纯净空气，它或多或少产生了不透明性。他还发现，就如您一定已经听说的，生长的植物所释放的蒸汽与有害空气（mephitic air）混合后，可以使其变得适于呼吸。①

很可能，斯莫尔从普里斯特利1772年的《哲学汇刊》论文之中得到了这一信息。②然而，这未必是正确的。1773年（或1774年年初），普里斯特利已经与博尔顿和斯莫尔直接联系，因为在《1773年和1774年年初的一些实验和观察》（Experiments and Observations made in the Year 1773, and the Beginning of 1774）第二部分和他的《关于空气的实验和观察》第一卷之中，普里斯特利写道：

> 伯明翰的斯莫尔博士和博尔顿博士曾告知我，在适当温度之下，经本质上为硝酸钾的铜溶液之中浸渍的纸张将会着火……对于我来说，这更方便于进行一些关于在不同种类空气中点火的实验。③

在1780年移居伯明翰成为月光社成员之前，普里斯特利长期都处于月光派的外围。他与月光社的联系非常紧密，从1765年开始，他就是韦奇伍德和富兰克林的朋友。普里斯特利在1766年至1775年期间曾多次到

---

① Schofiled 1963, p. 99.
② 见附录2。Joseph Priestley, "Observations on Different Kinds of Air", Phil, Trans., lxii (1722), 147-264.
③ Priestley 1775, p. 254.

伯明翰拜访过博尔顿。在1775年10月22日一封给博尔顿信件中，普里斯特利写道：

> 当我上次有幸在伯明翰见到您的时候，您给了我一些废料德比晶石。我发现它与氟石（fluor spantosus）是一回事，新矿物酸能够从此提炼出来，而且利用您提供给我的这些晶石块，我已经完全调查出它的性质……
>
> 我的晶石库存几乎已经耗尽，而且我已经不能获得更多晶石……因此，我请求您在方便的时候尽快给我寄来几镑这种晶石。①

在《关于空气的实验和观察》（1775）第二卷之中，普里斯特利谈到了自己关于"氟石酸性空气"（也就是氢氟酸）的一些实验，但是他没有提及他如何获得了他使用的德比晶石。

三 制陶工艺

1754年，韦奇伍德开始进行陶瓷化学方面的实验，并且从1762年开始进行系统研究，陶瓷化学的所有发展都得到了他的关注。韦奇伍德寻找可以改进陶器主体的新黏土，并且寻找可以改进产品外观和耐久性的釉料和瓷漆。一些实验导致他发现了"黑陶器"，这是韦奇伍德发现的第一种黏土体。一种较粗糙的形式即"埃及黑陶器"已经在斯塔福德郡陶器厂制造了很长时间，但是韦奇伍德发展的材料是"细粒，表面平

---

① Schofiled 1963, p. 100.

滑，色调丰富，远胜于同时代生产的任何产品"。

韦奇伍德对于"女王陶瓷"的完善也为他赢得了声誉。"女王陶瓷"不是常见的由黏土和燧石制成的陶器主体，它含有大量的陶瓷土（china clay）或高岭土（kaolin），直到1775年年末韦奇伍德还不能得到本地供应。他努力寻找一些更容易的廉价来源，他将自己的朋友们引了进来，例如：维特赫斯特和达尔文寄给他一些在英国找到的黏土样品，工艺学会的塞缪尔·莫尔（Samuel More）和佛吉尔博士从外国得到一些样品。1767年，他听说在美国卡罗莱纳州的印第安人领地有高岭土矿。如果向竞争对手公布这一发现，他将面临获取专利权的失败风险；而要拿到政府许可必须得到商业和种植园的勋爵们（Lords of Trade and Plantations）的批准。韦奇伍德取得了高尔（Gower）勋爵的个人支持，并且因而取得了南卡罗来纳（South Carolina）首席代理人的帮助，在未取得英国任何人的口头或正式许可的情况下，韦奇伍德派托马斯·格里菲思（Thomas Griffith）获得了这种黏土的供应。这一任务在没有遇到真正困难的情况下完成了。[1]1770年，韦奇伍德得知在距离费城100英里的特拉华河（Delaware River）上面有一个类似的黏土矿藏，并且在备忘录中提到了这一点用于以后参考。1771年5月，工艺学会将一份来自于施图加特（Stutgard）黏土样本寄给他。韦奇伍德尝试了一下这种黏土，并且写出报告："这一没有混合物的黏土不能制成陶器，而且……与在英国找到的一些黏土没有本质区别。"[2]

1772年12月，塞缪尔·莫尔给韦奇伍德寄了"一些用于制造真正的淡黄色瓷器的土壤、黏土、沙子、石头和其他一些材料"。在伦敦的

---

[1] Schofiled 1963, p. 91.

[2] MS. Transactions in Chemistry 1770&1771, pp.55-56, 18 May 1771; Archives of the Royal Society of Arts；转引自Schofiled 1963, p. 91.

布莱克（布莱克曾为塞缪尔·莫尔获取材料）①家中会见一位中国人之后，韦奇伍德利用这些材料制成了一些瓷器，并且于1775年开始进行调查研究。同时，塞缪尔·莫尔还给韦奇伍德提供一种含氧化钴的混合物，一种用于制造蓝色釉面的钴氧化物。1769年11月16日，他取得了关于"给上釉烧制的金青铜色的粗陶器和瓷器进行装饰，还有各种颜色的蜡画特殊样品，以模仿古代伊特鲁里亚和罗马粗陶器"的专利，这是他的唯一一项专利。②

月光社支持了韦奇伍德在黏土、上釉及其科技方面的兴趣。韦奇伍德的备忘录记录了达尔文赠送的锰和钴；1779年，韦奇伍德收到了瓦特的苏格兰黏土样本，并对此进行了各种实验。韦奇伍德的备忘录和信件之中经常提到来自于月光社朋友们的书籍和摘要。在1771年11月31日写给本特利的一封信件之中，韦奇伍德写道："我已经买了一本（刚离任的上尉）凯尔先生翻译的《化学词典》，对此我感到十分高兴……我一定把它放在伸手可及的地方。它是一个化学实验室！"③韦奇伍德发现了另一位对他有帮助的人，这就是他在1766年结识的普里斯特利。

有资料表明普里斯特利和本特利曾尝试用电装饰茶盘和小摆饰，在1767年3月2日韦奇伍德写给本特利的一封信件之中，他提到了"使用电进行镀金的一些实验"。在普里斯特利发表的文章之中没有提到过"镀金"的实验，但是，韦奇伍德、本特利和普里斯特利可能认为"给玻璃提供金属色调"的实验对于陶器的镀金非常有用。当普里斯特利的兴趣转向化学的时候，韦奇伍德对于化学也更加感兴趣了。他买了普里斯特利的化学书籍（1772年，他成为普里斯特利的《光学史》一书的赞助

---

① See Wdg., J. W. Experiments Nos.1-4832, trial 1158；转引自Schofiled 1963, p. 92。
② A.D.1769…No. 939. Ornamenting Earthenware (London: George Edward Eyre and William Sponttiswoode, 1856)；转引自Schofiled 1963, p. 92。
③ Schofiled 1963, p. 92。

者），并且在备忘录上记录了一些摘录、评论和想要发给普里斯特利的一些问题。[1]

韦奇伍德化学工作的最佳案例之一是，通过结合科学和经验主义以及阅读朋友们的作品和得到他们的帮助，他开发出最有特点的韦奇伍德陶瓷体"碧玉细炻器"（jasper-ware）。韦奇伍德的一些关于"易熔晶石"或"易熔冰洲石"的实验从1767年至少持续到1774年。他的一些备忘录表明，达尔文、普里斯特利、佛吉尔博士（他将一些美国寄来的岩石转给韦奇伍德）、维特赫斯特、本特利和运河工程师詹姆斯·布林德利（James Brindley）都为他收集矿物样本。在凯尔的译著《化学词典》之中，有一个对于"氟石"（参照晶石）项目的注释："我已经使用相当大的热量熔化了那些白色不透明氟石（也就是易熔晶石），它与中国人用于制造瓷器的一种材料相似。"韦奇伍德最感兴趣的是一种称为"重晶石"的晶石；他的备忘录揭示到1773年他已经认识到重晶石的两种形式，一种是维特赫斯特首先在德比郡找到的重晶石或"硫酸钡矿"（$BaSO_4$），另一种是在坎伯兰郡（Cumberland）发现的更易熔的种类，后来被称为"碳酸钡矿"（$BaCO_3$）。[2]虽然最初对于这两种晶石的不确定性感到混淆，韦奇伍德很快就将它们置于控制之下并且最终发明出"碧玉"。据说，他成功地制成1万件试验样品，而且这1万件试验样品都被保留了下来。[3]

1773年，另一个类型的化学问题被引入。1773年7月21日在一封写给本特利的信件中，韦奇伍德写道：

> 曼彻斯特的珀西瓦尔博士的一篇论文引起我的注意……

---

[1] 参见Schofiled 1963, pp. 92-93。

[2] 经过分析，威瑟林区分了这两种晶石。

[3] 参见Schofiled 1963, p. 94。

论文中，女王陶瓷的上釉过程被分解开，并且证明陶瓷中有一些铅存在……这些实验非常古怪，我将这些论文发给您，希望您尝试着对女王陶瓷的内容加以修改。①

关于这一题目的通信仍在持续，韦奇伍德谨防珀西瓦尔博士产生不满意见，韦奇伍德提出铅中毒和女王陶瓷上釉之间的联系是不适宜的，因为使用女王陶瓷不可能中毒。

博尔顿也曾经生产过陶器，并且一度与韦奇伍德的陶瓷产品形成竞争。除了韦奇伍德和博尔顿，瓦特也是对制陶工艺感兴趣的月光派成员。1763年，瓦特开始与格拉斯哥的德夫特菲尔德（Delftfield）陶器厂产生联系，从此，瓦特一生都对制陶工艺感兴趣。韦奇伍德欣喜地称呼瓦特为"我的苏格兰陶工朋友"。1769年1月28日，瓦特向斯莫尔报告："我们的制陶工艺还不错，但是它还不是我所期望的……我有一个计划，就是用火或水磨进行制陶，但不是在这个国家和利用现有的人民。"②1769年5月28日，他写信给斯莫尔：

我也将寄出一些白墩子烟斗的瓷土，一点康沃尔皂石制成的陶瓷（每大桶的价格为10英镑），还有白墩子制成的陶瓷，如果是纯正的陶瓷应当由石英制成。我还寄送了一点管土碎末，它能够通过在窗玻璃之中熔化转化为陶器，还有一些骨灰和最低限度的硝石，这方面的技艺我不能再涉足。请让博尔顿先生将陶瓷工厂作为一项很好的事业保留到晚年。③

---

① Wedgwood to Bentley, 21 July 1773; see also Wedgwood to Bentley, 17 August and 22 August 1773；转引自Schofiled 1963, p. 95。
② 参见Schofiled 1963, p. 161。
③ Clow and Clow 1952, pp. 325-326.

瓦特也给其他人提供制陶方面的建议。在1779年4月21日一封写给格拉斯哥的邓肯·尼维恩（Duncan Nivien）先生的信件中，他写道："我的精力都投入其他方面了，以至于我的陶器方面的知识在减少。"他推荐了许多关于瓷器制作的书籍，并且提出给尼维恩寄送一些花岗岩黏土和石头，推荐了埃尔文博士关于瓷釉上釉的化学建议，并且指出韦奇伍德能够帮助获得陶器车床。[①]

四　马车设计

在月光社成员之中，达尔文和埃奇沃思热衷于马车设计。1765年埃奇沃思曾在切斯特（Chester）写道：

> 一个偶然的机会，我被邀请参观一个机械展览"微观世界"（Microcosm）……机器装置简洁而精确地展示出天体的各种运动……展览讲解员让我看全部机械装置的内部结构。在谈话中……他提到了在利奇菲尔德结识的达尔文博士。他向我描述了一辆达尔文博士发明的马车。达尔文制造的马车能够在小范围内转变方向，没有翻车的危险，而且没有起重收缩杆的障碍。我决定尝试一下自己在制造四轮马车方面的技能，并且努力让我设计结构的马车也取得类似优点。[②]

[①] Watt to Nivien, 21 April 1779, Watt Correspondence, Birmingham Reference Library; 转引自 Schofiled 1963, p. 162。

[②] Edgeworth and Edgeworth 1820, vol.i, p.110; 另见 chapter 2, supra, p. 31。

埃奇沃思继续讲述：

通过这一提示……我制造了一辆基于这一原理的美观的四轮敞篷马车……它已经得到工艺促进学会（Society for the Encouragement of Arts）的批准，由于马车前部的锁定方式，还有可靠而简单的卸马方法，我告诉学会，在防止马车在转弯过程中发生事故方面，我得到了利奇菲尔德的达尔文博士关于马车描述的启发；我写信告诉达尔文博士，他的发明得到工艺学会的认可。达尔文博士给了我一个礼貌的答复；并且……邀请我到他的家里。我于下一个夏天接受了他的邀请。①

工艺学会写信给达尔文，询问关于马车的事宜，1766年3月达尔文回复了信件。他提及了一些引起新设计的观察，并且指出七八年前他就已经开始这方面工作，简单地描述了新马车的原理，并且宣称他已经基于这些原理制造出四轮敞篷马车和封闭的四轮马车，每一种马车都已经驾驶了10,000英里。达尔文写道：

我不能提供完全清晰的图纸或描述，因为部件非常简单，位于不同平面之上。——但是，如果学会愿意承担费用，我可以负责制作模型。

另外，英国爱尔兰莱斯特郡（Leicestershire）的格里斯利（Greseley）先生已经得到一辆四轮敞篷马车……我希望他能够将马车展示给学会。

大约六个星期之前，我收到一封来自埃奇沃思先生的

---

① Edgeworth and Edgeworth 1820, vol. i, pp.160 ff.

关于这些马车的信件……我想是他直率地向您提到了我的名字。①

1766年5月，埃奇沃思写信给工艺学会，建议学会查实四轮敞篷马车是基于埃奇沃思和达尔文的设计的。②这不是埃奇沃思与工艺学会的第一次交流，也不是关于马车问题的第一次交流。当埃奇沃思19岁还在读大学的时候，他就曾发给工艺学会一个通知，告知学会他已经发明出便携式针孔照相机。③1764年，埃奇沃思曾给工艺学会杂志的编辑们发过两封信件。这两封信件的标题分别是《致编辑们的一封信，关于基于改良设计制造出的一些马车的描述》④和《致编辑们的一封信，关于具有独创性的新发明马车，与普通马车相比，它们更高级、能够承受更多的装载量而且不会对路面造成损坏》⑤。学会对他的设计和达尔文设计的认同并没有中止他的实验。1767年，埃奇沃思向工艺学会提交了另一项马车设计方案；他将其称为"双宽轮的四轮马车"，并且列举了它的优点之一："由于它是滚轮设计，当马车转弯的时候能够保护路面，即使路面是最不结实的材料，如果这一设计开始被普遍应用，它将会被永久应用。"⑥1769年，他再次写信并且向他们提交了一份关于改良马车的详细描述和图纸，它体现出他先前的大多数设计的特点。工艺学会的

---

① King-Hele 2007. p. 70.
② Erasmus Darwin and Richard Lovell Edgeworth to Dr. Templeman, 8 March and 15 May 1766, respectively；转引自Schofiled 1963, p. 47。
③ Edgeworth to Dr. Templeman, 19 December 1763；转引自Schofiled 1963, p. 47。
④ A Letter to Editors describing several Carriages, for the uses of Agriculture, to be constructed on a improved plan.
⑤ A Letter to Editors concerning a very ingenious new invented carriage, much superior, for carrying heavy loads, without injury to the Roads, to any now in use, yet not more expensive in the Purchase, than common Carriage.
⑥ Edgeworth to Dr. Templeman, 20 May 1767；转引自Schofiled 1963, p. 48。

机械委员会（the Committee of Mechanics）报告称：

> 1769年4月7日。我们考虑了埃奇沃思先生于1769年3月22日再次提交的四轮马车设计。埃奇沃思提交的马车设计描述已经被阅读。决议认为这是埃奇沃思对早期的一系列四轮马车设计的应用，由此马车车轮通过两个中心接通；而且放置弹簧的方式也是全新的和具有独创性的。
>
> 因此，决议将这一设计推荐给学会，并且显示出对埃奇沃思给予荣誉和嘉奖的标记。[1]

学会同意了机械委员会的建议，于1769年授予埃奇沃思"荣誉金质奖章"，以奖励他在机械方面的一些发明设计。1770年，埃奇沃思取得了唯一一项专利权"轻便小铁道或人造道路，马车都可以在上面移动"。[2]关于这项专利的说明不是非常明确，而且没有任何图纸；它类似于连续式轨道车辆的早期设计，与履带拖拉机相似。埃奇沃思没有继续发展这一发明，因而没有人认为它十分重要。

月光社成员之中不是只有达尔文和埃奇沃思对马车设计感兴趣。斯迈尔斯记录到博尔顿也完成了一本四开的图纸书，书名为《关于马车的思考》（Thoughts on Carriages），里面包含各种不同车辆的草图。[3]韦奇伍德也被他的朋友们带入马车设计之中。1772年，韦奇伍德写信给本特利：

> 我是坐着巴特勒先生的新马车来到城镇的……巴特勒先

---

[1] Schofiled 1963, p. 48.
[2] Portable Railway or Artificial Road, to move along with any Carriage to which it is applied.
[3] Smiles 1865, p. 284.

生是利奇菲尔德的一位具有创造力的四轮马车制造者,并且拥有专利的弹簧车轮。每个辐条都是弹簧,通过这种方式可以克服路面上遇到突发障碍时产生的惯性力,不会出现摇晃的状况……达尔文博士第一次向巴特勒先生建议了这一想法……达尔文博士说他已经对适用于车辆的弹簧的种类和特性思考很多。①

关于这些马车的讨论逐渐消失了,但是一些年以后埃奇沃思提出自己是这一设计的真正发明者。在他的《关于道路和马车的构造的文章》(Essay on the Construction of Roads and Carriages)之中,他自称曾于1771年制造出一种设备,用于检验马车上弹簧的优越性,并且设计出一种使用弹簧的全新方法。1777年2月20日和27日他向皇家学会宣读了一篇《弹簧在马车之中的应用》(The Use of Springs in Carriages)的文章。②

五　修建运河

1764年,为了获得议会对于修建一条连接特伦特和默西的运河的批准,斯塔福德郡建立了一个专门委员会。韦奇伍德是这个委员会的支柱,他走访全国各地寻求对于这个项目的支持。1765年4月20日,韦奇伍德写信告知本特利,他已经在利奇菲尔德找到"一位对这项事业具有创造能力而且非常热心的朋友",这个朋友就是达尔文。不久以后,达

---

① Wedgwood to Bentley, 31 Dec. 1772, Wdg；转引自Schofiled 1963, p. 49。
② MS. Journal Book of the Royal Society xxv, 1763—1766: December 1766；转引自Schofiled 1963, p. 124。

尔文对于本特利应韦奇伍德的要求所著的小册子《关于内河航行有利条件的短评，还包括一个关于修建一条沟通利物浦港和赫尔港的航行运河的计划》①作出了没有根据的批评。他的批评在紧接下来的大量通信中还在延续。10月7日，韦奇伍德写道：

> 我想您已经收到了来自于厄特柴特和德比的信件，以及一封来自于我们的有创造力和诗意的朋友达尔文博士的长篇批评信件；我认为，他一般非常喜爱自己的朋友们，他可能在跟你开玩笑和消除与您的隔膜，无论怎样，他都是非常尊敬您的关于航行的小册子。②

韦奇伍德对于这一批评看得比本特利轻一些，他还写了一些其他信件抚平本特利的恼怒情绪。11月下旬，韦奇伍德由衷地感到抱歉，他将自己的朋友带入"这一不讨好的和无益的事件"。这一事件以一封友好的短信结束，11月18日，韦奇伍德写道："达尔文博士意识到，他给您写过两三封无礼的信件，但是相反地您对他非常礼貌，他对于自己受到的待遇感到友善和欣喜。"③

在小册子计划之中，达尔文可能是一个令人讨厌的人，但是这也是由于他成了一名运河狂热者。在达尔文的发明、理论和实验备忘录之中，有一个未标明日期的项目，带有一些《运河之锁》（Lock for Navigation）的草稿，开篇如下：

---

① A Short View of the General Advantages of Inland Navigation, with a Plan of a navigable Canal intended for Communication between the Ports of Liverpool and Hull (Newcastle-under-Lyme, 1765).
② Josiah Wedgwood to Thomas Bentley, 7 October 1765；转引自Schofiled 1963, p. 39。
③ Wedgwood to Bentley, 2 November；转引自Schofiled 1963, p. 40。

让我们建造一个大木箱，木箱足够大能够容纳一个装载的船。让这个木箱连接到上面运河的末端，然后允许船进入，允许船进入的那些门再次紧闭，这样船就在木箱之中，轮子平衡或杠杆放下，并且成为下面锁的一部分。①

达尔文的建议并不是全部令人讨厌或不切实际的。1765年11月9日，本特利写信给达尔文：

我昨天给您写信了，并且回答了加伯特先生的评论。我越考虑这一问题，越赞成向位于斯特兰德大道（Strand）的学会（指的是工艺学会）提出申请。这个题目将会让他们感到欣喜；他们对这一问题的关注可能创作出一些好书，并且产生一种热烈的革新精神。②

在皇家工艺学会的档案中并未提及这一计划，而且在1800年布里奇沃特公爵被授予促进运河发展的金质奖章之前，这个学会从未提出过关于运河工程方面的意见。皇家工艺学会在早期没有参与这些有争议的事件，这是他们取得一连串成功的原因之一，因为运河项目是有争议的。

货车主、旅馆经营者、收费公路托管经营者、河流或其他运河航行计划的竞争对手们和拒绝销售道路所有权的土地所有者，所有人都提出质疑或反对意见，并且进行对抗和争论。韦奇伍德、本特利和他们的朋友们继续推进他们的特殊工程计划。1765年12月，他们召开了一个支持

---

① Erasmus Darwin's Commonplace Book；转引自Schofiled 1963, p. 40。
② Thos. Bentley to Dr. Darwin, 9 November 1765；转引自Schofiled 1963, p. 40。

大干线运河工程的露天会议。他们提交了一个议案,请求议会同意修建一条连接默西和塔兰托的运河,并且提出了赞助金额。韦奇伍德赞助了100英镑,并且承诺随后投入更多资金以取得运河股份。请愿书是1766年1月15日提交的;2月7日,议会听取了詹姆斯·布林德利、韦奇伍德和本特利关于支持这一请愿书的陈述,随后出现了大量反对意见,他们又提交了一个议案,接受了第三次听证,并且于1766年4月21日获得通过。① 韦奇伍德大部分时间都停留在伦敦进行议案陈述和争取议案通过,但是他在中部地区有助手提出支持这些请愿书。在伯明翰,加伯特已经参与到这一计划之中,达尔文也开始参与计划,并且将博尔顿和斯莫尔也牵扯进来。1765年12月12日,达尔文写给博尔顿的信中提到:

> 我发现柴郡的人们反对为伯明翰和这个国家所提出的航行计划。我希望您能够为这一计划提供帮助……我希望您和斯莫尔博士能够接受这一影响,就如您给予我的蒸汽机方面的影响;因为这一计划值得您的关注,它是我们人类的朋友并且能够打开我们充满智慧的心灵。②

三个月后的3月11日,在另外一封给博尔顿的信中达尔文写道:

> 我不打算为了您没有回复我的那些信件而与您争吵;我的最后要求是,希望您能够签字同意航行计划,您能够满足我的要求就是给予我的最好答复。③

---

① 参见Schofiled 1963, p. 41。
② King-Hele 2007, p. 66。
③ King-Hele 2007, p. 71。

1766年5月26日，在斯塔福德郡的柏士林（Burslem）召开了一个庆祝会，以纪念大干线运河工程获得议会通过，而且韦奇伍德为运河建造进行了奠基。在随后召开的运河所有者会议上，韦奇伍德被选举为这一计划的司库。1766年7月26日运河工程终于开始，韦奇伍德立刻在运河线上购买土地用于建造伊特鲁里亚工厂。[1]

到1767年，运河项目已经遍及英国。1767年3月2日，韦奇伍德写信给本特利：“我们有一些酝酿中的航行计划。一个计划是从大干线运河到本伯里（Banbury）的考文垂（Coventry），我不知道这是哪里……另一个计划是从伯明翰出发连接汉普顿（W. Hampton）运河，我想您已经听说了……”[2]起初，博尔顿对这一影响的接受很慢，不过他很快就像韦奇伍德一样对这一计划抱有坚定信念。到1769年，博尔顿成为大干线运河和伯明翰运河的最大赞助人。不过，1771年，伯明翰运河建成之后，他给加伯特写了几封愤怒的信件，因为他认为运河可能威胁到给他的水力磨坊的供水河流的排水。虽然他否认斯米顿、约曼、布林德利或者"整个挖掘团体"的观点，但是他所担心的缺水现象并没有出现，1772年他写信给沃里克的伯爵：“我们的航行计划非常宏伟，伍尔弗汉普顿（Wolverhampton）运河的连接工程已经完成；而且我们已经从伯明翰航行到布里斯托尔和赫尔。”[3]博尔顿认为运河是一项获得成功的冒险事业，这一点并不令人惊讶；甚至在未来的一些年中他仍然保持这种观点。根据科尔特（W.H.B.Court）的说法，在伯明翰运河开通和煤炭价格竞争开始之后，"原来在伯明翰煤炭的销售价格为13先令1吨，现在降到了7先令6便士或者更低"。[4]

---

[1] 芒图1983, pp. 100-101.

[2] Schofiled 1963, p. 42.

[3] Smiles 1865, p. 179.

[4] Court 1938, p. 179.

运河的优越性非常明显，运河工程成为大多数月光派成员们共享的兴趣之一。博尔顿、韦奇伍德、达尔文、斯莫尔、凯尔、戴和高尔顿都在运河公司中拥有股份。特伦特至默西的运河建成之后，斯塔福德的陶器、塞文河上游的生铁、伯明翰的熟铁和熟铜都在运河上流通着。狭窄和割裂的国内市场终于毫无阻碍地彼此连通起来。1771年，达尔文曾给韦奇伍德写了几封信，讨论自己出资建造一个由大干线运河到利奇菲尔德的小规模运河项目。①1767年至1773年，瓦特被雇用到苏格兰的各种运河项目。1770年，博尔顿和斯莫尔计划使用瓦特设计的"循环式发动机"运转运河船，并且使用他的往复式泵发动机给运河水闸供水。1773年4月3日，斯莫尔写信给瓦特告知，他和达尔文（此时博尔顿在伦敦）正在尝试说服考文垂运河公司（Coventry Canal Company）雇用瓦特作为他们的工程师。②一直到1816年，当"运河狂热"结束的时候，高尔顿写了关于运河中水位的论文，这是他发表的为数不多的几篇论文之一。

六　医学

达尔文、斯莫尔和威瑟林都是月光社中的医生。与植物学一样，医学也没有获得全体月光社成员的共同关注。只是在月光社末期的气体医疗研究所获得了几乎所有在世的月光社成员的大力支持。

对于月光社的医生们来说，"生意"就是医疗。一方面，达尔文的医疗实践遍布于英国中部地区。达尔文的妻子于1770年去世，家里没

---

① Krause, Erasmus Darwin, p.123；转引自Schofiled 1963, p. 42。
② See letters from Small to Watt, AOB；转引自Schofiled 1963, p. 43。

有什么值得达尔文留恋的，他开始到各个地方旅行，"达尔文博士在路上"成为一个经常的说法；①另一方面，威瑟林在伯明翰的综合医院发展自己的医疗实践。两个人都取得成功而且都感觉到自己的职责，需要对他们的案例和治疗方法进行一些说明。

1778年，达尔文在《哲学汇刊》上面发表了《一个斜视的新病例》（A new Case in Squinting）。与其他医学论文一样，这也是对于一个小病例的试验性说明，但是它的特点在于注重治疗方法的本质实效和实验性质。达尔文被召唤对一个斜视的孩子进行治疗。这个孩子的两个眼睛都没有缺陷，这个病例是通过练习和机械地阻碍斜视进行治疗的。达尔文报告了这一治疗的成功，并且对在眼睛练习方面的一些观察进行了说明，参考了普里斯特利博士的《光和色彩的历史》（History of Light and Colours），并且对于各种实验（包括自己的实验）进行了讨论，以确定脉络层和视网膜是否是视觉的直接器官。达尔文的调研结果显示脉络层并不是视觉的直接器官，但是他的证据不是结论性的，主要地基于一种忽略了光学透镜的聚焦属性的计算方法。

1779年，威瑟林发表了《关于猩红热、喉咙痛，特别是1778年发生在伯明翰的猩红热病的说明》②。这本书描述了威瑟林在伯明翰进行实验的猩红热流行病。根据路易斯·罗迪斯（Louis H. Roddis）的说法，威瑟林关于猩红热的描述是非常好的，他提到了猩红热的传染，并且对其原因进行了思考——"是否……由于能够产生这类病毒的微生物，或者由于某种毒气"——并且讨论了检疫和隔离的治疗方法。③威瑟林的治疗方法很明显类似于恶性喉咙痛的治疗方法：不放血或清洗，使用温

---

① Schofiled 1963, p. 162.

② An Account of the Scarlet Fever and Sore Throat, or Scarlatina Anginosa particularly as it appeared in Birmingham in 1778. London: T. Cadell, 1779.

③ Schofiled 1963, p. 163.

和的催吐剂让喉咙没有薄膜，使用各种灌输方法使得喉咙恢复平静，选择树皮和粉末等，以治疗伴随这一病痛的各种症状，并且注意休息和饮食，18世纪医生所采取的其他治疗方法停滞不前，病人一般都是自愈。①

1780年，达尔文出版了纪念儿子查尔斯的另一本医学著作。查尔斯是达尔文的儿子之中最热衷于科学研究的，他想要追随父亲的足迹。1776年查尔斯来到爱丁堡的医学学校学习，他在学习中展现出很大的潜力。在患上伤寒病的时候，他已经完成博士学位，但是，他突然发烧去世了。作为对儿子的纪念，达尔文编辑了查尔斯的论文集，这使得查尔斯获得了爱丁堡医学学会（Aesculapian Society of Edinburgh）的第一块金质奖章。这本论著的大部分内容都类似于当时其他学生的医学论文，充满了历史文学性的介绍，并且提到了参考盖伦和希波克拉底的著作以及每一本找到的其他医学著作，但是其中一些内容明显带有达尔文的印记。文中经常提到达尔文最喜欢的作者洛克（Locke）和大卫·哈特利（David Hartley）。由于父爱，达尔文给儿子进行了一些细微的"镀金"，这也是可以理解的。但是达尔文添加了一系列案例，并且在文中对于利尿剂的使用进行了评价，描述了毛地黄的使用，并且描述了毛地黄对于心脏病的治疗效果，这一内容以任何语言都是第一次发表的。一方面，查尔斯从没使用过这一药物；另一方面，书中所描述的案例是达尔文和威瑟林曾一起磋商的案例，而且毛地黄是威瑟林开出的处方。事实上，毛地黄用于这一用途是威瑟林的发明，这一发明使得他的名字在医学史之中名声显赫，但是达尔文没有提到威瑟林的名字。威瑟林对此非常愤慨，将达尔文的做法视为一种极端的剽窃行为。自此，威瑟林和达尔文再没有真正友好过，虽然当他们在月光社聚会的时候保持着表面

---

① See Louis H. Roddis, William Withering (New York: Paul B. Hoeber, Inc. 1936), pp. 47-49；转引自Schofiled 1963, p. 163。

的友好。①

　　随后在1788年，威瑟林无缘无故地攻击达尔文的小儿子罗伯特·达尔文博士，未与罗伯特商议就故意取消了罗伯特对一位病人的治疗。这一举动可能严重影响到罗伯特的从医生涯——当时他只有22岁。达尔文要求罗伯特进行反击。罗伯特给威瑟林去了一封尖刻的信件，这封信随后在一本名为《向全体关心候斯顿先生病例的人们呼吁》（Appeal to the Faculty concerning the case of Mrs Houlston）的小册子上出版。1788年12月15日，达尔文参加了一次月光社会议，第二天他给爱德华·约翰斯通（Edward Johnstone）博士写信描述了他的儿子罗伯特与威瑟林之间的争论。信中写道：

> 您可能已经听说了我的儿子，什鲁斯伯里（Shrewsbury）的达尔文博士和威瑟林博士之间的争吵，您可能已经收到了一份印刷的文章，我想这篇文章就是传播此事的。我的儿子通知我，威瑟林博士写给他第二封信，他认为，预防将来受伤害的方法是宣扬威瑟林博士在实践中的更多的错误病例来回击他所造成的伤害，我将他的内容插入信中，我希望能够了解到您是否想要对他的信件的任意部分进行更改或者删除。他的句子是这样。在伯明翰护城河（Moat Birm）的弗朗西斯先生的案例中，您难道没有请教过约翰逊博士吗？您难道不是依靠庄严的庸医骗术，依靠确保治愈的夸大承诺，而将这位病人的管理转移到自己的手里吗？先生，您难道不是在他去世的那天晚上向他的儿子祝福他的父亲完美地康复吗？
>
> ……

① Fulton 1953, p. 11-13.

我与哲学学会（月光社）一起进餐，很遗憾没有见到除了威瑟林博士之外的其他医师——这种情况如何发生？哲学家具有宽大的自由主义思想，而且是易相处的；在伯明翰有许多具有独创性的天才。

　　请您帮我一个忙，不要向他人提及我向您询问过有关弗朗西斯先生病例的事情。①

很明显，威瑟林有一个不好的习惯，在病人去世之前的日子里祝贺他们获得了康复。约翰斯通博士是威瑟林的朋友，他没有答应达尔文的要求，而是将达尔文的信件交给威瑟林，从而加深了两人之间的矛盾。②

威瑟林不仅与达尔文有过争吵，也与后加入的月光社成员斯托克斯产生了争吵，可能的原因是版税和名誉分配问题，争吵的结果是斯托克斯离开了月光社。达尔文与威瑟林之间的争吵以及斯托克斯的离去给月光社带来了严重的裂痕。

在月光社的最后阶段，埃奇沃思的女婿托马斯·贝多斯提议建立的气体医学研究所（Pneumatic Medical Institution）项目将月光社的成员及其兴趣结合到一起。1793年，贝多斯发表文章建议成立一个医疗研究机构，用于验证在前半个世纪所发现的各种气体的医疗价值。气体医学研究所的建立得到了月光社成员及其家庭成员的有力支持。

气体医学研究所的建立是月光社支持应用研究的一个实例，这与解决月光社成员们家庭的当务之急密切相关。肺结核是一种在18世纪和19世纪十分普遍的疾病。威瑟林于1799年因此病去世；1779年埃奇沃思的

---

① King-Hele 2007, pp. 329-330.
② King-Hele 2007, p. 330.

妻子霍诺拉·埃奇沃思因此病去世；瓦特的女儿杰茜于1794年因此病去世，还有瓦特心爱的儿子格雷戈里·瓦特也曾身患此病并于1804年因此病去世；汤姆·韦奇伍德在1792年至1805年患病，一度也曾被认为是肺结核病患者。在这种情况之下，月光社成员对于贝多斯博士的医学研究感兴趣也不足为奇了。

贝多斯于1793年提出关于建立气体医学研究所的建议，这时候他对于月光社成员们来说不是完全陌生的。早在1789年他就曾写信给韦奇伍德订购设备，所订购的设备与"普里斯特利最新的管子和蒸馏器"的尺寸和组成相同。博尔顿曾在牛津大学听过贝多斯的化学讲座。1791年11月，贝多斯曾拜访过凯尔，他们讨论了化学、地质学和贝多斯非常敬佩的戴。贝多斯曾写信给他的一名学生戴维斯·吉迪［Davies Giddy，后来改名为戴维斯·吉尔伯特（Davies Gilbert），并且成为皇家学会的会长］："对于戴的过早去世，我感到十分遗憾，这使得国家失去了最夺目的装饰品。"[①]虽然贝多斯赞成新化学，而凯尔是"最有才华的和显著的旧化学拥护者"，但是凯尔还是邀请贝多斯为自己的《化学词典》撰写一些文章。达尔文和贝多斯的通信已经很多年，通信内容关于化学、植物学、地质学和医学问题，贝多斯发表了一首诗《亚历山大从布达斯皮斯河和印度河到印度洋的探险》（Alexander's Expedition down the Hydaspes and the Indus to the Indian Ocean, 1792），其中带有哲学注释，赞美了达尔文《植物园》的效仿。他的自由主义政治观点使得他在牛津大学不受欢迎，他于1792年秋天被迫辞职。1793年，他发表了《一封写给医学博士伊拉斯谟·达尔文的关于治疗肺结核病的新方法的信件》（A Letter to Erasmus Darwin M. D. on a New Method of Treating Pulmonary Consumption）并且此后他在月光社成员之中进行了一项个人

---

① Schofiled 1963, p. 373.

游说活动，以寻求月光社成员对他的计划的支持。①1792年3月23日，凯尔写信给达尔文：

> 我想您已经阅读了贝多斯博士的出版物，书中提到了他需要您的研究工作。他寄给我一本书希望转交给在我家中结识的埃奇沃思先生。如果您知道埃奇沃思先生是否仍然在布里斯托尔和如何将这本书寄送给他，希望您能够告诉我。②

埃奇沃思在布里斯托尔的克利夫顿矿泉疗养地的定期巡回之中见到了凯尔，从1791年埃奇沃思和他的家人（现在11人）就住在这里。1793年4月，贝多斯来到布里斯托尔，带着达尔文的介绍信，他很快得到埃奇沃思家庭成员们的喜爱。一年之内，他与安娜·埃奇沃思结婚了。埃奇沃思现在与贝多斯计划的成功产生了直接关系。

除了这些个人因素，贝多斯的想法激起了月光社成员们的兴趣，因为他的想法结合了大量的想象力和实效性。在上半个世纪，人们已经了解一些被发现的新气体的医学应用。贝多斯提议建立一个联合的实验室和医院，这些气体的可能医疗效果将会得到临床测试。无论月光社成员们是否同意贝多斯关于气体可以用作医疗药剂的说法，他们都同意韦奇伍德的观点："……花费一定数量的资金以确定弹性流体不能用于医疗实践，这是值得的。"韦奇伍德给气体医疗研究所的最后一笔捐款是1000英镑，在他去世前不到一个月的时候。1796年公布的捐款人名单包括下列名字：瓦特、瓦特小姐和小詹姆斯；伊拉斯谟·达尔文和他的儿子们罗伯特·韦林（Robert Waring）和小伊拉斯谟；埃奇沃思和洛弗

---

① Schofiled 1963, p. 373.

② Moilliet & James Keir, p. 129.

尔；詹姆斯·凯尔和他的搭档亚历山大·布莱尔；罗伯特·奥古斯塔斯·约翰逊。①1794年，博尔顿写信给当时的谢尔布恩的兰斯当勋爵，建议兰斯当支持向国会提出批准研究所的申请。1794年12月7日，瓦特写信给班克斯，要求班克斯出面鼓励关于气体医疗属性的实验研究。12月10日，班克斯回信拒绝提供支持。

月光社成员们也参与到气体医疗的研究工作之中。达尔文将自己尚未出版的《生物规律学》借给贝多斯。威瑟林不相信贝多斯所热衷的肺结核气体治疗方法，但是，他曾写信给贝多斯，提到其他疾病的气体治疗方法。他的这些信件于1794年由贝多斯发表，作为"威瑟林博士、艾瓦特博士、桑顿博士和比格斯博士……的信件，与一些其他论文一起发表，是关于哮喘、肺结核、发烧和其他疾病的两本出版物的补充"②。1798年，安德鲁·邓肯（Andrew Duncan）的《医疗记录》发表了一封威瑟林的信件，信中否认已经找到肺结核的气体治疗方法，但是表示相信一些气体可能被证实是药物的有用添加物；在1798年的《医疗记录》之中有一封威瑟林的信件，描述了从挥发性物质之中吸入水蒸气的方法。瓦特提供了最大的帮助，他满怀希望地将自己的儿子格雷戈里·瓦特置于贝多斯的管理之下，并且协助设计能够产生和控制气体的设备。瓦特还与贝多斯共同撰写了《关于人工气体的医疗用途和产生的一些思考》（Considerations on the Medicinal Use and on the Production of Factitious Air），这本书于1794年至1796年期间分五个部分发表，对于气体医疗的信任是最高级的。瓦特撰写了第二部分"关于气体设备的描述和取得人工气体的指导"和第四部分"气体设备描述的补充内容，

---

① Schofiled 1963, p. 374.
② Letters from Dr. Withering…Dr. Ewart…Dr. Thornton… and Dr. Biggs…together with some other papers, supplementary to two publications on Asthma, Consumption, Fever, and other Diseases.

用于制备人工气体：包括简化设备和便携设备的描述"，而且他还为第一、第三和第五部分贡献了信件。事实上，还有一些月光社成员的贡献在这些《思考》之中也被提及了。除了瓦特关于在自己的管理之下在伯明翰进行气体控制、在"碳酸氢盐空气"中保存新鲜空气以及生成各种气体的信件，达尔文、威瑟林和埃奇沃思的一些信件也被引用，达尔文的《生物规律学》被引用，还有关于制成的设备和来自索霍工厂的博尔顿和瓦特所供材料的价格清单。

不幸的是，当气体研究所创立的条件都已具备的时候，在气体的医疗效果方面的信念开始减退。然而，创立联合实验室和医院的计划照旧进行。贝多斯需要一个实验室助手，他找到了一名经格雷戈里·瓦特推荐的年轻人汉弗莱·戴维，这一期间格雷戈里·瓦特正在彭冉（Penzance）过冬并且与戴维的母亲搭伙。1797年那个冬天，韦奇伍德和汤姆·韦奇伍德也见到并且喜欢上戴维。贝多斯被戴维的一些朝气蓬勃的科学推论打动，立刻与戴维谈话并且喜欢上他，因而雇用了这位没有经验的19岁年轻人作为1798年10月开始运作的气体医疗研究所的负责人。在戴维搬到布里斯托尔开始工作之前，他拜访了瓦特和凯尔。1798年10月11日，他曾写信给自己的母亲，表达了自己想要到伯明翰拜访他们一个星期或十天。[①]

1799年春，研究所正式开业。研究所的一部分功能就是正规医院，贝多斯雇用了一名外科医生助手，约翰·金（John King）。金先生于1802年与埃米琳·埃奇沃思（Emmeline Edgeworth）结婚。作为一个医院和诊所，研究所一直是非常成功的，通过不断更名一直延续到19世纪，而且创立人从困境之中挺了过来，但是气体实验失败了。无论是氧气、二氧化碳、一氧化碳和氮气，还是尝试过的其他气体，以任何形式

---

① Cartwright, English Pioneers, p. 102; 转引自Schofiled 1963, p. 376。

结合，似乎在治疗疾病方面都是无益的。1799年11月，瓦特就制作氨水的程序问题写信给戴维，那个时候贝多斯和戴维正在测试一氧化二氮气体（现在也称为"笑气"）的生理影响。[①]气体没有治愈任何人，它的麻醉属性只是顺便被提起，但是，它所产生的幻觉和精神愉快的感觉激起了许多人的兴趣。戴维、贝多斯、小詹姆斯·瓦特和格雷戈里·瓦特、马修·罗宾逊·博尔顿、小约瑟夫·普里斯特利（从美国回来进行访问）、洛弗尔·埃奇沃思、索西和柯尔雷基都曾在研究所吸入一氧化二氮气体。他们的报告引起对于气体治疗的一时狂热，但是这很快就过去了。1801年，戴维离开了气体医疗研究所，到英国皇家研究院担任化学讲师。1803年，气体医疗研究所逐渐地成为预防性医疗研究所；贝多斯运行着一个诊所，在这里为病人进行检查，提供健康和卫生方面的建议以及进行天花疫苗接种。他仍然继续进行个人的医疗实践，病人包括汤姆·韦奇伍德、索西、柯尔雷基和萨利·普里斯特利。预防性医疗研究所成了另一个诊所，月光社成员们在建立应用科学研究所方面的努力再次失败。然而，在另一层意义上，对于拉姆福德的英国皇家研究院来说，他们成功地推进了应用科学，在戴维的领导之下，英国皇家研究院成为英国最著名的研究机构之一，戴维也成为了世界上著名的科学家。贝多斯对于戴维取得的成绩感到骄傲。1807年6月20日，贝多斯写信给瓦特：

> 您一定已经阅读了戴维的论文。对于我来说，这几乎是在化学领域之内自布莱克博士发现二氧化碳之后最伟大的事情。先前有许多关于生命体的电力作用的说明，因此，这使得关于运行模式的推测成形……所以，让我们上路吧，解释这个

[①] Watt to Davy, 13 November 1799, Cartwright, English Pioneers, p. 185；转引自Schofiled 1963, p. 376。

世界。①

随着气体医疗研究所的关闭，月光社的最后一次合作结束了。这是他们在月光社后期的唯一一次联合行动，而且只不过是一次指派其他人完成大部分工作的经历。②

七　科学仪器的改进

科学仪器的改进是18世纪重要的技术成就之一，商业仪器对于工业革命的历史具有特殊的重要性。同时，更好和更高精度的仪器设备对于科学实验同样重要。对于精确测量的兴趣反映在高技能的仪器制造行业之中。商业扩展、宗教信仰自由和与法国同事相比的较高社会地位保证了英国仪器制造商的成功。在月光社及其交往的范围内，科学家有布莱克、林德、普里斯特利和其他人，商人有罗巴克和博尔顿，仪器制造商有瓦特、博尔顿、韦奇伍德等人。这种有效的组合使月光社在科学仪器方面作出了重要的贡献。

仪器制造者瓦特一生都对仪器保持着兴趣，如果他没有取得蒸汽机的成功，他也可能为这个领域内的专家和机械发明家所知。瓦特在仪器制造方面的成就仍然没有被完全揭示。博尔顿早在1768年就从瓦特那里购买一批仪器。对于测量的热情也将瓦特和斯莫尔拉到一起。在移居到伯明翰之后，斯莫尔写信给瓦特，信中谈论到钟表、测微计、温度计、六分仪和其他仪器。斯莫尔自己也是一位发明家，他对于钟表制造特别

---

① Muirhead 1854. vol. ii. p. 306.
② Schofiled 1963, p. 377.

感兴趣。当瓦特的蒸汽机实验进展不顺利且他的支持者罗巴克破产的时候，斯莫尔给予瓦特鼓励，并且将他介绍给新的合作伙伴，还鼓励瓦特在碱生产、测微计改进和蒸汽机生意方面的兴趣。

钟表和测微计

在某种程度上博尔顿的光芒被他的合伙人瓦特遮蔽了。博尔顿不仅是一位制造商，而且在和瓦特结识之前他对于科学问题也很有兴趣。18世纪50年代，富兰克林与博尔顿曾就一些科学问题进行通信，后来他们在伯明翰和利奇菲尔德见面。他们通信的话题之一就是博尔顿设计的蒸汽机。博尔顿有一个装备齐全的化学实验室，并且与一些技工广泛结识。在博尔顿的通信之中大量提及技术问题。一封信件是约瑟夫·欣德利（约瑟夫·欣德利是亨利·欣德利的儿子）写给"博尔顿先生，引起伯明翰的钟表和手表制造商多尼索尔普（Donisthorpe）先生的关注"：①

> 以这种方式在圆周边缘做出刻度，通过使用测微计，立刻起作用的带有15个螺纹的螺丝钉能够读取出任何特定的刻度数，这样能够满足对圆周进行细分的目的。②

很明显，这是一个有用而准确的机器，它更适合于钟表轮，而不适用于准确刻度的圆周。作为一名玩具生产商和工程师，博尔顿对于钟表和测微计非常感兴趣，而且正是钟表制造商进行了在发现准确分度的发动机方面的开创性工作。

---

① Joseph Hindley to M.B., 24 November 1760, A.O.L.B；转引自Robinson 1956, p. 299。
② J. Elfreth Watkins, "The Ramsden Dividing Engine", *Annual Report of the Smithsonian Institution*, Washington, 1891；转引自Robinson 1956, p. 299。

约瑟夫·欣德利的女婿是伟大的工程师斯米顿，他有时参加月光社会议。1785年，斯米顿向皇家学会宣读了一篇题为《天文学仪器的刻度划分》的论文，并且在文中描述了亨利·欣德利于1741年制造的发动机。斯米顿和瓦特是那个时代的非常相似的工匠，并且两个人都是仪器制造商。约瑟夫·欣德利信件中写到了博尔顿对于科学仪器广泛的兴趣：

> 我非常感激您在伯明翰对我的礼遇。我对您的电力设备、温度计和许多新奇的东西都非常感兴趣……当我听说斯米顿先生在家的时候，我就会去找他吃饭，并且告诉他您非常希望在他去您那个城市的时候进行会面。[1]

从1777年起，关于眼镜、温度计、水位表、地球仪、晴雨表、六分仪和望远镜，伟大的伦敦仪器制造者耶西·拉姆斯登（Jesse Ramsden）给了博尔顿各种提案。拉姆斯登为博尔顿密切关注着奈恩（Nairne），并且向博尔顿报告奈恩在蒸汽机方面的研究工作。1789年9月6日，拉姆斯登曾向博尔顿询问如何制造"用于数学机器的更大半径刻度机"，因为博尔顿在金属的精确测量方面具有大量经验。

另一位月光社成员维特赫斯特的钟摆实验被当时许多科学家，例如达尔文和普里斯特利用来进行重量的测量。博尔顿建立了伯明翰试金化验所，化验所需要准确的天平。1768年9月20日博尔顿写给维特赫斯特的一封信件中写道：

> 我现在需要检定球形物……我希望它进展顺利，请求您不要再拖延，因为我的研究室已经完成，我很快将要自己开始

---

[1] Robinson 1956, p. 300.

实验操作。虽然我已经得到奈恩的椭圆形罗盘，但是我更想得到您的。因此在您空闲的时候，请为我制作一个。①

维特赫斯特也给博尔顿和佛吉尔供应钟表，其中一部分钟表出口到俄国，而且给了叶卡捷琳娜二世一些特别精美的样品。维特赫斯特和斯莫尔之间有很多共同之处。1771年2月3日，斯莫尔写信给瓦特：

我已经使用一个9英寸直径的轮盘将我的钟表完善，现在它能够显示出小时、分和秒并且能够重复，它的造价为30先令。②

四年后，博尔顿和瓦特考虑大规模生产便宜的钟表。斯莫尔几乎理所当然地参与这一生意，但是这个项目随着1775年斯莫尔去世化为泡影。关于月光社成员们进行钟表实验的更多证据来自于鲁德兰（W. Ludlam）的1775年5月5日的信件：

达尔文博士告诉我您和后来的斯莫尔博士已经进行了许多钟表实验；尤其是您制造的钟表，调整器是一个带有不对等球形物的杆，转动右角位置的柄轴。③

钟表生产是第一次工业革命的象征之一，但是在那一时期可靠的钟

---

① M.B.'s Letter Book 1768-1773, A.O.L.B；转引自Robinson 1956, p. 301。
② A.O.L.B. 转引自Robinson 1956, p. 301。
③ A.O.L.B. Rev. W. Ludlam Professor of Mathematics in Cambridge, one of the judges of Harrison's Chronometer, author of Astronomical Observations at Cambridge, London, 1769；转引自Robinson 1956, p. 302。

表发明因许多错综复杂的航行计算而短暂中断。斯莫尔和瓦特都对哈里森精密计时器产生了兴趣。

随着博尔顿和瓦特对于各种金属的研究工作的进展，精确测微计的制造变得越来越重要。斯莫尔和瓦特讨论的最初话题之一是瓦特发明的测微计。瓦特的测微计很有可能曾在索霍工厂得到应用。博尔顿需要在造币工作之中达到最大程度的精确性，但瓦特的测微计没有达到足够的精度，在应用上仍存在一定的困难。有一台属于纽科门学会（Newcomen Society）的机器，它由约翰·巴顿（John Barton）先生出于"协助博尔顿的造币厂运作的愿望"发明出来。①这台机器的准确度达到±0.00005英寸。博尔顿想要1英寸带有100个螺纹的螺杆，这样他就能够将金属板的厚度精确测量到0.0001英寸。巴顿从亨利·莫兹利（Henry Maudslay）那里得知了博尔顿的需求。②

博尔顿曾从约翰·特劳顿（John Troughton）那里购买采矿圆周罗盘和测量仪器、经纬仪、水准仪和罗盘；他曾从塞缪尔·雷赫（Samuel Rehe）那里购买"用于测量一英寸的千分之一部分的测量器"和"通过精确的回火钢螺杆移动的带有滑片的台架"。雷赫也帮助博尔顿为东印度公司生产了大量的丝绸卷轴。这些证据显示那个时候博尔顿不断寻找可用的最精确仪器。博尔顿和瓦特的精确度一方面体现在大奖章或半便士铜币之中；另一方面体现在紧密安装的活塞和气缸之中。他们绝不满足于低于那个时代所能提供的最佳技艺。

温度计

博尔顿曾以制造精密的温度计而闻名。1762年10月28日，约翰·莱

---

① Sir John Barton to John Reeves, 5 September 1806, A.O.L.B；转引自Robinson 1956, p. 303。
② Henry Maudslay, 1771—1805. Henry Maudslay是Joseph Barmah的学生，Joseph Barmah从博尔顿和瓦特那里获知精确测微计的需求。

维斯·珀蒂（John Lewis Petit，他签署了达尔文的皇家学会证书）给博尔顿写道：

> 我想要一些您的温度计。我感到非常困惑……因为我只有您的袖珍型温度计，另一个温度计是我买来的，我对它的评价不高，它与您的温度计不相符……我需要四个您的温度计，一个用于测量沸水以上的温度，两个普通温度计长度大约1英寸左右……我将这封信发给达尔文，希望他能够转给您，假如他没有将这封信放到口袋里忘记掉。①

这封信连带着达尔文的一封短信：

> ……您为什么不销售这些温度计，因为我也想给自己买一个。……珀蒂博士希望您能够撰写一篇论文，并且成为皇家学会的会员。我被告知，富兰克林博士已经写了一篇无意义的关于火的论文，他根本就不了解化学。②

在1763年7月1日达尔文所写的另一封代表性的嘲笑信件之中，他也提及了博尔顿的温度计，并且介绍了一个学科"气象学"，它后来成为了月光社的持续研究对象：

> 因为您现在已经成为一名冷静的埋头苦干的商人，我几乎不敢请求您在……哲学方面帮助我……

---

① Schofield 1963, p. 28.
② King-Hele 2007, p. 48；也请参考Dr J.L. Petit to Mathew Boulton, 25 February 1761 and 28 October 1762。

我非常着急想要得到这个新玩具！因为我想通过它预告每一场降雨，并且进行一些与空气重力相关的重大医学发明：从蒸汽数量开始。①

博尔顿在制造温度计过程中付出了大量的资金和精力，这一点在一封罗巴克写给约翰·塞登（John Seddon）的信件中可以看出来，约翰·塞登是沃灵顿学院的托管人秘书：

博尔顿先生和我已经在制造温度计方面花费了许多英镑，但是还是没有取得令人满意的结果。然而，我们已经得到一些刻度最准确的和标以刻度密封的温度计，一旦我们完成这些温度计，我们将会立刻履行对您的承诺，将您的温度计退还给您。②

瓦特对于温度计的兴趣要比博尔顿更浓厚，因为他需要可信赖的工具进行潜热实验。他写信给布莱克：

附件中我发给您一些关于蒸汽潜热的实验，这些实验达到我所能控制的最高精确性。此外需要确定的就是所使用的温度计的精确度，我相信所使用的温度计还是不错的，我已经检验过它们的凝固点和沸点，发现它们都非常准确——如果我得到可以彻底信赖的温度计，我将会进行比较并且给您提供建议。③

---

① King-Hele 2007, p. 49.
② Schofiled 1963, p. 29.
③ J. Watt to J. Black, 8 March 1781, DoI；转引自Robinson 1957, p. 4。

其他的苏格兰自然哲学家，如埃尔文和赫顿，曾向瓦特表示过他们对于缺乏可靠的高温计非常关注。事实上，有许多他们通信的备忘录，例如1774年5月6日，瓦特写信给博尔顿：

> 我的朋友埃尔文上周领回家一位妻子，在冬天他观察了热量的最低可能温度或制成能够显示出人体内的真实热量数值的温度计的起始刻度。①

化学仪器和高温计

早在1762年，利物浦特纳博士的一封信件中就表明韦奇伍德正在考虑制造坩埚，但是在化学仪器制造方面取得明显发展的第一个标志就是，在韦奇伍德阅读1777年普里斯特利出版的《关于各种空气的实验和观察》第三卷的时候，他做出的一个注释："博士好像对于研钵的问题感到很困惑，不是金属的，可以重击。为他制造一个或两个深研钵。"②

1757年，皇家工艺学会为使用本国材料制造化学仪器提供了奖金，虽然韦奇伍德没有资格从学会获得这一奖赏，但是他曾与皇家工艺学会的秘书塞缪尔·莫尔就研钵的问题进行交流。1779年6月25日，韦奇伍德写信给本特利："塞缪尔·莫尔先生对于研钵和研杵的必要性的评价是至今为止最好的，我从一开始就让人们进行这一制造；但是他们不知道如何制造。"问题很快得到解决。1779年7月11日，韦奇伍德研钵在塞缪尔·莫尔的鼓动之下在伦敦的药剂师展厅（Apothecaries Hall）进行展览。9月，他开始制造漏斗，到1780年6月13日，韦奇伍德写信给本

---

① J. Watt to M. Boulton, 6 May 1774, A.O.L.B；转引自Robinson 1957, pp. 4-5。
② J.W. Common Place Book I, Wdg；转引自Schofiled 1963, p. 160。

特利:"我们制造的研钵销售到各地,我们现有20打的库存,我们将会尽快制造出更多产品,但是较大规格的研钵需要1至2个月的干燥时间。"很快,普里斯特利收到了韦奇伍德赠送的陶瓷管、盘碟、研钵和坩埚;最后,月光社的其他成员,如博尔顿、瓦特、约翰逊、凯尔和高尔顿都购买了韦奇伍德的化学仪器。大约到1800年,韦奇伍德的目录列出了研钵和研杵、蒸煮锅、化石杯、研末器、漏斗、陶制温度计装置、升华瓶以及各种规格和形状的蒸馏瓶和试管。①

普里斯特利的藏书和实验室目录体现出月光社成员在科学仪器方面对于他的支持。他进行科学实验所需的坩埚、试管、烧瓶和上百种实验室日常用的小东西以及资金都来自于月光社的朋友们。②伯明翰参考图书馆(Birmingham Reference Library)保存了普里斯特利和韦奇伍德之间的许多通信,内容涉及普里斯特利实验所需的陶器设备的形状和尺寸。这些通信显示出韦奇伍德为普里斯特利特别定做了原材料。耐火陶器的生产商很明显曾对陶器做过实验,以确定出陶器所能承受的温度,但是韦奇伍德不是哲学学会中唯一对于这一问题感兴趣的成员。1769年7月26日,对一切都充满好奇心的斯莫尔博士写信给瓦特:

> 我已经被告知,但是我还没有尝试让坩埚和熔化锅承受任意热度的方法,在忽热和忽冷情况下产生的变化。③

柯万赞赏韦奇伍德的贡献,他曾寻购蒸馏器,并且介绍了另一个客户加多林(Gadolin)教授给韦奇伍德。④凯尔需要一些类似于他在普里

---

① O.W. Price Book, Wdg;转引自Schofiled 1963, p. 161。
② Priestley, Memoirs, 1896, pp.93-94;转引自Robinson 1957, p. 1。
③ Robinson 1957, p. 1。
④ R. Kirwan to Jos. Wedgwood, 24 July 1787, w. 27-19655;转引自Robinson 1957, p. 2。

斯特利那里看到的蒸馏器和管子[1]；月光社的另一位成员约翰逊也从伊特鲁里亚厂得到了与普里斯特利相似的管子供应[2]。此外，布莱克也给韦奇伍德写信想要一些黑陶器制成的盒子进行实验："不需要像一个数学仪器制造商所能提供的那种精确度，只要是一名好陶工很容易做成的那种东西。"[3]对于韦奇伍德所造坩埚等器材的需求不只来自于英国。米兰的一家医院需要大量器具[4]，其他外国科学家也有类似的要求。在这些信件之中，"像普里斯特利博士所使用的"这句话经常出现，这表明普里斯特利的设备受到了许多科学家的羡慕。1772年，韦奇伍德的高温计、蒸发皿和用于承受强烈热度的坩埚的销售非常广泛，足以发布一个科学陶器目录。[5]

但是韦奇伍德对于科学仪器改进做出的最大贡献就是发明了上面所说的高温计。这些高温计的原理是根据熔炉中的热度小块黏土具有收缩作用。收缩度能够以刻度测量，最终以华氏温度计的度数读取。在高温计发明那一年，韦奇伍德向瓦特描述了高温计：

> 我感到非常高兴，我获得了一个新类型的温度计探究领域；而且我们应当获得关于强火的区别和温度以及它们对于天然和人造物体的相应影响的更清晰概念；因为这些温度现在被认为能够准确测量和相互比较，与那些普通水银温度计的测量范围内的较低温度一样。[6]

---

[1] James Keir to Jos. Wedgwood, 26 December 1787, W. Etruria 678-1；转引自Robinson 1957, p. 2。

[2] R.A. Johnson to Jos. Wedgwood, 22 September 1789, W. Etruria 9471-11；转引自Robinson 1957, p. 2。

[3] Joseph Black to Jos. Wedgwood, 23 September 1785, W. 30437-11；转引自Robinson 1957, p. 2。

[4] Landriani to Jos. Wedgwood, 26 April 1788, W. 9798-11；转引自Robinson 1957, p. 2。

[5] Meteyard 1865, vol. ii, p.451.

[6] Jos. Wedgwood to James Watt, 1782, Dol；转引自Robinson 1957, p. 3。

地质学家赫顿博士告诉达尔文,他认为韦奇伍德的发明非常具有价值。他说:"我看我们应当在绝热和绝冷的知识范围内使得科学完善。"[①]另一位苏格兰人威廉·普莱菲(William Playfair)称赞了韦奇伍德的温度计。[②]1785年10月韦奇伍德赠送给布莱克博士一个这种温度计,格拉斯哥的T. C. 霍普(T.C. Hope)教授写信给威瑟林[③],需要使用韦奇伍德的温度计,以便进行一些锻造炉中的实验。很自然,普里斯特利也有一个韦奇伍德的高温计,他的实验室详细目录中:

> 韦奇伍德先生的温度计,配套地在桃花心木盒子中带有一整套的点火部件,而且在木头上有单独的刻度——3000英镑。[④]

但是,关于这一话题最有意思的信件是1791年9月2日韦奇伍德写给普里斯特利的,在信中他谈论了拉瓦锡使用他的温度计:

> 拉瓦锡先生已经订购了两个我制造的温度计,我已经把两个温度计发给了他。塞金先生说:"我们发现了这一工具的最伟大用途,现在我们越发感觉到它的不可或缺;因为拉瓦锡先生和我正忙于完成熔化熔炉的理论,但是我们还需要一些说明书,请求您寄给我们。"——他们想要知道这一温度计的温

[①] Hutton to Erasmus Darwin, no date, Down House Collection, British Association;转引自Robinson 1957, p. 3。
[②] William Playfair to Jos. Wedgwood, 3 November 1787, W. 30426-11;转引自Robinson 1957, p. 3。
[③] T. C. Hope to William Withering, 17 June 1795, R.S.M;转引自Robinson 1957, p. 3。
[④] Robinson 1957, p. 3。

度是否指示出真正的相对热量。我想好像并不是这样的；我也不知道水银温度计的情况。您是否曾对于温度计进行过这方面的观察？①

韦奇伍德的高温计被那个时期最主要的科学家们所使用。高温计似乎满足了月光社对于精确测量高温的工具的需求。1783年韦奇伍德被选举为皇家学会会员，并且将自己关于温度计的研究描述给皇家学会。②直到1800年，小詹姆斯·瓦特试图为他的哥哥格雷戈里·瓦特从小韦奇伍德那里得到一个温度计，但是很明显黏土成分已经变化，而且温度计测量不再可靠。③小韦奇伍德指出他的父亲使用混合着明矾土的康沃尔郡黏土制成了温度计的珠子，并且做出了正确的观察"这个工具的缺点是被测量收缩度的物质不是普通物质，我担心这一点是致命的"。高温计已经成为被欧洲和英国科学家们使用的有价值的新工具，并且在这项发明之后的30年，直到1809年在法国国家研究院（French National Institute）的学报之中，它还得到了加西莫多·塞缪尔·莫尔沃（Guyton de Morveau）的赞赏。

光学仪器

18世纪，玻璃制造商对于他们所生产的玻璃之中的条纹和纹理感到苦恼。马凯的《化学词典》之中关于"透明化"（vitrification）的项目

---

① Jos. Wedgwood to J. Priestley, 2 September 1791, W. Etruria 4901-5；转引自Robinson 1957, p. 3。
② 见附录2。这些论文包括："高温计或热量测量工具（Pyrometer or heat-measuring instrument）"（1782年5月）；"比较和结合高温计与普通水银温度计的一种尝试（Attempt to Compare and Combine with it the Common Mercurial Thermometer）"（1784年）；"观察（Observations）"（1786年）；还有关于通过改进黏土成分改良高温计的另一篇论文。
③ Jos. Wedgwood jun. to J. Watt jun., 30 March 1800, W. Etruria 4-3322；转引自Robinson 1957, p. 4。

讨论了这一问题，并且得出结论这些毛病的原因和避免方法还不清楚。凯尔决定改变这一状况，因为这些毛病在装饰性玻璃之中很难被发现，但是在用作透镜的无色玻璃之中非常严重。在《化学词典》译著的第二版之中，在"透明化"项目的注释之中，他提出"无色玻璃比其他类型玻璃的纹理要多的原因是（我理解），它由不同密度的材料构成"，但是他没有提出避免这些纹理的方法。①

为了使得陶瓷表面光滑，韦奇伍德经常使用磨砂无色玻璃块；玻璃物质的加热问题使得韦奇伍德经常咨询凯尔，凯尔作为一名玻璃制造商也具有相同兴趣。例如，凯尔曾给韦奇伍德提供一些信息使得他开始使用无色玻璃的原材料，而不是磨砂玻璃。凯尔还曾在退火问题方面给韦奇伍德提供过建议。韦奇伍德开始着手解决这个问题。在《韦奇伍德备忘录I》之中一个未标明日期的题目是"关于改进光学用途的无色玻璃的一些思考"，并且提到了与"朋友凯尔"的一些谈话。1783年3月和4月韦奇伍德的实验备忘录记录着"关于排除用于制造消色差仪器的无色玻璃的一些缺陷的实验"的结果。这一长篇笔记讨论了在两个玻璃厂进行的玻璃实验，这两个玻璃厂是在利物浦的奈特先生和伦敦的福尔摩斯（Holmes）先生的玻璃厂，以及伊特鲁里亚厂。韦奇伍德认为这些线条或波状线的根源是通过玻璃的重物质颗粒的运动，留下了无法拭去的痕迹，而且韦奇伍德通过一些巧妙的实验证明，使用具有不同密度的"胶水"在玻璃之中又出现缺陷，因此凯尔的观点是不正确的。

根据韦奇伍德的要求，由伦敦光学仪器制造者选择的各种玻璃样品是韦奇伍德实验的基础。韦奇伍德最终将自己的一些观点合并入题为《对于发现无色玻璃之中线条和波纹的尝试，以及最可能去除它们的方

---

① [James Keir, trans.] A Dictionary of Chemistry, 2nd edition, vol.iii, s3r; 转引自Schofiled 1963, p. 172。

法，由皇家学会会员韦奇伍德所著》。这篇论文由14页四开大的手稿组成，正文工整地写在一面，反面偶尔有一些备注。虽然这篇论文被正式标注并且包含这样的声明："我想要提交给这个学会"，但是没有迹象表明这篇论文被提交给任何学会。论文讨论了消色差望远镜和玻璃的缺陷，以及在坩埚之中对于玻璃样品比重的测量——记录了比重从顶部到底部的增长，描述了使用光线对于各种样品的均匀性的测试，并且指出："艺术促进学会的秘书塞缪尔·莫尔先生也发现同一现象。"比重的变化导致在光图像之中显示出不同的衍射指标，遍布于玻璃板的不同密度液体的混合物所导致的结果也是不同的。这篇论文结尾推荐玻璃应当通过不断调和来保持均匀性，或者最好从不同级别坩埚之中取出的样品单独保存或者用于不同用途。①

1789年在《化学词典》的第一部分，凯尔写道：

> 进行大规模实验的费用一定非常多，不仅考虑到所使用的大量材料，还有特别繁重的税收，税收的要求是非常严格的，无论玻璃被制成用于销售还是不用于销售。②

这可能是韦奇伍德不愿意发表这一研究成果的原因。③通过不断调和，玻璃能够保持均匀，并适用于光学用途，这一发现于1798年被归于法国人路易·奇南（Louis Guinand）。法拉第于1830年进行一些实验证实了奇南的发现。

18世纪末期的英国仪器制造者在光学仪器制造方面胜出。他们对于欧洲生产商的领导特别体现在消色差透镜的生产上面，并且归因于无色

---

① Schofield 1962, pp. 285-297.
② James Keir, The First…；转引自 Schofiled 1963, p. 174。
③ See Harry J. Powell, Glass-making in England, pp. 110-111；转引自 Schofiled 1963, p. 174。

玻璃生产的秘密，这一秘密在英国被保护了半个多世纪。[1]在英国最好的无色玻璃制造商是位于伦敦舰队街的威廉·帕克（William Parker）。

月光社成员曾经通过博尔顿的代理约翰·怀亚特从帕克那里订购光学设备。普里斯特利在他的论文集中提到："舰队街的帕克先生能够大量供应每一种我想要的玻璃制设备。"[2]在普里斯特利的实验室目录中可以找到：

用于进行气泵实验的大量设备，包括帕克先生供应的两个黄铜传递装置和两个玻璃传递装置	3000英镑
帕克先生最近构造的用于使得水充满固定气体的设备	1100英镑
另一个较低的器皿	126英镑
另一个小规格的器皿	110英镑

在普里斯特利实验室中的大量各种玻璃器皿是令人印象深刻的。其中一些由凯尔供应，凯尔的主要生意就是玻璃制造，他为博尔顿生产这类东西，如盐瓶中的蓝色玻璃容器，还为伯明翰店主们生产平板玻璃窗户。1772年凯尔也曾给博尔顿写信，提到了一些为月光社生产的玻璃器皿。[3]博尔顿曾经购买望远镜进行过天文观测。1778年9月25日，亚历山大·奥博特（Alexander Aubert）写道：

> 当我在索霍的时候，我在一个圆形建筑物之中使用一台大光圈望远镜进行观测，很遗憾的是受到下雨和其他天气的很

---

[1] Clow and Clow 1952, Chap. XIV.
[2] Memoirs, ed. 1806, p.93；转引自Robinson 1957, p. 5。
[3] Robinson 1963, letter 5.

大影响，屋顶起不到遮蔽作用；我正好急需一台这样的望远镜，不知道博尔顿先生是否愿意卖掉。①

博尔顿无暇顾及天文学，因此决定将他的望远镜出售给奥博特。1778年10月14日，凯尔告知博尔顿："我已经包装好您需要的望远镜并且已经发运出去"；10月29日，"奥博特先生已经收到了望远镜，并且支付了费用"。

博尔顿曾雇用一位法国工作人员亚历山大·突纳德（Alexandre Tournant），他对于英国的无色玻璃生产非常感兴趣。道玛斯（Daumas）指出他是抛光透镜机器的发明者②，但是没有指出他与英国的联系。很有可能，这个人已经成为玻璃生产信息传到法国的通道。随后，突纳德被里士满公爵雇用，但是他仍然与斯莫尔博士保持着通信，讨论一些科学问题③。虽然突纳德的技能已经很好，但是他的拼音和语法非常差，这也反映出英国和法国仪器制造商之间的社会地位差异。1789年，突纳德想要为国王制作消色差望远镜，他不得不询问博尔顿向帕克购买一些必需的无色玻璃。突纳德的妻子和女儿在都柏林建立了数学仪器生意，得到了博尔顿的帮助。

斯莫尔同样对光学仪器感兴趣，1774年3月29日，他在给瓦特的信件中写道：

我正在尝试改进望远镜，但是我更担忧的是显微镜，因为现有的显微镜正在欺骗它们的使用者；但是，我发现很难得到好的透镜。您是否能够制作1/2英寸焦距的消色差透镜？多

---

① Schofiled 1963, p. 165.
② Daumas, op. cit., pp. 352-353；转引自Robinson 1957, p. 6。
③ Tournant to William Small, 13 April 1775, A.O.L.B；转引自Robinson 1957, p. 7。

朗德专利已经结束了。①

1765年在一封信件之中，彼得·多朗德（Peter Dollond）曾向斯莫尔描述了自己的一些实验，还附上了一台斯莫尔订购的日光显微镜②，但是斯莫尔和瓦特都怀疑专利的有效性。在1773年1月瓦特写给斯莫尔的回信中写道：

> 我已经发现两个问题，能够消除折射光和视差对于月光和星星之间的观测距离的影响；一个是三角的，通过墨卡托（Mercator）③航行法的计算方式，——另一个是仪器的，通过一个扇形叶片，在每个叶片上面都有一列弦，还有相同半径圆周的可移动部分，如果半径为3英寸，问题10秒钟也就解决了。④

斯莫尔接下来的一封信件将光学仪器商的两个困难集合起来；对于精确分割刻度的需求，和对没有任何失真的真正精确透镜的需求：

> 我对于你的改进感到高兴，但是有许多光学难题，这使得我在使用最精确刻度的仪器进行观察方面失去信心。例如，至今能够精确复制物体的光学仪器还没有被构造出来，反射的或折射的。因此，具有明显直径的每个物体的所有可见点表现在仪器范围之内，彼此之间的位置不同于它们应处于的位

---

① W. Small to J. Watt, 27 January 1773, A.O.L.B；转引自Robinson 1957, p. 7。
② Peter Dolland to W. Small, September 1765, A.O.L.B；转引自Robinson 1957, p. 7。
③ 墨卡托（1512—1594, 佛兰德的地理学家, 地图制作家）。
④ J. Watt to W. Small, 15 March 1773, Dol；转引自Robinson 1957, p. 7。

置。光的不稳定折射穿过大气,这是不好的事情;只被天文学家提及的那些问题,在我们见面的时候,我再展示给您。①

关于瓦特在光学仪器之中增加光圈的发明,斯莫尔和瓦特两个人曾通信谈及,斯莫尔说他经常考虑这一想法,老多朗德也是这样。第三个参与这些讨论的人是凯尔,他不仅在皇家学会宣读了《关于玻璃结晶化》的一篇论文,而且还在他的《化学词典》之中写了一篇很长的关于消色差望远镜的文章。②

月光社中制造商和科学家之间存在着广泛合作——这一合作使得工业和纯理论研究能够立刻地交换结果,帮助英国保持了在欧洲的科学领先地位并且在此基础上确立起自己的工业霸权地位。月光社成员们展示出的发明天赋对于科学仪器的改进做出了重大贡献。如果没有这些科学仪器,这些技术熟练的工匠,如普里斯特利、布莱克和拉瓦锡,可能不会对科学世界做出这么大的贡献。

---

① W. Small to J. Watt, 29 March 1774, A.O.L.B;转引自Robinson 1957, p. 8。
② The First Part of a Dictionary of Chemistry & c by J.K., F.R.S. and S.A. Sc., Birmingham 1789;转引自Robinson 1957, p. 8。

第六章　工业活动

　　18世纪下半叶和工业革命的兴起不仅在蒸汽机等重要的机械发明方面值得注意，在一些经济史书籍之中还提到了化学工业和陶瓷工业的巨大进步。事实上，我们不可能将蒸汽机、化学工业和陶瓷工业对于新工业增长的贡献明显地分离开来，因为这几个领域内的进步是密切相关的。例如，罗巴克的名字在制碱和硫酸盐生产的早期历史之中占据着显著位置，另外它也出现在瓦特的蒸汽机历史之中。瓦特不仅向韦奇伍德提供了烧窑和燧石研磨机方面的建议，而且提供了关于陶器和瓷器成分的化学建议；凯尔不仅承担过博尔顿的索霍工厂的管理工作，而且建立了提普顿化工厂。索霍工厂、伊特鲁里亚工厂和提普顿化工厂等月光社成员创办的工厂与日益成长的科学理论团体之间的联系得以加强。这些工厂是科学与工业、发明与创新之间的一座新的桥梁。在索霍工厂，博尔顿交给瓦特支配的是大工业的资源，如果没有博尔顿，瓦特的发明不会迅速地取得成功。一个重要的事实是，在英国第一代大工业家之中，基本上没有依靠自己的发明而创造出大工业的人，例如，阿克莱特、哈格里夫斯和卡特赖特等人并未建立起大型工业企业。博尔顿与瓦特公司的蒸汽机销售合同非常巧妙，他们的利润取决于买主因使用蒸汽机而实现的成本节约。韦奇伍德所实行的品牌推广战略同样使得韦奇伍德陶瓷迅速占领了欧美市场。博尔顿和韦奇伍德所实施的仁慈的劳工管理制度和标准化生产模式都获得了成功。他们的成功不单单是技术发明的成功，也是商业方法的成功。

科学和技术的结合以及个人主义和团体协作的结合最清晰地体现在月光社成员们的工业活动之中。化学工业的发展比其他任何工业部门都更多地得益于科学研究。在这一时期，实验室中进行着大量的经验性试错式研究，这对于新工艺的发明是不可或缺的。工业部门已经充分地利用了科学知识和科学家，许多技术进步都是由自学成才的化学家作出的。

在工业革命早期，韦奇伍德和博尔顿等企业家通过对当时潜在的市场需求进行预测，使生产出来的产品能够满足市场需求。发明、技术、工厂体制甚至最初形式的广告（如韦奇伍德著名的产品名录），都是他们手中的工具。早期企业家的作用体现在社会和经济的各个领域。月光社中的制造商野心勃勃。韦奇伍德曾写道："你知道的，我憎恨微不足道。"他宣称自己将"用奇迹使世界惊奇"。[1]

一 博尔顿与瓦特公司——蒸汽机的推广

尽管瓦特早在1765年5月就已经形成了关于独立冷凝器的思想，但是直到10年后才生产出高效率运转的蒸汽机，15年后才得到这一发明带来的利润。任何经验丰富的工业工程师都知道，在一项发明的发展过程中最困难和花费最多是它的实际应用。1765年，瓦特没有时间和资金用于投入这一项目。在进行蒸汽机实验的时候，他忽略了自己的仪器店，生意遭受损失。当他正在尝试制造大规格的新式蒸汽机和重新开始自己

---

[1] Uglow 2002, p. xvii.

的生意的时候，他的合伙人去世了。财政问题成为瓦特急需解决的大问题，他的朋友布莱克博士给他借贷了一些资金，这样能够执行手头的一些研究工作，并且开始寻找更持续的财政资助。

当时，罗巴克开始涉足自己最大规模的企业，位于巴罗斯通尼斯（Barrowstoness）的金内尔（Kinniel）的煤矿和盐厂。在此之前，他已经取得相当大的成就。最初是1764年他和加伯特合伙成立了从金属板废料之中重新获取金银的工厂，然后是位于伯明翰和普雷斯顿潘斯（Prestonpans）的硫酸厂，并且最后建成了卡伦炼铁厂（Carron Iron-works），罗巴克每次都能建成更大规模和更加成功的企业。在卡伦炼铁厂建成之前，罗巴克构想出一项宏伟的计划。他准备在巴罗斯通尼斯租借煤矿和盐厂，然后向卡伦炼铁厂供应自产的煤炭，并且可以销售煤和铁；使用铁熔炼中产生的炉渣进行硫酸生产，并且通过分解来自于巴罗斯通尼斯盐井的盐增加普雷斯顿潘斯化工厂的碱生产。他投入了自己的全部资金，并且向加伯特借贷了一些资金（加伯特拒绝参加这一冒险性投资），利用了普雷斯顿潘斯和卡伦的资金，然后继续进行这一项目。1765年，他和布莱克正在进行分解盐的实验。同年，一些矿井的水灾中断了采矿作业，纽科门蒸汽机泵无法清理掉矿井中的水。正当罗巴克处于困境的时候，布莱克告诉了他瓦特的新式蒸汽机的消息。罗巴克急需这一蒸汽机，因而他同意承担项目进展的经费、偿还布莱克的贷款、购买专利权，并且负责新式蒸汽机的生产和销售。作为回报，他想要得到三分之二的利润。瓦特愉快地接受了这一建议，因为仪器制造不再是有利可图的行业，蒸汽机的花费要多于收入，而瓦特还有家庭需要照顾。

1766年夏，瓦特开始在格拉斯哥从事勘测工作，在离开苏格兰之前，他的主要时间都花费在勘测工作上面，为开运河和建桥梁制作设计图，在所有空闲时间进行蒸汽机实验。他曾从事被提议的用于连接福思河（Forth）和克莱德河（Clyde）的静水运河的勘测工作。1767年，他到伦敦向议会提出申请批准建造这一运河。他的申请被拒绝了，他感到非常不满，在回程途中，他顺路到伯明翰向加伯特传达罗巴克的信息。在伯明翰，瓦特见到达尔文和斯莫尔，并且参观了博尔顿的索霍工厂，他相信这里正是制造他的蒸汽机的地方。他向这些朋友们吐露了自己的发明的秘密，并且希望将索霍－伯明翰团体带入蒸汽机项目。达尔文和斯莫尔承诺，他们和博尔顿将会对瓦特提供支持。从这次会面开始，瓦特成为了月光派的一员，虽然他直到1774年才成功地完成了自己的计划。[1]

在1767—1774年期间，瓦特和月光派的其他成员们之间持续通信并且偶尔会面。第一封信件是1767年8月18日达尔文写给瓦特的：

> 我亲爱的朋友，首先希望您一切都好而且忧郁症有所减轻，希望瓦特夫人和你们的孩子一切都好。关于您的蒸汽机改进计划，我已经非常虔敬地保守秘密，但是我发现一些执行方面的困难，您在伯明翰的时候我没有想到这一点。[2]

斯莫尔写给瓦特的第一封信件是在1768年1月7日：

> 我们的朋友博尔顿已经按照这一邮寄地址写信给您和罗巴克博士……我不愿意去了解罗巴克博士，以判定我们是否合得来。
>
> ……在我了解您和罗巴克博士之间的联系之前，我的

---

[1] Schofiled 1963, pp. 67-68.
[2] King-Hele 2007, p. 81.

想法是您能够移居到这里,博尔顿和我将会尽我们所能帮助您,无论如何我们都会做到的……在合作中,我会毫不犹豫地将我所能支配的任何数额资金投入您的计划之中,但是,我相信投入的只能是中等数额的资金。我不知道,在不需要他们参与的情况下,通过单独合作关系,这是否能够运转起来和支持蒸汽机研究;假如可以的话,博尔顿和我将会与您接洽,倘若您能够来到这里。①

斯莫尔和瓦特之间的通信几乎每两周一次,持续了六年时间。

1768年夏,瓦特访问索霍工厂见到了博尔顿,而且关于博尔顿、斯莫尔、罗巴克和瓦特共同合作的讨论加强,瓦特和博尔顿互相产生了好感。1769年1月6日,瓦特的专利申请获得批准的条件是专利申请书必须在4个月内登记注册。这4个月内,斯莫尔和瓦特之间的通信主要都是关于这些专利申请书。1769年2月7日,博尔顿写信给瓦特,拒绝了罗巴克关于只允许博尔顿分享沃里克郡、斯塔福德郡和德比郡的蒸汽机所有权的提议:

我的想法是在我的工厂附近建立一家制造厂,在我们的运河旁边,这样我能够为蒸汽机的研制完成提供一切便利条件,通过这家制造厂我们可以向世界各地提供各种规格的蒸汽机……仅供给三个地区对于我来说不值得;我认为应当将蒸汽机供给世界各地。②

---

① Mantoux 1928, p. 336.
② Schofiled 1963, p. 69.

博尔顿没有关闭进一步谈判之门，并且提出如果瓦特的"蒸汽轮机"（wheel-engine，低压种类的蒸汽轮机，从未令人满意地运行）未包含在瓦特和罗巴克的协议之中，他和斯莫尔可能继续进行这一研究。1769年4月28日，瓦特写信给斯莫尔，建议将协商推迟到他和罗巴克访问英国。1769年10月，罗巴克拜访了博尔顿和斯莫尔，提出一个更加容易接受的新建议。斯莫尔倾向于接受这一提议，虽然那时他已经将大部分资金投在其他方面。11月，协商仍在继续。11月5日，斯莫尔写信给瓦特表示，他准备借钱用于履行协议；11月28日，罗巴克、斯莫尔和博尔顿达成协议，在蒸汽机实验完成之后，博尔顿和斯莫尔将以不低于1000英镑的价格购买三分之一的专利权，这一价格远高出他们认为的合理价格。最终决定应当是在12个月后作出的。

瓦特十分欣喜并且想要立即开始蒸汽机的研究工作，但是他不得不推迟实验，因为1770年他需要继续完成勘测和工程设计工作。1770年3月的一次试验失败妨碍了瓦特的信心。罗巴克从未意识到将加工模型制成大比例器具的困难，然而，博尔顿和斯莫尔能够体会到这一点。在1769年协议之后，博尔顿和斯莫尔已经收到瓦特的"蒸汽轮机"的图纸，并且努力地进行研究工作，试图让蒸汽机运转起来。1770年、1771年和1772年，他们的通信主要涉及瓦特在苏格兰时期所做的一些实验，也就是，瓦特在从事工程设计和勘测工作的空闲时间所做的一些关于往复式蒸汽机的实验，通信还涉及博尔顿和斯莫尔在伯明翰进行的一些关于"蒸汽轮机"的实验。这些信件交换问题、提出建议和多次记录了失败的实验结果。总体来说，问题在于结构方面：汽缸和活塞密封使用什么材料，如何处理泵安装处的粗糙铸造现象，如何装配和放置阀门。1769年5月28日，瓦特写信给斯莫尔：

我曾向您提及静止方法，这一方法能够加倍蒸汽的效应，而且在缺乏真空的状态之下，通过让蒸汽动力冲入真空之中，很容易加倍蒸汽的效应。这不单单能够加倍蒸汽的效应，而且能够扩大使用蒸汽的容器，这特别适用于蒸汽轮机，并且可能弥补了冷凝器的缺陷。[1]

由此，我们能够看到瓦特的膨胀式蒸汽机专利的雏形，而且瓦特可能发现了使蒸汽轮机有效运转的唯一方式。

不过，蒸汽实验方面的内容也不是全部关于蒸汽机的。1773年8月17日，瓦特写信给斯莫尔：

> 我最近阅读了德吕克的文章，并尝试做了一个有趣的实验以确定从真空到空气的每一英寸汞柱下水的沸点。德吕克的观察结果和矿井的实际情况相符；但是他的规则是不正确的。我想要写一本《蒸汽机理论的要素》（Elements of the Theory of Steam-engines），在这本书中，我只能对完美的蒸汽机进行阐述。这本书可能对我和这个计划是有益的，但是至于蒸汽机的真正构造，我们还是一无所知。这类事情是有必要的，斯米顿正在这个方面进行努力的工作；如果我不能从中取得任何收益，我不应该失去进行实验操作的荣誉。[2]

瓦特再没有提及这本书。斯莫尔曾多次写信鼓励瓦特写这本书。1773年10月5日，他说："我越是考虑您出版蒸汽方面书籍的适当性，越是希望您能够出版这本书。迄今为止，斯米顿只是在浪费时间，不过

---

[1] Schofiled 1963, p. 70.
[2] Schofiled 1963, p. 70.

他也可能发现了一些东西。"①在一封未标明日期的信件中，斯莫尔再次提到："斯米顿最初就是通过写书出名的。恳求您写一本关于蒸汽的书，或者发给我一些实验情况，我替您写一本书，并且将它提交给皇家学会。"②

瓦特的一些信件表达出不断的沮丧，最重要的是，他担心博尔顿和斯莫尔放弃整个项目。斯莫尔不断地鼓励瓦特，向瓦特保证没有利益损失的风险，并且对于蒸汽机和瓦特维持生计的方式提出建议。这一期间，罗巴克的财政帝国崩溃。瓦特由于在苏格兰找不到工作而感到沮丧，他建议博尔顿和斯莫尔购买罗巴克的股权，这样蒸汽机实验能够再次推进。1772年11月16日，斯莫尔写信给瓦特：

> 除了资金方面的困难，您一定非常清楚，目前还有一个无法克服的困难。博尔顿、我或任何正直的其他人都不可能从两个特殊朋友那里购买股权，那不会是市场价格，在他们有可能以低于价值的价格出让商品的时候。③

1773年3月29日，罗巴克的债权人召开会议，审查他经营的所有业务，很明显，蒸汽机项目不应当被放弃，或者转给先前未参与协议的人们。博尔顿指定瓦特作为自己在债权人会议上的代表（罗巴克借贷博尔顿和佛吉尔公司的资金），5月28日，瓦特写信给斯莫尔：

> 上个星期一，就罗巴克博士在蒸汽机项目中股权问题，我已经与罗巴克博士协商决定——根据博尔顿先生写给我的信

---

① Schofiled 1963, p. 70.
② Schofiled 1963, p. 71.
③ Schofiled 1963, p. 71.

件……信中说博尔顿先生主动放弃对罗巴克先生的债务，并且提到了您和我，如果蒸汽机取得成功的话，我们每年利润的一部分应当支付给罗巴克博士，在专利权期限之内或在专利权许可之下达成的协议期限内。

我发现金内尔的蒸汽机已经严重老化，那里的环境状况非常不适宜，否则它能够坚持更长时间；……这周我已经将它拆卸完成并且打好包，我准备将它海运到伦敦，它将会途经伯明翰。[1]

这封信件标志着博尔顿和瓦特公司的开端。在这一方案确立之前，还有许多细节需要确定，例如，瓦特需要在苏格兰停留一年多，完成因弗内斯运河（Inverness Canal）的勘测工作，还有与罗巴克进行清算，这样罗巴克的债权人就不会受益于蒸汽机业务的最后利润。当瓦特搬到索霍工厂的时候，蒸汽机实验已经完成。1774年12月11日，瓦特写信给自己的父亲："我发明的火力机正在运转中，而且比已制造出的任何其他机器好得多，我希望这项发明能够让我受益很多。"[2]1775年，专利权的期限通过议会法案又延长了25年，博尔顿和瓦特开始合作关系，这一合作关系在月光社历史之中占有支配地位。

在1775—1780年期间博尔顿和瓦特的蒸汽机业务需要特别关注。在蒸汽机实验完成和专利取得延长之前，博尔顿和瓦特就已经开始进行对新蒸汽机的探究。蒸汽机专利延长议案刚获得批准，瓦特回到苏格兰结婚（他的第一位妻子于1773年去世）；博尔顿留在索霍工厂继续进行蒸汽机实验，并且产生了更多关于蒸汽机的问题。潜在的销售比蒸汽机

---

[1] Schofiled 1963, p. 71.
[2] Schofiled 1963, p. 72.

发明发展得更加快速。发来蒸汽机订单的合伙人在信中经常提到活塞密封圈、润滑油和汽缸镗削等方面的问题。1775年10月30日，维特赫斯特从伦敦写信，质疑了泵对于从活塞汽缸之中去除空气和水的必要性。1776年5月8日，博尔顿和瓦特的第一台蒸汽机安装在斯塔福德郡的布卢姆菲尔德煤矿（Bloomfield Colliery）；几乎同时，约翰·威尔金森得到一台蒸汽机用于什罗普郡（Shropshire）的布鲁斯礼（Broseley）驱动鼓风炉。11月30日，博尔顿和瓦特得到了康沃尔郡的第一个订单。康沃尔郡煤矿很快在蒸汽机业务之中起到支配作用；1780年，正在使用的一半数量的瓦特蒸汽机都在康沃尔郡。1777年，蒸汽机的消息传到海外，在经过一些困难之后，蒸汽机被供给博尔顿和瓦特专利权保护的一些国家。[1]

关于早期的博尔顿和瓦特蒸汽机业务，有两点需要特殊强调。首先，蒸汽机是往复式的，主要用于从煤矿之中抽水。其次，博尔顿和瓦特不是蒸汽机的制造商。他们只在索霍工厂制造一些较小规格和比较重要的零件，而其他制造厂商负责生产大规格零件，他们给这些制造厂商提供图纸并且监督安装和初始运行。[2]他们的收入来自专利权有效期内的特许租借费用。这不是一个全新的程序（纽科门蒸汽机也是如此），但是租借费用的支付时间引起一些麻烦。瓦特认为每年的租金应当是使用瓦特蒸汽机替代普通蒸汽机所节省资金的三分之一。虽然他的蒸汽机经常能够实现一些普通蒸汽机无法做到的事情，但是需要制作一些详细表格将瓦特蒸汽机与虚构的标准化蒸汽机进行对比。矿井经营者不能理解这些表格，而且质疑这些费用，对于持续性的花费表示愤慨，但是瓦特热衷于这些计算方法，在博尔顿的劝说之下，他才极不情愿地放弃了

---

[1] Henderson 1954, p.44；讨论蒸汽机在欧洲的推广。
[2] 普里斯特利的姐夫约翰·威尔金森经常被选择制造大规格汽缸。

每年收费的方式。这种做法招致一些欺骗和逃避专利费用的行为，因此博尔顿召集朋友们作为业余监督员。

1777年9月14日，埃奇沃思写信告知了自己对于博尔顿和瓦特蒸汽机运行情况的一些观察和对于业主采取欺骗手段的一些质疑。斯米顿、韦奇伍德和达尔文也曾就他们所见的蒸汽机运行情况进行了类似的报告，但是次数更少一些。1778年3月，维特赫斯特设计出一种用于记录蒸汽机运行期间的打击次数的仪器，能够准确记录蒸汽机的关机时间，不久以后瓦特也基于同时代的计步器的形式，设计出一种具有相同用途的更精致的"蒸汽机计数器"。①

对于蒸汽机经营者来说，这一支付模式的益处是他们能够在瓦特、博尔顿和月光社其他成员改进蒸汽机设计时提出要求。当瓦特在苏格兰的时候（1775年），博尔顿写信给他，告知他在大气压力涡轮方面的进展和关于改进汽锅构造的设想。1776年7月12日，维特赫斯特发给博尔顿一个将蒸汽传送到活塞顶部和下部的方法图解。达尔文备忘录中有一个未标明日期的项目标题："将蒸汽机的往复式运动转变为圆周运动"。然而，达尔文的方法行不通。②

虽然博尔顿也进行蒸汽机实验，但是他的主要任务是与人会面、筹集资金和经营索霍工厂。蒸汽机业务只是博尔顿投资的一个方面，不过，其他业务运行得都很不好。其中原因很多：他的合作伙伴的外部联系不可靠；1778年和1779年在英国爆发了一次经济危机；博尔顿将注意力转向蒸汽机业务，从而忽略了其他业务。博尔顿是一位具有工业洞察力的革新者，不过，在和瓦特合作之前，他并没有取得商业成功，他们制造出急需的蒸汽机产品，获得了专利权，而且一旦开发工作完成，产

---

① Schofiled 1963, pp. 72-73.
② Schofiled 1963, p. 149.

品的生产资金消耗很少，正是与瓦特的联合才使得博尔顿享有名望。不过，也正是与博尔顿的联合才使得瓦特享有名望，因为博尔顿的洞察力捕捉到瓦特蒸汽机的成功可能性，也是博尔顿的能力使得蒸汽机开发取得成功。早在1769年，博尔顿就预见到为世界制造蒸汽机的益处，而且他从一开始就推进着蒸汽机制造的想法。1776年，他告诉詹姆斯·波斯维尔（James Boswell）："先生，我这里销售整个世界都需要的东西——动力。"①

企业家是经济发展的必需力量，而且博尔顿带着才能和勇气从事这项工作。我们对于这样一个人给予很多期望，希望他具有谨慎投资和精细管理的才能，事实上，博尔顿并不具备这一点。1780年，博尔顿和佛吉尔公司在10年期间的累计亏损是11,000英镑，而投资金额为20,000英镑。1778—1779年的经济恐慌几乎使得他破产，银行债务至少是8400英镑。根据瓦特的建议，1779年博尔顿从艾里奥特和普瑞德银行（Bank of Elliott and Preaed）借贷了2000英镑。②他甚至考虑放弃蒸汽机以外的一切业务，但是如果博尔顿和佛吉尔公司垮台，那么博尔顿和瓦特公司也难逃厄运。博尔顿继续坚持，希望蒸汽机业务出现转机。整个工业帝国都建立在蒸汽机成功的基础之上，蒸汽机业务又依赖于康沃尔煤矿，但是这个时候康沃尔煤矿的经营者们也都处于财政困难状况。最重要的是到1780年煤矿还没有关闭，博尔顿和瓦特购买了五家运营公司的股份。面对所有这些危机，博尔顿从未胆怯，并且最终问题得到解决，蒸汽机股息开始以高速率增长，这使得他经受住考验。然而，直到1785年，博尔顿还没有摆脱财务纠纷。

如何获得一些合格的零件加工人员也是博尔顿和瓦特早期面临的一

---

① Bosewell, Life of Johnson, vol.i, p.625. 转引自Schofiled 1963, p. 150.
② Schofiled 1963, p. 150.

个问题。18世纪工业家们普遍面对这一问题，他们需要寻找具有固定工作习惯并且能够承担责任的工作人员。这一点通过劳动力分工获得一定程度的解决。博尔顿还创立了一个培训计划，经过培训的工作人员到其他地方也能够得到高工资，因为他们拥有在索霍工厂的工作经历。事实上，博尔顿的认可是对工程师或建造人员的最好推荐，19世纪早期著名的土木工程师约翰·伦尼（John Rennie）就曾为博尔顿工作，还有建筑师塞缪尔·怀亚特。然而，对于博尔顿和瓦特来说更重要的是所雇用的工作人员处于直接负责的职位。1775—1780年期间，对于博尔顿与瓦特公司来说，最紧迫的是在康沃尔和索霍的业务。1777年，他们雇用了威廉·默多克，从而这一压力得到缓解。默多克被证明是最有能力和尽职尽责的工作人员，到1778年，他成为博尔顿与瓦特公司在康沃尔的常驻经理。1780年默多克的工资仅为每周20先令，他涨工资的要求被瓦特愤怒地拒绝，不过，博尔顿另作安排，决定向默多克支付红利，并且由康沃尔煤矿主支付一部分。与默多克相当的是威廉·普莱菲，在1780年之前他已经成为一名数学家，并且是博尔顿与瓦特公司的制图员。普莱菲是苏格兰地质学家和数学家约翰·普莱菲的兄长；他最初被斯莫尔博士的兄长罗伯特·斯莫尔（Robert Small）推荐给博尔顿。到1783年，普莱菲对博尔顿和瓦特不满，并且离开他们投靠了凯尔。不久，他与凯尔也产生矛盾（很明显由于他正在为一些金属加工方法申请专利——使用滚轧机、压模机和拉伸机——他可能在索霍或凯尔的工厂之中见过）。他来到伦敦开始做起金属制品生产商的生意，结果失败了，并且成为一名潦倒文人。普莱菲离开索霍工厂之后，约翰·萨瑟恩接替了他的职位。

值得特别注意的是，这些人并不是普通的工作人员。默多克负责蒸汽机设计的改进工作，并且在气体照明引入英国方面发挥了重要作用。

普莱菲由于发明了统计数据的图表表示法而得到名望。① 默多克、普莱菲和萨瑟恩与月光社成员们属于同一类型的人。他们的教育和社会背景大致相同,具有同样广泛的兴趣和革新才能。然而,他们三个人都没有成为月光社成员。默多克经常被列入成员名单,不过,在月光社存在期间,他大多数时间工作和生活在康沃尔郡。对于默多克、普莱菲和萨瑟恩来说,他们没能成为月光社成员还有一个更重要的原因。这些人都是雇员,而且月光社的记录显示,当博尔顿和瓦特积极运营索霍工厂的时候,他们被作为雇员对待。在月光社的整个历史之中,他都和英国的大多数重要科学和工业人员联系,现存许多这些人的访问记录,但是月光社成员只局限于具有相同兴趣和社会地位的个人朋友们。②

曾参与到索霍工厂运营的另一位月光社成员是凯尔。博尔顿经常征询凯尔的意见,凯尔给索霍工厂供应化学制品和玻璃器皿(包括供应到1775年的高温计用的玻璃管)。博尔顿发现自己需要长期在康沃尔工作,他与凯尔进行协商并且邀请他到索霍工厂工作。1777年1月16日,凯尔写信给博尔顿:

> 我已经考虑了我们经常谈论的计划,也就是我来到索霍工厂附近居住,并且协助您管理索霍工厂,这个想法对于我来说是可以接受的。③

然后,凯尔指出博尔顿的合作伙伴佛吉尔需要同意这一建议。在同一天的第二封信件之中,凯尔写到第一封信件可以给佛吉尔阅读,他提出一些条件,并且声明他打算继续进行独立的化学研究工作,这不会

---

① 默多克的传记信息。转引自 Schofiled 1963, p. 152。
② Schofield 1956a, pp. 118-136.
③ Schofiled 1963, p. 153.

影响到索霍工厂的业务。协商一直持续到1778年。月光社的其他成员也对此有所了解，1778年4月21日，达尔文写信给博尔顿："凯尔先生准备什么时候去您那里，居住在什么地方？"[1]1778年10月初，博尔顿来到康沃尔，凯尔开始负责索霍工厂的管理工作，但是凯尔没有入股博尔顿和佛吉尔的公司。[2]1778年10月14日，他给博尔顿写了一封长信，提出"仿玳瑁"（tortoiseshell）业务处于运作不良状态，并且需要更好的管理和更低的价格（"您现在的收费高于其他人，您的产品也不太好"），另外，镀金器皿的业务值得培养。[3]

凯尔没有考虑到蒸汽机业务带来的回转可能性，而博尔顿对此寄予很大期望。瓦特蒸汽机的销售范围进一步扩展，它们被销售给磨坊主、啤酒制造者和纺织贸易商，这一点颠覆了凯尔的评估。1779年年末到1780年年初，凯尔对于个人生意没有更多关注，当博尔顿和瓦特不在索霍工厂的时候，他负责工厂的管理工作。

博尔顿始终坚信企业的最终成功。1781年，他终于看到瓦特的发明得到大家的关注和欣赏："伦敦、曼彻斯特和伯明翰的居民被蒸汽机弄得着迷了。"[4]在瓦特取得圆周运动的专利之后，整个工业领域都对瓦特蒸汽机表示欢迎。韦奇伍德的伊特鲁里亚陶瓷工厂是第一家安装瓦特旋转式蒸汽机的工厂。在索霍工厂中，蒸汽机为鼓风机、滚轧机和汽锤提供动力。威尔金森为他的布雷德利工厂，雷诺兹为科尔布鲁克戴尔厂都订购了类似机器。英格兰和苏格兰的大炼铁业者纷纷仿效。一家大型炼铁厂或者机械厂可能会使用12台以上不同功率的蒸汽机，以便驱动鼓风机、转动轧铁机、推动蒸汽锤，为多样化的机床提供动

---

[1] Schofiled 1963, p. 153.
[2] Clow & Clow 1952, p. 96.
[3] Schofiled 1963, p. 153.
[4] 芒图 1983, p. 266.

力，推动举重机以及其他超越自然力的机械装置。蒸汽和铁的万能姻缘由此确立。凯尔的提普顿化工厂、博尔顿的阿尔比恩磨坊、制造压印机的詹姆斯·瓦特公司等都采用了蒸汽机作为动力。在纺织工业中，蒸汽机起初只是水力机的辅助工具。第一个使用蒸汽机的纱厂是1785年设在帕普尔维克多的鲁宾逊纱厂。随后就有许多纱厂仿效鲁宾逊纱厂而购进蒸汽机。[①]从1794年起，蒸汽机渐渐进入毛纺厂，紧紧地跟随着机械和机器的采用。[②]这样，到18世纪末，瓦特蒸汽机就开始在各处代替了水力发动机。1800年，伯明翰有11台蒸汽机，利兹有20台，曼彻斯特有32台。[③]根据《技术史》第IV卷，1830年左右蒸汽机的实践情况如下：在大型工厂中使用的标准原动力是瓦特的喷射冷凝式杠杆蒸汽机，它所使用的蒸汽压力比大气压力稍高一些；较小的企业通常使用"蚱蜢式"蒸汽机；在矿山和水利工程中，使用的是特里维西克的高压蒸汽机。[④]

根据J. 洛德（J. Lorb）的估计，1775—1800年在英格兰、苏格兰和威尔士共有瓦特蒸汽机320台，其中英格兰有289台，[⑤]如表2所示：

表2　英格兰各主要部门蒸汽机的数量和分布（共208台），1775—1800年

棉纺业	毛纺业	煤矿	铜矿	铸造厂和锻铁厂	运河	酿酒厂
84	9	30	22	28	18	17

根据《技术史》第IV卷，当瓦特的专利于1800年到期时，已经有496台瓦特蒸汽机在英国的矿山、金属加工厂、纺织厂和啤酒厂里工作

[①] 芒图 1983，第267页。
[②] 芒图 1983，第268页。
[③] 芒图 1983，第268页。
[④] 辛格等 2004，第134页。
[⑤] 芒图 1983，第478页，脚注117。

着。其中308台是旋转式蒸汽机，164台是泵机，还有24台是鼓风机。其中1台或者2台的额定功率为40马力，但平均功率却只有15—16马力。瓦特在1783年定义"马力"：1分钟将33000磅的重物抬升1英尺的功率。①

19世纪前半期总的来说蒸汽机的发展和使用并不算快，1800年，英国的蒸汽总功率是1万马力，1815年为21万马力，1825年为37.5万马力，1840年为62万马力，占欧洲蒸汽总功率的72%，占世界蒸汽总功率的37%。1838年，伯明翰人口为17.5万，有蒸汽机240台，共3595马力，其中有2155马力用于金属加工业。1850年以后，英国蒸汽动力大规模取代传统的动力变得更加明显。②

蒸汽机的发明和广泛利用，使英国成为"世界工厂"。英国为了维持自己在世界上的垄断地位，在1825年以前，曾禁止技术人员和熟练技术工人出国。福斯特说："英国为了维持它对纺织业的垄断，曾经先后在1765年和1774年颁布法令，禁止受过训练的工人移民到美国去，但是美国资本家很快就克服了这些困难，从英国引诱去了一些技工，并偷运了一些机器与图样到美国，抄袭英国的机器并对其加以改良。"③而法国、美国、德国等国家则千方百计地挖走英国或其他国家的科技人才。法国就是"由于缺乏技术人才，便采取高工资和永远免税、优待等办法来招聘瑞典的矿工、铸工，希腊、意大利的丝绸工人，并且禁止本国和外籍的熟练工人出国"。④在19世纪，瓦特蒸汽机也在英国本土之外得到广泛的应用，并有力地推动了欧洲大陆的工业进程。那些以前从来没有使用过蒸汽机的地区和行业也出现了蒸汽机。我们可以从表3获知

---

① 辛格等 2004，第111页。
② 陈紫华 1992，第242—243页。
③ 福斯特 1956，第287—288页。
④ 杨异同 1959，第55页。

表 3　博尔顿和瓦特蒸汽机的海外订单总计，1775—1825年[①]

国家\年份	1776—1780	1781—1785	1786—1790	1791—1795	1796—1800	1801—1805	1806—1810	1811—1815	1816—1820	1821—1825	总订单	总马力
法国	3[a]		1	1[b]						1	6	314.0
比利时					1[c]						1	10.0
德国				1	1				9		12	169.4
瑞士										4	4	88.0
意大利			1						1		2	42.0
西班牙			2	3		1	2	4	1	4	12	453.0
葡萄牙										1	1	50.0
丹麦						3	2[b]		3	1	6	78.0
荷兰		1	1		2	1	2			11	21	444.0
瑞典					2[bb]						2	17.0
俄国					2						2	70.0
匈牙利						1[c]					1	10.0
奥地利				1[b]	1[b]				1		2	16.0
印度						1	1	1	1	10	15	364.0
刚果								1[b]			1	20.0
美国						2	3		2		7	135.0
加拿大								4	4		8	267.0
墨西哥									1		1	36.0
巴西							1	2	3		6	44.0
合计	3	1	6	6	9	9	11	8	26	31	110	2627.4

[①] 表3的来源：Boulton and Watt Mss: order books, letter books, engine books, portfolios. 转引自Tann 1978, p. 365。表中的标注如下：
a 为巴黎自来水厂（Paris WaterWorks Co.）提供了一整台蒸汽机，以及另外一台的部分零件；
b 取消订单；
c 假定的马力。

一二。

随着新技术在欧洲大陆的扩散，各国对于动力的要求也随之增加。蒸汽机成为主要的动力来源。统计数字清楚地展现出欧洲大陆国家采用蒸汽机的重要性。到1850年，所有先进国家都开始广泛使用蒸汽机，直到19世纪70年代，这种动力功率一直保持每10年翻一番的增长速度。从表4可以清楚地看到欧洲大陆国家采用蒸汽机的重要性。

表4 欧美蒸汽机总功率，19世纪（单位：千马力）[①]

年份	1840	1850	1860	1870	1880	1888	1896
大不列颠	620	1290	2450	4040	7600	9200	13700
德国	40	260	850	2480	5120	6200	8080
法国	90	270	1120	1850	3070	4520	5920
奥地利	20	100	330	800	1560	2150	2520
比利时	40	70	160	350	610	810	1180
俄国	20	70	200	920	1740	2240	3100
意大利	10	40	50	330	500	830	1520
西班牙	10	20	100	210	470	740	1180
瑞典	—	—	20	100	220	300	510
荷兰	—	10	30	130	250	340	600
欧洲	860	2240	5540	11570	22000	28630	40300
美国	760	1680	3470	5590	9110	14400	18060
世界	1650	3990	9380	18460	34150	50150	66100

在欧洲大陆国家，蒸汽机与采矿业和冶金业的联系甚至比在英国更为密切。高炉和旋转炼铁炉通常需要比水车提供更大动力。在法国，42.2%的额定蒸汽马力用在采矿业和冶金业中（包括工程部门），29.5%用在纺织业中。比利时位于另外一个极端，在1851年时，该国

---

① 哈巴库克 等 2002，第426页。

55%以上的台式蒸汽机是在煤矿中使用的，另外15%在炼铁业中使用，纺织工业只占11%。

蒸汽机的发明和普遍应用，使机器代替了手工工具，从根本上改变了生产的面貌，提高了劳动效率。蒸汽动力的运用使运输机械发生了巨大的变革，将文明社会推向了一个热火朝天的新世界。交通运输业的巨变主要表现在汽船与火车上，汽船的发明开创了世界航运史上的新时代，在风暴面前，水手不再望而却步。它穿梭在河海湖面，将全球连成一体，使人类生活世界的空间距离大大缩小。蒸汽动力用于陆路运输的主要标志是火车的出现。火车的鸣叫，召唤了"铁路时代"的到来，使世界真正认识到铁路运输的巨大优越性。从此巨龙奔驰在地球各地，极大地促进了世界经济的发展。铁路使世界经济联成一体，隆隆的火车宣告了第一次工业革命的胜利完成。

蒸汽机的发明完成了工业的集中，实现了各种工业之间的统一。凡是可以获得煤炭的地方，都可以安装蒸汽机。工厂现在可以离开溪谷，接近原料产地或者人口中心。各种各样的工厂集中起来形成一些巨大而黝黑的工业城市。蒸汽机为大工业提供了动力，使得大工业具有统一性。在此之前，各种各样的工业之间的相互依赖关系比现在要疏远得多。它们各自的技术只有很少的联系。它们各自独立地发展而且使用独特的方法。然而，蒸汽机的使用使得一切工业都要服从一般的法则。蒸汽机的不断改进，对于采矿、冶金、纺织和运输具有同样的影响。整个工业世界几乎成为一个巨大的工厂，发动机决定着工人生活的节奏，决定着生产率。①

---

① 芒图 1983, pp. 270-271.

二 凯尔——化学工业的先锋

在加入月光派的同时，凯尔找到了一些月光派其他成员们感兴趣的项目。事实上，他的第一个项目也是瓦特非常感兴趣的项目，而且最初他们之间的关系是冲突而不是合作。布莱克已经向罗巴克建议了关于从巴罗斯通尼斯盐井的盐之中分离出碱的可能性。布莱克和罗巴克支持瓦特进行一些相关实验，而且瓦特曾与斯莫尔讨论过这些实验。碱是18世纪的一个重要项目，它们被用于玻璃制造、肥皂制造、明矾和硝酸盐生产、漂白工艺和肥料，所有这些需求在18世纪时都在增加，这也导致自然资源日渐匮乏。在木材供应不足的地区，没有足够的草木灰能满足需求，整个18世纪都在寻找新的供给。在苏格兰，"燃烧海草灰"（kelp burning）成为一个重要的工业，工艺学会推动了这一产业在一些殖民地的发展，而且人们做出了很多努力，希望能够寻找到一种与天然制碱方法相对的化学制碱方法。[1]凯尔擅长于化学并且正在寻找收入来源，因而他考虑化学制碱方法的可能性并不令人惊讶。他开始与瓦特并驾齐驱地进行一些实验，而且他也非常信任斯莫尔。从1768年1月至1771年12月，在斯莫尔写给瓦特的一些信件中显示凯尔一直在努力摆脱经济负担。1768年1月7日，斯莫尔写道："自从您离开之后，我已经看到了一个实验并且听到了关于两个实验的描述，这些实验一定能够引导着操作人员……得出您的制碱秘密。"[2]从这时候开始，斯莫尔尝试着催促瓦特在制碱项目方面采取一些行动。1769年7月5日，瓦特写道：

> 布莱克博士和我都在忙于进行一些关于制碱的重要实

---

[1] Clow & Clow 1952, pp. 65-115.
[2] Schofiled 1963, p. 77.

验，而且布莱克立刻就要申请称为"由普通盐和石灰制成碱盐的工艺"的一项专利。我已经和罗巴克博士谈及（他对这件事情非常关心），我已经告诉您我们发现了通过石灰分解盐的方法……如果您能够适当地告诉他一些关于其他制碱实验的进展情况，我不胜感激。①

1769年10月18日，在和罗巴克谈话之后，斯莫尔回信道：

罗巴克博士告诉我制碱专利现在是有把握的，因而我想告诉您我担心这一专利是否有真的把握的原因。我的一个特殊的朋友凯尔先生，经过一些方面考虑，长久以来他就相信矿物碱可以从您所指成分的海盐之中获得。他已经在一些试验之中取得还算不错的成功结果，并且正在考虑利用自己的化学知识，我不敢确定他不会选定这一项目，因为您已经告诉我您的秘密，在这种情况下我的境遇并不乐观。②

斯莫尔继续赞扬凯尔，并且推荐他与瓦特和瓦特的合伙人建立伙伴关系。在1768年访问伯明翰的时候，瓦特见到了凯尔。（在1768年10月25日一封写给林德博士的信件中，瓦特将凯尔描述为"一位在上帝面前的伟大化学家，而且是一个令人非常愉快的人"。）③因此，瓦特准备采纳斯莫尔的建议，并且将这一建议转给布莱克和罗巴克，但是他首先需要询问一个问题：

---

① Schofiled 1963, p. 77.
② Schofiled 1963, p. 77.
③ Muirhead 1854, vol. i, p.32.

您知道布莱克博士首先发明了碱理论，他将这一理论传给我，我进行了一些实验操作，直到我提供出将这一理论用于实践的可能性。罗巴克博士也在我之后很快参与到这一计划……您是否还记得，我曾在您家中向凯尔上尉提到我的秘密就是盐的分解。①

11月5日，斯莫尔回复道：

在我家中进行的有凯尔先生参与的关于碱的谈话，我现在已经记不清楚了。您提到了通过生石灰进行分解，然而，我确信您的方法不是我所期待的。多年来，凯尔先生花费了相当多时间进行实验，我相信这些实验也使用了石灰。我对他的一些实验提供了帮助，但是对于那些我相信石灰不能解决问题的实验，我没有提供帮助，作为一名理论家，我宁愿劝说我的朋友不要为了一些我认为不可能实现的事情费力气。在您离开以后不久，他就已经在一些试验之中制出了碱，而另一些实验则失败了，他使用了比您还多的各种方法，在一些添加的最多余物质之中进行实验。他已经逐渐地不考虑这些问题。②

后来好像谁也没有取得专利权，而且制碱方法也没有全部完成。瓦特偶尔询问一下凯尔的进展情况，很明显瓦特和凯尔之间曾有一些通信交流，但是这些信件已经遗失。1771年2月，斯莫尔写道："凯尔上尉正在伦敦。他已经考虑居住到菲特（Fete）的某个地方。他做了一些

---

① Watt to Small, 27 October 1769, AOB；转引自Schofiled 1963, p. 77.
② Schofiled 1963, pp. 77-78.

关于矿物碱的实验，他比我对于这些实验更加满意，因为我认为产量太低。"①事实上，凯尔正在伦敦的专利局（Patent Office）申请保护发明特许权：

> 对于一项能够从普通盐、海水或盐泉水中提炼出碱盐的发明，在不预先通知位于伦敦黄金广场（Golden Square）布鲁尔大街（Brewer Street）的阿奇博尔德和詹姆斯·凯尔先生的代表亨利·戴维森（Henry Davidson）先生的情况下，没有人应当获得关于这项发明的专利权。
>
> 伦敦，1771年2月24日②

从那个时候到1780年，制碱项目再没有进展。斯莫尔在写给瓦特的一些信件之中偶尔提到这个项目；凯尔还在继续进行自己的实验，但是大部分注意力已经转移到其他方面。制碱项目涉及的具体程序不为人知，不过它需要的只是盐和石灰石，因而斯莫尔的想法是非常正确的——产量应该是很低的。因为原材料的价格便宜，在碱供应不足的情况下，这可能也是可接受的。不过当时对盐征收的特许权税很高，并且是从源头征税。1780年，美国的盐供应没有因战争停止，福代斯向议会提出申请，请求对盐实行免税或退税，或者设立政府奖励金，这样他才能按照新发明的程序生产碱和海酸（也就是盐酸）。凯尔以自己的名义提交了一份申请，而且瓦特也以自己和布莱克的名义提交了另一份申请，要求免除盐税。申请书得到审理，并且一些证人提供了证明：维特赫斯特、亚历山大·布莱尔（他很快成为了凯尔在化学制造方面的合作伙伴）、博尔

---

① Schofiled 1963, p. 78.

② Journals of the House of Commons, vol. xxxvii (from 26 Nov. 1778 to 24 Aug. 1780, Printed by order of the House of Commons), p. 915；转引自Schofield 1963, p. 78。

顿、瓦特和（工艺学会的）塞缪尔·莫尔都为凯尔提供了证明；博尔顿和詹姆斯·布莱克（约瑟夫·布莱克博士的兄弟）为瓦特做证。这些申请并未起作用，盐税直到1823—1825年才被免除，免除是分阶段实现的。那个时候，马斯普拉特（Muspratt）已经开始操作雷布莱克（Leblanc）程序，在免除盐税的情况下，凯尔和瓦特的方法也不再有利可图。[1]

《化学词典》的翻译确立了凯尔在化学研究领域的地位，这可能也是他成为一家玻璃厂的合伙人和经理的原因。1768年4月的《伯明翰公报》上面有一则通告："在斯陶尔布里附近，托马斯·罗杰斯（Thomas Rogers）先生的玻璃厂，具备从事这一行业所必须的一切条件准备转让。"[2]当地商人们就接管这一工厂的问题开始了长时间的谈判。凯尔也对此十分感兴趣，并最终获得了斯陶尔布里的玻璃制造厂股份。1771年10月19日，斯莫尔写信给瓦特：

> 凯尔先生已经成为斯陶尔布里的一位玻璃制造商，并且与一位漂亮的女士结婚……如果可能的话，您一定给凯尔先生介绍一些购买无色玻璃的客户，他可以根据客户的要求生产其他类型的玻璃。[3]

随后他写道：

> 请询问一下您的格拉斯哥商人们是否向美国大量供应玻璃？如果凯尔先生能够得到他们的订货，虽然现在他只能生产无色玻璃，他可以按照客户要求制造出最好质量的任何类型

---

[1] 参见Schofiled 1963, pp. 78-79。

[2] Schofiled 1963, p. 81.

[3] Schofiled 1963, p. 82.

玻璃。①

1772年11月16日，玻璃厂的交接手续完成。凯尔开始与约翰·泰勒合作，接管了"罗杰斯的安步斯科特玻璃厂"（Rogers's Amblescote Glass House）。斯莫尔写道：

> 凯尔先生刚刚达成一个协议，他得到一个大型玻璃公司的管理权，我希望这能够给予他十分宽广的发展局面。②

1770—1778年期间，他将自己的大部分精力都投入到这家玻璃制造厂。玻璃制造的实践经验使得他写出一篇关于玻璃结晶化的论文，文中包括一些关于结晶率效果、程序的完整性和可取消性以及典型结晶形式的敏锐观察，而且提出玄武岩是通过熔岩的结晶化形成，例如斯塔福岛（Staffa）上的巨人石道（Giant's Causeway）。

1777年至1781年期间，凯尔与博尔顿、瓦特和佛吉尔的索霍工厂的联系非常紧密。通过伯明翰试金化验所和伯明翰参考图书馆中收藏的一些博尔顿和瓦特的信件，我们可以了解到凯尔参与索霍工厂的情况。博尔顿和瓦特忙于发展蒸汽机业务，因而无法长时间待在索霍工厂，这一期间凯尔负责索霍工厂的管理工作，完成关于索霍工厂情况的技术商业调查，对发展前景作出正确评价。这一合作并未产生伙伴关系，一部分原因是，凯尔发现索霍工厂存在难以应付的财政和低效率问题。如斯科菲尔德所说，凯尔可能是目光短浅和过分谨慎，在阅读他们之间通信的时候，不难有这种感觉。另一个原因是博尔顿在某种程度上以成功企业

---

① Schofiled 1963, p. 82.
② Clow and Clow 1952, p. 95.

家的典型方式"利用"凯尔。这一联系的唯一结果是，凯尔对于瓦特的压印机产生兴趣，并且对这一发明的发展提供了一些帮助。很幸运的是这一联系并没有损坏凯尔与博尔顿之间良好的个人关系。

凯尔作为一名工业家的最大成就是1780年确立了第一个在商业上成功的合成碱制造程序。他与亚历山大·布莱尔共同建立了提普顿化工厂。亚历山大·布莱尔是凯尔的军官同事，他们拥有一些共同兴趣并且建立了深厚的友谊，他们的子孙后代又将这一友谊传承了三代。凯尔的合成碱制造程序基于一些化学反应，在初期研究阶段月光社成员们对此作出了很大贡献。

1780年5月31日，当免除盐税申请被呈递给英国国会下议院的时候，凯尔离开索霍工厂的去意已经很明显。6月21日，月光社成员们都得知凯尔想要建立一家制碱工厂。凯尔已经在伯明翰附近租用一块地方，原料也已经收集好，"以确保碱产品具有必要的精确度；[凯尔]认为爱尔兰是工厂的最好位置，那里没有盐税问题困扰"。[1]虽然国会下议院没有顺利地通过凯尔的申请，但是凯尔仍然继续自己的制碱工厂计划。1780年7月9日，瓦特写信给博尔顿："布莱尔先生已经在那里待了三天，凯尔被完全占用了。"1780年9月16日，博尔顿写信给雷赫先生："凯尔先生现在正忙于从事另一项生意……"[2]1780年10月3日，瓦特向博尔顿报告称，凯尔已经到德比郡采购铅砂；10月10日，凯尔返回并且再次与布莱尔见面。到1780年年末，凯尔和布莱尔建立合作关系，在斯塔福德郡的提普顿合伙建立起一家化学工厂。[3]

提普顿化工厂开始进行铅黄（PbO）和铅丹（Pb_3O_4）的生产，产

---

[1] Journals of the House of Commons vol. xxxvii, p. 914；转引自Schofiled 1963, p. 156.
[2] Schofiled 1963, p. 156.
[3] 在AOB的手稿显示出凯尔直到1782年1月仍然在参与压印机业务。转引自Schofiled 1963, p. 156.

品销售给玻璃制造商。凯尔继续进行制碱程序设计。1781年2月，他向商业和种植园委员们（Commissioners for Trade and Plantations）再次提出减免盐税的申请，但是这一努力再次失败。1782年，最终通过一项法案允许制碱商免除盐税，不过将税收转向由盐制成的矿物碱，而且生产必需持有执照，也就是收税官给予的制碱准入权。

最后，凯尔确定一种不同的矿物碱制造程序，这种新方法要比使用盐的方法便宜一些。硫酸钾和硫酸钠是制造硝酸和硫酸的废品，因此它们可以被很便宜地购买到。凯尔通过石灰泥过滤掉硫酸盐的水溶液。产物是不能溶解的硫酸钙和弱碱溶液，这种弱碱溶液不能被浓缩和销售。最初阶段的研究基于如下反应：

$$Na_2SO_4（或K_2SO_4）+Ca(OH)_2 \rightleftharpoons CaSO_4+2NaOH（或2KOH）$$ ①

这一方法有效地避免了普通盐税收，它的最大优点是化学方法的可行性。不幸的是，凯尔的大部分论文在1845年的阿伯雷府邸（Abberley Hall）火灾之中被损坏，因此我们仅有草图形式的制造流程概述，并且知道它在商业上取得了巨大成功。然而，我们可以通过一些质量定律进行计算，并且依据诺依曼（Neumann）和卡尔瓦特（Karwat）的实验结果对这一制造流程进行重构。通过过滤钠硫酸盐的冷溶液，在0.2M或更高一点的浓度情况下，通过一层熟石灰，能够得到含有少量钙，但是相当大的部分为钠硫酸盐的滤出液。下一步是通过这一稀释滤出液的蒸发作用进行浓缩，然后通过冷却程序，分馏结晶去除足够多的钠硫酸盐，从而得到具有适当滴定度的碱溶液（包含大约14%NaOH和11%Na_2SO_4）。②

凯尔的制碱流程没有记录在化学文献之中，它们可能是被秘密操

---

① Smith & Moilliet, p. 146.

② 参见Barbara M.D. Smith; J.L. Moilliet, James Keir of the Lunar Society, Notes and Records of the Royal Society of London, vol. 22, No.1/2. (Sep. 1967), p. 146。

作的。如果阅读帕德利（Padley）关于错综复杂的法律和政治斗争的说明，我们可以了解到关于由盐制成碱的各种程序的专利权之争，因此制碱流程保密的必要性变得非常明显。

凯尔的制碱流程成为他和布莱尔获得财富的基础，在提普顿化工厂之中进行的碱、肥皂（最后占据了他们的整个碱生产）、铅白和红丹以及一些其他产品的生产成为那个时代的工业"展示地"。提普顿化工厂与那时候英国的其他化工厂具有同等规模；它还成为另一个旅游参观胜地，能够与索霍工厂媲美。到1801年，公司在肥皂制造方面每年支付10,000英镑的税费。

凯尔的制碱法在18世纪最后20年非常合乎经济原则，因为硫酸钠或硫酸钾是其他行业的下脚料，既廉价又量大，同时还可以避免高额的食盐税。早在1781年凯尔就将矿物碱销售给博尔顿。[①] 在1791年之前，提普顿化工厂为斯土布里奇、达德利和伯明翰的一些玻璃厂提供氧化铅和红铅，并且为一些彩饰陶器厂提供白铅等。提普顿化工厂很少销售纯碱，博尔顿曾在1781年7月收到一批纯碱供货。在1781年9月19日，根据《詹姆斯·凯尔实验，1781—1793》的记录，韦奇伍德将凯尔所供的纯碱与普通旧碱相比并且指出，凯尔的纯碱在"饱和酸的能力"方面是旧碱的四分之三。凯尔发现在制造肥皂的方面使用自制的纯碱要便宜和容易得多。凯尔的公司将肥皂和白铅销售给韦奇伍德。凯尔还发现了大家公认的"有择亲和势"学说中的一个弱点并崭露头角，他能通过化学观察得出实际可行的工艺方法，依靠的是只有像"纯正"化学家和工业化学家那样具有丰富知识和技术的人才能注意到的微妙要点。[②] 尽管凯尔的工作很重要，但是究竟能否作为英国制碱工业的真正基础，还是一个

---

① Molliet 1859, p. 76.
② 见J. L. 穆瓦利埃：《化学与工业》中，《基尔烧碱工艺——一次尝试性的复述》一章（1966年版），第405—408页。

有待解决的问题。

另一项产品是凯尔于1780年4月10日获得专利的金属合金。虽然在申请专利的书面说明之中没有提到博尔顿，但是这一合金是博尔顿和瓦特共同发明的。这种合金是铜、锌和铁合金（比例是50∶37.5∶5）。这一合金与取得成功的孟兹合金（包含50%—63%铜和37%—50%锌）一样于1867年和1868年在伯明翰新闻界引起争论。凯尔和他的女儿将这一合金视为主要成就，但是它并未在海军的船只上使用，仅被用于制造窗扇、窗框和纺织品卷轴。

这种新合金比铜更适合用作覆材，它更加坚韧且不易受到海水的腐蚀，凯尔认为它可以用于船只的螺栓和钉子。1779年8月，博尔顿写信给海军大臣三维治（Sandwich）伯爵，要求将其用作试验。伯爵同意从这一合金制成的螺栓开始试验。1779年10月至1781年3月，海军多次试验了这些螺栓。这一期间，凯尔曾写信给博尔顿表达自己的信心，因为班克斯对这种金属被用于不适当范围进行的声讨，主要依据来自于维特赫斯特的报告。直到1781年2月，凯尔仍然乐观地认为海军将会选择这种金属，他写信给博尔顿提出合金贸易企业仍然很匮乏。博尔顿回复说，自己对于这种合金的权利至少和凯尔相同："我多年前就制成相同成分，而且在它的引入方面遇到一些麻烦和损失。"但是，凯尔并不想要与他合作，博尔顿自然放弃了自己的主张。最后，海军拒绝了这种合金；许多年后博尔顿指出海军发现这种合金比铜更容易被腐蚀。"凯尔金属"仅成为提普顿化工厂的另一种产品：用于一些家庭装饰用的装置，例如，那个时候流行的"黄金国"窗扇就由这种合金制成。①

在1781年2月和3月的通信中，博尔顿对凯尔重新回到索霍工厂计划的受挫进行指责，两人的关系似乎很紧张。一部分原因可能是合金贸

---

① 参见Schofiled 1963, pp. 158-159。

易没能取得预期的成功。1781年年末，博尔顿和凯尔之间的友谊得到恢复。①

三 韦奇伍德——英国陶瓷工业之父

1759年5月，韦奇伍德离开了威尔顿陶厂，自己另起炉灶。他在伯斯勒姆从堂兄约翰·韦奇伍德那里租下了一间茅屋、两座窑，还有货棚和厂房，所有这些的年租金是15英镑，约相当于现在的2100美元。他又花了2.6英镑租了一个制陶转盘，以年薪22英镑请另外一名堂弟托马斯作为雇工。②到1762年年底，韦奇伍德进一步扩大了规模，他已经雇用了16个工人。1765年，日用陶器的市场很旺，伯斯勒姆的厂房显然不能满足需要了。1766年，韦奇伍德斥资3000英镑（合现在约28.5万美元）于正在开挖的特伦特-默西运河靠近伯斯勒姆的河边购地300英亩，动工兴建厂房。韦奇伍德将新工厂取名为伊特鲁里亚，这是意大利某地的地名，当时那里正有许多古陶出土。伊特鲁里亚工厂于1769年夏季完工，同年，本特利正式成为韦奇伍德的合伙人，帮助他生产和销售陶器。

韦奇伍德的主要目标是进一步改进自己的产品、车间和利润。他对于博尔顿在索霍工厂的大规模生产非常感兴趣。1767年5月23日，韦奇伍德给本特利写道：

在伯明翰我见到一台车床，是在一个充满"玫瑰花结"

---

① Dickinson 1937, pp. 102-103.
② 麦格劳 2000，第33页。

（Rosetts）的计划之下制成的……整台车床刚刚全部地完成，而且订货人现在用不着它。我将会和他（博尔顿先生）待上一天或两天，我想要问问他是否愿意卖掉这台车床。我相信，他是英国的第一位或最彻底的金属制造商。他非常具有创造才能，具有哲学家的特点并且令人感到愉快。您一定非常熟悉他。他曾答应到柏士林参加我们的会议……但是，他说，今年他必须专注于生意并且不能在任何其他事情上放任自己。[①]

韦奇伍德提及车床具有特别重大的意义。在韦奇伍德备忘录中有一条："机动车床——1763年第一次被韦奇伍德引入到制陶工艺。"[②]本特利还于1764年翻译了普鲁米尔（Plumier）所著的《图尔奈的艺术》（L'Art du Tourneur）以供给韦奇伍德使用。

韦奇伍德给博尔顿夫人寄送了一些礼品花瓶，当1767年7月15日博尔顿写信给韦奇伍德表达谢意的时候，博尔顿告知了关于韦奇伍德已订购的一台冲压机和一些模具的信息，并且开玩笑地威胁他自己也要转为一名陶器制造商，"当我们非常熟练航行的时候，我们也能收集到您所使用的黏土，并且在这里的简单条件之下进行陶器制造"。1766年，当劳拉涅伯爵（Comte de Lauraguais）想要推销自己的瓷器制造方法的时候，博尔顿还对此并不感兴趣；然而，一年以后，制陶工艺获得了新魅力。博尔顿给韦奇伍德留下了深刻印象，他们相互钦佩。1768年，博尔顿已经开始考虑将科林斯厂（Corinth）和伊特鲁里亚厂的艺术品联合起来。韦奇伍德认为合作是一个好想法，不过，他并未如博尔顿所愿准备好实施两家工厂的联合，那么博尔顿再次面临的问题就是努力让自己

[①] Meteyard 1765, vol. ii, p. 27.
[②] Schofiled 1963, p. 83.

的企业取得支配地位。后来,他们决定进行商务合作,到1775年博尔顿和佛吉尔公司已经向韦奇伍德发运了上百箱陶器到波罗的海港口。① 在1768年3月15日一封给本特利的信件中,韦奇伍德写道:

> 我星期四一整天都在利奇菲尔德,并且于星期五早上到达了索霍工厂,在那里我与博尔顿先生度过了星期五、星期六以及星期日的半天时间,我们解决了许多重要问题,为改进生产和将产品销售到欧洲每个角落奠定了基础。我们的许多装饰品将会达到金属制品的优点,我们将会在上面使用紫色和金色的印花。……这只是一个领域,一个我们无法达到尽头的领域。②

这一协议执行了一些年。韦奇伍德提供花瓶用于进行装配,从博尔顿那里订购底座和凹槽,而且一些碧玉细炻器的浮雕都是在博尔顿的切削钢装置上进行处理。但是,博尔顿不满足于韦奇伍德作为花瓶供应商,他决定自己生产花瓶,并且到1769年的时候计划建立一个制陶工厂。韦奇伍德写信给本特利:

> 如果伊特鲁里亚厂不能坚守阵地,必须让路于索霍工厂并且落在其后,让我们不要轻易地出卖掉胜利,而是像男人一样努力固守我们的阵地,甚至在不能与胜利者共享殊荣的情况下。这使得我勇气加倍,准备好与英国的第一流制造商进行竞争。——这一竞赛让我非常快乐。——我喜欢这个人,喜欢他

---

① 参见Schofiled 1963, p. 84。

② Schofiled 1963, p. 84.

的精神。——他不像我目前为止遇到的一些对手，他从不是一个假装悲哀的模仿者，而是在必要的时候敢于冒险脱离轨迹，并且在战斗中给我们提供许多消遣。①

直到1772年这一竞争仍在继续，但是这并没有损害到伊特鲁里亚厂和索霍工厂之间的友谊。事实上，1770年发生的一段小插曲有希望带来两个阵营的合作，并且得到月光派其他成员们的支持。1770年12月24日，韦奇伍德写信给本特利：

> 星期日，我在索霍工厂吃的饭，在那里我一直待到了星期二早上……博尔顿先生正在为安森（Anson）先生制造一个巨大的三角架，以完成斯图尔特设计的狄摩西尼·兰索恩（Demosthenes Lanthorn）建筑的顶部。三角架的腿是铸造的，大约5英吨重，但是在凹处，他们（工人们）摇摇摆摆的，而且他们不知道如何进行固定……我严肃地告诉他们……他们必须召来一名能干的制陶工人提供帮助……您这样认为吗？他们听取了我的谏言，而且经过我的一些无害的自夸，我得到了一份很好的工作……博尔顿先生、达尔文先生和我将会在新年那天与安森先生一起吃饭，然后就这一问题进行详尽的商议。②

这次新年会面并没有举行。1771年1月4日，达尔文告知博尔顿，安森先生不得不缺席已约定好的会面，并且补充说："我很希望见到

---

① Schofiled 1963, pp. 84-85.
② Schofiled 1963, p. 85.

你们'伯明翰－哲学家们－航海家们',但是安森先生现在病入膏肓。"①1月24日,斯图尔特写信给韦奇伍德:"我们接待了博尔顿先生和凯尔上尉的来访,但是对于我们所期待的另一位客人,我们感到非常失望。您的缺席我们感到特别遗憾。"韦奇伍德写信给斯图尔特和博尔顿,对于自己的缺席表示道歉并且希望能够安排另一次会面。此后不久,安森先生去世了,再无法听到关于这一项目的消息。博尔顿和韦奇伍德之间竞争的历史相当引人关注,即使博尔顿的活动事实上从未构成对韦奇伍德的真正威胁。1775年博尔顿的活动开始集中于蒸汽机,因而他们的关系不再存在生意竞争的威胁。

韦奇伍德很早就提出在陶工之中开展合作研究。1775年,韦奇伍德采取措施使得一个小团体"陶工俱乐部"(Club of Potters)成为一个正式组建的工业研究组织。这一计划的起因是,团体成功地阻止了一项专利延长,即阻止了授予理查德·尚普兰(Richard Champion)在康沃尔的高岭土和瓷石的专有权。韦奇伍德直接地参与到由这一团体组建一家合资的实验性组织的提议之中。一个委员会成立起来,并且为研究组织提出了"协议标题"。依据目前的发现,这是首次尝试正式而合法地创立一个工业研究组织。令人遗憾的是,计划没有获得通过,因为很少人相信研究的重要性,他们不想付费。但是,韦奇伍德在家庭、自己的雇员和月光社之中得到了科研帮助。

到1775年的时候,韦奇伍德的主要科技问题已经得到解决,女王陶瓷、黑陶器和碧玉细炻器已经成为工厂的标准产品。此后,韦奇伍德面临的主要问题就是设计新产品和打开新市场;他的主要科技问题是理解和控制他所使用的材料和方法。在这两个方面他都得到了月光社朋友们的帮助。

---

① King-Hele 2007, p.108.

韦奇伍德继续与博尔顿和佛吉尔公司合作，韦奇伍德给他们供应碧玉浮雕，用于安装在博尔顿所生产的装饰性钟表和艺术陶器之中，然后博尔顿将碧玉浮雕安装在经过切割和抛光的钢架之中，作为按钮、销栓、短表链和环形物。博尔顿和佛吉尔公司在俄国宫廷有自己的商业代理，在他们的建议之下，这一商业代理也代表韦奇伍德的利益。1779年，埃奇沃思的姐夫保罗·埃勒尔（Paul Elers）提出一个新的生产项目，这一项目在10月20日韦奇伍德写给本特利的信件之中提到：

> 我的好朋友保罗·埃勒尔……已经取代我正在从事的一些无足轻重的工作，我会将新生意置于所有凹雕、浮雕和这类不重要的工作之上，就像是蒸汽机被我们的一位好朋友置于表链和袖扣生意之上……这一生意就是陶制水管，首先为伦敦生产然后是全世界。我想要首先作为实验供给伦敦和威斯敏斯特自己使用。①

根据芒图的说法，"在他开始生产陶制排水管和水管之后不久，生产发展到很大规模，后来成为了国家的重要工业之一"。②

韦奇伍德的市场营销策略是非常成功的。他的陶器以时兴性闻名。韦奇伍德会制造一些大奖章。他经常就一些时事话题制作徽章，例如，1787年为纪念和法国的商业谈判制作徽章，而且同一年为庆祝第一块澳洲殖民地制作徽章。此外，韦奇伍德的陶瓷质量上乘。从18世纪60年代中期开始，韦奇伍德就将最成功的日用品系列"女王陶瓷"的定价维持在比其他陶厂产品高出75%—100%的水准。③1772年，韦奇伍德给本

---

① Schofiled 1963, p. 160.
② Mantoux 1928, p. 395.
③ 麦格劳 2000，第45—46页。

特利写信说，"低廉的价格会降低产品的质量，那将会导致人们轻视、鄙视甚至放弃这一产品，也就谈不上什么生意了"。此外，他还会想方设法开发新产品。波特兰花瓶就是一个很好的案例。

英国陶器的珍品之一是巴伯里尼花瓶（Berberini Vase）[①]，这是带有白色浮雕的深蓝色玻璃品，它是在奥古斯都（Augustus）的亚历山大大帝时期制成的。17世纪初，这个花瓶归枢机主教弗朗西斯科·巴贝里尼（Francesco Barberini）所有，并且保存在罗马的宫殿里面，它曾经在雕刻作品之中被无数次复制。1780年，因债务问题，它被销售给苏格兰的一位古文物研究者和商人詹姆斯·拜尔（James Byres），随后被以1000英镑的价格卖给了威廉·汉密尔顿。汉密尔顿又将它秘密地卖给了波特兰的公爵夫人，并且在她去世之后一年，这个花瓶与她的其他藏品一起拿出来拍卖。1786年6月7日，第三个公爵代表他的儿子赢得了竞标。

关于这个花瓶有各种传闻：它由玛瑙制成，而不是玻璃；它据说是一个骨灰瓮，曾装着君主亚历山大·塞尔维儒斯（Alexander Serverus）和他的母亲的骨灰。它的基调仍然是神秘的，可能与珀琉斯和西蒂斯的故事相关。多年来，韦奇伍德一直尝试按照印刷品复制一个碧玉花瓶。在波特兰公爵获得拍卖的花瓶之后，他立即给公爵写信询问是否可以借到真品花瓶。1786年6月10日，这个花瓶抵达伊特鲁里亚厂。韦奇伍德立刻写信给汉密尔顿，情绪在兴高采烈和绝望之间。原因是，通过对于孟特法贡（Montfaucon）印刷品的研究，他确信能够制造出与真品相当的或胜过真品的复制品，但是在亲眼看到真品之后，他谈道："我的顶峰已经坠落。"[②]他可以找到最好的模型制造者，

[①] 现今放在大英博物馆的宝石室里。
[②] Uglow 2002, pp.421-422.

制作一个黑色碧玉的花瓶，不过花瓶的材质要比玻璃坚硬，并且可以像玛瑙一样切割和车床抛光。另外，最大的挑战就是需要模仿精细的底部截槽，那更像是绘画而不是雕刻。他应用了一辈子的经验和所有技术，集合了最好的团队，并且对陶器主体和焙烧进行实验。在亨利·韦伯（Henry Webber）、哈克伍德（Hackwood）和威廉·伍德（William Wood）的帮助之下，四年时间里他对复制品不断进行完善（最初是黑色，然后是深蓝色）。

韦奇伍德受到花瓶形状问题的困扰，因为真品花瓶要比他所认为的美丽花瓶短粗一些，他想要将其转变为一种更好的形状。他一直与汉密尔顿保持着联系，给他写信征求意见。韦奇伍德感谢他提供的古董半身像复制品，告知他壁炉架和花瓶的进展情况，并且指出"但是我的主要工作是波特兰花瓶"。到1787年夏，他已经完成外观的第三种形式，并且正在担忧如何能够接近于真品的精美，因为真品的艺术家已经能够将白色浮雕玻璃削减到接近于透明，这样深蓝色的背景才能体现出阴影效果。他还对焙烧问题感到担忧：过多或过少热量，在烧窑之中的时间多一点或少一点，效果完全不同。他最终解决了这个最困难的问题，他找到了一种碧玉浸染工艺，能够与花瓶的强烈深蓝色相符，而且在烧窑之中也不会损毁。[1]

在下一年春天，他已经制造出两个或三个完整的花瓶，但是他自己不是十分满意。他将第一个几乎完美的复制品于1789年10月寄给了达尔文进行检查，这是韦奇伍德对达尔文信任的最好标志。韦奇伍德让达尔文发誓不要将这个花瓶给别人看，但达尔文并没有这样做。"我已经违反了您的意思"，他写道，"我已经向两三个人展示了您的花瓶，但是他们都是哲学家而不是同行科学家（cogniscenti）。我怎么可能拥有一

---

[1] 参见Uglow 2002, pp.422-423。

件宝贝而不与一些德比郡哲学家分享这份喜悦呢？"[1]

韦奇伍德还收集关于花瓶的所有注释，这样他能够将其印刷出来供购买者选择。其中一个注释来自于达尔文，它随后在《植物经济》（*The Economy of Vegetation*）之中被再印。达尔文深信这些花瓶开始了对于古希腊神秘性的探索。他断言古代世界的真正智慧属于古埃及的占星家，他们也可能是从印度那里获得的，而且这已经记录在他们的象形文字代码之中。在古希腊神秘事物之中，最重大的那些智慧被保留了下来：他们相信自然有机物的一般循环不能被摧毁而只能被转变——这一信念反映在达尔文的进化论之中。[2]

1790年春，韦奇伍德已经准备好波特兰花瓶复制品（据说他已经完成了50个复制品，虽然只有16个保存下来）。在五一劳动节那天，在约瑟夫·布兰克（Jeseph Blank）的室内进行预展之前，王后已经亲眼目睹。波特兰公爵在韦奇伍德伦敦展览室的位置拥有土地，因此，波特兰花瓶正好在希腊大街（Greek Street）的波特兰室进行展览。

韦奇伍德的伊特鲁里亚工厂应用了当时最新的技术，其中包括引擎驱动旋转床，它通过呈椭圆形的离心运动在陶器上造出整齐划一的垂直的凹槽或其他图案。韦奇伍德的第一台引擎旋床是以他在伯明翰的铸造厂里看到的机器为原型，然后按照陶器生产的特殊需求改制而成的。1782年安装了由博尔顿－瓦特铸造厂生产的蒸汽发动机，用来碾碎燧石并为陶器抛光。18世纪80年代中期有个法国工业家访问过伊特鲁里亚厂，他将这家工厂和周围工人们居住的茅屋描绘为一座小型的城镇，"一个令人惊奇的组织"。

伊特鲁里亚工厂全面开工之后，韦奇伍德－本特利名下的装饰陶瓷

---

[1] King-Hele 2007 p. 348.

[2] 参见Uglow 2002, p.423。

和女王陶瓷一起声名远扬。1772年,韦奇伍德报告说他们公司已经能够生产100多种款式的花瓶,其中很多品质的把手和饰品还可以卸换。到18世纪70年代中期,韦奇伍德与他的合伙人本特利和托马斯·韦奇伍德已经成为英国最重要的陶器生产商。他们是国内市场的主导者,在国际市场上也扮演了重要角色。1771年,当政治经济学家阿瑟·扬参观伊特鲁里亚工厂和斯塔福德郡其他陶厂的时候,他注意到"其中一些最优秀的产品被销往法国",大量奶油陶器销往爱尔兰、德国、荷兰、俄国、西班牙和英国在东印度的殖民地,并有大量产品被销往美洲。到1783年,韦奇伍德的日用和装饰陶的出口率已经占了总销量的80%。韦奇伍德1795年去世的时候,留下了大约50万英镑(约4400万美元)的遗产。至今位置,韦奇伍德陶瓷依然是著名的陶器品牌。

韦奇伍德在商业上的迅速成功使他更坚信工业资本主义的力量。1783年,他就这一问题出版了一本题为《对陶业青年的心里话》的小册子。下面是其中节选的两段:①

> 我要求你们问问你们的父母,请他们描述一下他们记事时候国家是什么模样;他们会告诉你们那时的贫穷程度已超出了他们的想象;住的是茅屋,土地贫瘠……连人畜糊口都不能保证。
>
> 将这幅图画与我们国家现在的模样比较一下:工人的工资翻了一番;住的是舒适的新房;土地、道路和其他环境都有了令人满意的快速提高。这种令人愉悦的改变源于何时?源于何故?你们首先得和我一样承认这样一个不争的事实:工业是这一大好变化的源头。人不分贵贱,通过大家长期持续的辛勤

---

① 麦格劳 2000,第51页。

奋斗，我们的面貌焕然一新；建筑物、土地、道路，甚至居民的行为举止（个别不雅的例外），这一切都引起了以前未听说过我国的国家的注意和惊羡。现在我最想思考的一个问题是我们业已取得的成就能维持多久。

四　造币机、压印机和语音机

造币机

索霍工厂利用蒸汽最有趣的例子之一是硬币的自动铸造，这是博尔顿的创意，充分证明了博尔顿对于市场敏锐的判断力。他也对这一事业感到特别自豪。18世纪下半叶，英国的造币业比较混乱。随着工业发展和工资上涨，对货币的需求量逐渐增加。英国皇家造币厂（the Royal Mint）仍然使用重型螺旋冲压机，它需要两个人拉动杠杆末端的沉重球状物，在每次猛拉冲压机的时候使用锤子敲出一个硬币。皇家造币厂需要逐个地压印出金币和银币，速度很慢而且会发出嘎吱嘎吱的响声。30年间只发行了一次铜币，那就是1770年发行的一批不足半便士之值的铜币，银币也非常匮乏。在每个星期的工资为几个先令的地方，雇主有时不得不给四五个人共同发放1英镑纸币，这些人只能一起去商店或酒馆进行消费。

伪造是不可避免的，特别是在伯明翰，那里有一些技术熟练的金属工人。如果机器能够生产压印纽扣，那么很显然它也能够生产硬币。18世纪80年代末，博尔顿估计三分之二的铜币都是伪造的。博尔顿痛恨这些败坏伯明翰名声的假币制造者。作为一名需要支付工人工资的商人，他已经对于小硬币的缺乏现象观察了很多年，而且在瓦特刚到索霍工厂的时候，博尔顿就曾向议会建议将蒸汽动力用于造币厂。20年后，他再次提出这一想法：在一个项圈之中敲打硬币以进行直径调整，使得厚度标准化，并使其边缘凸起和倾斜，以防止硬币磨损。硬币在冲压机上被一个钢圈固定住，准确地接受压印。每台冲压机由一名工人负责操作，每分钟可以铸造50—120枚硬币。[1]

1786年，博尔顿装配起自己的冲压机，并且为东印度公司（East India Company）铸造出100吨铜币。当他和瓦特在巴黎的时候，他们参观了造币厂，并且发现了一位奖章获得者吉恩·皮埃尔·杜洛斯（Jean Pierre Droz）开发出的一些先进想法，但是这些想法没有被法国政府所采纳。这些想法包括一个有接缝的项圈，它能够在敲打硬币的过程中支撑住硬币，并且允许在硬币边缘刻字。回国后，博尔顿着手向政府提出建议，他开始组织申请书。他所得到的结果就是建立了一个令人讨厌的枢密院委员会（Privy Council Committee），这一委员会考虑三年之内开始发行新式铜币，但是最终提出了永远不予执行的建议。但是，博尔顿给他们留下了深刻印象：在1788年1月提交文件之后，他还提交了一个新式半便士铜币的样品。最初，他的样品是在巴黎的杜洛斯冲压机上面制作的，然后他说服了杜洛斯自己制造样品。索霍工厂的样品在五月份制作完成，并且带有自己雕刻的边缘，并且声明："将凯撒的东西呈递给凯撒。"[2]

博尔顿提交枢密院委员会的样品获得批准，但是官方的运作效率很慢，特别是在伦敦有许多既定利益者，一项政府法律出台需要十年时间。博尔顿已经无力再继续投资，他曾想要以成本价一半的价格出售造

---

[1] 芒图 1983，第269页。
[2] Uglow 2002, p. 417.

币厂。

然而，博尔顿依然坚信他能够制造出像从天降雨一样多的半便士铜币。1788年，他建立起世界上第一个蒸汽动力的造币厂，并且他在自己的工厂附近的称为"桃源轩"（Fairy Farm）的建筑后面收拾出一块地方，设置了供访客使用的饮茶室（Tea Room）、自己的化石室（Fossil Room）和实验室。蒸汽机驱动一套机械装置，在与每台冲压机相连的真空汽缸的帮助下，这项机械装置能够拧动造币冲压机的螺杆。在工厂的滚轧机中，他插入了新的轧辊，这样可以将铜锭转化为片和条，比原来用于制造硬币的铜要薄，而且在旁边的由抛光发动机（Lap Engine）提供动力的抛光机之中，他放入了用于切割毛坯半制品的新机器。在造币厂之中，他成立了一个车间，专门用于进行金属的除锈和退火。①

不久以后，他已经有6台大型冲压机，并且获得许多大订单：为美国殖民地制造铜币和为塞拉利昂公司（Sierra Leone Company）制造银币。几年后，一方面国外的生意越来越多——百慕大（Bermuda）的便士和马德拉斯（Madras）的法卢（faluces）。另一方面是当地硬币和贸易代币的制造，现在开始允许生产商发行。1787年托马斯·威廉（Thomas William）在安格尔西岛（Anglesey）的帕丽斯（Parys）矿山已经发行便士硬币，这些硬币由自己的金属制成和在自己的造币厂中敲打出来。约翰·威尔金森立刻订购了一种精美的硬币，硬币上带有他自己的半身像并且围绕着"JOHN WILKINSON IRON MASTER"的令人自豪的名字；背面是铁匠铺，还有两个大轮锤。这是第一枚带有君主之外其他人头像的硬币，它引起了很大轰动，《伦敦杂志》（London Magazine）刊载了尖锐的"对于威尔金森先生的铜币的讽刺短诗"。在接下来五年之内，博尔顿压印出大量威尔金森代币。每一批代币前面都

---

① 参见Uglow 2002, p. 417.

是他的人头像，而背面的图案设计有所不同。①

这些硬币的成功就如同韦奇伍德商会（Chamber of Commerce）的成功，它们都是制造业能力和独立自主的体现。这位钢铁制造业者的硬币外观对王权、政府和原有秩序构成了挑战。博尔顿为从兰开斯特（Lancaster）到南安普敦（Southampton）以及从邓迪（Dundee）和格拉斯哥到爱尔兰的奥法利郡的一些公司和个人制造代币。那个时代的特征和月光社项目的许多方面都在硬币上面体现起来：硬币的一面是盛气凌人的商人，而另一面是田园风光或者远古仪式的召唤；一面是带有古老盾徽的地方市镇，另一面却是销售标语。一些代币体现出上流的新古典主义；另一些代币体现出对于古英格兰的文物的研究热情。②

这些代币是一种装饰艺术，因此博尔顿使用了一些优秀的雕刻师，例如，杜洛斯以及随后的杜马莱斯（Dumarest）和康拉德·海因里希·屈希勒尔（Conrad Heinrich Kuchler）。随着每个订单的完成，他的技术经验都在增长。1790年7月，博尔顿取得了应用蒸汽动力代替人力进行造币的专利。两年之后，他的造币厂已经有8台大型造币冲压机，它们都是连接在一起的。每台机器又有自己的离合器和传动装置，因此能够同时生产8种不同规格的硬币，从很小的法国苏到英国克朗都可以。这些冲压机被安排成循环操作的形式，就如同孩子们玩的旋转木马，不间断地旋转，一分钟能生产出50到120枚铜币。冲压机非常灵敏而且操作方法简单：每台机器只需要一个12岁孩子，而且不需要付出重体力劳动，他只需要在一段时间内让冲压机停止，然后再设置一下重新开启。博尔顿限制孩子们每天工作10小时，比许多工厂的工作时间短很多，而且他们都穿着白上衣和白裤子，衣服每周洗一次。因此同时代人

---

① 参见Uglow 2002, pp. 419-420。

② 参见Uglow 2002, p. 420。

都称赞他为慈善家。博尔顿又从造币转向制造勋章。最早的一枚勋章是纪念1789年乔治三世战胜了多年的精神错乱症：第一枚铸造出的勋章由他的读者和博尔顿的朋友安德烈·德吕克（Andre de Luc）提交给了王后。

造币能够将博尔顿和瓦特的蒸汽专业技术和索霍工厂的老金属工艺结合起来，而且可以使用因生产过剩有可能被关闭的康沃尔郡铜山。设计硬币需要雕刻家和雕工的艺术；成吨地浇铸出硬币能够证明机械动力的优点。更好的一点是，在博尔顿看来，这一事业是爱国的，甚至是博爱的，他能够防止犯罪并且挽救潜在罪犯。

压印机

压印机是月光社内部的思想交流的成果的一个有趣的案例。在月光社的会议上，成员们相互交流，相互启发，有许多杰出的发明就这样产生了。瓦特的复写纸技术的发明就得益于达尔文所制造的双图仪（bigrapher）的启发。1799年，瓦特在写给达尔文的一封信中写道：

> 我已经开始研究一种化学复印的方法，这种方法要胜于您的双图仪，我能够在五分钟内复制一页完整的信件。我将另外一页的副本随信送给您，以便得到您的确认，另外我要告诉您的是，我还能够比那份副本做得更好。[①]

在瓦特带有炫耀性质的信件中，可以看到，瓦特此前已经参考过达尔文的双图仪。达尔文的备忘录之中有一系列未标明日期的"Bigrapher"标记的图纸，这些图纸与现代的缩放仪具有相同之处。事

---

① Uglow 2002, p. 307.

实上达尔文将他的发明带到了月光社的会议上可能想获得博尔顿的投资。瓦特将达尔文的双图仪借回家加以研究。在斯科菲尔德的著作《伯明翰的月光社》一书中，提到一部传记中曾经记录了达尔文和瓦特在月光社会议上的交流：

  "我有了一个主意"，一天达尔文对他的同伴说，"一个双头的鹅毛笔，带有两个羽毛管，使用这样的笔，可以复写任何东西；这样，可以在一个过程中，同时产生一封信件的原件和抄写件"。"我相信我可以发现解决这一问题的更好方法"，瓦特几乎立刻回答道，"我将在今晚仔细考虑我的想法并在明天将我的主意通报给您。"第二天，压印机就被发明了。①

  瓦特刚开始的时候采取了墨水混合物和毛面薄纸进行试验，通过这种薄纸铺在新写出来的信上加压来获得复制品，虽然压印出来的内容是反的，但是由于纸薄，所以能够从背面看清楚所写内容。1779年6月28日，瓦特在给博尔顿的信中附上了一些样品，接着他还设计出了圆辊式和螺杆式压印机。1780年5月31日，瓦特取得一种复制信件和其他著作的方法的专利，这种方法使用凝胶状的墨水，在原件上面放置潮湿的无浆纸张，对纸张施加压力直到印上墨水。

  博尔顿从一开始就参与这一计划，为专利付费，并且组织起生产压印机的公司，瓦特拥有公司一半股权，博尔顿和凯尔各占有四分之一股权。1779年中期，凯尔为博尔顿和瓦特从事的大部分工作是在压印机公司的方向。1779年期间，凯尔、瓦特和博尔顿经常就压印机的设计以及

---

① Arago 1839.

所使用的纸张和墨水类型进行通信。维特赫斯特带博尔顿参加了1780年5月11日的皇家学会会议，博尔顿在那里示范了压印机的使用。根据伯明翰古文物研究者吉米斯（S. Timmins）的说法，普里斯特利也曾参与其中，他给瓦特提供了一些在完善墨水和印刷方面的提示。[1]

博尔顿曾经带着一台新压印机到伦敦向议员、银行家和商人进行了示范。在瓦特专利权有效的15年间，压印机业务获得了持续的成功，新公司在组建的第一年就销售了150台压印机，此后一百年间，瓦特的压印机一直都是办公室的通用设备之一。压印机的案例生动地体现了月光社成员之间的交流启发了新的发明创造，他们之间的互助又推动了新发明走向市场，成功地实现了它的商业价值。

语音机

月光社成员们经常非正式地见面讨论科学和技术方面的一些最新进展，还有他们自己的理论和发明。达尔文的一些发明创造很可能起因于这些讨论。一些人认为语音机"不可能实现"，而达尔文接受了挑战。这似乎就是语音机器的起源。1771年9月3日，博尔顿在索霍写的信件展示了达尔文发明语音机的缘起：

> 我答应支付给利奇菲尔德的达尔文博士1000英镑，如果他能够在从今日起的2年之内递交给我一台称为"元件"的仪器，这台仪器能够用普通的口语发出"Lords prayer"（主祷文），"the Greed"（贪婪），以及"Ten Commandments"（十诫），同时，他需要将这台语音机的发明的所有权和附属于其上的利益一同独家转让给我。

---

[1] Schofiled 1963, p. 155.

马修·博尔顿（签字）

索霍 1771年9月3日

见证人—詹姆斯·凯尔

见证人—威廉·斯莫尔①

在1772年达尔文写给富兰克林的一封信中，有很多段落讨论了语音学、语调和方言。达尔文暗示了他在机器方面的研究工作："我听说有人在尝试制造语音机器，你会祈祷这一报告中是真的吗？"这一机器能够激起月光社成员的兴趣，这一点是很明显的。②

1771—1772年期间，这一"元件"（他们这样称呼它）还带有风箱、皮革舌头、簧片和管子的机械设备。最后，他制成了这一机器，它能够很好地发出mama、papa、map和pam几个词的音。这一机械装置基于发音学理论，而这一理论是达尔文与富兰克林商议发展起来的。在语音机发明之后，埃奇沃思曾写信给达尔文：

> 法国刚刚宣告完成的语音机器没有您一些年前发明的语音机器说的话多。他只能简单地说两句爸爸（papa）和妈妈（mama）。您的语音机器也能说这些单词，还能说"go"。1770年，我将您的语音机放在一群人的隔壁房间，他们居然以为我带了一个孩子，在叫着爸爸和妈妈。③

宗教礼仪正是达尔文所讨厌的事物，博尔顿与达尔文打赌的事情体现出月光社轻松活泼的气氛和爱开玩笑的态度。达尔文的语音机在他的

---

① Robinson 1963, letter 4；也见Schofield 1963, pp. 109-110。
② 参见Schofield 1963, p. 109。
③ Schofield 1963, p. 109.

《自然的圣殿》中有记录①，但不幸的是没有一张图纸保留下来。这一元件在当时引起轰动，但是达尔文的医生职业妨碍了他继续继续改进这一机器的结构。②

---

① Darwin 1804, pp.138-139.
② King-Hele 1988, p. 153.

第七章　月光社的对外联系

在月光社成立之后，它与同一时期的其他此类学会都有联系，例如德比哲学学会、曼彻斯特文学和哲学学会、林奈学会、伦敦医学会以及其他一些农业、自然史和哲学讨论俱乐部。除了月光社成员们通过他们的学会联系而结识的一些科学家，许多科学家还慕名到他们的家里或在索霍、提普顿和伊特鲁里亚的工厂拜访。另外，月光社成员们到苏格兰或欧洲访问的时候结识了一些科学家，还有一些保持通信的科学家。通过这种方式，月光社成为超出自己的成员范围之外的科学活动的中心和交流场所。

阿伯丁哲学学会（Aberdeen Philosophical Society）可能是伯明翰月光社在组织、规划和哲学体系等方面的原型。[1]阿伯丁哲学学会的会议记录中有一个问题，这个问题在月光社的一次聚会上也被提出过："为什么天才的爆发出现在历史的特定时间和地点，而不是在其他时间和地点？"答案包含斯莫尔这个人物，他能够取到个人知识的干柴，添加兴趣的火花，并且使用鼓励和交流的方式煽动天才的火焰。本质和措辞方面相似的其他问题也在阿伯丁哲学学会的会议记录和月光社成员们的通信之中提出。

---

[1] Clagett 2003, p. 109.

许多联系通过斯莫尔变为可能。约翰·格利高里（John Gregory）和他的追随者可能会将他们在阿伯丁哲学学会的会议内容传给斯莫尔，斯莫尔又将月光社讨论的问题传递给阿伯丁哲学学会。通过斯莫尔和月光社其他成员们和合伙人，新概念、观点和创新得以进入美国哲学学会的讨论。通过富兰克林、杰斐逊和普里斯特利，月光社与美国知识分子之间有了交流，并且相互产生影响。富兰克林是美国与英国的知识分子和科学团体之间的调查研究和共同兴趣的通道。简言之，18世纪英美知识分子生活的复杂丰富的画面具有一些共同线索，月光社的斯莫尔就是其中一条清晰的线索。从博尔顿、达尔文、斯莫尔、戴、普里斯特利和维特赫斯特与富兰克林结识开始，月光社与美国一直保持着高度联系。1784年，威瑟林加入这一团体，富兰克林给他写信，寻找治疗他的结石病的方法，并且发给他5几尼的咨询费。[①]1787年，韦奇伍德也与富兰克林就工资问题进行通信。1787年夏，约翰·亚当斯（John Adams）见到了普里斯特利和他的姐夫约翰·威尔金森。当1786—1787年冬杰斐逊在巴黎见到博尔顿的时候，他与博尔顿讨论了为美国制造蒸汽机的问题。[②]

一　与皇家学会的联系

尽管皇家学会在18世纪出现了衰落，但它仍是英国具有最高社会声望的学会。达尔文于1761年成为伦敦皇家学会会员；普里斯特利于1766

[①] Franklin letter to William Withering, 1 March 1784, Archives of American Philosophical Society, Philadelphia. 转引自Schofiled 1963, p. 240。

[②] See letter of John Adams to Benjamin Vaughan, n.d. Archives of American Philosophical Society; Dos Passos, Thomas Jefferson, pp. 279-281. 转引自Schofiled 1963, p. 240。

年成为会员，维特赫斯特于1779年成为会员；埃奇沃思于1781年成为会员；韦奇伍德于1783年1月16日被选举为会员；1785年11月24日，博尔顿、瓦特和高尔顿成为会员；1788年4月17日，约翰逊成为会员。①这一时期末期，只有斯托克斯不是伦敦皇家学会会员。他没有于1785年与月光社同事们一起成为会员的原因是，到1790年，对于像斯托克斯这样的异教徒者和共和政体论者来说，成为皇家学会会员已经来不及了。月光社成员们参加皇家学会的活动体现在他们向学会提交论文、参加学会会议（经常带来一些来宾）和对于一些非月光社成员的新会员的提名。对于皇家学会会员证书的粗略查看表明，至少22名会员的申请书上面有一位或多位月光社成员的签字。

皇家学会试图通过动员整个社会的统治阶级来加固它在实验哲学家之中的威望和信誉。贵族阶级优先被吸收进皇家学会，整个18世纪，学会理事会中贵族阶级占有很大比例。1778年至1820年的会长约瑟夫·班克斯爵士通过他在行政事务、殖民当局和宫廷的影响力来行使相当多的权力。依赖于前任会长牛顿（1703—1727）和汉斯·斯隆（Hans Sloane）爵士（1727—1741）的赞助活动，班克斯在一个不断发展的"学术帝国"中稳定地获取了更大的权力，②他试图通过接管皇家学会来满足自己的个人野心，这自然引起了那些不满意18世纪英国政治秩序的人们的愤恨。激进分子将皇家学会视为腐化的政治当局的一部分。普里斯特利在班克斯的前任约翰·普林格爵士的赞助下表现活跃，普林格鼓励普里斯特利和其他一些化学家的研究工作。在普林格退休之后，普里斯特利开始远离皇家学会，他感觉到班克斯正在通过一种党派性的方式反对他。在法国革命爆发之后，班克斯和普里斯特利之间

---

① See Royal Society Certificate Books, Archives of the Royal Society of London. 转引自Schofiled 1963, p. 236。

② McClellan III 1985, pp. 21-22.

的关系变得更加紧张。这种紧张关系是不可避免的，皇家学会此时已经被赋予了许多科学和社会政治的功能。①1792年10月2日，在克莱普顿（Clapton）的普里斯特利给威瑟林写信提到了他对于月光社的怀念和对伦敦科学界的感受：

> 我最遗憾的一件事情就是，我被驱逐出伯明翰，并且失去了您和月光社其他成员们组成的团体。我认为我需要在不断努力方面获得激励，而和您在一起的时候就能够得到这一激励。我这里的哲学家朋友们都是冷漠而疏远的。卡文迪许先生对于我最近所经历的一些事情表达出最大程度的关注，我参加了他支持的一个团体，并且有时候与他们进行交谈。我不希望再与他们进行更多的交流。②

1793年10月22日，在克莱普顿的普里斯特利再次给威瑟林写信，提到了他与皇家学会的紧张关系：

> 我感到很遗憾，您是否已经[从里斯本]返回，我在某种意义上已经中断了与您和月光社其他成员们的最令人愉快的联系。我在这里很难见到哲学家，除了偶尔见到克劳福德博士。至于皇家学会，我被大多数成员们视为不受欢迎的人物，我从不接近他们。③

---

① Golinski 1992, pp. 55-56.
② Robinson 1963, letter 70.
③ Robinson 1963, letter 75.

二　与工艺学会的联系

1754年，工艺学会在伦敦成立，它是一个与当时的社会和政治中心具有密切关系的学会，并在鼓励化学发展方面扮演了一个更为直接的角色。工艺学会为应用科学提供了家长式的鼓励。工艺学会提供一系列的奖金来资助那些在生产方法方面做出重大革新的个人，以及那些准备将他们的方法展示给公众的个人。工艺学会对于宫廷和政府资助的紧密依赖性使得众多谦卑的会员跟随在政府机器的后面。此类化学家，如尼古拉斯·科瑞斯博（Nicholas Crisp）（药剂师）和罗伯特·多思（一位前药剂师的徒弟），都从工艺学会得到了好处并洋洋得意。[1]

工艺学会对于成员资格的社会和专业要求没有那么严格，它更加赞同月光社成员们较早的经验主义和科技方法，虽然它的奖赏和出版物不是那么著名，但是要比其他一些学会的奖赏和出版物更为及时。埃奇沃思和达尔文都将工艺学会作为他们的发明创造迅速增长的一个方便的途径。达尔文从未加入工艺学会；埃奇沃思先后两次加入学会，并且于1767年凭借他的测距仪得到了学会的银质奖章，于1769年凭借他的一些机械发明得到了金质奖章，甚至他的儿子理查德也凭借其在制造模型和机器方面显示出的机械天赋得到了银质奖章；韦奇伍德于1786年与他的儿子约翰一起加入学会，此前他并未在学会中被正式提及，1790年，他的儿子小约西亚和托马斯成为会员，并且保持着为学会进行一些测试的家庭传统。

1786年3月，凯尔收到了一些从孟买（Bombay）带来的化石碱样品用于进行测试。凯尔1786年4月26日的一封信件记录了这些试验和他对

---

[1] Golinski 1992, p. 56.

于这些样品缺乏热情，这封信件在学会汇刊上面发表。[1]维特赫斯特也没有成为成员，但是他曾于1785年2月10日出席了机械委员会的一次会议，检查了一个钟表的擒纵轮并且发给学会进行批准。他较早的时候还被邀请对于一些确定长度的绝对不变量标准的方法进行鉴定，这也是他自己努力寻找这一标准的开始。

博尔顿于1782年5月6日加入学会。瓦特并不知道博尔顿已经加入学会，他曾于1783年5月20日推荐博尔顿加入学会，以获得官方对于揭露一系列专利侵权者的批准。瓦特对于工艺学会的总体优越性的评价并不高，因为他曾向学会提出的发明测距仪的主张并未获得成功。然而，博尔顿和瓦特与学会秘书塞缪尔·莫尔的关系一直非常友好，而且公司可能从博尔顿的学会会员资格得到益处。博尔顿写给学会的唯一信件就是1799年的一封信件，这封信件表示支持查尔斯·泰勒（Charles Taylor）填补塞缪尔·莫尔去世后的职位空缺。

利用工艺学会的便利条件的另一位月光社成员是斯托克斯，他于1785年6月20日写信给塞缪尔·莫尔和学会，感谢他们为他获取到的一些关于鸟草（Bird Grass）的信息，并且附上了一个向学会进行推荐的详细清单：他们应当给予了植物学图解更多支持，特别是一些非本土的植物，并且创立这些植物的标本室；他们应当对于采矿和冶金学给予了更多支持，在一些具有实践经验的农民之中散布信息，鼓励这些人发送信息；并且最终对于像赫里福郡（Herefordshire）那样在疏松的土地上面建起羊毛制品产业的行为提供奖金。斯托克斯的提议被摘要性地复制，但是从未被出版或特别采用。

工艺学会的化学活动并没有取得特别的成功，这些化学活动也不

---

[1] Transactions of the Society, Instituted at London for Encouragement of Arts, Manufactures and Commerce, vi (1788), 133-148. 转引自Schofiled 1963, p. 231。

能帮助我们理解普里斯特利的研究工作在18世纪下半叶获得了一群支持者。普里斯特利对工艺学会保持完全的冷漠，原因可能是他将工艺学会视为宫廷制度的羽翼，因而与学会保持距离。月光社成员们也保持了这样的独立性：瓦特和韦奇伍德将奖金和奖励视为对于发明者的所有权的一种威胁。这些企业家宁愿相信自己和市场经济胜于相信一个家长作风的奖励系统。

三 与德比哲学学会的联系

达尔文是月光社的创立者之一，而且更早的时候他在利奇菲尔德还创立了利奇菲尔德哲学学会（Lichfield Philosophical Society），这个学会在他的领导和威瑟林的建议之下出版了林奈所著的《植物概要》（*General Plantarum*）的译著。当1782年他离开伯明翰到德比的时候，他被迫中断了与伯明翰哲学家们的定期会面，他深感失落，正如普里斯特利被迫到美国寻求庇护时候的感受。1782年12月26日，他给博尔顿写信描述他离开月光社是一件非常令人遗憾的事情：

> 我在这里被切断了科学的乳汁，而它就像丰裕的溪流一样从您的知识渊博的太阴月流淌出来；我可以向您担保，这对于我来说是一件非常令人遗憾的事情……请您向您的团体中的那些有学识的狂人们表达我的敬意。①

然而，达尔文在创建学会方面具有杰出的社会能力，他具有卓越

---

① Robinson 1963, letter 29.

的社会活动能力和饱满的学术热情。1793年，他很快在德比创立了他的第三个哲学学会"德比哲学学会"，虽然正式举行开幕典礼是在1784年。①他将学会进一步扩展，这个英国中部地区的由科学绅士们组成的团体，不但有成员之间的互相通信，而且他们还会与欧洲和美国最主要的科学家们通信。在德比哲学学会成立之后，达尔文的第一批信件之中肯定有写给博尔顿的信件。1783年3月4日，他邀请月光社成员们参加在达尔文德比住所举行的一次聚会，并且计划到伯明翰回访：

> 我们已经在德比创立了一个新兴的哲学学会，但是不敢冒昧地与您的在伯明翰发展良好的大范围哲学家学会相比。可能像共济会会员一样，我们可能有时候到您的学会访问，现在我们的成员们数量是7人，而且我们每周都会面……请带上您的团体中的一群人，在我们这里举行一次月光聚会。请注意，我们的学会想安排在这个月18日，那天的月亮将会因我们的聚会黯然失色，请您不要反对我们的恳求。敬请在您的下一次聚会上面告知所有狂人们。②

一年之后的1784年1月17日，达尔文通过气球向伯明翰的博尔顿发送了一个信息：

> 我们给您的学会发一个气球，经过计算它应该正好落在您在索霍的公园之中；但是这讨厌的风将它带到爱德华·利特尔顿家族（Edward Littletons）那里。③

---

① Robinson 1953, pp. 359-367.
② Robinson 1963, letter 31.
③ King-Hele 2007, p.224.

德比哲学学会有各种各样的会员，其中包括当地的一些杰出人物，例如：理查德（Richard Leaper）、C.S.霍普（C.S. Hope）和约翰·克朗普顿（John Crompton），他们后面都曾任德比市市长；当地贵族，如贝尔珀（Belper）勋爵和布思比先生；韦奇伍德和他的堂兄弟发明家拉尔夫·韦奇伍德（Ralph Wedgwood）；当地的一些医药人士；还有当地的工业家，如威廉·斯特拉特（William Strutt）、威廉·杜斯伯利（William Duesbury）和罗伯特·巴哥（Robert Bage）博士。[①]德比哲学学会有自己的图书馆并且会主办科学讲座，直到1857年它与德比乡镇博物馆（Derby Town and Country Museum）合并。[②]

威廉·斯特拉特是德比学会的共同创始人杰迪戴亚·斯特拉特（Jedediah Strutt）的儿子，在1802年达尔文去世之后继任学会会长。[③]通过达尔文的介绍，斯特拉特成为另一位月光社成员埃奇沃思的密友，他还认识彼得·艾瓦特（Peter Ewart）并且与之讨论一些科学著作，他还认识艾瓦特的朋友乔治·李（George Lee）。[④]

斯特拉特是第二代受过教育的工业家的典型代表：

> 虽然斯特拉特的机械天赋确保他于1817年6月被选举为皇家学会的会员，那时候他已经60岁了，但是他一生之中都对许多纯科学分支保持着持久的兴趣。他阅读广泛——包括牛顿、欧拉、布莱尔、普里斯特利、郎德和文斯的著作。[⑤]

---

① Musson & Robinson 1969, p. 162.
② Robinson 1953, pp. 359-367.
③ Fitton & Wadsworth 1958, p. 175.
④ Musson & Robinson 1969, p. 163.
⑤ Musson & Robinson 1969, pp. 170-171.

毫无疑问，他这样广泛的阅读来自德比哲学学会的书籍收藏，因为他作为学会会员有权借书。

德比学会的另一位工业家会员威廉·杜斯伯利以瓷器生产而闻名。纸张生产商和威廉·赫顿的朋友罗伯特·巴哥也属于学会。德比哲学学会是北安普敦、埃克塞特、莱斯特和其他中等城镇学会的代表。

虽然名气不如月光社与曼彻斯特文学和哲学学会，但是德比学会与两者都有联系，而且它有助于保持探究精神，正是在这种探究精神的基础上取得了英国工业和科学的巨大成就。德比学会也是对于它的创立者达尔文的社会地位和永无止境的科学兴趣的一座纪念碑。[1]

学会事实上表现出一种全新的意气相投，而且这种意气相投被认为是一些专业领域之中的重要运动，因此18世纪的这一科学运动将制造商、科学家和学者联系在一起，并且加快了工业革命的技术进步。[2]

四 与13人俱乐部的联系

本杰明·富兰克林的"13人俱乐部"（Club of Thirteen）成员包括詹姆斯·斯图亚特、韦奇伍德、维特赫斯特、索朗德尔博士、戴、拉斯伯和道森等。[3]值得注意的是，一些月光社成员参与了富兰克林的这个学会，这个学会的其他会员也熟知月光社成员，例如拉斯伯、斯图亚特和索朗德尔。在大卫·威廉斯的自传中讲述了在斯劳特尔咖啡厅

---

[1] Musson & Robinson 1969, p. 199.

[2] Musson & Robinson 1969, pp. 190-191.

[3] Robinson 1955c.

（Slaughte Coffe House）一个哲学俱乐部的创立：①

> 在老斯劳特尔咖啡厅，经过小牛脖子和马铃薯的仪式，富兰克林、道森、托马斯·本特利和我创办了一个俱乐部，俱乐部很快发展到13个人，而且不允许再超过这个数字。②

这个俱乐部在美国独立战争爆发前建立起来。上面提到的道森是马恩岛（the Isle of Man）副州长。很明显，威廉斯家成了他们在伦敦会面的地点。在美国独立战争爆发之后，13人俱乐部停止会面，但是成员们继续着非正式聚会，有时候在斯旺（Swan），有时候在威廉斯的小礼拜堂。威廉斯对一些来访者的描述如下：

> 许多德国文人和一些光明会成员（Illuminés）访问英国来到小礼拜堂，并且与我结识。班克斯博士是由拉斯伯先生介绍给我的，拉斯伯先生非常了解他那个地区的文学密谋。但是，班克斯的目标是在巴泽多（Basedow）计划基础上的一个好学校③，我与巴泽多也有通信。
> 这些福斯特人、父亲和儿子不仅自己参加，而且介绍他们所有的外国来访者参加。④

这些人中许多人都是共济会会员，包括布里索特·瓦维勒（Brissot de Warville），他也是光明会的会员之一。

---

① 参考Nicholas Hans博士的David Williams传记。参见Robinson 1955c。
② Eric Robinson, R. E. Raspe, Franklin's 'Club of Thirteen', and the Lunar Society, p.1.
③ 参见Biographie Universelle。参见Robinson 1955c。
④ Eric Robinson, R. E. Raspe, Franklin's 'Club of Thirteen', and the Lunar Society, pp.1-2.

13人俱乐部的成员之一拉斯伯是一位地质学家和古文物研究者，他是《吹牛男爵历险记》（Adventure of Baron Munchhausen）的作者。他的名字频繁地出现在18世纪英国哲学家的通信之中，卡斯威尔（Carswell）先生在他的拉斯伯传记①之中指出，拉斯伯引导博尔顿建立起来一些生意（试金分析、侦察和联络人等）以及他如何向伯明翰的月光社介绍新成员，例如，瑞典植物学家亚当·阿佛齐里乌斯和费伯。拉斯伯是具有科学兴趣和哲学兴趣的人们之间的联系纽带，在卡迪夫公共图书馆（Cardiff Public Library）的手稿收藏品之中，我们能够找到关于拉斯伯重要性的进一步证据。

由于从自己任馆长的一家德国博物馆偷窃了价值不菲的铸币和大奖章，拉斯伯被剥夺了皇家学会会员的身份。拉斯伯在刚刚被皇家学会开除之后写了这封信件：

亲爱的先生：

从上周一开始我的悲伤没有减轻，我没有力量等候您，至少我不能将以一些抱怨和您的同情为中心的悲伤那么轻易地掩盖过去。我从未感觉到自己这么不高兴和低沉；风湿病的难以忍受的痛苦也比这种痛苦轻一些，悲伤的孤独超出失去快乐和巨大的绝望空白的自然影响。我的力量减退，积重难返和接二连三的失望压在我身上。甚至希望都已经抛弃我。自从国王联合起来反对我，我在这个王国还有什么希望可言。哲学家们已经被震慑住；不足为奇，那些奉承者继续尽一切努力使得我失去信心并且将我从那些博物学方面未开化的平民

---

① John Carswell, *Being the Life and Times of Rudolph Erich Raspe*, 1737-1794, London, 1950. 参见Robinson 1955c。

之中吓跑，在这一领域我可能已经作出一些对自己和科学有益的工作。我对文学上的马基雅维利主义了解很多，以至于似乎不太理解它。如果利用一个对处于我这种状况感到不满的人，"只有我们才拥有智慧"对于他们来说是一个成功的法则。

出于所有这些原因，我希望您能够对于斯旺的绅士们给予忠实的尊敬，在那里他们对于我的苦难表现出慷慨大方的真诚善意，并且联合斯图亚特、维特赫斯特和本特利组成一个安全委员会，他们、您和我所面临的是，他们的智慧和善良可能在某一天考虑我呈现给他们的其他方式、手段和方法，并且可能在他们的指导之下得出一个有规律的计划，并且建立起一个希望、思想和有帮助的生意的体系。

如果您见到索朗德尔博士，请您告诉他，由于对装订商非常失望，我不能将我的《火山论述》（*Volanic Accounts*）的那些副本寄给他和班克斯先生，那是我专门为他们设计的。并且请向格里菲思先生转达问候。我对这些绅士们非常感激，并且被他们的善良所折服，我希望，他们能够为我和我的文学作品做一些他们愿意做的和公众声望所能做的事情。

您的不快乐的朋友和仆人拉斯伯[①]

很明显，拉斯伯得到了月光社成员们的帮助，不仅维持了日常生计，而且对地质学、矿物学和古文物研究以及最终对虚构文学做出贡献。作为回报，他在科学和商业领域对于月光社成员们也是非常重要，

---

① 拉斯伯写给格罗夫纳广场（Grosvenor Square）帕克大街的威廉姆斯先生，1776年2月11日。参见Robinson 1955c。

他是与德国和瑞典相关领域人物联系的纽带。①由于他的矿物学知识，他被博尔顿、索朗德尔和其他人视为朋友，博尔顿鼓励他在康沃尔进行化验工作。博尔顿和瓦特都对铸币和大奖章感兴趣，拉斯伯的知识对于他们来说有很大用处。

五 与其他学会的联系

1781年，曼彻斯特文学和哲学学会正式成立。在这一学会的早期成员之中，一些著名成员都是普里斯特利的朋友：托马斯·珀西瓦尔、托拉斯·亨利、乔治·沃克、巴恩斯先生、托马斯·库珀和约翰·艾肯。不久以后，达尔文、普里斯特利、韦奇伍德和维特赫斯特被选举为学会的名誉会员；小詹姆斯·瓦特和小普里斯特利成为学会的活跃成员。1784年1月26日，博尔顿和瓦特被选举为爱丁堡皇家学会的非常驻普通会员。1785年，埃奇沃思成为皇家爱尔兰学院（Royal Irish Academy）的成员。伦敦林奈学会（Linnean Society of London）于1788年创立，1790年，高尔顿成为会员，斯托克斯成为联系人，威瑟林于1792年年末成为会员。②

1793年，纽卡斯尔文学和哲学学会（the Newcastle Literary and Philosophical Society）追随着曼彻斯特和伯明翰的先例也创立起来。③类似于曼彻斯特学会，纽卡斯尔文学和哲学学会的活动范围广泛，不仅

---

① 关于拉斯伯对于博尔顿在获得雕刻工方面的帮助，参见Robinson 1953, p. 368。
② R. Angus Smith, *Century of Science in Manchester*, list of officers and members of the Manchester Society, pp.397-442. 转引自Schofiled 1963, p. 235.
③ Watson, R.S. 1897. The History of the Literary and Philosophical Society of Newcastle-upon-Tyne. 转引自Musson & Robinson 1969, p. 142。

具有道德和文学意图而且具有科学意图，不过从最开始，它就在自然哲学的工业应用程序方面显示出突出兴趣，特别是煤炭、铅、铁采矿业、钢铁、化学和玻璃生产等地方工业。关于采矿业的论文是数量最多的。事实上，纽卡斯尔文学和哲学学会是1852年建立的英国北方采矿工程师研究所（the North of England Institute of Mining Engineers）的摇篮。纽卡斯尔文学和哲学学会同月光社有联系，通过理查德·钱伯斯和博尔顿之间的通信，学会的一些计划被递交给博尔顿。1793年3月6日，钱伯斯给博尔顿写信：

> 烦请您阅览一下附上的最近在这里创立的一个文学学会的计划，不仅显示出我们遵循了您的范例，并且请求您在闲暇的时候对于与煤炭或煤炭贸易相关的题目进行一些观察，这对于我们是很大的荣幸——特别是，如果您能够提供给我们关于维奇博夫（Wedgeburgh）煤矿和它们长期以来频频着火的特殊情况的说明。①

早在1784年，钱伯斯就已经将亨利·高尔特（Henry Gort）介绍给博尔顿。1795年4月，钱伯斯代表文学和哲学学会给博尔顿写信，请求博尔顿在相邻地区与煤炭行业相关的绅士们中间发送一些关于煤炭贸易的附加信件。②很明显，哲学学会是将应用科学传播到各个地区的方法。

到1781年，月光社成员们都成为了各种学会的会员。普里斯特利取得名誉成员资格就像是收集新发明一样容易。1783年，他在波士顿被选

---

① Robinson 1963, letter 71.
② R. Chambers写给博尔顿的信件，1795年4月30日，A.O.L.B. 转引自Musson & Robinson 1969, p. 142.

举为美国艺术和科学学院（American Academy of Arts and Science）的会员；1785年，他在费城被选举为美国哲学学会（American Philosophical Society）的会员。1790年，在《实验和观察》（*Experiments and Observations*）①全集的扉页上面，他将自己列为"LL.D. F.R.S. Ac. Imp. Petrop. R. Paris, Hol. Taurin. Ital. Harlem, Aurel. Med. Paris. Cantab. Americ. Et Philad. Socius"。维特赫斯特和达尔文也被选举为美国哲学学会的会员。②

斯托克斯取得爱丁堡医学学会（Medical Society of Edinburgh）的会员资格；威瑟林也成为1762—1763年期间的一名会员；达尔文的儿子查尔斯和罗伯特·韦林也分别于1776—1777年和1783—1784年成为会员；普里斯特利也于1786—1787年被选举为这一学会的名誉会员。1787年11月22日，莱特逊（J.C. Lettsom）博士告知威瑟林他被选举为伦敦医学学会（Medical Society of London）的通讯会员，并且邀请他给医学学会的论文集投稿；1787年12月22日，达尔文也被通知成为伦敦医学学会的会员。③

月光社成员们自然地成为了一些专业组织的成员，例如，博尔顿、埃奇沃思、瓦特和维特赫斯特都是斯米顿土木工程师俱乐部（Smeatonian Civil Engineers' Club）的成员，但是，他们还与一些非专业化的学会或者一些月光社成员们不应该产生兴趣的学会存在联系。1781年7月31日，凯尔成为苏格兰考古学会（Society of Antiquaries of Scotland）的通讯会员；斯托克斯也于1782年5月21日成为这一学会的会

---

① Joseph Priestley, *Experiments and Observations of Different Kinds of Air, and other Branches of Natural Philosophy*, 第1卷标题。转引自Schofiled 1963, p. 232。

② John Whitehurst's letter to the Society, 15 November 1786, Archives of the American Philosophical Society, Philadelphia. 转引自Schofiled 1963, p. 232。

③ Schofiled 1963, p. 233。

员。斯托克斯和凯尔在这方面体现出的才能表明在苏格兰对于"考古"的解释非常广泛，凯尔还给学会提供了各种硬币收藏品，其中包括14枚罗马硬币。①这一考古爱好也不仅限于凯尔和斯托克斯。大约1785年，普里斯特利和其他一些科学人士，推测起来其他人也应该是月光社成员，被邀请对于约翰·威尔金森在兰开斯特建造房子时候发现的一些英国和罗马文物"银环、铜环和铁环；蓝色硬石头、铅制、黏土和玻璃珠子；75枚罗马硬币"进行检查和归类。②

1786年5月4日，韦奇伍德成为了伦敦考古学会（Society of Antiquaries of London）的会员，当韦奇伍德的提名人于3月9日签署他的证书的时候，韦奇伍德曾向他们表示自己对于这一荣誉非常渴望，提名人包括班克斯和卡文迪许先生。③虽然韦奇伍德由于对于考古艺术的特殊兴趣从学会和学会出版物之中受益，但是他并未为学会做出贡献。埃奇沃思没有成为学会会员，但是他于1782年10月27日给学会的《考古学》（*Archaeologia*）杂志发了一封信件"关于在爱尔兰沼泽地的一些发现的进一步说明"，对于在沼泽地地下14英尺发现的一种煤炭、上百种铁箭头、一些木碗和螺母进行了描述。④

毫无疑问，月光社所处的是一个俱乐部时期。上述的大多数俱乐部和学会到19世纪早期都已经在连续重组之后被分裂或取消。

---

① Account of the Institution and Progress of the Society of the Antiquaries of Scotland, part 2, pp. 39, 56, 91; Archaeologia Scotica, iii (1791), Appendix II. 转引自Schofiled 1963, p. 233。

② Edward Banies, The History of the Country Palatine and Duchy of Lancaster, ed. John Harland, &c, vol. ii, pp. 676, 686. 转引自Schofiled 1963, p. 233。

③ S.A.L. Minute Book from 17 November 1785 to 25 January 1787, vol. xxi, pp.168, 233. 转引自Schofiled 1963, p. 234。

④ Archaeologia: or Miscellaneous Tracts relating to Antiquity, vii (1785), 111-112. 转引自Schofiled 1963, p. 234。

六 月光社成员的个人联系

1783年，为了从妻子突然去世的打击之中恢复过来，博尔顿到爱尔兰和苏格兰旅行。由于这次旅行的意图是休假，博尔顿很少顾及蒸汽机业务，但是他还是忍不住进行了项目调查。他拜访了邓唐纳德（Dundonald）的第九个伯爵阿奇博尔德·科克伦（Archibald Cochrane），以调查邓唐纳德煤焦油工厂的运营状况；他顺道访问了卡伦炼铁厂，并且在那里进行了关于铁熔炼新方法的实验。在爱丁堡，他拜访了萌芽时期的爱丁堡皇家学会。他已经通过瓦特的联系结识赫顿和布莱克。事实上，布莱克已经为月光社的大多数成员们所熟知。1781年5月22日，他曾给博尔顿寄过一本书，请求博尔顿转交给凯尔；1786年，当小韦奇伍德和托马斯·韦奇伍德到访爱丁堡的时候，布莱克请求他们将一些矿物礼品转交给韦奇伍德。当博尔顿在爱丁堡的时候，他见到了威瑟林和斯托克斯的植物学教师约翰·赫顿博士；博尔顿和赫顿博士建立起友谊，1784年5月22日，赫顿博士曾给博尔顿写信介绍一位想要参观索霍工厂的朋友。

博尔顿和瓦特曾于1786—1787年接受法国政府的特殊邀请访问了巴黎。他们得到优厚的接待，出席了巴黎皇家科学院的会议，并且与许多法国科学家和工程师进行了谈话，其中包括拉瓦锡、孟高尔费和贝托雷。他们已经认识孟高尔费，因为孟高尔费曾到访过索霍工厂。贝托雷是一位新朋友，后来也成了一个亲密的朋友。1788年5月5日，贝托雷发给他们一封谢瓦利埃·兰德安尼（Chevalier Landriani）的推荐信，并且于1791年向瓦特和普里斯特利赠予了他的关于染色的新书。兰德安尼想要与博尔顿、瓦特和普里斯特利见面，并且在见到他们之后继续保持联系。他帮助合作伙伴从米兰的皇家学会秘书那里取得了一些机器图纸；1789年9月8日，他向瓦特询问制造黑色瓷器的方法。通过一些推荐信认识外国科学家对于月光社成员们来说是很普通的事情。普里斯特利、斯托克斯和威瑟林也曾到欧洲访问，并且那里见到了一些科学家。塞缪尔·莫尔通过推荐信将普里斯特利介绍给哥廷根的高耶特林先生，这位先生也想要与博尔顿、瓦特和威瑟林结识。麦哲伦认识月光社的大多数成员，通过1783年3月11日的一封推荐信，他将巴黎皇家科学院的珍纳特（M. Genet）介绍给博尔顿，还有将法国内阁的部长介绍给博尔顿。珍纳特还特别想要见到瓦特、普里斯特利和威瑟林。此前，韦奇伍德和珍纳特就已经相识，韦奇伍德于1783年3月15日给博尔顿写了一封警告信件，指出珍纳特可能是法国的工业剽窃者。1785年8月，卡文迪许在索霍拜访了博尔顿和瓦特；瓦特10月份进行了回访，他与卡文迪许一起吃饭的时候认识了荷兰解剖学家彼得·坎普，一位"64岁的奇特巨人……他将会在离开英国之前访问这里[伯明翰]"。坎普在11月份访问了伯明翰，并且参加了一次伯明翰会议，他在自己的杂志上面写到这次旅行：

> 我拜访了瓦特先生和博尔顿先生……星期三，11月2日。我在瓦特那里度过了一整天并且一起吃饭：参观了他和博尔顿的全部工厂，对于他的火力机特别感兴趣，并且讨论了向鹿特丹发运一台火力机的计划，就此事我们已经交换过许多信件……我答应请求威瑟林先生在饭后过来。普里斯特利博士遇到阻碍。①

访问后果是具有代表性的。外国访问者来到索霍，得到热情款待，见到一些月光社成员们，而且离开的时候都会为博尔顿做一些工作。1779年的时候，博尔顿与德国地质学家和作家拉斯伯建立起联

---

① Muirhead 1854, vol. i, p. clxxix.

系。①1791年，拉斯伯帮助博尔顿寻找优良的模切机（die-cutter）。瑞典植物学家阿佛齐里乌斯访问英国，拉斯伯通过一封推荐信将他介绍给博尔顿帮助寻找模切机。著名的德国物理学家、化学家和植物学家弗朗西斯（Francis Swediaur）博士1784年正在从事由盐制碱的实验，他访问了伯明翰并且见到了月光社成员们。1791年，弗朗西斯博士在巴黎成为博尔顿的代理，并且试图帮博尔顿获得与法国革命政府之间的造币合同。

还有三位边缘人物增加了月光社活动的范围，这三个人之中，一位是亲密的朋友，另外两位是雇员。吉恩·安德烈·德吕克（Jean André DeLuc）是一位瑞士牧师、科学家和作者，而且在1775年移居到伦敦之后成为《夏洛特皇后》（*Queen Charlotte*）的读者。德吕克的职责使得他与宫廷的关系亲密，但是他有时候到英国进行地质学和气象学调查。在1782年10月的一次访问期间，他在巴伦·列丹（Baron Redan）的陪同之下参观了索霍工厂。博尔顿对于德吕克的气压计和温度计研究非常感兴趣，但是博尔顿正好不在索霍，瓦特带领德吕克参观了工厂并且感到特别高兴。在10月29日一封写给博尔顿的信件之中，瓦特写道德吕克是"一个谦虚而且具有创造才能的人"。11月9日，德吕克又回到伯明翰，拜访了普里斯特利和威尔金森。瓦特写道："德吕克过来吃早饭，并且整个上午都在这里，他对于蒸汽和蒸汽机感到特别激动。"②接下来一年，德吕克和瓦特进行了关于热量、蒸汽和蒸发作用的一些实验，并且首先对瓦特的水成分的研究成果作出评价。他很快成为了月光社成员们的好朋友，他的女儿范妮拜访了月光社成员的女儿们，并且曾暂住在博尔顿、瓦特和凯尔家里。德吕克写了一本书，将自己的观点和布莱克的一些观点结合为一种气象学理论，并且1785年瓦特写信给《爱丁堡

---

① 拉斯伯参加了1799年6月13日在索霍举行的一次月光社会议，根据Musson和Robinson的"Science and Industry…"之中引证的瓦特日记。

② Schofiled 1963, p. 240.

评论》（*Edinburgh Review*）的编辑们，对于德吕克反对约翰·罗宾逊的诽谤表示支持。①

一位雇员是萨瑟恩，他被雇用接替索霍工厂的威廉·普莱菲的位置。瓦特最初很不愿意雇用萨瑟恩，但如果萨瑟恩能够保证放弃音乐，他可以同意雇用他作为制图员，"否则，我确定他做不好事情，这是懒散的来源"。1781年10月1日瓦特写给博尔顿的一封短信表明，瓦特对于萨瑟恩的前途并不看好，但是事实上，他和默多克一样成了一位令人信任的雇员，最后成为索霍工厂的合伙人。他是一位优秀的数学家，这在很大程度上减轻了瓦特在自己不喜欢领域之中的工作量。1785年，萨瑟恩出版了最早的关于热气球飞行的英文技术论文；在瓦特的指导之下，他也重复了瓦特关于蒸汽的压力－温度关系的一些实验，并且最终凭借自己的头衔成为皇家学会会员。

另一位雇员是亚历山大·奇泽姆，他30岁时已经成为工艺学会化学家威廉·莱维斯的助手。韦奇伍德很多年来都依赖于他的好朋友和合作伙伴本特利在科学方面提供鼓励和提出一些艺术和商业方面的建议。本特利于1780年11月26日去世，因而韦奇伍德承受了打击并且需要进行调整。不只是韦奇伍德感到本特利的去世是一种损失，戴、达尔文和普里斯特利也给本特利写了墓志铭②，但是，没有人达到韦奇伍德这种程度。自此以后，与月光社的联系成为韦奇伍德在伊特鲁里亚之外的主要知识分子联系，但是，这不能满足他不断增长的技术要求和教育孩子们的计划。为了满足这些需求，1781年，韦奇伍德雇用了奇泽姆，这个时候奇泽姆在工艺学会的职位由于莱维斯的去世而结束。奇泽姆带着为莱维斯准备的10多卷手稿：欧洲皇家科学院和学会汇刊的摘录，从同时代

---

① Muirhead 1854, vol. ii, p.291.
② J.W. Common Place Book, pp. 187-190. Wdg. 转引自Schofiled 1963, p. 241。

科学、旅行和实习作业之中挑选出的段落，莱维斯、塞缪尔·莫尔和他自己所做的一些原始实验和观察。①他移居到伊特鲁里亚，作为韦奇伍德的科学秘书和顾问，而且作为韦奇伍德孩子们的长期科学教师。在奇泽姆成为他的工作人员之后，韦奇伍德提交给皇家学会的科学论文数量增多，由此奇泽姆的重要性体现出来。韦奇伍德对于奇泽姆特别赏识，他勉强地拒绝了牛津大学化学讲师威廉·奥斯汀（William Austin）博士提出的临时雇用奇泽姆的要求，并且1785年9月23日通过维特赫斯特转达，由于孩子们特别需要奇泽姆这位化学讲师，他没有剩余时间接受临时雇用的要求。②

个人联系扩展的结果是月光社的声望不断提高。这一点在许多方面都有体现，例如月光社通信人对于月光社的普遍认可。当凯尔就自己的新《化学词典》写信给法国学苑（Collège de France）的自然历史教授梅瑟利（J.C. de la Métherie）的时候，梅瑟利回复信件并且向"您和月光社的所有成员们，瓦特、博尔顿、普里斯特利和威瑟林诸位先生"致以最良好的祝愿。通过月光社的会议、与其他人的半正式交流，以及要求通信人和来访者对月光社提出意见，人们对于月光社的认可能够更有效地被反映出来。③

七 月光社与伯明翰

尽管博尔顿的生意从外表看来非常繁荣，但是实际情况远非如此，而且可能只有博尔顿能够解释为了维持这一状况所付出的艰辛。1766

---

① Schofiled 1963, p. 242.
② Copy of Wedgwood's letter to Austin, Wdg. Ryl. 转引自Schofiled 1963, p. 242。
③ Schofiled 1963, p. 242.

年，他的工厂扩建完成，他的新伙伴关系和新产品问题似乎都解决得不错，当1772年英国发生信用崩溃的时候，他甚至缩减了自己的债务。博尔顿的外国账户有一些未付款，国内许多债务人拖欠债款（例如，罗巴克无法偿还他的1200英镑债务），而且他的债权人要求立即付款。博尔顿差点像加伯特和罗巴克一样陷入破产境遇。这时候，戴借钱给博尔顿（到1776年借款数目为3000英镑），这使得他能够度过危机。①

这些经历没有抑制博尔顿的进取精神，相反地他进一步地发展。博尔顿进取心的一个典型例子是伯明翰试金化验所的建立。大约1762年，他将"镀银铜板"银子的制作方法（也就是，将薄银板熔化在厚铜板上，然后进行辊轧）介绍到伯明翰；1764年，他开始大量生产银板。博尔顿利用了"艺术品的贵族赞助人"的艺术品收藏，例如，加伯特的朋友谢尔布恩勋爵的藏品是他这些设计的素材来源。通过斯莫尔博士的朋友和合作人，他还得到进入大英博物馆（British Museum）的许可。

然而，生产的花费是高昂的，因为他的陶器需要发送到约克、切斯特或伦敦以在销售前取得"检验印记"。这经常导致很长时间的延误，而且在返回的时候陶器已经被损坏。因而，博尔顿鼓动他的同城市市民支持，他自己出资取得议会法案批准在伯明翰成立一个试金化验所，这样他的银制产品就能在伯明翰取得检验印记。1773年8月31日，伯明翰试金化验所在一片喝彩声中建立起来，博尔顿成为使用化验所设备的第一个人。②

这一类型的政治活动是18世纪常用的方法，用于在那些没有市镇机构的城镇，以及那些议会拒绝采取行动的乡村实现社区改善。月光社成员们经常利用技术，而且一些成员，如博尔顿，已经对此非常擅长。韦

---

① Gignilliat, Thomas Day, p. 77. 转引自Schofiled 1963, p. 86。
② Schofiled 1963, p. 87.

奇伍德、达尔文、博尔顿和瓦特在运河议案方面的工作，瓦特和博尔顿在取得专利延长方面的工作，瓦特、凯尔和博尔顿在盐税和制碱方面的工作，所有这些都表现出同一种方法的变化形式。

另一个例子是在伯明翰建立起综合医院。这一提议曾经召集过公开会议进行讨论，邀请私人赞助，并且于1765年12月25日选举出了一个医院委员会，委员会包括一些熟悉的名字：加伯特、约翰·艾希博士、博尔顿、斯莫尔博士和塞缪尔·高尔顿（月光社成员高尔顿的父亲）。1766年5月16日，完成医院土地购买，而且财产由12个托管人投资，其中包括加伯特、艾希、塞缪尔·高尔顿、斯莫尔和博尔顿。到1768年，这座建筑被建造起来，并开始筹集家具赞助；赞助者包括加伯特、艾希、斯莫尔和高尔顿。医院项目一直拖延到1769年才最终完成，艾希和威瑟林（他已经代替斯莫尔成为艾希的专业合伙人和月光社成员）被选举为医院的工作人员。①

还有一个社团进步的例子可以通过一个有关私人利害的法案体现出来，1769年伯明翰委员会得到一项关于"在伯明翰市镇铺造和拓宽一些道路；为那里的街道、小巷、道路和通道提供清洁和照明设备，排除和防止公害和障碍物"的法案。在被委任执行这一法案、征收罚款和评估费用的50名委员的名单之中，包括艾希、巴斯克维尔、加伯特、高尔顿和斯莫尔的名字。②斯莫尔的最后公共职责是协助获得关于在伯明翰建立剧院的批准，剧院于1774年建成，斯莫尔为剧院提供赞助并且协助指挥了剧院的建造。

然而，月光社成员们之间的通信中经常提到的题目并不是在工商企业方面的相互协助，也不是政治权力的行使（虽然在没有认识到的情况

---

① Schofiled 1963, p. 88.

② Langford, Birmingham Life, vol. i, p. 190. 转引自Schofiled 1963, p. 89。

下，他们已经获得了这一政治权力），而是科学促使了他们的活动。有时候，他们的工作会将他们引入一些非常有趣的科学领域，虽然博尔顿非常擅于将科学思想转换为商业利润，但这些科学领域可能与他们的贸易中所涉及的技术的并无直接关系。经常地，科学调查是自己持续的。对于这一全新的"所罗门室"（Solomon House），它明显地将所有知识都带入自己的领域，追逐新思想或得出结论成为最令人愉快的游戏。一名成员引入新题目，不管是否为谋利动机，都可能成为其他月光社成员们增加自己贡献的信号，有时其他成员们是在这一新题目方面有学识的，更多情况下他们没有这方面的学识，但是经常是充满热情的。

虽然月光社开始被外界注意，但是没有迹象表明伯明翰知道它的存在。赫顿的1781年《伯明翰历史》（History of Birmingham）没有提到月光社；《伯明翰公报》从1749年开始在月光社存在的期间每周出版，但是它没有注意到月光社或月光社会议。然而，月光社和它的成员们在当地事务之中发挥着作用，这构成了月光社组织活动的一个方面。当约翰·沃泰尔想要1776年在伯明翰举办讲座的时候，他首先得到了普里斯特利的来信和博尔顿的批准。1781年，全部月光社成员通过了亚当·沃克举办讲座的决定，而沃克从1780年12月末就在伯明翰。普里斯特利的第一封信件从他在伯明翰的家中发出，这封信件是对于沃克发来的短信的回复。沃克的讲座在3月19日的《伯明翰公报》之中被提到，这些讲座受到欢迎，以至于宣布于8月13日举行另一系列讲座并且持续到11月12日。1781年7月28日，博尔顿写信给瓦特：

> 哲学家沃克将要来到城镇，并且于星期一开始一系列讲座。我希望能够计划安排进行蒸汽机方面的讲座。我已经预约了讲座，但是无法出席。他明天和我一起吃饭。我想最好能够

使他成为一位朋友而不是敌人。①

7月30日，博尔顿记录了前一天沃克、他的妻子和威瑟林过来一起吃饭。

月光社对于伯明翰科学教育的更为长久贡献是组建了伯明翰图书馆的科学部分。②图书馆于1781年经过普里斯特利的改革稳定下来。1784年3月31日，《伯明翰公报》提到了"……一些成员们想要通过购买科学书籍形成独立的团体，特别是购买一些外国科学书籍……如果这一提议得到批准，许多人就会计划收藏相当多的科学书籍，以便为图书馆的建立带来更多优势"。③鉴于普里斯特利对于图书馆组建的重要性，还有达尔文和他的德比哲学学会在1784年7月科学图书馆形成方面的活动，月光社不可能没有涉及组织这一"独立的团体"。他们成为了这个"独立的团体"的成员。1784年6月24日，威瑟林写信给博尔顿：

> 我们在下周二见面，为科学图书的新图书馆制定规章。您将会由于缺席丧失了一个英国人最尊贵的特权，而且您必须准备服从您无法参与制定的那些规章。我认为这是一件好事情，并且希望得到20至30个捐献者。④

在1784年瓦特的袖珍笔记本中记载到，1784年2月9日星期一，"在普里斯特利博士家里的月光社会议。已付月光社书籍的份额1.1.0d英

---

① Schofiled 1963, p. 248.
② Schofiled 1963, p. 249.
③ Langford, Birmingham Life, vol. i, p.287. 转引自Schofiled 1963, p. 249。
④ Robinson 1963, letter 39. 但是信件大部分内容来自于Schofiled 1963, p. 249。

镑"。同时还有如下记录：①

  1784年6月14日，"月光社会议，给普里斯特利博士的大理石花纹瓶子"
  1784年7月5日，"月光社会议（取消）"
  1784年7月12日，"月光社会议"
  1784年8月10日，"已付的科学书籍捐助金"。
  1784年9月6日，"月光社会议"

  威瑟林的信件和瓦特的记载提及了月光社图书的相关内容。与德比哲学学会一样，月光社也拥有自己的图书馆，尽管这些书籍一直没有露面。这样，完全可以绘制一幅月光社的影响力延伸到两代人的图像。

---

① Robinson 1963, letter 38.

第八章　月光社的影响和历史地位

英国有一个古老的说法，如果三个英国人在一个荒芜的小岛遇难，两个人将会立即结成同盟，精心设计一些规则排斥第三个人。然而，与此相反，伯明翰月光社更多的是包容而不是排他性，它缺少任何类型的仪式程序，只有美餐和充满激情的谈话。月光社的成员之中有11位皇家学会成员，但是他们中受过大学教育的很少，大多数是非国教教徒，或者自由思想家。他们来自于各种各样的背景，但是他们具有共同的兴趣。"我们不对各自的宗教和政治标准进行要求，"普里斯特利说，"我们是通过一种对科学共同的喜爱而联合在一起，我们认为这种喜爱就足够将各种不同类型的人集合在一起，基督教徒、犹太教徒、伊斯兰教徒、以及异教徒、君主主义者和共和主义者。"[①]月光社是一个小规模的俱乐部，却是一个非常具有影响力的俱乐部——事实上，它是18世纪英国政治以及科学和工业行业之中最有影响力的一个俱乐部。月光社的成员们是科学、工业、宗教和政治的一个或另一个领域中的最主要革命者。在后面两个领域之中，他们通常具有不同的思想，但是他们设法让他们的聚会没有宗教与政治冲突和怨恨，并且集中于科学、自然和工业方面的思想交流。

---

① Rutt 2003, p. 210.

一　月光社的工业倾向

一个根深蒂固的传统认为早期工业革命的技术成就是没有受过教育的经验主义的产物。①然而，一个事实逐渐地变得明显，那就是工业革命不是与科学革命毫不相关，科学革命在英国王朝复辟时期就已经很明显了，体现为皇家学会的建立以及牛顿和波义耳的发现。在随后的18世纪，科学革命由一些科学家继续推动，如普里斯特利、布莱克、卡文迪许和赫歇尔。

1798年的《哲学杂志》（*Philosophical Magazine*）提到一个广为人知的事实，那就是"英国的艺术和制造业……已经通过哲学、科学各个分支最近所取得的成就得到改进"。②

曼彻斯特文学和哲学学会与伯明翰月光社之中的科学和工业领域人员之间的合作是工业革命的一个重要因素。③很明显，一些著名人物，如博尔顿、瓦特和韦奇伍德，不但具有大量的知识和科学能力，而且具有技术和商业能力。其他一些重要的工业家，例如曼彻斯特的约翰·肯尼迪（John Kennedy）、德比的斯特拉特家族和利物浦的本特利，也是他们当地哲学学会的成员，并且对于一些文科谈话和知识追求也不是门外汉。④最近一些年，教育历史学家已经做了大量工作以解释这一问题，而且他们的结论表明科学知识能够通过工业学会得到更广泛的传

---

① 这一观点最近在R. Mousnier的"Progrès Scientifique et Technique au XVIIIe Siècle"（巴黎，1957）被重申，这一著作几乎完全基于二手资料，新论据很少。关于这本书的重要观点，参见*Annales Historiques de la Révolution Francaise*，1959年10月—12月，pp.376-382。转引自Musson and Robinson 1960。

② Op. cit.I 1798，前言。转引自Musson and Robinson 1960。

③ Ashton 1948, p.16; pp. 20-21.

④ Robinson 1953, pp. 359-367.

播，超出我们原来的想象。①

在快速扩展的工业革命的一些城市中心，科学和技术之间的联合发展得最迅猛。就如阿什顿教授所指出的，在伯明翰"在实验室和车间之间的来来往往非常频繁，而且一些人，如瓦特、韦奇伍德、约翰·雷诺兹和凯尔，在对方的家里就像在自己家里一样"。②他们无疑很大程度受益于和一些科学家的经常交流，如达尔文、埃奇沃思和普里斯特利。③历史上从未有过像月光社这样的纯科学和先进工业之间的有益融合。④

在月光社的研究之中，工业应用的科学研究方向已经在最近一些年得到更为严密的检验⑤，虽然工业应用的重点并没有阻止月光社成员们从事纯科学研究，例如电学以及新气体的收集和鉴别，当它们的潜在工业应用不为人知的时候，社团中朋友们之间的大量通信具有非常实际的味道。凯尔、瓦特和布莱克在制碱专利权方面具有共同兴趣，他们的兴趣进展情况在瓦特和布莱克之间的通信之中进行了充分的描述；⑥凯尔和博尔顿希望商业性地开发由凯尔发现的一种合金，这种合金的成分与孟兹合金相似；⑦韦奇伍德为普里斯特利的实验供应化学器皿，普里斯特利分析陶器中可能使用的矿物种类；⑧在德比钟表制造商和皇家学会会员维特赫斯特的建议之下，斯莫尔、博尔顿、凯尔和瓦特参与到大量生产钟表的计划之中，无论如何，钟表制造和仪器制造贸易中的一些工

---

① Hans 1951.
② Ashton 1948, p. 16.
③ 参见Mantoux 1928, pp. 387-388。刺激和受益是相互的。Robinson 1956, pp. 296-304. Robinson 1957, pp. 1-8.
④ Clow & Clow 1952, p. 614.
⑤ Schofield 1957.
⑥ 在瓦特的Doldowlod论文之中。转引自Musson and Robinson 1960。
⑦ Dickinson 1937, pp.101-103.
⑧ Robinson 1957, pp. 1-2.

具对博尔顿和瓦特在发展工程技术方面给予了帮助。[1]甚至在瓦特来到伯明翰之前，就有月光社的成员已对蒸汽机的设计感兴趣。博尔顿已经发明了自己的蒸汽机，他曾与达尔文和富兰克林进行了讨论。博尔顿的业务情况也导致他对于冶金学产生兴趣。在这方面，他得到了威瑟林的帮助，威瑟林翻译了伯格曼的《矿物学概要》（伯明翰，1783），而且还得到了凯尔的帮助。关于科学的工业应用的合作案例还有很多。

对于运输改进的关注是工业革命的一个特征，这也可以在18世纪绝大多数开明的英国人身上发现。在月光社中，这一兴趣表现出多种形式。博尔顿、达尔文、斯莫尔、瓦特和韦奇伍德都关注到收费公路托管和运河工程。埃奇沃思考虑了改进公路设计的可能性。对于改进马车设计的共同兴趣将埃奇沃思与博尔顿和达尔文带到一起。博尔顿似乎仅限于经验主义的研究，达尔文的备忘录则显示出对于车轮安装设计的理论思考，而埃奇沃思则将这一问题作为基础机械学的一个实验性研究。达尔文和埃奇沃思将他们的设计递交给工艺学会，这个项目曾引起韦奇伍德的兴趣，尽管他们的计划没有任何结果。

在瓦特成为月光社成员之前，月光社成员们已经对蒸汽机产生兴趣。我们已经提到了达尔文在1757年的一篇论文中提到了蒸汽机，在瓦特加入月光社之前，他与博尔顿的通信就显示出他对于蒸汽机的长期兴趣。埃奇沃思希望通过蒸汽驱动马车和船舶。在1768年，他制造出自己设计的一个蒸汽机模型，并将它提交给艺术协会，模型和描述后来丢失了。埃奇沃思并不清楚瓦特的研究工作，因为他们与月光社的接触仅通过与月光社会员的通信来进行，这些成员自然不会相互泄密。在结识瓦特之前，博尔顿就曾向富兰克林请教蒸汽机设计方面的问题。博尔顿也制造了一个蒸汽机模型，并寄给富兰克林征求建议。我们无法得知埃奇

---

[1] Robinson 1956, pp. 296-304.

沃思和博尔顿的研究工作细节，但是两个人可能都以经验方式研究这一问题。蒸汽机改进所涉及的一个重要问题是冶金问题，特别是在活塞密封的设计方面。斯莫尔获得维特赫斯特的帮助，阅读所能得到的所有冶金学文献，通过对冶金学的深入研究，他最终宣称所有方法都是不充分的。作为一名金属产品制造商，博尔顿对冶金学一直保持着极大的兴趣。他使用不同的金属和矿石进行实验，与凯尔一起设计新的合金和工艺技术，并且请威瑟林翻译伯格曼的矿物学论文供他使用。

即使我们认同蒸汽的潜热发现并非瓦特发明分离式冷凝器的一个重要因素，[1]我们也不能得出结论，认为瓦特的工作只是经验主义产物。蒸汽机研究的最佳经验主义案例是斯米顿的工作。[2]我们只需要比较斯米顿与瓦特的工作，就会认识到在解决问题的方法上两者存在决定性的差异，这个差异就是瓦特的工作要比斯米顿具有更多的科学因素。在早期对于热和蒸汽的特性的调查研究之中，通过约瑟夫·布莱克的帮助，瓦特就意识到在改进蒸汽机的设计方面进行更多理论思考的重要性。他在伯明翰继续调查研究，并得到了博尔顿、韦奇伍德、维特赫斯特和威瑟林的帮助。博尔顿和韦奇伍德还有其他理由对热的问题产生兴趣。博尔顿早在18世纪60年代就开始制造和销售温度计，而韦奇伍德的制造过程则包含高温计的使用。达尔文的儿子查尔斯将他在布莱克的演讲中所做的笔记的副本送给了博尔顿和韦奇伍德。韦奇伍德随后设计出了陶瓷高温计，并且生产这种高温计用于销售。维特赫斯特进行了热是否具有重量的实验，[3]在1780年3月9日瓦特写给布莱克的信件中，他让威瑟林进行关于"通过捶打将铁加热到赤热状态"的实验[4]。普里斯特利也曾

---

[1] Fleming 1952, pp. 3-5.
[2] 参见Farley: Treatise on the Steam Engine (London. 1827)。
[3] 参见John Whitehurst: "Experiments on Ignited Substances," Phil. Trans., 1776, 66: 575-577。
[4] Muirhead 1854, vol. 2, p. 118.

涉及蒸汽机研究，应瓦特的请求他检查了由坎比林设计的蒸汽涡轮机。随后，在博尔顿的要求下，他调查了使用气体的化学反应来代替蒸汽冷凝作为蒸汽机的能量来源的可能性。他还研究了蒸汽的特性，他的实验影响了瓦特对水的组成作出研究。

维特赫斯特在地质学上的兴趣使他与韦奇伍德和博尔顿所面临的工业问题产生联系。博尔顿在地质学的兴趣基于他在康沃尔的业务，他在那里建立了一个研究分析的办公室，用于调查那里发现的各种矿物的特性。博尔顿和维特赫斯特共同进行了一些矿物学方面的探险。韦奇伍德为维特赫斯特提供了样本和运河发掘物的描述，而维特赫斯特送给韦奇伍德可能用于陶瓷实验的石头和黏土样本。维特赫斯特就是韦奇伍德获取硫酸钡或碳酸钡的来源之一，韦奇伍德使用它们用于碧玉细炻器的制作。

普里斯特利、瓦特和凯尔都与韦奇伍德的陶瓷研究相关。韦奇伍德约请普里斯特利对陶瓷材料进行实验，并送给他样本进行实验。韦奇伍德阅读了普里斯特利的著作，以便获知化学陶瓷反应的理论解释。他向普里斯特利提供化学仪器，作为对于普里斯特利的帮助的报答。后来，相似的仪器销售给博尔顿、瓦特、凯尔、威瑟林和约翰逊。瓦特关注到陶器问题是因为他在苏格兰拥有一个陶器工厂的股份，并且协助指导陶器的制造过程。韦奇伍德从瓦特那里获得黏土的样本，并且引用了瓦特对于黏土在受到高温影响的反应的解释。凯尔曾管理过一个玻璃工厂，因此，他和韦奇伍德对于退火过程感兴趣。凯尔为韦奇伍德进行了釉面的实验，韦奇伍德通过关于改进玻璃制造的实验来回谢他。凯尔的玻璃工厂也使他涉及地质学方面的思考，他注意到熔融态的玻璃液在慢慢冷却的时候将会结晶。

韦奇伍德是皇家学会的会员而且是德比哲学学会的会员，还是大量其他组织的会员，包括富兰克林的13人俱乐部。[①]在韦奇伍德的一生之中，工业和科学之间的相互作用在他和其他斯塔福德郡陶工合作建立研究院的计划之中得到最好体现。[②]韦奇伍德还对自己所在地区的科学兴趣给予支持，他资助了约翰·沃泰尔的讲座并且雇用沃泰尔作为自己的孩子们的教师，他也资助了达尔文的化学课程。[③]韦奇伍德的实验室助理是亚历山大·奇泽姆，是一名具有较高水平能力的化学家。

凯尔与普里斯特利、瓦特、韦奇伍德和威瑟林一起分享了在化学方面的兴趣，但是凯尔将此作为一种事业。他翻译了那一时期的最佳的化学论著马凯的《化学词典》，随后进入化学制造行业，与博尔顿和瓦特的索霍工厂的业务在尺寸和材料种类上进行竞争。他在提普顿化工厂制造红色和白色的铅、肥皂、酸以及碱，碱是从其他加工过程所产生的废品中提取而来。他之前进行了从盐中获取碱的制造过程，瓦特、布莱克和罗巴克也进行过这一过程。韦奇伍德和达尔文都比较欣赏凯尔的《化学词典》翻译本。

凯尔在翻译本的一些注释之中提到了染色理论。依照托马斯·亨利所说："凯尔先生……好像是第一位怀疑明矾土[用作媒染剂]沉淀的人，并且因而对材料产生兴趣。"其他月光社成员也作出了一些织物产业的思考。达尔文试图改进织袜机的设计，威瑟林曾向朋友请教关于染色理论的知识，而瓦特发明了蒸汽干燥机器，并且在拜访过贝托莱之后带回了关于氯的漂白特性的消息，他是第一位将这一发现介绍到英格兰的人。

普里斯特利经常强调他的化学发现的实用潜力。他的第一个公开的

[①] Robinson 1955c.
[②] Schofield 1956b.
[③] D. McKie, "沃泰尔先生，一位优秀化学家（Mr Warltire, a good chymist）", Endeavour, X（1951年1月）。转引自Musson and Robinson 1960。

化学论述是关于固定空气即二氧化碳可以用来治疗坏血病；当他宣布发现了氧气的时候，他还提出了这一"新空气"的医疗价值。关于气体的医疗应用的研究随后在贝多斯的气体医疗研究所进行。贝多斯的研究工作在某种程度上基于韦奇伍德、博尔顿和瓦特的贡献。瓦特参加了贝多斯在这一问题方面所进行的实验，博尔顿和瓦特制造和出售了一些专用于贝多斯的病人们的仪器。

工业革命还包括农业方面的革命，我们发现月光社成员们参与到了这一"农业革命"之中。普里斯特利发现了植物利用二氧化碳的方式，从而导致了他开始与亚瑟·杨（Arthur Young）进行关于农业的通信。威瑟林出版的第一本非医学方面的科学论文涉及一种化学肥料的生产，而且达尔文的著作《植物学》（1800年）就是关于农业的。博尔顿、韦奇伍德、威瑟林和埃奇沃思，甚至还有戴，他们都关注农业领域内的生产改进问题。

除了这些工业和科学人士成为月光社成员，还有一些与月光社成员们长期保持紧密关系的其他人。罗巴克和加伯特不能被认为是月光社的成员，虽然他们与博尔顿、瓦特和其他人保持着亲密关系。加伯特和罗巴克在伯明翰创立了精炼实验室和硫酸盐工厂，这体现了在18世纪伯明翰发展之中化学和工业之间的联合。月光社的非经常访客是工程师斯米顿、巡回讲师亨利·莫耶斯、荷兰科学家彼特·坎普尔以及地质学家、试金者和科学人士拉斯伯。① 肯定还有一些其他人到访过月光社，他们的访问没有留下书面证据，因为月光社没有任何记录，不过通过那些已知参加了会议的人员，我们能够汇编出关于科学家和工业家之间关系的

---

① 斯科菲尔德否认了拉斯伯和坎普尔曾参加了月光社会议，参见Schofield 1956a。但是他们的访问可以在瓦特的Doldowlod袖珍日记本得到证实，1779年6月13日："星期日在索霍工厂同月光社在一起，Raspe先生在那里，还有埃奇沃思先生。"然而，他们不是经常的参与者。参见Robinson 1963, letter 17。

给人印象最深刻的记录。事实上，许多工业家都凭借本身的科学成就获得了认可。此外，我们不应当忽略月光社成员们通过成为其他学会的会员扩展他们的影响力。他们几乎都是皇家学会的会员，而且一些人是艺术、制造业和商业促进学会的会员。[①]

对于月光社的成员将科学知识和科学方法运用到工业革命的技术问题这一结论，本节只是简单地引用了一些试图证明这一结论的文献。许多此类的尝试都被描述为科学家的实用努力和科学的宣传。[②]但是，如果科学家是实用的，那么这将是他们自己的决定，它不总是容易区别，甚至今天，在科学的应用和宣传之间也不容易区别。于是，像今天一样，科学经常被用于解释一个独立于科学而设计的机械过程，但是，这些解释被月光社的制造商用于尝试改进他们的工艺过程。此外，像博尔顿一样，一些人更加倾向于利用月光社成员的科学成果，而不是自己的研究的贡献，尽管如此，他们仍然准备为那些在纯粹科学领域的研究提供经济资助以便让研究继续，只要怀着可能产生某些有用成果的希望就可以了。在何种方式上，这种现象与今日支持纯粹科学和应用科学的大规模工业研究实验室背后的动机有显著的不同。

在此引用的月光社活动的案例仅是一些涉及科学和工业的案例。当然，这些案例和许多其他的案例应该更加详细地被加以研究，但是就算如此粗略，这个理由也充分证明了我们的结论的有效性，月光社代表了18世纪的技术研究组织。在18世纪的科学或者技术活动中，很难找到没有任何一名月光社成员被牵扯到其中的案例——通常情况下这些月光社成员都试图将他们的知识转向实际的应用。在工业革命的早期阶段，没有任何一项对于科学与技术之间的关系的考察能够忽略月光社的活动。

---

① Schofield 1959a.

② Gillipse 1957, p. 404.

对其他的地方性科学协会的活动进行考察可能会得到同样有效的结论。

科学与技术的关系是一个复杂的话题，这种关系在某种程度上随着问题研究的视角而发生变化。格里斯皮博士在他的文章《工业的自然史》中向我们展示了他对于法国大革命期间和法兰西帝国早期时的案例。他指出在这一时期法国的科学与技术的关系最多是一种间接的关系。类似的争论在几乎同一时期的英国同样存在。然而，如果认为在这一时期的英国与法国对于科学与技术的关系具有同样的结论，那么将会犯错。在18世纪晚期，英格兰的科学家的社会模式与法国科学家存在相当的差异。格里斯皮博士在《工业的自然史》第403页指出："科学，商业企业，以及清教主义的相互刺激……形成了17世纪到19世纪英国社会史、知识史以及科学史的特征。"他同时指出，在这种刺激占有最大优势的期间，随之产生的实用主义与英国在理论科学领域的相对贫乏存在明显的关联。很少有人否定格里斯皮的后一项结论，但是这不是真正的要点。因为如果有人研究科学家的活动对这种刺激的反应，那么他肯定会得出这样一种结论，即英国的科学与工业之间要比法国在实际上更加紧密，更加仔细地相互关联。

通过查阅皇家学会的技术活动，人们并不能接触到18世纪晚期的英格兰或者苏格兰的科学与技术的关系，因为，这一时期的皇家学会是停滞不前的。甚至，伦敦的艺术、制造和商业促进会，例如工艺学会，随后的皇家工艺学会的活动也不能作为一个标准。然而，工艺学会在鼓励技术进步（以及传播关于技术进步的信息）方面是有影响的。对于许多18世纪的英国科学家来说，皇家学会会员的资格仅仅是一种社会威望的象征，然而，这两组成员，科学家和制造商，却在一地方性科学学会中结合起来。对地方性科学学会进行研究，可以使我们对英格兰的科学与技术的关系的考察得到相当不同的结论，比格里斯皮从法国的案例所得到的还要多。

二 月光社衰落的原因

与1781年建立的曼彻斯特文学与哲学学会相比，月光社在1791年的"教会与国王"暴乱中衰落下去，而曼彻斯特文学与哲学学会则顶住了那次风暴，并且成为19世纪中叶英国的一个重要科学组织，成为其他地方性文学和哲学学会的典范。卡德维尔（D. S. L. Cardwell）在一篇评论中指出：

> 如果月光社是重要的，那么作为一个科学研究和教育的中心，为什么19世纪的伯明翰与格拉斯哥和曼彻斯特相比如此平凡？为什么月光社没能演变成为一个永久性的机构？有位学者在一篇有洞察力的论文中试图回答后一个问题，他提出在以戴维和法拉第为开始的职业科学诞生前夕，月光社是无法繁荣下去的。但是这一观点是无法成立的，因为"业余"科学家，例如巴比奇（Charles Babbage）、查尔斯·达尔文、焦耳和诺尔曼·洛克耶（Joseph Norman Lockyer），都是整个19世纪英国科学界的活跃人物。我们得出结论，虽然我们无需质疑那个时代英国地方性科学的活力，但月光社本身的重要性仍然无法确定。[1]

那么月光社为什么会在19世纪初衰落？高素质的成员资格导致学会成员数量受限是重要的原因，月光社的正式成员始终只有十几位，而曼彻斯特文学与哲学学会则由最初限定的50人发展到1861年的200人。对于月光社的衰落和结束，斯科菲尔德认为高素质的成员资格导致学会成

---

[1] Cardwell 1970.

员数目受限，除此之外：

> 在判断学会的本质和意义的时候，必须考虑学会自身没能延续下去，没能加强自身的力量这个问题。在增加、甚至维持成员数量方面，成员们的无所作为或者漠不关心，致使月光社很难不处于一种缺乏合格成员的状态。①

斯科菲尔德认为，月光社应该尽早地接受默多克和威瑟林成为成员并且挽留斯托克斯。月光社的吸引力在于它的有限成员的超凡品质。然而，对于月光社的任何结论性评价都必须承认，这一高品质的一个重要原因是社团的小规模。月光社的实力也是它的一个弱点，月光社没能维持下来就体现出这一点，在评判月光社的性质和意义的时候也应当考虑到。月光社没有能力或意图增加新成员或者维持原成员不是由于缺乏明显有资格加入的新成员。由于18世纪末期对社团兴趣的恢复，至少25人被认为具有足够资格被列入月光社成员的名单。例如很多书中都将以下三人视为月光社的准成员或者正式成员：伯明翰的印刷商和富兰克林的朋友约翰·巴斯克维尔、普里斯特利的姐夫——铸造商约翰·威尔金森以及达尔文的一位剑桥老朋友——天才科学家约翰·米歇尔。此外，还有很多人与月光社的交往十分密切，例如韦奇伍德的合伙人本特利等。在后继者方面，最有可能的候选人之中就有威廉·默多克和约翰·萨瑟恩，他们长时间以来的工作证明了自己在兴趣和独创性方面的资格。

在1794年后博尔顿和瓦特的连续改组之中，默多克和萨瑟恩在社会地位和经济收入方面都得到提升，到1810年，萨瑟恩已经成为一个小股东，默多克也参与到公司的发展方向之中，虽然他拒绝成为公司的合

---

① Schofield 1963, pp. 415-416.

伙人，而更愿意领取工资以分享公司利润。在这一期间，两人对于公司的继续运行愈加重要。萨瑟恩进行发动机实验，进行各种计算和制图，甚至对发动机进行修改以满足不断变化的需要。默多克对索霍工厂继续运行的贡献更加明显。自1798年年末到1839年他去世的时候，他都是索霍工厂的总经理。他主要负责那些增加煤气照明的设备产品，索霍制造厂也因此出名。默多克关于煤气照明的实验显然不依赖于邓唐纳德与瓦特的讨论，虽然这一讨论提到了与煤焦油有关系的照明。默多克大约于1792年在康沃尔郡开始实验，1794年他已经进展到足以要求博尔顿和瓦特申请关于这一工艺的专利权。出于各种原因，他照常受到自己雇主的劝阻，他仍然在索霍工厂继续自己的实验，但是直到格利高利·瓦特在巴黎看到菲利普·勒朋（Philippe LeBon）的演示之后，默多克才得到支持。1804年，博尔顿、瓦特和他们的孩子们收到一个合同，关于给菲利普和李的曼彻斯特棉纺厂提供照明，他们将自己的煤气照明业务延续到1812年，直到他们采用新方法从而导致设备报废的时候。由于在家庭照明方面的贡献，默多克于1808年被授予皇家学会的拉姆福德奖章（Rumford Medal）。至少由于他们对于科技的精通，月光社可以高兴地引入萨瑟恩和默多克这两名新成员。

还有一个更好的实例是斯托克斯，他于1788年离开了月光社。这对于月光社来说是一个真正的损失。除了与威瑟林的个人冲突，没有其他能够解释斯托克斯不继续留在社团的原因，斯托克斯的存在很可能有助于月光社的存续。1795年，斯托克斯在切斯特菲尔德创立了成功的医疗事业，并且从他已发表的著作中的一些信息，我们可以看出他还是一名专业的种花者和临时教师。与月光社留下来的成员们相比，斯托克斯更有学者风度，而且他的兴趣、活动和交往也非常广泛。他发表了关于生物学和医学方面的文章，包括一些关于接种疫苗的评论。他还写了两篇化学方面的论文，他批评了拉瓦锡的不真诚，但是支持拉瓦锡的新化学主张。斯托克斯关于植物学的通信很多，并且那几年经过与通信者的交流，他积累了大量的植物收藏品。他与来自马萨诸塞州剑桥市的玛拿西·卡特勒（Manasseh Cutler）、纽约的亚瑟·路顿（Arthur Lupton）先生和路顿女士（前者的侄女），以及卡罗来纳州的华特丝（Walters）和弗雷泽（Fraser）交换书籍、信息、植物和种子。

斯托克斯的主要科学研究工作都致力于准备《植物药物学》（Botanical Materia Medica），1812年以四卷八开本的形式发表，还有1830年不完整的《植物学注解》（Botanical Commentaries）。这些书籍代表了关于斯托克斯的典型学术方法。《植物药物学》包含一个参考和引用著作的清单，占用了32个打印页面，由1200个出版物组成。在完成第一卷之后，《植物学注解》也是一本类似的学术著作，但由于作者于1831年5月18日去世而中断。作为一本不完整的著作（仅讨论了前三个植物等级），我们无法判断它的科学价值，但是布烈顿和布尔热认为它十分有趣，完全能够作为英国植物学历史方面的文章的话题。此外，这本书还提到了他曾一度是月光社成员。

尽管月光社继续聚会，但是在成员及其著作的质量和数量上都出现显著下降。会议继续召开，成员们仍然互通信件，但是活动频率减少，而且成员间的关系越来越不正式。月光社失败的一个主要原因是缺乏继续合作的令人信服的动机。[1]1791年，月光社主要成员们都已经五六十岁，这是一个巩固而不是重建和创造的年龄。在1792—1793年和1793—1794年冬天威瑟林离开伯明翰的时候，还剩下博尔顿、瓦特、高尔顿、约翰逊和凯尔参加定期会议；韦奇伍德（直到1795年）、达尔文和埃奇沃思可以推举新成员，而且他们的儿子年纪已经足够大可以被吸纳为月光社成员。月光社可以按照旧有方式继续开展活动，但是这一切没能

---

[1] Schofield 1963, p. 372.

实现。

月光社曾是这些迈向成功道路的人们的技术和科学灵感的来源。现在，他们已经实现成功目标，剩下的任务就是保存成果并且将它们传承给子孙后代。①这些成员寻求月光社同事们的帮忙，以确保有序地安排自己的财产。高尔顿委任小詹姆斯·瓦特为执行人，詹姆斯·瓦特是威瑟林的执行人，约翰逊被指定为威瑟林的未成年孩子们的监护人，普里斯特利委任高尔顿和博尔顿为自己创建的年金基金的托管人，这一基金用于支持他的女儿萨利·普里斯特利（Sally Priestley Finch）和萨利的儿女们，博尔顿的遗嘱指定小詹姆斯·瓦特作为女儿安妮的基金托管人，而高尔顿是伯明翰药房资金的托管人。

在1791—1800年年间，伯明翰月光社慢慢解散。这期间的现存会议记录能够说明问题。1791年9月12日的会议之后，在1792年1月16日威瑟林给凯尔的一封信中，我们找到了关于月光社的第一个通知：

> 由于博尔顿和瓦特的缺席，我认为1月31日的会议应当取消，特别希望帕尔教授能够出席我们的下一次会议，因为我希望我们的会议是全体会议。②

塞缪尔·帕尔是一位著名的坦率直言的辉格派教士，他经常能够使得聚会活跃起来；很遗憾的是，我们没有关于帕尔实际上出席月光社会议的记录。1793年3月23日，约翰逊先生在一封写给威瑟林的信件中解释：

---

① Schofield 1963, p. 372.
② Schofield 1963, p. 369.

很遗憾地告诉您，我们的月光社会议已经不像过去那样定期召开。我们的成员数量减少，缺少任何一位成员就特别关系重大，因此我们只能选择所有人都方便的时候见面……普里斯特利已经发表了他的《呼吁》（Appeal）的第二部分；依据他的一些最好朋友们的建议。印刷商汤普森（Thompson）正在沃里克（Warwick Gaol）销售佩因（Paine）①的书籍。佩因的雕像在整个英国被焚烧。最近我收到了艾希博士的来信，他一切都好并且很高兴您还记得他。②

显然，月光社已经回到不经常开会的日子。1793年4月1日，约翰逊写信给博尔顿：

我相信今天最糟糕的事情就是，我要为无法出席月光社会议致歉，更遗憾的是，我们准备立即去市镇，到那里会见一些朋友，可能会一直待到5月，但是我希望我们这个月底就能回来。如果您能够承诺帮我弄到一个鲸须制的湿度计，那真是太好了，但是据我所知这对于工匠来说是令人乏味的……在这些种类商品之中，您可能得不到它；如果您能够向我提供制造者的指示，我将不胜感激，我将会尽力从伦敦得到一个湿度计。关于城镇中他们得到管子的玻璃工厂，我可能还要麻烦您，因为我想要一些不同规格的管子。③

---

① 托马斯·佩因（1737—1809），美国裔的英国作家和革命领导人，他写了小册子《常识》（1776年），为美国从英国手中争得独立而辩论。在英国他出版了《人的权利》（1791—1792年），捍卫法国革命。
② Robinson 1963, letter 72.
③ Robinson 1963, letter 73.

威瑟林的儿子在日记中记录了1794年6月23日星期一的月光社会议：

> 我与爸爸一起去了市镇。我们与月光社成员和曼彻斯特的库珀先生一起吃饭。我们还回去喝茶。①

这是一次非常令人激动的会议。库珀先生是一个众人皆知的自由主义者，也是小詹姆斯·瓦特和普里斯特利的朋友，但是我们没有关于这次会议的具体记录。

1795年7月2日，凯尔给小詹姆斯·瓦特写信：

> 我非常荣幸收到瓦特先生和瓦特夫人的亲切邀请，能够借聚会的机会与柯万先生相见也非常愉快，但是不幸的是，明天我要处理一些非常重要的事务，这阻止了我前来参加聚会。我的提普顿工厂正在被矿工毁坏，他们在工厂之下挖掘坑道，严重地危及了工厂的安全。②

1795年7月3日，博尔顿给塞缪尔·莱桑斯（Samuel Lysons）先生写信，为记录的简短表示歉意：

> 我现在和一位都柏林的著名化学家和矿物学家柯万先生在一起，还有一些其他哲学家。③

---

① Robinson 1963, letter 76.
② Robinson 1963, letter 77.
③ Robinson 1963, letter 78.

7月3日不是星期一，但是接近月圆之夜，月光社的其他成员也被邀请参加会议。1798年3月30日，威瑟林写给约瑟夫·班克斯：

> 博尔顿先生上个星期二在这里，他正忙于造币，但是他并没有谈到现在就访问伦敦。瓦特先生扭伤而且差点折断了腿部的阿基里斯筋腱，但是在其他一些方面他是非常健康的。我的健康状况欠佳，这妨碍了我在冬季出席月光社会议，但是当我见到月光社成员的时候，我不会忘记转达您对他们的真挚问候。①

这是斯科菲尔德所认为的最后一次月光社的会议。斯科菲尔德关于月光社的结束的论述是不令人满意的。他论述到："尽管有迹象显示在迟至1799年的时候，有一些月光社的正式聚会，但是在1791年伯明翰暴乱之后月光社的文献证明早期的月光社的精神特征已经衰退了。"②在1798年之后，月光社就已经临近死亡和解散了。③让我们来检查一下斯科菲尔德的判断。月光社在1802年之前，甚至在1809年之前都没有结束，1809年，弗朗西斯·霍纳（Francis Horner）拜访了他在伯明翰的朋友塞缪尔·特蒂乌斯·高尔顿，就像霍纳的叙述所显示的那样：

> 月光社的残余成员和那些月光社的著名成员的鲜活的回忆是非常有趣的。他们留下的这种印象不但没有消退，而且已经在第二代和第三代身上显示出来，这种对科学的好奇精神和

---

① Robinson 1963, letter 80.
② Schofield 1956a, p. 114, note 17.
③ Schofield 1956a, p. 128.

自由探究精神甚至仍然抵抗着保守党，体现出对财富增加的喜爱。①

在1799年、1800年和1801年的会议既不正式，也不规律。在格雷戈里·瓦特的书中记载了如下的月光社的会议：

表5　月光社会议，1799年2月—1801年3月1日②

1799年2月	月光社会议	10	6
1799年5月20日	月光社会议	7	6
1799年6月17日	月光社会议	5	0
1799年7月9日	月光社会议 9/6 Charity 2/–	11	6
1799年7月	Forfeit for absence 9/– Advance to 月光社会议 9/–	18	0
1799年11月11日	月光社会议	4	6
1799年12月10日	月光社会议	3	0
1800年1月13日	月光社会议	6	0
1800年2月10日	月光社会议	7	3
1800年3月31日	月光社会议 自己和普里斯特利	13	6
1800年5月10日	月光社会议	7	10
1800年6月9日	月光社会议 6/6 Comb 1/3	7	9
1800年7月7日	月光社会议 7/6 Carriage of Parcels 2/6	9	0
1800年9月1日	Play twice 8/– 月光社会议 8/–	16	0
1800年12月1日	月光社会议 14/– Collins Brush &Tea 7/6	11	6
1801年1月17日	月光社会议 10/– Tea etc., 约翰·汉密尔顿4/6	14	6
1801年3月1日	月光社会议	11	0

1801年10月17日普里斯特利给博尔顿和瓦特写信，感谢他们赠送的

---

① Smiles 1865, p. 309.
② Gregory Watt, *Mineralogical Expences etc.* 1798-1802. 表格中后面两列原文就是这样，未加解释。本文尚未解读出具体含义。表中的一些未翻译的原文也是如此。转引自Robinson 1963, letter 81。

熔炉和能够制造大量气体的其他设备："我为你们和所有月光社的成员送上良好的祝愿,我越发觉得月光社的优势正是我所需要的。"[1]

1891年的马修·罗宾逊·博尔顿的袖珍本中记载到:

表6　月光社会议,1801年3月2日—1801年8月2日[2]

1801年3月2日,星期一	月光社会议
1801年3月4日,星期三	斯坦克利夫先生展示他的电流实验
1801年3月30日,星期一	月光社会议
1801年4月5日,星期日	电流实验
1801年6月29日,星期一	参加月光社聚餐归来
1801年8月2日,星期日	赫歇尔博士来到索霍
1801年3月5日,星期四	夏普先生到来,展示电流实验

从上面我们可以看到,在1799年有7次月光社的会议被记录,1800年有8次被记录,在1801年8月之前,有5次或者6次被记录。在我们获知有关这些会议上所进行的内容的更多信息之前,我们无法断定是什么样的精神指导着他们进行这些活动。

1802年12月11日,高尔顿给博尔顿的信件证明了一次月光社会议:

马修·罗宾逊·博尔顿很可能将会参加星期一晚上的月光社会议,他可能会有这份好意,允许将书籍放到他的马车上面。[3]

当月光社最后结束的时候,月光社的书籍在1813年8月经过投票表

---

[1] Robinson 1963, letter 82.

[2] Robinson 1963, letter 83.

[3] Robinson 1963, letter 84.

决，被高尔顿所获得。这可能是月光社的最后一次会议，标志着月光社的结束。1813年8月8日，凯尔给高尔顿和瓦特先生的信：

> 这里有三张密封的纸袋：A，B，C。每个纸袋里装入了一张票，其中一张票包含了票证，抽到这张票的人将会拥有对整个科学图书馆的书籍的所有权。如果高尔顿先生和瓦特先生（或者詹姆斯·瓦特先生代替他的父亲）每人抽取一张纸袋，那么剩下的一张纸袋将是凯尔先生的。这些纸袋随后将会打开，幸运的抽中者将会被公布，他可以在方便的时候派人去小山顶（Hill-top）获取这些书籍。这些书籍在运输的时候应该装在盒子、竹篮或者一个单个的空的马车里，并被盖好，并由一位细心的人来操作。现在我们还不知道这位幸运者是谁。①

1813年8月8日，附加的注释：

> 根据上面的方案，当高尔顿先生今天访问史麦斯维克（Smethwick）的时候，我得到机会抽了这三个签，高尔顿先生抽得纸袋A，爱黛儿·高尔顿（Adele Galton）小姐被要求为瓦特先生抽签，抽得纸袋B，剩下的纸袋C也就是我的了。打开纸袋A，发现高尔顿先生就是幸运的中签者，所有的书籍都属于他了。②

---

① Robinson 1963, letter 85.
② Robinson 1963, letter 85.

三 月光社的传承

大多数科学社团的重要性在于它的持续生命力和对于接下来的几代人的影响，但是，月光社的重要性只能通过它对于工业革命的影响来衡量。霍纳认为，科学好奇心和自由探索精神给月光社成员家庭的第二、第三代人留下印象。月光社将几代人连接起来，在不同学科的人们之间架起桥梁，代表着一种统一的文化。韦奇伍德、瓦特、埃奇沃思、高尔顿、威瑟林和达尔文的家庭记录多次提到霍兰德庄园（Holland House）和兰士当庄园（Lansdowne House）的辉格党人：弗朗西斯（Farancis）和伦纳德·霍纳（Leonard Horner）、詹姆斯·麦金托什（James Mackintosh）、亨利·佩蒂（Henry Petty）勋爵、杰里米·本瑟姆（Jeremy Bentham）、皮埃尔·杜孟（Pierre Dumont）、塞缪尔·罗米丽（Samuel Romilly）和亨利·哈勒姆（Henry Hallam），《爱丁堡评论》团体：悉尼·史密斯（Sydney Smith）、亨利·布鲁厄姆（Henry Brougham）和弗朗西斯·杰弗里（Francis Jeffrey），里卡多（Ricardo）和马尔萨斯（Malthus），文学人物：柯尔雷基（Coleridge）、沃兹沃斯（Wordsworth）、巴兹尔（Basil Montagu）、托马斯·坎贝尔（Thomas Campbell）、弗朗西斯·蓝翰（Francis Wrangham）和托马斯·普尔（Thomas Poole）的名字。这些人努力实现对于月光社协助创建的新世界进行社会、政治和艺术调整，月光社的子孙后代对于这些努力十分感兴趣，然而，他们对于这些调整的贡献更多的是鼓励而不是实际行动。[①]

月光社成员的后代们通过家庭之间的联姻保持着适度的友好关系。韦奇伍德的女儿苏珊娜（Susannah）嫁给了达尔文的儿子罗伯特·韦

[①] Schofiled 1963, p. 419.

林；他们的儿子查尔斯也娶了韦奇伍德家族的一位女性。达尔文的女儿维奥莱塔（Violetta）嫁给了高尔顿的儿子塞缪尔·特蒂乌斯，他们的儿子弗朗西斯娶了A.G. 巴特勒（A.G. Butler）的妹妹，巴特勒娶了埃奇沃思的孙女哈里特·杰西·埃奇沃思（Harriet Jessie Edgeworth），塞缪尔·特蒂乌斯·高尔顿的一个女儿嫁给了凯尔的孙子詹姆斯·莫里耶特（James Moilliet）。但是，这并不能构成月光社的延续。①这些家庭一般是分散开的；他们的交往是私人的，而不是专业的，这些子孙后代对于科学或技术的兴趣相对较小。他们的一些朋友是科学家或者对科学感兴趣，但是，总体上来说，科学社团是他们钦佩而不愿加入的团体。②

除了缺少合格成员之外，月光社的科学兴趣也难以为继，后加入的学会成员没有保持浓厚的科学兴趣，这也是月光社衰落的原因之一。某种程度上由于那些对科学感兴趣的后代们患病早逝，月光社成员的后代们缺乏持续的科学兴趣。1778年，才华横溢的查尔斯·达尔文21岁时因一个切割伤口而去世。哈里·普里斯特利（Harry Priestley）被认为是最像他父亲普里斯特利的一个儿子，但是他于1795年因发烧去世，年仅18岁。埃奇沃思的儿子亨利·埃奇沃思（Henry Edgeworth）已经被培养为一名医师，在《爱尔兰皇家研究院通讯》（*Transactions of Royal Irish Academy*）上面发表了《关于1798年天气观察的概述……埃奇沃思镇进行的观察……》③，并且在《医学和物理学杂志》（*Medical and Physical Journal*）上面发表了《关于埃奇沃思镇附近的流行性感冒报告》④；1808年，他成了伦敦地质学会的成员，在经受多年病痛之后，他于1813年因肺结核去世。作为土木工程师的威廉在苏格兰和爱尔兰

---

① Schofiled 1963, pp. 419-420.
② Schofiled 1963, p. 420.
③ An Abstract of Observations of the Weather of 1798, made… at Edgeworthstown…
④ A report on influenza in the vicinity of Edgeworth Town.

从事研究工作，他发表了关于三角测量的《致亚历山大·尼模的一封信》①，他还是爱尔兰皇家研究院的会员，然而，1829年他也因肺结核去世，年仅35岁。

更为重要的是格雷戈里·瓦特和托马斯·韦奇伍德的英年早逝。格雷戈里·瓦特于1804年因肺结核去世，年仅27岁；托马斯于1805年去世，年仅34岁。他们两人从20岁开始就不断生病。为了寻找治疗方法，他们走访了很多国家和医生（包括达尔文和贝多斯）。他们一起认识了汉弗莱·戴维。1803年，瓦特给戴维提供了土壤样本，用于进行化学农业实验，然而，戴维这样记述了托马斯·韦奇伍德："他的观点对于我来说是一个秘密财富，并且经常能够使得我正确地思考，否则的话，我可能就会产生一些错误的想法。"②最后，在职业生涯结束之前，他们都完成了相当有前途的科学研究工作。

格雷戈里·瓦特的主要科学研究兴趣是地质学和矿物学。在苏格兰学习期间，他与《爱丁堡评论》的创办人会面，并且为他们写了9篇评论，展现出他的渊博知识和文学技能。1804年4月10日，他寄给皇家学会一篇长篇论文《玄武岩观察报告，关于玻璃质地向石头质地的转变，这发生在熔融玄武岩的逐渐冷却过程之中；以及一些地质学方面的评论》③。这篇论文在皇家学会被宣读，依据高尔顿给瓦特的一封信，这篇论文"应当被认为是在相当长一段时间之内皇家学会宣读的论文之中最具有水平的"。④它被发表在《哲学汇刊》上面，又在《尼克森期刊》上面重新发表，在提交伦敦地质协会讨论的第一封通信之中有相关

---

① A letter… to Alexander Nimmo.
② Clow & Clow, Chemical Revolution, pp. 495-497. 转引自Schofiled 1963, p. 421.
③ Observations on Basalt, and on the Transition from vitreous to the stony Texture, which occurs in the gradual Refrigeration of melted Basalt; with some geological Remarks.
④ Schofiled 1963, p. 421.

的记录。1804年9月2日，他将一些实验说明写给索霍工厂的萨瑟恩，他希望能够确定气体和玄武岩在玻璃和水晶质地形式之下是否具有不同热量。一个多月之后（10月18日），格雷戈里·瓦特去世了。

托马斯·韦奇伍德比格雷戈里·瓦特去世得晚一些，因此他拥有更多的发展机会。相比之下，托马斯·韦奇伍德所受的教育更加系统，而瓦特对小詹姆斯·瓦特的要求过于严格，对格雷戈里·瓦特又过于宽容。托马斯·韦奇伍德的科学兴趣开始得很早。在11岁的时候，他就开始针对自己的矿物学收藏品做出了一个摘录簿；在15岁的时候，他就有一个化学实验室，在亚历山大·奇泽姆的指导之下开始研究。在1786—1787年的两个冬季期间，在奇泽姆的建议之下，托马斯·韦奇伍德到爱丁堡学习古典文学和化学，其间奇泽姆还给他寄送一些关于化学新闻和指导补充课程的信件。后来，托马斯·韦奇伍德又得到约翰·莱斯利（John Leslie）的帮助，莱斯利成为托马斯在科学方面的家庭教师。在伊特鲁里亚的两年时间里，经过韦奇伍德家族介绍，莱斯利结识了一些内陆科学家。当离开伊特鲁里亚的时候，莱斯利得到托马斯·韦奇伍德赠予的养老金，以便他能完全投入到研究工作之中。这笔养老金一直维持到1812年，在此期间，莱斯利完成了著名的《热量性质和传播的实验探索》（*An Experimental Enquiry into the Nature and Propagation of Heat*，1804年，献给托马斯·韦奇伍德），而且被授予皇家学会的拉姆福德奖章，他本人亦被选举为爱丁堡大学的数学教授。

四　月光社的历史地位

在普里斯特利1791年离开伯明翰到达伦敦之后，他依然保持着与月光社成员之间的通信，这些通信充分体现了普里斯特利对于月光社的意义和价值的肯定，也表现了他对于月光社的深切怀念。1791年11月2日，普里斯特利给瓦特写信：

> 这个事物[压印机]和许多其他事情将会让我想起我对您应尽的义务，我与您和月光社的所有朋友们曾经拥有令人愉快的交往。我对于见到另一个这样的人不抱有希望。事实上，伦敦不能提供这些东西。我将会在月光社会议的惯例时间想到您。①

尽管在到达伦敦后不久，普里斯特利被邀请继任普莱斯博士在哈克尼（Hackney）的职位，但是他的处境依然十分艰难。伦敦的舆论对于普里斯特利很不利，以至于房东都害怕他这种房客，唯恐他会招来祸患，普里斯特利几乎找不到一个安身之所。这不免使他更加怀念在伯明翰的日子。1791年11月5日，身处伦敦的普里斯特利给威瑟林写道：

> 在我重新开始工作之前，通过所有人的帮助我的生计还能维持相当长的时间，这里没有伯明翰那样方便。我想要在这里寻找哲学家朋友们的这种帮助，那是徒劳的，在我有生之年，我都会愉快地追忆我们的月光社会议并且感到遗憾，我享受了月光社会议的太多乐趣，并且因此得到了很多真实可靠的益处。即使我能够在这里的哲学家俱乐部之中找到相同的知识水平，但是我无法找到相同的率真，而这一点正是所有学会的魅力所在。
>
> 我几乎已经印刷完《向公众呼吁》（Appeal to the Public），

---

① Robinson 1963, letter 66.

它论述了最近一次暴动,我将会让印刷商给您寄送一份。

我知道它将会更加激怒我的敌人们,但是这是依据我们的一般判断写出来的,而且也可能至少在一段时间内安抚他们。

我最近已经写信给瓦特,并且希望他或月光社出面向那些代表国家意志的人们提出建议。我希望您能够理解这一提议的适当性,并且为它的实施提供帮助。

我仍然希望能够得到满足,见到您和月光社其他朋友们,而且我总是希望能够听到您的近况,亲爱的先生。[①]

1793年11月16日,在克莱普顿的普里斯特利给月光社成员写信,并将月光社成员视为他的重要朋友:

由于离开伯明翰我失去了你们的社团,很少有事情能够让我感到如此遗憾。月光社鼓励和引导了我;因此,公平地讲,我在那里所做的哲学研究不但要归因于我自己,还要归因于你们。我从未自愿缺席过我们令人愉悦的会议,我也一直对此保持着美好的回忆。假如我们分离的原因导致我必须长久或暂时地移居到距离你们更远的地方,那么这只会让我感到更多的遗憾和更加怀念我们过去的会见。

现在我离开你们的社团和令人不愉快地必须中断我的哲学追求已经有两年多的时间。在朋友们的帮助之下,我现在已经重新开始自己的哲学追求,我特别高兴地将第一份劳动成

[①] Robinson 1963, letter 67.

果①献给你们。②

随后，1794年4月8日，普里斯特利去往美国。1795年10月27日，身处宾夕法尼亚州诺森伯兰（Northumberland Country）的普里斯特利给威瑟林写信：

> 我现在越发对于失去月光社感到遗憾，在那里我度过了太多欢乐的时光，我在伦敦找不到任何可以代替的事物。③

1801年10月17日，普里斯特利给博尔顿和瓦特写信感谢他们赠送的熔炉和其他气体制造设备：

> 我为你们和所有月光社的成员送上良好的祝愿，我越发觉得月光社的优势正是我所需要的。④

作为月光社成员的最大有利条件是，月光社不仅是英国中部地区在工业、科学、文学和商业方面的进步思想的交流场所，而且也是整个西方世界进步思想的交流场所。月光社成员们通常属于一些其他有影响力的俱乐部，并且通过利用他们的集体影响力，一些可能无法进行的项目被完成，一些未探究和未发表的理论被提炼和发表，一些正在申请的专利获得批准。

月光社的许多合伙人的成就是令人惊讶的。由于在月光社的各个成员

---

① "Experiments on the Generation of Air from Water." See supra, p. 119.
② Rutt 2003, pp. 210-211.
③ Robinson 1963, letter 79.
④ Robinson 1963, letter 80.

们之中的交流和自由讨论，一些发明创造、改进或理论的荣誉归属模糊不清，而且月光社团体之中的个人工作很难与月光社的整体工作分离开来。

下面是在斯莫尔有生之年，月光社的成员们或合伙人所作出的贡献的一部分清单。发明创造包括钟表、发动机、蒸汽机、水平风车、气压计、高温计、磁铁、测微仪、温度计、记时计、避雷装置、语音机、机械动力驱动车辆、电报机、发电机、压印机、造币机和液压油缸。化学方面的贡献包括氧气、氢气、一氧化二氮和二氧化碳的发现，碱、硫酸和苏打水的应用。月光社成员们对于科学分类和调查方面的兴趣在于矿物学、植物学、地质学、古生物学、卫生学、解剖学和医药学方面的发现。博尔顿、凯尔和埃奇沃思使用这些发现和科学方法获得了经济收益。博尔顿的索霍工厂使用机械动力和化学程序生产商品和发动机。韦奇伍德的伊特鲁里亚厂结合了植物学、化学和新工业程序用于生产最好质量的陶器。凯尔的提普顿化工厂结合了化学和医学理论每年生产上百万块的肥皂。这三家工厂都利用了科学评估、劳动力细分和零件标准化，以实现他们工厂的高效运行。这些程序和成就都是对于工业革命的贡献和扩展。

月光社成员们的一些集体成就要比其他团体更加明显。那些年间达成的合作不局限于狭窄的中部地区范围，还扩展到了更广泛的地区。月光社的成员们也通常上是其他组织的成员，11位月光社成员同时还是皇家学会的会员。一些理论、发明和发现的荣誉归属问题的确定从距离和时间方面都无法和伯明翰月光社分离开来。达尔文的化石探险显示出生命经历了比神创论所提出的时间更久远和逐步的演变过程。进化论的荣誉归于了他的孙子查尔斯·罗伯特·达尔文，查尔斯使用更多经验证据并更清晰地阐述了这一观点。此外，伯明翰月光社的最著名和最有影响力的合作是瓦特的蒸汽机。

像博尔顿、瓦特、韦奇伍德、凯尔一样的工业家和科学家在为工艺技术做出卓越贡献的同时，也对他们所处时代所谓的纯科学发展做出了贡献，至少要比当时那些"更纯粹的科学家"同行贡献更多。罗宾逊在研究月光社对于科学仪器的贡献时指出：

> 月光社的制造商和科学家之间存在的广泛合作使得工业和纯科学研究可以快速地交流，这种合作帮助英格兰保持了对于欧洲大陆的科学优势，从而帮助英格兰建立了她的工业霸权。月光社成员呈现的发明天才为科学仪器的改进做出了巨大贡献。没有这些天才工匠制造的仪器，普里斯特利、布莱克和拉瓦锡为科学做出的贡献可能就要大打折扣。[1]

在将科学知识和科学方法运用到工业技术领域这一方面，月光社毫无疑问走在了所有地方性学会的前面。对此，斯科菲尔德指出：

> 在所有这些地方性科学协会当中，能够举例说明制造商和科学家的利益结合得最有效的协会就是伯明翰的月光社，在所有此类协会中，月光社可能是最著名的——尽管，比起同一时期的许多其他协会，业已出版的关于月光社的确切信息较少。这也是应当开展关于月光社的深入研究的一个理由。[2]

接着，斯科菲尔德明确地指出：

> 问题的类型最清晰地证明了月光社对于科学兴趣的工业

---

[1] Robinson 1957, p. 8.
[2] Schofield 1957, p. 409.

导向，因此，将月光社宣称为一个非正式的技术研究机构并非是不合理的。[1]

月光社重视科学知识的应用，重视工艺技术的革新，这无疑在促使他们在为科学和技术做出卓越贡献的同时，也促进了他们在工业和商业领域做出的卓越成就。18世纪之前的科学研究很少用于工业生产。在月光社中，工程师与科学家的界限越来越模糊，越来越多的工程师开始埋头进行科学研究，而越来越多的科学家则更加关注科学的实际应用。博尔顿、瓦特、凯尔、韦奇伍德都开办了著名的工业制造公司，但是他们也在科学上做出了重要贡献。对于科学和工艺技术，月光社密切地将两者结合起来，并做出了杰出的成就，斯科菲尔德这样评价：

> 月光社代表了18世纪的技术研究组织。在18世纪的科学或者技术活动中，很难找到一项活动没有任何月光社成员参与其中——通常情况下这些月光社成员都试图将他们的知识转向实际的应用。在工业革命的早期阶段，没有任何一项对于科学与技术之间的关系的考察可以忽略月光社的活动。[2]

月光社成员之间的相互鼓励、合作和帮助，使月光社在纯科学和应用科学领域内取得了成功。月光社是一个科学和工艺研究的组织，也是技术转化并有力推动工业发展的典范。斯科菲尔德纪念月光社二百周年时指出，月光社正是这样：

---

[1] Schofield 1957, p. 411.
[2] Schofield 1957, p. 415.

一致努力去发现某位成员的科学发现的实际应用，并且通过这些实际应用带来广泛的社会价值；虽然可能不成熟但是却严谨而仔细的科学实验；对于科学实验以及科学的实际应用给予资金和政治上的支持；直接的个人兴趣以及获得资金的可能性。总之，这一切都体现了一幅画面：促进科学发现，鼓励年轻科学家去创造和影响未来。没有哪一个18世纪的科学社团像月光社这样将各种具有启发性的思想和方法的潮流更为有效地融入到19世纪的奔流之中。没有哪个学会这样清晰地代表了工业革命的兴起。[①]

伯明翰月光社将英国的农村和手工业变革为城市化和工业化，体现了18世纪下半叶英格兰的社会经济变革。作为思想交换的场所，月光社等地方性科学学会从物质、文化和社会方面改变这个民族。它的成员是具有广泛兴趣的著名人士，他们的谈话涉及许多领域，但是他们的主要兴趣是实用科学和理论科学，特别是与工业问题相关的科学。月光社的影响广泛，不仅对于英国有影响，而且对于世界的其他地区也有影响；影响是没有限定的，遍布许多部门。月光社所推动的工业革命使英国在19世纪成为日不落帝国。斯科菲尔德这样肯定月光社的历史地位：

法国战争和政治压制延迟了新世界对旧世界的正式替换，但是这个新学会提供了力量赢得战争，正是他们稳定了他们的世界。月光社代表了"其他学会"，提升了自己的位置。如果它仅在质量上异于其他地方性协会，那么它就应该

[①] Schofield 1963, p. 160.

得到更为透彻的研究，因为月光社被认为是19世纪英格兰的种子。①

---

① Schofiled 1963, p. 440.

结　语

作为18世纪末英格兰中部地区最为著名的地方性科技学会，月光社集中了伯明翰附近优秀的自然哲学家、工业家和技工等中产阶级精英。月光社的定位是多重的，它是一个地方性社团、非正式社团、科学社团、技术社团、工业研发组织，还是互助的中产阶级精英社团。月光社不但有效地扩散了科学知识，还作出了不逊于当时其他科学社团的科学发现。更重要的是，月光社有力地将科学与工业结合在一起，科学共同体与社会经济力量的结合开始密切起来，成为日后科学与经济紧密结合的肇始。这种结合的突出表现就是月光社的一系列技术发明和推广活动为工业革命在英格兰中部地区的兴起提供了强有力的智力支撑和技术支持。月光社所代表的科学家和制造商利益的有效结合深远地影响了18世纪末英国社会和经济的发展。

作为一个非正式的学会，月光社更像一个工业研发组织。月光社成员之间的紧密的交流和互动是当时其他的学会所不能企及的。正是这种非正式性，不存在学会的章程和规则，甚至没有每次会议的记录，从而使得学会的凝聚力的来源只能是成员们共同的兴趣，以及他们之间的友谊和利益。也正是这种非正式性，就像爱因斯坦青年时与朋友结成的"奥林匹亚学院"一样，最为清晰地表明了科技学会的本质和学术交流的灵魂。虽然没有正式的规章制度和经费来源，月光社却进行了最为活跃、最为激烈和最富有成效的学术交流。

月光社作为18世纪英格兰中部地区地方性科技学会的代表，体现了18世纪末期英国的地方性文化的一个方面。17世纪科学革命所带来的科学体制化的力量在18世纪得到了进一步的巩固和深入，月光社等地方性科学学会的成立正是这种体制化力量的产物。同时，议会背景之下的党派政治的兴起为出版事业提供了空前流通和相对自由的可能。这种文化上的自由气氛激励了各种私人和公众聚会，激励了新思想和新观念的讨论和流通，也为地方性科学学会的成立提供了文化上的基础。这种文化上的自由也为18世纪不是社会和政治精英的非国教徒提供了社会认同，他们展示自己在科学和工业方面的兴趣，并以此活动取得社会威望。月光社所在地伯明翰处于英格兰中部地区，正是当时英国的重要工业地带，也是英国工业革命的孕育之地。大量增加的人口使得这些制造业中心成为地方性科学学会开展活动的可能地点。这些城市中杰出的制造商基本上都是他们所在城市的地方性学会的会员。同时，与伦敦的距离及交通的不便，也是各个地方的知识分子群体建立地方性科学社团的重要原因。

月光社在纯科学和应用科学之中的努力，都是通过成员们的互相协作完成的，并且卷入整个工业化进程的发展之中，月光社可以称作工业革命的试验性项目或先锋队。月光社是那一时代的英国地方科学学会的代表，它与18世纪末期在英国组织的大量带有科学性质的、文学和哲学讨论团体的唯一区别是成员质量。月光社和18世纪末的英国科学与工业之间的紧密联系及其对于工业革命的重要性，使得早期工业革命兴起的图景和18世纪下半叶英格兰科学的图景需要加以修订。在承认技术革新是早期工业革命兴起的充分条件的情况下，月光社所带来的技术活动和商业行为对于早期工业革命的重要性便值得进一步的讨论和研究。同时，在承认18世纪末期月光社所代表的科学与工业之间的紧密关系的情况下，18世纪下半叶英格兰科学所占据的地位便值得更进一步的重视。

一　月光社对工业革命的推动

月光社体现了科学与技术、科学技术与工业的紧密结合。月光社成员有力地参与了技术革命和工业革命的进程。他们在蒸汽机的设计与研究、冶金化学、制陶工艺、玻璃制造、金属制造、马车设计、修建运河、医学以及科学仪器的改进等技术活动方面都非常专业，同时，他们又在化学、电学、地质学、热学、金属学和植物学等科学方面富有成就。科学仪器的改进不仅是推进科学发展的有效工具，也广泛应用于关于技术的实验之中。此外重要的是，月光社成员都是真正的实践家，他们参与了早期轰轰烈烈的产业革命。享有盛誉的索霍工厂源源不断地为早期工业革命提供蒸汽动力，伊特鲁里亚的陶器工厂为早期工业革命期间的人们提供了精美的陶瓷用品，提普顿化工厂则有力地参与到早期工业革命的化学工业之中。18世纪末期的索霍工厂已经完全实现了一所高等技术学校的功能，博尔顿在那里聚集了数量众多的受过良好教育的科学家，索霍工厂成为一个研发中心，也是一个纯粹的商业中心。索霍工厂雇用了大量具有专业技能的人，它所具有的关于科学和技术种类的讨论可能是其他地方所见不到的。

月光社的核心人物，如博尔顿、瓦特和韦奇伍德，他们不但具有大量的知识和科学能力，而且具有技术和商业能力。英国工匠的社会地位、他们的收入状况以及相关的专利制度，都确保了英国工匠与科学家之间的互动，促进了工匠传统与科学传统之间的融合。同时，许多英国科学家同时都是技术发明家，在他们的身上可以看到这两种传统的融合。

科学知识能够通过地方性科学学会得到更广泛的传播。地方性科学学会的工业意义，还有非国教学院，萌芽阶段的技术学院和学校，书籍、百科全书和图书馆，以及巡回演讲的工业意义——所有这些都有助于科学－技术知识和兴趣的更广泛传播。月光社的制造商们从自然哲学的教科书和讲座中学习科学知识，然后他们将一些新概念工具引入自己的技术实践之中。月光社等地方性科学学会之中的科学和工业领域人员之间的合作是工业革命的一个重要因素。

月光社成员的协作和活动体现出他们的世界的自觉形成以及在解决英国工业化问题方面的积极行动，这同时也被认为是18世纪英国的特征。由国家和风俗确定的上流社会，可能还在关心土地和头衔的问题，可能浪费时间在没有代表性的议会之中进行争论，在咖啡店中讨论文学和艺术，在酒吧里喝酒和赌博；但是，他们所知的世界是一个阴暗的世界。正是在另一个社会之中，月光社成员依据自己的爱好创造了一个不同的世界。

月光社的成员们相信科学和技术的力量，他们想要通过一种不同的方式来改变世界：他们想要制造纯的空气来治疗疾病，用知识引燃民主改革的导火索。任何东西在他们看来都是可能的——蒸汽船、有人驾驶的航空器、潜水钟，等等。大量的机械变革，这对当时社会形成了革命性的改变。达尔文曾经认真考虑改变英国的风向，他建议欧洲的政府们"不要牺牲他们的海员，在没有必要的战争中浪费他们的精力"，应该使用他们的海军将冰山拖到赤道，这可以使得热带地区变得凉爽，并减缓北方冬季的严寒。[1]以目前来看，他们可能已经患有饱受非议的技术统治论和科学主义，但他们的确是伟大的真正的理想主义者，在宗教般的情怀指引下，努力探索真理，增进人类福祉。从1730年到1800年两代人的时间，英国就发生了革命性的变化，一跃从农业国变为工业国。

---

[1] Uglow 2002, p. xvii.

二 科学革命、技术革命和工业革命

很多人都持有早期工业革命的技术成就是没有受过教育的经验主义的产物的观点，然而，通过月光社的研究，工业革命不是与科学革命毫不相关的。科学革命所带来的文化上的影响使得科学成为18世纪西方文化中不可或缺的元素。17世纪皇家学会所开启的科学体制化进程奠定了科学在文化上的崇高地位。18世纪，这种体制化的进一步深化在促进启蒙文化方面，在促进科学与中产阶级之间的亲密关系方面都产生了重要作用。这种崇尚科学并认为科学可以造福人类的普遍文化在以个人提高和社会交流为目标所形成的长期稳定活跃的环境中蓬勃发展。如果将体制化视为科学的一部分，那么推进技术革新的地方性科学学会应该被视为科学共同体的一部分，他们所进行的科学的工业应用和技术发明也应该被视为科学对技术的促进作用。同时，科学对于工业所产生的作用越来越多地通过这些学会来进行。

17世纪科学革命带来的实验哲学在18世纪扩大了科学探索的范围，科学所信奉的理性和实验的方法成为18世纪英国科学家和技工共同遵循的原则。尽管科学没有对一些十分具体的技术发明过程产生直接影响，但是科学已经成为这些技术发明的预设前提和潜在的隐含条件。科学成为一种公共文化，直接影响到英国技工的知识储备。例如，尽管布莱克的潜热理论没有直接地影响到瓦特对纽科门蒸汽机的改进，但是连瓦特都会承认：

尽管布莱克的潜热理论没有对我对于蒸气机的改进提供意见，但是，他乐于传授给我的那些各门学科的知识，推理的正确方式，以及他给我作出榜样的做实验的正确方式，毫无疑问非常有利于促进我的发明的进步。①

如果将实验哲学视为科学的一部分，在某种理论指导之下开展的有关技术发明的一系列实验应该被视为一种科学活动，自然也被视为科学方法对于技术进步的促进作用。

除了月光社之外，我们可以通过许多例子来证明18世纪下半叶英格兰的科学与技术、工业之间的紧密关系，例如地质学家赫顿同时是一个革新的农场主，柳安－氨树胶的发明者，也是福思－克莱德运河建筑的设计顾问。自学成才的地层学家威廉·史密斯（William Smith）确立了记录矿藏资源的化石的重要性，威廉·史密斯在这个世纪末的许多年中一直是运河公司的雇员，并且在班克斯的鼓励下制作英格兰和威尔士的地质图。布莱克的化学专业知识被应用到熔铁炉的制造和玻璃制造中，并应苏格兰制造厂的董事会成员的要求与漂白技术相结合。在爱丁堡和兰登学习的化学家罗巴克处理了制造硫酸、硅酸盐、铁的复杂工序。在法国，库仑作为军事、土木工程师的官员角色很早就被关注。拉瓦锡化学方面的训练使其能够承担他早期的官方工作，如视察工厂、市政供水管理，并作为皇家弹药管理部门的官员。

由于对科学采取的实用主义倾向，科学的工业导向已经被月光社成员普遍接受。然而科学对于工业的影响最终需要通过技术来实现。在通过月光社来探讨科学革命与工业革命之间的关系时，还要考虑到其间技术革命的存在。就像科学通过技术对于工业产生影响一样，科学革命也是通过技术革命对工业革命产生影响。科学革命与技术革命之间存在先后关系，在科学原发型国家，一般情况下都是先有科学方面的突破，后有技术方面的变革，科学革命可能是技术革命的前提，例如英国、法

---

① Fleming 1952.

国和德国。英国在17世纪出现了科学革命，随后在18世纪产生了技术革命。在科学革命之后，18世纪上半叶英国的智力资源转向了技术的应用开发，引发了技术革命，最终带来了工业革命。在英国工业革命的时期，法国开始了科学方面的变革，成为世界科学的中心。法国大革命之后，紧随科学方面的革命，法国也出现了技术变革。德国也是一样，先有在科学方面的突破和科学中心的转移，后有技术的革新和工业的兴起。科学后发性国家一般都是先有技术革新和工业化进程，后有科学方面的追赶，例如美国、日本和俄国等。[①]

　　技术革命对于工业革命具有决定性的作用。如果没有技术革命，就不会有工业革命，尽管资本市场、劳动力市场等都是研究工业革命起源时需要考虑到重要因素，但是，这些因素并不是工业革命起源的根本因素，以荷兰来作比较，18世纪之前，荷兰在资本市场、劳动力市场等各个方面都要比英国先进和发达，但是荷兰经济并没有因此走上工业化的道路。剑桥大学的教授里格利和社科院社会历史所的俞金尧研究员都强调了煤炭对于工业革命起源的重要意义。他们认为荷兰经济由于泥煤而发达，也由于泥煤的耗尽而衰落，英国能够成功地由有机物经济转型为矿物能源主导的工业经济，就是由于英国拥有丰富的煤炭。[②]但是同样可以说，中国当时也拥有丰富的煤炭，但是中国没有工业革命，这说明了煤炭是工业革命产生的必要条件，没有煤炭就不会有工业革命，但是有了煤炭也不一定有工业革命。那么，很显然，资本市场、劳动力市场、以及煤炭等都不是产生工业革命的瓶颈，只有技术革命才是工业革命产生的决定性要素。

---

① 以上观点受到与袁江洋研究员讨论的启发。
② 参见里格利2006和俞金尧2006。

三 重新认识18世纪的英国科学

18世纪的英国科学与工业之间的关系要比法国更加紧密、更加相互关联。格里斯皮指出法国大革命期间和法兰西帝国早期时法国的科学与技术的关系最多是一种间接的关系。[①]18世纪晚期，英国的科学家的社会模式与法国科学家存在相当不同的差异。科学、商业企业以及清教主义的相互刺激形成了17世纪到19世纪英国社会史、知识史以及科学史的特征。[②]地方性科学学会代表的科学与工业的结合与英国在理论科学领域的相对贫乏存在明显的关联。科学与工业的紧密联系为重新审视18世纪的英国科学的地位提供了新的契机。

尽管与同一时期的法国相比，英国科学好像处于低谷。但是这种认识由于工业革命在英国的兴起而遭到怀疑，我们必须解释为什么工业革命首先在英国爆发，而不是在当时世界科学的中心法国。17世纪科学革命带来的实验哲学和体制化力量已经在英国社会扎下了深深的根基，如果我们认为18世纪英国的纯粹科学有过短暂衰落，那么这种不准确的说法忽略了以下要素：

（1）英国作为近代科学的原发型国家，与后续的法国和德国存在着本质性的不同。科学革命首先在英国产生，正是源于英国科学自下而上的体制，皇家学会的建立正是这一体制的标志。这种体制不同于文艺复兴时期意大利的贵族或宫廷对科学学会的支持，这种自下而上，注重实用的科学体制的重要特征是它具有顽强的生命力，具有深厚的群众基础，这也是科学革命能够首先于英国产生的重要原因。意大利的自然奥

[①] Gillipse 1957.
[②] Gillipse 1957, p. 403.

秘研究会，林琴学院和奇门托学院①正是由于外部资助的撤离而解散。

（2）同样，由于英国科学的自发性，它与经济需要和技术革新之间的关系则更为紧密，这种密切的关系不是那些自上而下建立起来的大陆体系所能比拟的。工业革命和地方性科学学会的兴起同样是自下而上的社会经济行为，而非政府占据主导权的计划行为。在法国，对有科学技能的人在商业、工业企业的配置属于国家的政策事务，而采取自由放任经济政策的英国，则采取一种迂回的过程达到对这些专业知识的价值相类似的认可。

（3）尽管18世纪的皇家学会的绅士成员数量使它在纯科学方面的声誉受损，但是，皇家学会依然是最有声望的英格兰哲学学会，它为一些成功的绅士们提供了与科学亲密的场所和机会。早期的地方性哲学学会寻找皇家学会的会议记录复本，甚至是出版之前的会议记录，以便能够和最新的科学进步与时俱进。在那个时候旅行到伦敦是困难的，从而导致了地方性的社会生活。但是许多人依然定期到伦敦旅行，是伦敦的学会的成员。地方与伦敦的接触是非常亲密的。

尽管皇家学会早期的发展受到经费拮据的困扰，但皇家学会所奠定的自下而上的体制化进程成为地方性学会效仿的榜样，进一步巩固和深化了科学体制化的进程。科学研究作为一种天职已经深入人心。

（4）实验哲学的普及扩大了科学的领域，吸引了大量的中产阶级参与到科学的发现过程之中。那么，在新的领域内，收集和整理势必是建立新学科的前提，18世纪的英国科学正是处在一种所谓的博物学的阶段，它为19世纪各门科学的最终确立奠定了基础。我们完全可以认为18

---

① 自然奥秘研究会（Academia Secretorum Naturae或 Accademia dei Secreti, 1560—1578，那不勒斯）又被译为自然奥秘学院。林琴学院（Accademia dei Lincei, 1603—1630，罗马）又被译为山猫研究会、猞猁学院等。奇门托学院（Accademia dei Cimento, 1657—1667，佛罗伦萨）又被译为实验研究院、齐曼托学院、西蒙托学院等。

世纪的英国科学是承上启下的一种科学。

如果说17世纪的科学革命是一场大雨，那么18世纪的英国科学则是充分地将这些水分吸收了，然后开始发芽和生长；而18世纪的法国科学可能只是一场人工制造的暴雨。通过月光社的活动，我们可以看到18世纪下半叶英格兰科学的重要特征，从而促使我们重新认识18世纪的英国科学，给予它相应的地位。

（5）正是由于英国科学的自发性，18世纪的英国出现了多个科学的中心。除了伦敦之外，曼彻斯特、伯明翰和德比等新兴工业城市所在的英格兰中部地区成为科学活动的中心之一。苏格兰的格拉斯哥和爱丁堡也成为18世纪著名的英国科学中心之一。此外，还有许许多多的科学活动的中心，例如，利物浦（罗斯科和库瑞是这一类型团体的中心）、沃灵顿（艾肯、埃菲尔德和普里斯特利是中心）、布里斯托尔（贝多斯博士和戴维是中心）和诺里奇（泰勒和马蒂诺是中心）。18世纪下半叶英格兰科学最显著的特征就是地方性科学学会的繁荣，也使英国科学中心从伦敦向其他地区扩散和转移。

四　科学成为西方文化不可或缺的元素

由于约翰·洛克等激进的辉格党人的不断批评，王政复辟时期的出版法因被证明是过时的而于1695年被准予终止。这导致了三个主要的后果：结束了政府或国教会派员对出版的事前监督；取消了对未经许可但已受他人委托的印刷工作的法律制裁；允许印刷贸易向外省的扩张不受管制。在这三个方面的影响下，英格兰减少了许多像大多数欧洲大陆国家那样建立一个基于同业公会（例如伦敦书籍印刷出版经销同业公会）、许可证颁发和皇家特权的综合制度的机会。出版物的自由流通是发展新科学文化的基本前提。大量科学出版物、巡回讲座、非国教学院，以及地方性科学学会使科学开始成为一种公共文化，科学知识和技术发明开始持续产生并得到了广泛传播。月光社成员凯尔在他的《化学词典》（1789年）一书中写道：

> 一般知识和科学品位的传播，在欧洲每个民族的或具有欧洲起源的各个阶级人们之中，是当今时代的典型特征。[1]

科学成为文化自我表达的一种模式，并且能作为一种有教养的象征。对于绅士和中产阶级的精英来说，尽管任何种类有组织的文化都能提高其社会威望，但没有任何文化形式比科学更自然地提高他们的社会威望。并且对于一些感觉到需要威信的制造商和小商人来说，科学也是一个具有吸引力的传达媒介。科学实用论将之与进步的工业价值观联系在一起，而科学高雅论则提供了一个进入英国上层社会的方法。一个白手起家的曼彻斯特人说："对高雅文学、自然和艺术作品的兴趣是塑造一名绅士最为关键的因素。"参与到科学文化的活动中来被赞扬为可以代替"客栈、赌桌或妓院"的生活选择，"意味着男子气概的科学"被宣称是对"放荡"生活和"不利于事业成功"的习惯的"接近于宗教的、高尚的解药"。[2]

这种科学文化是在英国的中产阶级之中产生的一种新现象，典型的表现就是地方性科学学会的繁荣。在设法解释为什么某些城市或乡镇可能维持这种聚会而不是其他城市或乡镇的时候，经济要素可能是决定性的。在英格兰，在那些拥有过剩财富或者追求财富的人们之中，科学

---

[1] Op. cit.前言，p. iii. 转引自Musson & Robinson 1960。
[2] Porter 2003, p. 178.

有助于实现他们志向的这一观念早在18世纪初就已经产生。随着时间的推移，那些社团对于科学的关注增多，而减少了在历史或文学方面的关注；旨在产生效益的实用性变得极为重要。科学文化催生了地方性科学学会的繁荣，通过对月光社等地方性学会的考察，可以更加清楚地印证科学知识传播的途径，以及科学作为一种公共文化成为18世纪英国文化不可或缺的一个重要元素。这种科学文化最终影响了西欧文化的发展方向，并将西欧文化从追求知识转向工业化的起源。

五 月光社的起止日期和成员界定

作为一个非正式的地方性学会，它的起止日期和成员界定总是存在争议，尤其对于月光社这样一个没有规章制度和会议记录的私人学会来说。1765年12月12日，达尔文在写给博尔顿的信件中第一次提到了"您那些伯明翰的哲学家们"，这也是第一次提到了月光社的雏形月光派。与斯科菲尔德不同，本书认为月光派的成立标志着月光社的成立，因此，月光社的成立日期应该是1765年12月12日，同时月光社的起源地应该在利奇菲尔德，而不是伯明翰。

月光社结束于1813年8月8日，在这天月光社的瓦特、凯尔和高尔顿进行了月光社的最后一次会议，并通过抽签的方式决定了月光社的图书的归属。

月光社的成员基本遵循斯科菲尔德所认定的14位成员。作为一个持续了半个多世纪的非正式学会，要非常清楚地按照斯科菲尔德所认为的几条标准来界定月光社的成员，无疑是困难的。如果按照斯科菲尔德的界定，可以将默多克以及月光社成员的后代视为月光社晚期的成员。月光社会议通常有一些核心的固定访问者和持续不变的访问者。从一名成员转变为偶尔的访问者是无法精确界定的，反之亦然，因此对此最好不要武断。月光社的核心成员包括斯莫尔、达尔文、博尔顿、维特赫斯特、韦奇伍德、瓦特、凯尔、普里斯特利和威瑟林9位成员。巴斯克维尔、威尔金森和米歇尔可以视为准会员。

斯科菲尔德在弱化月光社的会议的同时，强调了月光社成员之间的通信交流的重要性。实际上，本书认为，月光社的会议的重要性是非常突出的，我们可以从许多月光社成员的信件中寻找到他们渴望参加月光社会议的证据以及对月光社会议的称赞。正是由于月光社是一个非正式的学会，是一个高度私人化的团体，那么这种月光社的会议只能是他们依然保持月光社凝聚力和显示其存在的唯一标志。

关于月光社的研究，以及相关内容一定还有许多问题有待深入和进一步研究。持续了半个多世纪的月光社处于17世纪的科学革命和19世纪现代科学的形成之间，又是英国工业革命兴起的先锋部队。通过月光社的研究，可以更加深入地了解西方近代社会形成的过程，同时也为认识18世纪科学打开了一扇窗户，并为笔者以后的学术研究开拓了一片广阔的领域。

附录1　月光社年表[①]

年份	重要历史事件	与月光社相关的事件
1704	牛顿光学	
1706		约翰·巴斯克维尔（John Baskerville）出生
1707	与苏格兰的联合法案	
1709	亚伯拉罕·达比（Abraham Darby）使用焦炭炼铁	
1713		约翰·维特赫斯特（John Whitehurst）出生
1714	乔治一世（George I）继位	
1715	詹姆斯党叛乱失败	
1727	乔治二世（George II）继位	
1728	蒲柏（Pope），《愚人志》（The Dunciad）	马修·博尔顿（Matthew Boulton）出生
1730		约西亚·韦奇伍德（Josiah Wedgwood）出生
1731		伊拉斯谟·达尔文（Erasmus Darwin）出生
1732	斯蒂芬·格雷（Stephen Gray）的电学和燃烧实验	

[①] 根据阿格鲁的著作制作，参见Uglow 2002, pp. 502-506.

续表

年份	重要历史事件	与月光社相关的事件
1733	约翰·凯伊（John Kay）发明飞梭 蒲柏，《人论》（Essay on Man） 伏尔泰（Voltaire），《哲学通信》（Lettres philosophiques）	
1734		威廉·斯莫尔（William Small）出生 约瑟夫·莱特（Joseph Wright）出生
1735	约翰·哈里森（John Harrison）改进第一台记时计	詹姆斯·凯尔（James Keir）出生
1736		詹姆斯·瓦特（James Watt）出生
1739	戴维·休谟（David Hume），《人性论》（A Treatise of Human Nature）	
1740—1748	奥地利王位继承战争	
1741		威廉·威瑟林（William Withering）出生
1744	英法战争	理查德·洛弗尔·埃奇沃思（Richard Lovell Edgeworth）出生
1745—1746	第二次詹姆斯党叛乱	博尔顿开始参与父亲的生意
1746	莱顿瓶的发明	
1748	艾克斯拉沙佩勒条约（Aix la Chapelle）的和平 休谟，《人类理解论》（Enquiry concerning Human Understanding） 在庞培（Pompeii）开始进行挖掘	托马斯·戴（Thomas Day）出生
1749	布丰的第一卷《自然史》（Histoire naturelle）	韦奇伍德结束学徒生涯 博尔顿和玛丽·罗宾逊（Mary Robinson）结婚
1751		普里斯特利搬到达文垂（Daventry）
1753		塞缪尔·高尔顿（Samuel Galton）出生

续表

年份	重要历史事件	与月光社相关的事件
1754	工艺学会（Society of Arts）成立	瓦特来到格拉斯哥 达尔文在爱丁堡学习 韦奇伍德进入惠尔登陶瓷厂
1755	约翰逊（Johnson），《英语词典》（Dictionary of the English Language） 里斯本地震	瓦特在伦敦当学徒
1756	七年战争爆发	达尔文移居到利奇菲尔德，达尔文、博尔顿、维特赫斯特随后逐渐形成一个科学活动的小组
1758	约翰·多朗德（John Dollond）发明了消色差望远镜	富兰克林访问英国中部地区
1759	法国人在明登（Minden）战败 英国人占领瓜德罗普（Guadeloupe）和魁北克（Quebec） 劳伦斯·斯特恩（Laurence Sterne），《项狄传》（Tristram Shandy）	韦奇伍德创立常春藤工厂（Ivy House） 奶油陶器发展 玛丽·罗宾逊去世
1760	乔治三世（George III）继位	博尔顿和安妮·罗宾逊结婚
1761	布里奇沃特（Bridgewater）公爵的运河开通	韦奇伍德租借布里克工厂（Brick House） 普里斯特利搬到沃灵顿学院（Warrington Academy）
1761—1765		博尔顿建造索霍工厂
1762	卢梭，《新爱洛伊丝》（Nouvelle Héloïse），《爱弥儿》 叶卡捷琳娜二世成为俄国女皇	博尔顿和佛吉尔的合作关系开始 韦奇伍德会见本特利，成为"女王陶工"（Queen's Potter）
1763	巴黎条约结束了七年战争 韦基斯（Wikes）致力于进行煽动性诽谤	
1764	詹姆斯·哈格里夫斯（James Hargreaves）发明珍妮纺纱机	瓦特修理纽科门蒸汽机模型 韦奇伍德和萨利（Sally）结婚

续表

年份	重要历史事件	与月光社相关的事件
1765	印花税法案通过并开始在美国殖民地征税	瓦特设计出分离式冷凝器 大干线运河项目的推进 月光社的第一次会议在利奇菲尔德的达尔文住宅举行，月光社正式确立
1766	皮特（Pitt）（查塔姆伯爵）组建政府 汉密尔顿（Hamilton）的《古代文物》（Antiquités） 卢梭访问英国	莱特画出了《奥雷里》（The Orrery）
1767	弗格森（Ferguson），《文明社会史》（History of Civil Society）	普里斯特利移居到利兹，《电学史》（History of Electricity）出版 埃奇沃思来到利奇菲尔德
1768	皇家科学院（Royal Academy）建立 库克（Cook）的第一次航行	瓦特访问索霍工厂 普里斯特利，《论政府》（Essay on Government） 莱特，《空气泵》（The Air Pump）
1769		瓦特的第一个专利（分离式冷凝器） 伊特鲁里亚厂开始运营 戴收养弃婴
1770	诺斯（North）勋爵组建政府 哥尔德斯密斯（Goldsmith），《荒村》（The Deserted Village） 库克到达博特尼湾（Botany Bay）	戴移居到利奇菲尔德
1771	麦肯齐（Mackenzie），《多情的人》（The Man of Feeling） 斯摩莱特（Smollett），《汉弗莱·克林克》（Humphry Clinker）	埃奇沃思拜访卢梭 凯尔，《化学词典》
1772	苏格兰银行家亚历山大·福代斯（Alexander Fordyce）破产	罗巴克破产 普里斯特利成为谢尔布恩勋爵（Lord Shelburne）的图书馆员

续表

年份	重要历史事件	与月光社相关的事件
1773	诺斯管理着东印度公司（East India Co.）；沃伦·黑斯廷斯（Warren Hastings）成为第一位英国领地或殖民地的总督 波士顿倾茶事件（Boston Tea Party）抗议	博尔顿获得蒸汽机的权利 伯明翰试金化验所（Assay Office in Birmingham）开始运营 戴和比克纳尔（Bicknell），《垂死的黑人》（The Dying Negro）
1774	费城的大陆会议 路易十六（Louis XVI）继位	瓦特移居到伯明翰 韦奇伍德制造出青蛙餐具组（Frog Service） 斯塔布斯（Stubbs）在伊特鲁里亚厂工作 普里斯特利分离出氧气，《空气实验》（Experiments on Air）
1775	美国独立战争	博尔顿和瓦特建立合作关系 瓦特获得了25年的专利延长期 斯莫尔去世 巴斯克维尔去世
1776	7月14日美国宣布独立 汤姆·佩因（Tom Paine），《常识》（Common Sense） 亚当·斯密（Adam Smith），《国富论》（The Wealth of Nations） 吉本（Gibbon），《罗马帝国的兴衰史》（Decline and Fall of the Roman Empire）	博尔顿和瓦特合作制造出第一台蒸汽机；开始在康沃尔工作 威瑟林，《植物配置》（A Botanical Arrangement）
1777	伯戈因（Burgoyne）在萨拉托加（Saratoga）战败	凯尔，《气体论》（Treatise on Gases） 博尔顿和瓦特公司雇用了威廉·默多克

续表

年份	重要历史事件	与月光社相关的事件
1778	老皮特（查塔姆）去世 英国与法国和西班牙的战争 爱尔兰的天主教取缔法（Catholic Relief Act） 拉瓦锡的新燃烧理论	戴和艾斯德尔·米尔恩斯（Esther Milnes）结婚 维特赫斯特，《地球形成的探究》（Inquiry into Formation of the Earth） 韦奇伍德改进碧玉细炻器
1779	库克在夏威夷遇害 克朗普顿（Crompton）的走锭细纱机 塞缪尔·约翰逊（Samuel Johnson），《诗人传》（Lives of the Poets）	威尔金森建造铁桥 普里斯特利，《实验和观察》（Experiments and Observations）（3卷，1779—1786）
1780	约克郡请求进行改革 伦敦发生戈登暴动 诺斯准予爱尔兰进行自由贸易	普里斯特利移居到伯明翰 瓦特取得压印机专利 霍诺拉·埃奇沃思（Honora Edgeworth）去世 本特利去世
1781	10月，康沃利斯（Cornwallis）投降	阿克赖特（Arkwright）专利撤销 瓦特取得旋转运动（rotary motion）专利 高尔顿加入月光社
1782	罗金厄姆（Rockingham）与查尔斯·詹姆斯·福克斯（Charles James Fox）和谢尔布恩（Shelburne）的任期 爱尔兰批准都柏林议会（Dublin Parliament）	普里斯特利，《基督教腐化史》（History of the Corruptions of Christianity）
1783	凡尔赛条约 考特（Cort）的钢铁"搅炼"程序 蒙哥尔费兄弟俩放飞升空热气球	安妮·博尔顿去世 关于水成分的争论 月光社对于热气球的研究 戴，《桑福德与默顿I》（Sandford and Merton I） 达尔文，《蔬菜系统》（A System of Vegetables） 博尔顿建立阿尔比恩磨坊

续表

年份	重要历史事件	与月光社相关的事件
1784		达尔文创建德比哲学学会
1785	埃德蒙·卡特赖特（Edmund Cartwright）发明动力织布机	韦奇伍德成为总商会（General Chamber of Commerce）的组织者 普里斯特利的"黑色火药"启示 威瑟林，《毛地黄论述》（An Account of Foxglove）
1786	英格兰—爱尔兰贸易法案终止 英国与法国的商业条约 莫扎特，《费加罗的婚礼》（The Marriage of Figaro）	阿尔比恩磨坊（Albion Mill）开始运营 韦奇伍德开始复制波特兰花瓶 韦奇伍德制造反奴隶制奖章
1787	沃伦·黑斯廷斯被弹劾 英法贸易条约 反对奴隶贸易协会（Society of Suppression of Slave Trade）成立	达尔文，林奈《植物家族》（The Families of Plants）的翻译版 拉瓦锡和拉普拉斯，《化学命名》（Chemical Nomenclature） 拉瓦锡，《化学初等论著》（Elementary Treatise on Chemistry）
1788	废除奴隶贸易的提议挫败 乔治三世精神错乱：摄政危机 吉尔伯特·怀特（Gilbert White），《赛尔伯恩的自然历史》（Natural History of Selborne）	维特赫斯特去世 博尔顿创办索霍造币厂
1789	攻占巴士底狱 华盛顿被选举为美国总统 威廉·布莱克（William Blake），《天真之歌》（Songs of Innocence）	戴去世 达尔文，《植物之爱》（The Loves of Plants）
1790	废止测试法案（Test Acts）的运动失败 伯克的《法国大革命随想录》（Reflections on the French Revolution）出版	波特兰花瓶被展览出来
1791	3月，托马斯·佩因（Thomas Paine），《人的权力》（Rights of Man）	7月14日，教会和国王暴动 普里斯特利离开伯明翰

续表

年份	重要历史事件	与月光社相关的事件
1792	伦敦通信协会（London Corresponding Society）成立 托马斯·潘恩，《人的权利》（Rights of Man） 玛丽·沃斯通克拉夫特（Mary Wollstonecraft），《女权辩护》（Vindication of the Rights of Women） 巴黎的九月大屠杀	达尔文，《植物经济》（The Economy of Vegetation） 小詹姆斯·瓦特去了巴黎
1793	路易十六被处决 法国对英宣战 苏格兰叛国试验 戈德温（Godwin），《论政治公平》（Principles of Political Justice）	托马斯·贝多斯在布里斯托尔开始实践气体医疗
1794	哈代（Hardy）和其他人被宣布无叛国罪 拉瓦锡在巴黎被送上断头台	普里斯特利移居美国 达尔文，《动物法则》（Zoonomia）
1795		韦奇伍德去世
1796	西班牙对英宣战 詹纳（Jenner）发明了天花菌苗	威瑟林，《英国植物配置》（An Arrangement of British Plants）
1797	反雅各宾派创立	博尔顿为皇家造币厂制造硬币
1798	《抒情歌谣集》（Lyrical Ballads）发表 马尔萨斯（Malthus），《人口论》（Essay on the Principle of Population） 爱尔兰起义被镇压	埃奇沃思被选举为爱尔兰议会的下院议员 埃奇沃思，《实践教学》（Practical Education） 贝多斯的气体医疗研究所成立
1799	一些激进团体被镇压	威瑟林去世
1800—1801	英国与爱尔兰的联合法案	达尔文，《植物学》（Phytologia） 玛利亚·埃奇沃思（Maria Edgeworth），《拉克伦特堡》（Castle Rackrent）

续表

年份	重要历史事件	与月光社相关的事件
1801	皮特辞职 道尔顿分压定律 特里维西克（Trevithick）的蒸汽马车	
1802	亚眠条约（Treaty of Amiens）	达尔文去世
1803	英国再次爆发与法国的战争	达尔文，《自然的圣殿》（The Temple of Nature）
1804	拿破仑称帝	普里斯特利去世
1805	特拉法尔加角战役（Battle of Trafalgar），纳尔逊（Nelson）牺牲	
1807	废除奴隶贸易	
1808	伊比利亚半岛（Peninsular）战争爆发	
1809		博尔顿去世
1812	拿破仑侵略俄国	
1813	英美战争（1813—1815） 简·奥斯汀（Jane Austen），《傲慢与偏见》（Pride and Prejudice）	埃奇沃思，《道路和马车的建造》（Construction of Roads and Carriages） 月光社的最后一次会议，标志着月光社正式结束
1814	拿破仑退位并且被放逐到厄尔巴岛（Elba）	蒸汽压印机用于印刷《时代》（The Times）
1815	拿破仑返回法国；滑铁卢战役	
1817		埃奇沃思去世
1818	玛丽·雪莱（Mary Shelley），《科学怪人》（Frankenstein）	
1819	在曼彻斯特的彼得卢大屠杀（Peterloo Massacre）	瓦特去世
1820	玛丽·雪莱，《解放了的普罗米修斯》（Prometheus Unbound）	凯尔去世 埃奇沃思，《论文集》（Memoirs）

续表

年份	重要历史事件	与月光社相关的事件
1829	史蒂芬逊火箭（Stephenson's 'Rocket'）	
1832	大改革方案（Great Reform Act）	塞缪尔·高尔顿去世
1859	查尔斯·达尔文（Charles Darwin），《物种起源》（On the Origin of Species）	

附录2　月光社成员在《哲学汇刊》上的论文列表

ERASMUS DARWIN

'Remarks of the Opinion of Henry Eeles, Esq., Concerning the Ascent of Vapour, published in the Philosophical Transaction, vol. xlix, part 1, p. 124', *Philosophical Transactions,* 1 (1757), 240.

'An Uncommon Case of Haemoptysis', *Philosophical Transactions,* li (1760), 526.

'Experiments on Animal Fluids in the Exhausted Receiver', *Philosophical Transactions,* lxiv (1774), 344.

'A New Case of Squinting', *Philosophical Transactions,* lxviii (1778), 86.

'An Account of an artificial Spring of Water', *Philosophical Transactions,* lxxv (1785), 1-7.

'Frigorific Experiments of the Mechanical Expansion of Air', *Philosophical Transactions,* lxxviii (1788), 43-52.

1. 对于Henry Eeles先生在《哲学汇刊》发表的有关蒸汽上升的观点的评论，1757年。
2. 一例不寻常的咳血案例，1760年。
3. 在Exhausted Receivers中对动物体液的实验，1774年。
4. 一例新的斜视案例，1778年。
5. 一个人造泉源的说明，1785年。

6. 空气的机械膨胀的制冷实验，1788年。

RICHARD LOVELL EDGEWORTH

'Experiments Upon the Resistance of the Air', *Philosophical Transactions,* lxxiii (1783), 136-143.

'An Account of the Meteor of the 18th of August, 1783', *Philosophical Transactions,* lxxiv (1784), 118.'

7. 空气阻力实验，1783年。
8. 对1783年8月18日流星的解释，1784年。

ROBERT AUGUSTUS JOHNSON

Edward Whitaker Gray, 'Account of the Earthquake Felt in Various Parts of England, November 18, 1795; with some Observations thereon', *Philosophical Transactions* lxxxvi (1796), 356-358. Contains extracts of a letter from R. A. Johnson.

9. Edward Whitaker Gray, "1795年11月18日在英格兰各地感觉到的地震及其后的一些观察的解释"，1796年，包含了约翰逊的一封信的摘要。

JAMES KEIR

'On the Crystallizations Observed on Glass', *Philosophical Transactions,* lxvi (1776), 530-542.

'Experiments on the Congelation of the Vitriolic Acid', *Philosophical Transactions,* lxxvii (1787), 267-281.

'Experiments and Observations on the Dissolution of Metals in Acids; and their Precipitations; with an Account of a new compound Acid Menstrum, useful in Some technical operations of Parting Metals', *Philosophical Transactions,* lxxx (1790), 359-384.

10. 玻璃的结晶现象观察，1776年。
11. 硫酸的冷凝实验，1787年。
12. 金属在酸中的溶解实验和观察，及其沉淀物，一种新的混合酸溶液（menstrum）的说明，这种溶液在分割金属的某些技术操作中是有用的，1790年。

JOSEPH PRIESTLEY

'Observations on Different Kinds of Air', *Philosophical Transactions,* lxii (1772), 147-264.

'Experiments Relating to Phlogiston, and the Seeming Conversion of Water into Air', *Philosophical Transactions,* lxxiii (1783), 426-427,

'Experiments and Observations Relating to Air and Water', *Philosophical Transactions,* lxxv (1785), 297-298.

'Additional Experiments and Observations Relating to the Principle of Acidity, the Decomposition of Water, and Phlogiston . . . with Letters to him on the Subject by Dr. Withering and James Keir', *Philosophical Transactions,* lxxviii (1788), 327.

13. 不同类型空气的观察，1772年。
14. 有关燃素的实验，以及从水转变成为空气的表面观察，1783年。
15. 关于空气和水的实验和观察，1785年。

16. 关于酸性原理、水的分解，以及燃素的补充实验和观察，由威瑟林先生和詹姆士·凯尔写给他的关于这一主题的信件，1788年。

JAMES WATT

'Thoughts on the constituent Parts of Water and of Dephlogisticated Air; with an Account of Some Experiments on that Subject', *Philosophical Transactions*, lxxiv (1784), 329-353.

'Sequel to the Thoughts on the constituent Parts of Water and Dephlogisticated Air', *Philosophical Transactions,* lxxiv (1784), 354-357.

'On a new method of preparing a Test Liquor to shew the Presence of Acids and Alkalies in Chemical Mixtures', *Philosophical Transactions,* lxxiv (1784),419-422.

17. 水和脱燃素空气的组成成分的思考，以及关于此主题的一些实验的说明，1784年。
18. 水和脱燃素空气的组成成分的后续思考，1784年。
19. 制备一种能显示化学混合物中酸和碱的存在的新测试溶液的新方法，1784年。

JOSIAH WEDGWOOD

'An attempt to make a thermometer for measuring the higher Degrees of Heat, from a red Heat up to the strongest that Vessels made of Clay can support', *Philosophical Transactions,* lxxii (1782), 305-326.

'Some Experiments Upon the ochra friabilis nigro fusca of Da Costa, *Hist. Foss.* P. 102; and called by the Miners of Derbyshire, Black Wadd', *Philosophical*

Transactions, lxxiii (1783), 284-287.

'Attempt to compare and connect the Thermometer for Strong Fire . . . with the common Mercurial ones', *Philosophical Transactions,* lxxiv (1784), 358-384.

'Additional Observation on making a Thermometer for measuring the higher degrees of Heat', *Philosophical Transactions,* lxxvi (1786), 390-408.

'On the Analysis of a Mineral Substance from New South Wales', *Philosophical Transactions,* lxxx (1790), 306-320.

20. 制作用于测量较高温度的温度计的一种尝试，从赤热到黏土制容器所能承受的最高温度，1782年。
21. 关于ochra friabilis nigro fusca of Da Costa的一些实验，*Hist. Foss.* P. 102，被德比郡的矿工称为黑色锰土（Black Wadd），1783年。
22. 在用于高温的温度计与普通的水银温度计之间进行比较和联系的尝试，1784年。
23. 制作测量高温的温度计的补充观察，1786年。
24. 来自新南威尔士的矿物质的分析，1790年。

JOHN WHITEHURST

'Thermometric Observations at Derby', *Philosophical Transactions,* lvii (1767), 265.

'Account of a Machine for Raising Water, executed at Oulton, in Cheshire, in 1772', *Philosophical Transactions,* lxv (1775), 277.

'Experiments on Ignited Substances', *Philosophical Transactions,* lxvi (1776), 575-577.

25. 在德比的测温观察，1767年。
26. 1772年在柴郡制成的水力提升机器的说明，1775年。
27. 燃烧物质的实验，1776年。

WILLIAM WITHERING

'Experiments upon the different Kinds of Marle found in Staffordshire', *Philosophical Transactions,* lxiii (1773), 161.

'An Analysis of two Mineral Substances, viz. the Rowley Rag-Stone and the Toad-Stone', *Philosophical Transactions,* lxxii (1782), 327-336.

'Experiments and Observations on the Terra Ponderosa', *Philosophical Transactions,* lxxiv (1784), 293-311.

'A Letter to Joseph Priestley, L.L.D. on the Principle of Acidity, the Decomposition of Water', *Philosophical Transactions,* lxxviii (1788), 319-330.

'An Account of some Extraordinary Effects of Lightning', *Philosophical Transactions,* lxxx (1790), 293-295.

28. 在斯塔福德郡发现的不同类型Marle之上的实验，1773年。
29. 两种矿物质，罗利的粗砂石和蟾蜍岩的分析，1782年。
30. 在重土（或重晶石，Terra Ponderosa）上的实验和观察，1784年。
31. 一封给约瑟夫·普里斯特利博士（L.L.D.）的信，涉及酸度原理，水的溶解，1788年。
32. 闪电的一些特殊效应的说明，1790年。

其他人

ABRAHAM BENNET, 'An Account of a Doubler of Electricity', *Philosophical Transactions,* lxxvii (1787), 288-296.

BENJAMIN FRANKLIN, 'Of the Stilling of Waves by means of Oil', *Philosophical Transactions,* lxiv (1774), 445.

CHARLES HATCHETT, 'An Analysis of the earth Substance from New South Wales, called Sydneia or Terra Australia', *Philosophical Transactions,* lxxxviii (1798), 110-129.

GEORGE FORDYCE, 'Account of a new Pendulum', *Philosophical Transactions,* lxxxiv (1794), 2-20.

GREGORY WATT, 'Observations on Basalt, and on the Transition from vitreous to the stony texture, which occurs in the gradual Refrigeration of melted Basalt; with some geological Remarks', *Philosophical Transactions,* xciv (1804), 279-314; Reprinted in Nicholson's *Journal,* x (N.S., 1805), 113-126, 167-179.

HENRY CAVENDISH, 'Experiments on Air', *Philosophical Transactions,* lxxiv (1784), 137.

JOHN ROEBUCK, 'Experiments on ignited Bodies', *Philosophical Transactions,* lxvi (1766), 509-512.

REVEREND MR. EVATT, 'An Account of a remarkable monument found near Ashford in Derbyshire. In a letter from the Reverend Mr. Evatt, of Ashford, to Mr. Whitehurst of Derby. Communicated by Benjamin Franklin', *Philosophical Transactions,* Hi (1762), 544.

ROBERT WARING DARWIN, 'New Experiments on the Ocular Spectra of Light and Colours', *Philosophical Transactions,* lxxvi (1786), 313-348.

SIR GEORGE SHUGKBURGH-EVELYN, 'An Account of some Endeavours to ascertain a Standard of Weight and Measures', *Philosophical Transactions,* lxxxviii (1798), 174-175.

THOMAS WEDGWOOD, 'Experiments and Observations on the Production of Light from different Bodies by Heat and Attrition', and 'Continuation of a Paper on the Production of Light from different Bodies', *Philosophical Transactions,* lxxxii (1792), 28-47, 270-282.

WILLIAM MURDOCK, 'An Account of the application of the Gas from Goal to economical Purposes', *Philosophical Transactions,* xcviii (1808), 124-132.

33. Abraham Bennet, 电流倍压器的说明, 1787年。
34. 本杰明·富兰克林, 石油的分层釜馏 (Of the Stilling of Waves by means of Oil), 1774年。
35. Charles Hatchett, 来自于新南威尔士的土壤物质的分析, 被称为Sydneia或者澳洲土，1798年。
36. 乔治·福代斯，一种新钟摆的说明，1794年。
37. 格利高里·瓦特，玄武岩，从玻璃质到石质纹理的转变的观察及一些地质学方面的评论，这种转变出现在融化的玄武岩逐渐重新冷凝的过程中，1805年。
38. 亨利·卡文迪许，空气实验，1784年。
39. 约翰·罗巴克，燃烧物质实验，1766年。
40. 尊敬的Mr. Evatt，在德比郡的阿什福德（Ashford）附近发现的不寻常纪念碑的说明。包含在阿什福德的尊敬的Evatt先生写给对德比的维特赫斯特先生的一封信之中。由本杰明·富兰克林传递。1762年。
41. 罗伯特·沃林·达尔文，关于光和颜色的视觉范围（Ocular Spectra）的新实验，1786年。
42. Sir George Shugkburgh-Evelyn，确定重量和度量标准的一些努力的说明，1798年。
43. 托马斯·韦奇伍德，"通过热和磨损对不同物体的发光进行实验和观察"，以及"关于不同物体发光的论文的附加部分"，1792年。
44. 威廉·默多克，煤气的经济用途说明，1808年。

参考文献

原始文献

Bolton, H. C. 1892. *Scientific Correspondence of Joseph Priestley*, New York.

Darwin, Erasmus. 1791. *The Botanic Garden*（1791年）；

Darwin, Erasmus. 1796 .*Zoonomia*（1794—1796年，四卷本）；

Darwin, Erasmus. 1800. *Phytologia*（1800年）；

Darwin, Erasmus. 1803. *The Temple of Nature*（1803年，长诗集）等。

Edgeworth, Richard Lovell; Edgeworth, Maria. 1820. *Memoirs of Richard Lovell Edgeworth,* Esq., 2 vols, London.

Finer, Ann; Savage, George. 1965. *The Selected Letters of Josiah Wedgwood.* London: Cory, Adams & Mackay.

Galton, Francis. 1874. *English Men of Science, their Nature and Nurture.* London.

Keir, James. 1791. *An Account of the Life and Writing of Thomas Day,* Esq., London: John Stockdale.

King-Hele, Desmond. 1981. *The Letters of Erasmus Darwin*. Cambridge: Cambridge University Press.

King-Hele, Desmond. 2007. *The Collected Letters of Erasmus Darwin.* Cambridge: Cambridge University Press.

Priestley, Joseph. 1775. *Experiments and Observations on Different Kinds of Air*, second edition, corrected. London: J. Johnson.

Priestley, Joseph. 1781. *Experiments and Observations Relating to Various Branches of Natural Philosophy*, Birmingham.

Priestly, Joseph. 1767. *The History and Present State of Electricity.*

Priestly, Joseph. 1793. *Experiments on the Generation of Air from Water* etc. London.

Rutt, John Towill. 1831. *Life and Correspondence of Joseph Priestley*, volume 1.

Rutt, John Towill. 2003. *Memoirs and Correspondence of Joseph Priestley*, volume 2. Thoemmes Press.

Seward, Anna. 1804. *Memoirs of the Life of Dr. Darwin,* London.

Stokes, Jonathan. 1830. *Botanical Commentaries* (London: Simpkin and Marshall, 1830), vol. i.

Withering, William. 1822. *The Miscellaneous Tracts of the Late William Withering,* M. D., F. R. S., London, vol. I.

研究论文

Bargar, B. D. 1956. Matthew Boulton and the Birmingham Petition of 1775, *William and Mary Quarterly*, xiii (1956), pp. 26-39.

Barlow, Nora. 1959. Erasmus Darwin, F.R.S. (1731-1802). *Notes and Records of the Royal Society of London*, Vol. 14, No. 1. (Jun., 1959), pp.

85-98.

Cardwell, D. S. L. 1965. Power Technologies and the Advance of Science, 1700-1825. *Technology and Culture*, Vol. 6, No. 2. (Spring, 1965), pp. 188-207.

Cardwell, D. S. L. 1970. Review: The Lunar Society of Birmingham. *The English Historical Review.* 85(334): 185.

Cartwright, F. F. 1967. The Association of Thomas Beddoes, M.D. with James Watt, F.R.S. *Notes and Records of the Royal Society of London*, Vol. 22, No. 1/2. (Sep., 1967), pp. 131-143.

Challinor, J. 1954. Early Progress of British Geology. II. From Strachy to Michell, 1719-1788, *Annals of Science,* x (1954), pp. 10-16.

Clagett, Martin Richard. 2003. *William Small, 1734-1775, Teacher, Mentor, Scientist.* Virginia CommmonWealth University. April, 2003. (Dissertation).

Clifford, Helen. 1999. Concepts of Invention, Identity and Imitation in the London and Provincial Metal-Working Trades, 1750-1800. *Journal of Design History*, Vol. 12, No. 3, Eighteenth-Century Markets and Manufactures in England and France. (1999), pp. 241-255.

Cohen, H. Floris. 2004. Inside Newcomen's Fire Engine: the Scientific Revolution and the Rise of the Modern World. *History of Technology* 25 (2004), pp. 111–132.

Elliott, P.; Daniels, S. 2006. The 'School of true, useful and universal science?' Freemasonry, natural philosophy and scientific culture in eighteenth-century England. *British Journal for the History of Science.* 39(2): 207-229.

Falkus, M. E. 1982. The Early Development of the British Gas Industry,

1790-1815.*The Economic History Review.* New Series, 35(2): 217-234.

Fisher, F.J. 1933. Reviewed Work: An Early Experiment in Industrial Organisation; Being a History of the Frim of Boulton and Watt, 1775-1805, by Erich Roll. Economica, No.40. (May, 1933), pp.213-214.

Fleming, Donald. 1952. Latent Heat and the Invention of the Watt Engine, *Isis*, xliii (1952), pp. 3-5.

Floris, Cohen, H. 2004. Inside Newcomen's Fire Engine: the Scientific Revolution and the Rise of the Modern World. *History of Technology.* 25:111-132.

Fruchtman, Jack, Jr. 1983. The Apocalyptic Politics of Richard Price and Joseph Priestley: A Study in Late ighteenth-Century English Republican Millennialism. *Transactions of the American Philosophical Society*, New Ser., Vol. 73, No. 4. (1983), pp. 1-125.

Fulton, John F. 1953. The Place of William Withering in Scientific Medicine, *Journal of the History of Medicine and Allied Sciences*, viii (1953), pp. 11-13.

Gale, W. K. V. 1942. Some workshop tools from the Soho Foundry, *Transactions of the Newcomen Society*, xxiii (1942-3), pp. 67-69.

Gillispie, C. C. 1957. The Natural History of Industry. *Isis.* 48: 398-407.

Graciano, Andrew Sean. 2002. *Art. Science and Englightenment Ideology: Joseph Wright and the Derby Philosophical Society*. McIntire Depart of Art University of Virginia. 2002-2005. (Dissertation).

Greenberg, Dolores. 1982. Reassessing the Power Patterns of the Industrial Revolution: An Anglo-American Comparison. *The American Historical Review.* 87(5): 1237-1261.

Guerrini, A. Review: The Cultural Meaning of the Scientific Revolution.

Eighteen-Century Studies. 23(1): 111-114.

Hall, A. Rupert. 1974. What Did the Industrial Revolution in Britain Owe to Science? In *Historical Perspectives: Studies in English Thought and Society in Honour of J. H. Plumb,* edited by Neil McKendrick, 129-51. London: Europa Publications, 1974.

Harrison, J.A. 1957. Blind Henry Moyes, An Excellent Lecturer in Philosophy. *Annals of Science*, XII.

Hart-Davis, Adam. 2001. James Watt and the Lunaticks of Birmingham. *Science*, New Series, Vol. 292, No. 5514. (Apr. 6, 2001), pp. 55-56.

Heaton, Herbert. 1937. Financing the Industrial Revolution. *Bulletin of the Business Historical Society*, Vol. 11, No. 1. (Feb., 1937), pp. 1-10.

Henry, John. 1989. Reviewed Work: The Cultural Meaning of the Scientific Revolution. *Isis*, Vol.80, No.1 (Mar., 1989), pp.183-184.

Hong, SunGook. 1999. *Historiographical Layers in the Relationship between Science and Technology. History and Technology.* 1999. Vol. 15. pp. 289-311.

Jacob, Margaret C. 2007. Mechanical Science On The Factory Floor: The Early Industrial Revolution In Leeds. *Hist. Sci.*, xlv.

Jones, Peter M. 1999. Living The Enlightenment And The French Revolution: James Watt, Matthew Boulton, And Their Sons. *The Historical Journal*, 42, 1 (1999), pp. 157-182.

Jones, R. V. 1970. The 'Plain Story' of James Watt: The Wilkins Lecture 1969. *Notes and Records of the Royal Society of London*, Vol. 24, No. 2. (Apr., 1970), pp. 194-220.

Kerber, Linda K. 1972, Science in the Early Republic: The Society for the Study of Natural Philosophy. *The William and Mary Quarterly*, 3rd Sen,

Vol. 29, No. 2. (Apr., 1972), pp. 263-280.

Kerr, J. F. 1959. Some Sources for the History of the Teaching of Science in England. *British Journal of Educational Studies*, Vol. 7, No. 2. (May, 1959), pp. 149-160.

King-Hele, Desmond. 1988. Erasmus Darwin, Man of Ideas and Inventor of Words. *Notes and Records of the Royal Society of London.* 42(2): 149-180.

King-Hele, Desmond. 1995. Erasmus Darwin's Life at Lichfield: Fresh Evidence, *Notes and Records of the Royal Society of London.* 49(2): 231-243.

King-Hele, Desmond. 1998. Erratum: The 1997 Wilkins Lecture: Erasmus Darwin, the Lunaticks and Evolution. *Notes and Records of the Royal Society of London.* 52(2): 381-382.

King-Hele, Desmond. 2002. Erasmus Darwin's Improved Design for Steering Carriages And Cars. *Notes and Records of the Royal Society of London*, Vol. 56, No. 1. (Jan., 2002), pp. 41-62.

Kramnick, Isaac. 1986. Eighteenth-Century Science and Radical Social Theory: The Case of Joseph Priestley's Scientific Liberalism. *The Journal of British Studies*, Vol. 25, No. 1. (Jan., 1986), pp. 1-30.

Krige J. 2006. Critical Reflections on the Science-Technology Relationship. *Trans. Newcomen Soc.* 76: 259-269.

Matthew Boulton as Scientific Industrialist. *Nature.* Volume 137, Issue 3468, pp. 645-646 (1936).

McKendrick, Neil. 1970. Josiah Wedgwood and Cost Accounting in the Industrial Revolution. *the Economic History Review.* 23(1) : 45-67.

McKendrick, Neil. 1973. "The Role of Science in the Industrial Revolution." In *Changing Perspectives in the History of Science,* edited by Mikuláš Teich and Robert Young, 274-319. London: Heinemann.

McKie, D. 1951. Mr Warltire, a good chymist. *Endeavour*, X(January 1951).

Mckie, Douglas. 1948. Scientific societies to the end of the eighteenth century, *The philosophical Magazine Commemoration Number*, July 1948, pp. 133-143.

Mokyr, J. 2005. The Intellectual Origins of Modern Economic Growth. *The Journal of Economic History.* 65(2): 285-351.

Musson, A. E. 1969. University of Birmingham Historical Journal. Vol. IX, no. I. The Lunar society of Birmingham. *The Economic History Review.* 22(1): 136.

Musson, A. E.; Robinson, Eric. 1960. Science and Industry in the Late Eighteenth Century. *The Economic History Review.* 13(2): 222-244.

Raistrick, A. 1953. Dynasty of Ironfounders. The Darbys of Coalbrookdale. pp. 158-159.

Robinson, Eric. 1953. Matthew Boulton, Patron of the Arts. *Annals of Science.* 1953, 9, p. 368.

Robinson, Eric. 1953. The Derby Philosophical Society. *Annals of Science.* IX（1953）, pp. 359-367.

Robinson, Eric. 1955a. An English Jacobin: James Watt, Junior, 1769-1848. *Cambridge Historical Journal*, Vol. 11, No. 3. (1955), pp. 349-355.

Robinson, Eric. 1955b. Thomas Beddoes, M.D., and the Reform of Science Teaching in Oxford, *Annals of Science,* XI.

Robinson, Eric. 1955c. R. E. Raspe, Franklin's 'Club of Thirteen' and the 'Lunar Society'. Annals of Science 11, 2 June 1955.

Robinson, Eric. 1956. The Lunar Society and the Improvement of Scientific Instruments: I. *Annals of Science.* 12(4): 296-304.

Robinson, Eric. 1957. The Lunar Society and the Improvement of Scientific Instruments: II. *Annals of Science.* 13(1): 1-8.

Robinson, Eric. 1963. The Lunar Society: Its Membership and Organisation. *Trans. Newcomen Soc.* 35: 153-177.

Robinson, Eric; Thompson, Keith R. 1970. Matthew Boulton's Mechanical Paintings. *The Burlington Magazine,* Vol. 112, No. 809, British Art in the Eighteenth Century. Dedicated to Professor E. K. Waterhouse. (Aug., 1970), pp. 497-507.

Schofield, Robert E. 1955. *The Founding of the Lunar Society of Birmingham (1760-1780): Organization of Industrial Research in 18th Century England.* Harvard University. 1955. (Dissertation)

Schofield, Robert E. 1956a. Membership of Lunar Society of Birmingham. *Annals of Science.* 12(2): 118-136.

Schofield, Robert E. 1956b. Josiah Wedgwood and a Proposed Eighteenth-Century Industrial Research Organization. *Isis,* Vol. 47, No. 1. (Mar., 1956), pp. 16-19.

Schofield, Robert E. 1957. The Industrial Orientation of Science in the Lunar Society of Birmingham. *Isis.* 48(4): 408-415.

Schofield, Robert. E. 1959a. The Society of Arts and the Lunar Society of Birmingham, *Journal of the Royal Society of Arts,* June and August.

Schofield, Robert E. 1959b. The Scientific Background of Joseph Priestley. Annals of Science, xiii (1957, printed 1959), pp. 148-163.

Schofield, Robert E. 1962. Josiah Wedgwood and the Technology of Glass Manufacturing. *Technology and Culture.* 3(3): 285-297.

Schofield, Robert E. 1966a. The Lunar Society of Birmingham; A Bicentenary Appraisal. *Notes and Records of the Royal Society of London.* 21(2):

144-161.

Shapin, Steven. 1980. A Course in the Social History of Science. *Social Studies of Science*, Vol. 10, No. 2. (May, 1980), pp. 231-258.

Sheehan, D. 1941. The Manchester Literary and Philosophical Society. *Isis*. 33(4): 519-523.

Smith, Barbara M. D.; Moilliet, J. L. 1967. James Keir of the Lunar Society. *Notes and Records of the Royal Society of London*. 22(2): 144-154.

Styles, John. 1988. Design for Large-Scale Production in Eighteenth-Century Britain. *Oxford Art Journal*, 11(2): 10-16.

Tann, Jennifer. 1978. Marketing Methods in the International Steam Engine Market: The Case of Boulton and Watt. *The Journal of Economic History*. 38(2): 363-391.

Thackray, Arnold W. 1974. Natural Knowledge in Cultural Context: the Manchester Model. *American History Review*. 79(1974).

Wise, M. J. 1949. On the Evolution of the Jewellery and Gun Quarters in Birmingham. *Transactions and Papers (Institute of British Geographers)*, No. 15. (1949), pp. 59-72.

李斌，刘思扬 2023. 瓦特的"完美蒸汽机"概念探析.《科学文化评论》. 20(2): 30-44.

李醒民 2007. 科学和技术异同论.《自然辩证法通讯》. 29(1): 1-9.

里格利，E. A. 2006. 探问工业革命. 俞金尧译.《世界历史》. 2006(2): 61-77.

俞金尧 2006. 近代早期英国经济增长与煤的使用.《科学文化评论》. 3(4): 49-63.

袁江洋 2005. 技术史的概念，问题与学科发展.《科学文化评论》.2(5): 110-121.

书籍及专著

Arago, Francois Jean. 1839. *Historical Éloge of James Watt*. London and Edinburgh.

Article on 'Watt' in *The Encyclopaedia Britannica*, Edinburgh, 1842, 7th edn., vol. 21. pp. 815-820.

Ashton, T. S. 1948. *The industrial revolution: 1760-1830*. Oxford : Oxford University Press.

Berry, H.F. 1915. *A History of the Royal Society of Dublin*. London: Longmans, Green and Co.

Cardwell, D. S. L. 1989. *From Watt to Clausius: the Rise of Thermodynamics in the Early Industrial Age*. Lowa: Lowa State University Press.

Carnegie, Andrew. 1933. *James Watt*. New York: Doubleday, Doran & Company, Inc.

Carswell, John. 1950. *The Prospector, Being the Life and Times of Rudolph Erich Raspe, 1737-1794*, London.

Clow, Archibald and Clow, Nan L. 1952. *Chemical Revolution*. London: Batchworth Press.

Court, W.H.B. 1938. *The Rise of the Midland Industries, 1600-1838*. London: Oxford University Press.

Craven, Maxwell 1996. *John Whitehurst of Derby: Clockmaker &Scientist 1713-1788*. Mayfield Books, Ashbourne Derbyshire.

Crowther, J. G. 1962. *Scientists of the Industrial Revolution*. London: The Cresset Press.

Dickinson, H. W. 1935. *James Watt*. Cambridge: Cambridge University Press.

Dickinson, H. W. 1937. *Matthew Boulton*. Cambridge: Cambridge University Press.

Dickinson, H.W. & Jenkins, Rhys 1927. *James Watt and the Steam Engine*. Oxford, the Clarendon Press.

Fitton, R.S.; Wadsworth, A.P. *The Strutts and the Arkwrights, 1758-1830*. Manchester.

Fyffe, J. G.; Anderson, R. G. W. 1992. *Joseph Black*. a bibliography. London: Science Museum.

Golinski, Jan 1992. *Science as Public Culture: Chemistry and Enlightenment in Britain, 1760-1820*. Cambridge University Press.

Graciano, Andrew Sean 2002. *Art, Science and Enlightenment Ideology: Joseph Wright and the Derby Philosophical Society*. University of Virginia.

Hall, A. R. 1954. *The Scientific Revolution, 1500-1800*. London: Longman.

Hankin, Christiana C . 1860. ed., *Life of Mary Anne Schimmelpenninck,* London, 1860, 4th edn.

Hans, Nicholas. 1951. *New Trends in Education in the Eighteenth Century*. London: Routledge.

Hart, Ivor B. 1949. *James Watt and The History of Steam Power*. New York: Henry Schuman, Inc.

Henderson, W. O. 1954, *Britain and Industrial Europe, 1750-1870*. Liverpool: Liverpool University Press.

Jacob, Margaret C. 1988. *The Cultural Meaning of the Scientific Revolution*. New York: McGraw-Hill, Inc.

Jacob, Margaret C. 1997. *Scientific Culture and Making of the Industrial West*. New York: Oxford University Press.

Jacob, Margaret C. 2000. *Rethinking the Scientific Revolution.* Cambridge : Cambridge University Press.

King-Hele, Desmond. 2003. *Charles Darwin's The Life of Erasmus Darwin.* Cambridge: Cambridge University Press.

Lindberg, David C. 1992. *The Beginnings of Western Science.* Chicago: The University of Chicago Press.

Mantoux, Paul.1928. *The Industrial Revolution in the Eighteenth Century.* New York: Harcourt, Brace & Company.

McClellan III, James E. 1985. *Science Reorganized: Scientific Societies in the Eighteenth Century.* New York: Columbia University Press.

McNeil, Maureen. 1987. *Under the Banner of Science: Erasmus Darwin and his age.* Manchester: Manchester University Press.

Meteyard, Eliza. 1865. *The Life of Josiah Wedgwood.* London: Hurst and Blackett.

Molliet, A. 1859. *Sketch of the Life of James Keir.* London: for private circulation by Robert Edmund Taylor.

Muirhead, James Partick. M. A. 1859. *The Lifie of James Watt With Selections From his Correspondence.* New York: D. Appleton & Co., 346 & 348 Broadway.

Muirhead, James Patrick, 1854. *The Origins and Progress of the Mechanical Inventions of James Watt,* London, vol. i.

Mumford, Lewis. 1967. *The Myth of Machine: Technics and Human Development.* New York: Harcourt Brace Jovanovich Publishers.

Musson, A. E.; Robinson, Eric. 1969. *Science and Technology in the Industrial Revolution.* Manchester: Manchester University Press.

Nicholson, W. 1790. *The First Principle of Chemistry.* London, Printed for G.

G. J. and J. Robinson.

Playfair, John; Ferguson, Adam. 1997. *James Hutton & Joseph Black*. Published by the RSE Scotland Foundation.

Porter, Roy. 2003. *the Cambridge History of Science*, volume 4. Cambridge: Cambridge University Press.

Roll, Erich. 1930. *An Early Experiment in Industrial Organization*. London: Longmans, Green & Company.

Schofield, Robert E. 1963. *Lunar Society of Birmingham: A Social History of Provincial Science and Industry in Eighteenth-Century England*. London: Oxford University Press.

Schofield, Robert E. 1966b. *A Scientific Autobiography of Joseph Priestley (1733–1804): Selected Scientific Correspondence*. Cambridge: MIT Press.

Smiles, Samuel. 1865. *Lives of Boulton and Watt*. London: John Murray, Albemarle Street.

Smiles, Samuel. 1997. *Josiah Wedgwood. FRS.: His Personal History*. London: Routledge/Thoemmes Press.

Smith, C. U. M., Arnott R. 2005. The Genius of Erasmus Darwin. Aldershot: Ashgate Publishing Limited.

Smyth, Albert Henry. 1905. *The Writings of Benjamin Franklin*. New York: Macmillan Company.

Snooks, Graeme. "New Perspectives on the Industrial Revolution." In *Was the Industrial Revolution Necessary?* edited by Graeme Donald Snooks. London: Routledge.

Stansfield, Dorothy A. 1984. *Thomas Beddoes M. D. 1760-1808*. Dordrecht: D. Reidel Publishing Company.

Stewart, Larry. 1992. *The Rise of Public Science: Rhetoric, Technology, and Natural Philosophy in Newtonian Britain, 1660-1750*. Cambridge University Press.

Transactions of the Society, Instituted at London for Encouragement of Arts, Manufactures and Commerce, vi (1788), pp. 133-148.

Uglow, Jenny. 2002. *The Lunar Men: Five Friends Whose Curiosity Changed the World*. New York: Farrar, Straus and Giroux.

Watkins, Elfreth. 1891. "*The Ramsden Dividing Engine*", Annual Report of the Smithsonian Institution, Washington.

Watson, Robert Spence. 1897. *The History of the Literary and Philosophical Society of Newcastle-upon-Tyne (1793-1896)*. Gregg International Publishers.

Weld, C.R. 1848. *History of the Royal Society*. London: J. W. Parker.

William J. Ashworth. 2000. *England and the Machinery of Reason 1780 to 1830*. Canadian Journal of History.

巴萨拉，乔治 2000.《技术发展简史》. 周光发译. 上海: 复旦大学出版社.

巴特菲尔德 1988.《近代科学的起源》. 郭书春译. 北京: 华夏出版社.

贝尔纳, J.D. 1959.《历史上的科学》. 伍况甫译. 北京: 科学出版社.

贝尔纳, J.D. 1985.《科学的社会功能》. 陈体芳译. 北京: 商务印书馆.

陈紫华.《一个岛国的崛起——英国工业革命》. 重庆: 西南师范大学出版社.

福斯特, W. Z. 1956.《美国政治史纲》. 冯明方译. 北京: 人民出版社.

哈巴库克, H. J.; 波斯坦, M. M. 2002.《剑桥欧洲经济史》（第六卷）. 王春法等译. 北京: 经济科学出版社.

汉金斯, 托马斯. L. 2000.《科学与启蒙运动》. 任定成等译. 上海: 复旦大学出版社.

科恩 1998.《科学中的革命》. 鲁旭东等译. 北京:商务印书馆.

克拉潘 1964.《现代英国经济史》. 姚曾廙译. 北京：商务印书馆.

麦格劳，托马斯. K. 2000.《现代资本主义：三次工业革命中的成功者》. 赵文书、肖锁章译. 南京：江苏人民出版社.

芒图，保尔 1983.《18世纪产业革命——英国近代大工业初期的概况》. 杨人楩等译. 北京：商务印书馆.

梅尔茨 1999.《19世纪欧洲科学思想史》. 周昌忠译. 北京：商务印书馆

梅森 1977.《自然科学史》. 周煦良等译. 上海：上海人民出版社.

默顿，罗伯特·金 2000.《十七世纪英格兰的科学、技术与社会》. 范岱年等译. 北京：商务印书馆.

裴各克 1979.《普里斯特利传》. 李定华译. 台北：台湾商务印书馆.

奇波拉 1989.《欧洲经济史》. 吴良健等译. 北京：商务印书馆.

琼斯，彼得 2016.《工业启蒙：1760—1820年伯明翰和西米德兰兹郡的科学、技术和文化》. 李斌译. 上海：上海交通大学出版社.

汤因比，A. 1970.《18世纪产业革命史》. 周宪文译. 台北：中华书局.

沃尔夫 1997.《18世纪科学、技术和哲学史》. 周昌忠等译. 北京：商务印书馆.

辛格等 2004.《技术史》（III卷）. 高亮华、戴吾三主译. 上海：上海科技教育出版社.

辛格等 2004.《技术史》（IV卷）. 辛元欧主译. 上海：上海科技教育出版社.

杨异同等 1959.《世界主要资本主义国家工业化的条件、方法和特点》. 上海：上海人民出版社.

人名索引

A

阿尔丁，詹姆斯（Arden, James），28, 29

阿佛齐里乌斯，亚当（Afzelius, Adam；1750-1837），15, 40, 41, 63, 99, 200, 205

阿格鲁，珍妮（Uglow, Jenny），7, 16, 17, 18, 42, 237

阿克莱特，理查德（Sir Richard Arkwright；1732-1792），42, 164

阿什顿，托马斯（Ashton, Thomas Southcliffe；1899-1968），20, 211

埃勒尔，保罗（Elers, Paul），186

埃里奥特，保罗（Elliott, Paul），34, 51

埃利斯，亨利（Eeles, Henry），128, 131

埃奇沃思，埃米琳（Edgeworth, Emmeline；1770-1847），153

埃奇沃思，霍诺拉（Edgeworth, Honora；1774-1790），82, 151, 241

埃奇沃思，理查德·洛弗尔（Edgeworth, Richard Lovell；1744-1817），1, 14, 15, 17, 18, 20, 29, 40, 41, 42, 43, 45, 53, 54, 57, 70, 71, 72, 73, 74, 75, 76, 81, 82, 83, 84, 89, 91, 94, 96, 99, 102, 116, 136, 137, 138, 143, 144, 145, 150, 151, 152, 153, 169, 186, 193, 195, 196, 198, 201, 203, 211, 212, 214, 218, 222, 223, 226, 238, 240, 244, 245

埃奇沃思，玛利亚（Edgeworth, Maria；1767-1849），74, 244

艾迪生，约瑟夫（Addison, Joseph；1672-1719），26

艾肯，约翰（Aikin, John；1747-1822），33, 81, 201, 234

艾瓦特，彼得（Ewart, Peter；1767-1842），152, 198

艾希，约翰（Ash, John；1722-1789），41, 62, 71, 80, 90, 207, 219

爱斯布理，托马斯（Astbury, Thomas），52

安美达（Armytage），19

安妮，玛丽（Anne, Mary；1778-1856），40, 61, 80, 89, 100

奥博特，亚历山大（Aubert, Alexander；1730-1805），162

奥里利乌斯，马可（Aurelius, Marcus；121-180），57

奥斯汀，简（Austen, Jane；1775-1817），244

奥斯汀，威廉（Austin, William；1721-1820），206

B

巴比奇（Babbage, Charles；1791-1871），216

巴伯，约翰（Barber, John），88, 186

巴顿，约翰（Barton, John；1771-1834），156

巴哥，罗伯特（Bage, Robert；1728-1801），198, 199

巴斯克维尔，约翰（Baskerville, John；1706-1775），14, 20, 41, 45, 66, 67, 81, 207, 217, 236, 237, 241

巴特勒（Butler, A.G.；1872-1949），145, 223

白贝治，查尔斯（1792-1871），4

拜尔，詹姆斯（Byres, James；1733-1817），186

班克斯，约瑟夫（Banks, Joseph；1743-1820），29, 40, 41, 61, 91, 98,

100, 114, 119, 120, 127, 152, 182, 195, 200, 201, 203, 220, 232

贝多斯，托马斯（Beddoes, Thomas；1760-1808），16, 18, 28, 29, 33, 42, 43, 45, 100, 150, 151, 152, 153, 214, 223, 234, 243, 244

贝尔珀（Belper），198

贝克，亨利（Baker, Henry；1698-1774），31, 53, 54

贝托莱，克劳德·路易（Berthollet, Claude Louis；1748-1822），42, 109, 110, 214

本瑟姆，杰里米（Bentham, Jeremy；1748-1832），222

本特利，托马斯（Bentley, Thomas；1730-1780），6, 33, 41, 52, 60, 83, 106, 115, 123, 124, 137, 138, 141, 142, 145, 146, 147, 158, 183, 184, 186, 188, 199, 206, 210, 217, 237, 239, 241

波尔，伊丽莎白·钱多斯（Pole, Elizabeth Chandos），1, 17, 18, 30, 32, 49

波利比奥斯（Polybius；203-120 BC），56, 57

波斯维尔，詹姆斯（Boswell, James；1740-1795），170

玻尔通（Bolton, H. C.），13

伯贝克，乔治（Birkbeck, George；1776-1841），35

伯顿（Burton），28

伯格曼，托本（Bergman, Torbern；1735-1784），28, 89, 106, 118, 120, 121, 125, 211, 212

伯克，埃德蒙（Burke, Edmund；1729-1797），2, 85, 93, 243

伯瑞顿，约瑟夫（Berington, Joseph；1743-1827），41

博尔顿，安妮（Boulton, Anne；?-1829），16, 33, 242

博尔顿，马修（Boulton, Matthew；1728-1809），II, VI, VII, 1, 2, 9, 11, 13, 14, 15, 16, 17, 18, 19, 20, 27, 28, 29, 33, 37, 39, 40, 41, 42, 43, 44, 45, 46, 47, 48, 49, 50, 51, 55, 59, 61, 63, 64, 65, 66, 67, 68, 69, 70, 71, 72, 73, 74, 75, 76, 77, 78, 79, 80, 81, 82, 83, 84, 85, 86, 87, 88, 90, 91,

92, 93, 94, 95, 96, 97, 100, 105, 106, 107, 108, 111, 113, 114, 115, 117, 118, 121, 122, 125, 129, 131, 132, 133, 136, 137, 138, 139, 140, 143, 147, 148, 151, 152, 153, 154, 155, 156, 157, 158, 161, 162, 164, 165, 166, 167, 168, 169, 170, 171, 172, 175, 179, 180, 181, 182, 183, 184, 185, 188, 189, 190, 191, 192, 193, 194, 195, 196, 197, 198, 200, 201, 202, 203, 204, 205, 206, 207, 208, 209, 210, 211, 212, 213, 214, 215, 217, 218, 219, 220, 221, 226, 227, 230, 235, 236, 237, 238, 239, 240, 241, 242, 243, 244

博尔顿，马修·罗宾逊（Boulton, Matthew Robinson；1770-1842），13, 28, 42, 44, 94, 221

布丰（Buffon, Comte de；1707-1788），24, 114, 115, 238

布拉格登，查尔斯（Blagden, Charles；1748-1820），105, 113

布莱达，卡尔·范（Breda, Carl van），15

布莱尔，休（Blair, Hugh；1718-1800），42

布莱尔，亚历山大（Blair, Alexander），63, 83, 88, 96, 152, 179, 180, 181, 199

布莱克，威廉（Blake, William；1757-1827），243

布莱克，约瑟夫（Black, Joseph；1728-1799），3, 4, 10, 11, 16, 27, 34, 35, 42, 55, 56, 70, 89, 103, 113, 115, 116, 117, 123, 134, 135, 136, 139, 141, 154, 157, 159, 163, 165, 177, 178, 179, 204, 205, 210, 211, 212, 213, 227, 231, 232

布兰德，古斯塔夫斯（Brander, Gustavus；1720-1787），31

布兰克，约瑟夫（Blank, Jeseph），188

布朗，兰斯洛特（Brown, Lancelot；1716-1783），82

布朗，罗伯特（Brown, Robert；1773-1858），99

布朗，塞缪尔（Brown, Samuel；1769-1830），88

布雷特兰，约瑟夫（Bretland, Joseph；1742-1819），119
布林德利，詹姆斯（Brindley, James；1716-1772），142, 147
布鲁厄姆，亨利（Brougham, Henry；1778-1868），222
布思比，布鲁克（Boothby, Brooke；1744-1824），49, 126, 198
布斯，詹姆斯（Booth, James；1709-1778），28, 29, 240

CH

查连洛（Challinor, J.），125

D

达比，亚伯拉罕（Darby, Abraham；1678-1717），237
达尔文，查尔斯·罗伯特（Darwin, Charles Robert；1809-1882），49, 83, 116, 128
达尔文，罗伯特（Darwin, Robert），48, 83, 112, 128, 150
达尔文，伊拉斯谟（Darwin, Erasmus；1731-1802），II, 1, 2, 11, 12, 13, 14, 17, 18, 19, 20, 21, 24, 29, 32, 39, 40, 41, 42, 43, 45, 46, 48, 49, 53, 54, 56, 57, 61, 62, 63, 64, 65, 66, 67, 68, 69, 70, 71, 72, 73, 74, 75, 76, 77, 78, 79, 80, 81, 82, 83, 84, 85, 86, 88, 89, 91, 92, 93, 94, 96, 97, 99, 100, 102, 105, 106, 110, 111, 112, 113, 116, 117, 122, 123, 125, 126, 127, 128, 129, 130, 131, 132, 133, 136, 137, 138, 141, 142, 143, 144, 145, 146, 147, 148, 149, 150, 151, 152, 155, 156, 157, 159, 165, 166, 169, 170, 172, 185, 187, 191, 192, 193, 194, 195, 196, 197, 198, 199,

201, 202, 206, 207, 208, 211, 212, 213, 214, 216, 217, 218, 222, 223, 227, 231, 235, 236, 237, 238, 239, 242, 243, 244, 245, 251, 269

达朗贝尔，让（d'Alembert, Jean；1717-1783），23

达里波，约翰（Dalrymple, John），94

戴，托马斯（Day, Thomas；1748-1789），1, 54, 70, 73, 238

戴维，汉弗莱（Davy, Humphry；1778-1829），4, 33, 37, 99, 109, 151, 153, 154, 216, 223, 234, 238

戴维森，亨利（Davidson, Henry），179

丹尼尔斯，斯蒂芬（Daniels, Stephen），34

道尔顿，约翰（Dalton, John；1766-1844），20, 33, 34, 37, 117, 244

道玛斯（Daumas），162

道森（Dawson, Colonel），15, 199

德吕克，安德烈，吉恩（DeLuc, Jean André；1727-1817），16, 42, 109, 110, 113, 114, 167, 191, 205

德吕克，范尼（DeLuc, Fanny），96

德马雷，尼古拉斯（Desmarest, Nicolas；1725-1815），124, 125

德萨吉利埃（Desaguliers），32

邓达斯（Dundas），93

邓肯，安德鲁（Duncan, Andrew），143, 152

迪金森（Dickinson, H. W.），20

丁威迪，詹姆斯（Dinwiddie, James；1746-1815），28

杜洛斯，吉恩·皮埃尔（Droz, Jean Pierre），189, 191

杜马莱斯（Dumarest），191

杜孟，皮埃尔（Dumont, Pierre；1759-1829），222

杜斯伯利，威廉（Duesbury, William；1725-1786），198, 199

多恩，本杰明（Donne, Benjamin），29

多朗德，彼得（Dollond, Peter；1731-1821），162, 163, 239
多尼索尔普（Donisthorpe），155
多思，罗伯特（Dossie, Robert；1717-1777），31, 196
多兹利，罗伯特（Dodsley, Robert；1703-1764），26

F

法布里休斯（Fabricius），81
法拉第，迈克尔（Faraday, Michael；1791-1867），33, 34, 37, 92, 105, 161, 216
佛吉尔，约翰（Fothergill, John；1712-1780），47, 77, 89, 141, 142, 155, 168, 170, 172, 180, 184, 185, 239
弗格森，詹姆斯（Ferguson, James；1710-1776），28, 29, 63, 69, 240
弗拉克斯曼（Flaxman），82
弗兰克兰德，托马斯（Frankland, Thomas），100
弗雷泽（Fraser），218
伏尔泰（Voltaire；1694-1778），237
福代斯，乔治（Fordyce, George；1736-1802），27, 77, 179, 251
福代斯，亚历山大（Fordyce, Alexander），27, 240
福尔摩斯（Holmes），161
福莱，约瑟夫（Fry, Joseph；1728-1787），29
福斯特，乔治（Foster, George），16, 173, 200, 258
富尔顿，罗伯特（Fulton, Robert；1765-1815），94
富兰克林，本杰明（Franklin, Benjamin），9, 11, 14, 27, 33, 42, 45, 51, 59, 60, 63, 66, 67, 69, 70, 85, 86, 122, 124, 129, 132, 133, 140, 154, 157,

193, 194, 199, 211, 212, 213, 217, 239, 251

G

高尔顿，弗朗西斯（Galton, Francis；1822-1911），20, 49, 92

高尔顿，塞缪尔（Galton Jr, Samuel；1753-1832），1, 17, 20, 21, 27, 39, 40, 41, 42, 44, 49, 61, 63, 70, 83, 86, 88, 89, 91, 92, 95, 96, 97, 98, 118, 148, 158, 195, 201, 207, 218, 221, 222, 223, 224, 236, 238, 242, 245

高尔顿，塞缪尔·特蒂乌斯（Galton, Samuel Tertius；1783-1844），41, 42, 44, 98, 220, 223

高尔特，亨利（Gort, Henry），202

高耶特林（Goettling），16, 204

戈德温（Godwin；1756-1836），243

格安迪，约翰（Grundy, John），32

格兰特，阿奇博尔德（Grant, Archibald），35, 139

格雷，斯蒂芬（Gray, Stephen；1666-1736），27, 51, 153, 223, 224, 237

格雷山姆，托马斯（Gresham, Thomas；1519-1579），27

格里菲思，托马斯（Griffith, Thomas），141, 201

格里斯利（Greseley），144

格里斯皮，查尔斯（Gillispie, Charles Coulston；1919-），8, 20, 32, 215, 216, 233

格利高里，约翰（Gregory, John；1724-1773），194, 251

格林诺夫（Greenough, G. B.；1778-1855），97, 99

葛兰，威廉（Gullen, William），27, 35, 56, 57, 134

古迪纳夫，塞缪尔（Goodenough, Samuel；1743-1827），127

H

哈得孙，威廉（Hudson, William；1730-1793），127

哈格里夫斯，詹姆斯（Hargreaves, James；1720-1778），164, 239

哈克伍德（Hackwood），187

哈勒姆，亨利（Hallam, Henry；1777-1859），222

哈雷，埃德蒙（Halley, Edmond；1656-1742），25

哈里森，约翰（Harrison, John；1693-1776），27, 29, 70, 156, 237

哈里斯，约翰（Harris, John；1666-1719），26

哈密顿，罗伯特（Hamilton, Robert；1753-1809），96

哈切特，查尔斯（Hatchett, Charles；1765-1847），95

哈特利，大卫（Hartley, David；1705-1757），149

哈托，菲利普（Hartog, Philip），60, 110

汉密尔顿，威廉（Hamilton, William；1730-1803），186, 187, 221, 239

豪立斯，蒂莫西（Hollis, Timothy），68

赫顿，詹姆斯（Hutton, James；1726-1797），13, 34, 35, 42, 56, 63, 116, 123, 127, 157, 159, 199, 203, 208, 232

赫克托耳（Hector），58

赫罗特（Hellot），104

赫歇尔，卡罗琳（Herschel, Caroline；1750-1848），4

赫歇尔，威廉（Herschel, William；1733-1822），4, 16, 40, 41, 210, 221

黑尔斯，斯蒂芬（Hales, Stephen；1677-1761），31

黑斯廷斯，沃伦（Hastings, Warren；1732-1818），240, 242

亨德森，洛根（Henderson, Logan），16, 46, 78, 118

亨利，托马斯（Henry, Thomas），4, 11, 27, 29, 31, 36, 42, 58, 104, 128, 131, 155, 156, 179, 187, 201, 202, 214, 222, 223, 251

亨特，约翰（Hunter, John；1728 - 1793），48, 61

亨兹迈，本杰明（Huntsman, Benjamin；1704-1776），138

宏斯比（Hornsby），28

洪堡（Humboldt, E. A. de），16

虎克，罗伯特（Hooke, Robert；1635-1703），53

华特丝（Walters），218

华兹华斯（Wordsworth, William；1770-1850），49

怀特，吉尔伯特（White, Gilbert；1720-1793），243

怀亚特，塞缪尔（Wyatt, Samuel；1737-1807），16, 42, 77, 79, 131, 161, 171

霍尔，鲁珀特（Hall, Rupert），23

霍尔，詹姆斯（Hall, James；1761-1832），120, 124

霍华德，玛丽（Howard, Mary；1740-1770），49, 70

霍洛克，詹姆斯（Horrocks, James），51

霍纳，弗朗西斯（Horner, Francis；1778-1817），220, 222

霍普（Hope, T. C.），159

霍普，约翰（Hope, John；1725-1786），57, 81, 127, 198

J

吉本斯，约瑟夫（Gibbons, Joseph），98

吉布，爱德华（Gibbon, Edward；1737-1794），98, 241

吉迪，戴维斯（Giddy, Davies；1767-1839），99, 151

吉尔伯特，戴维斯（Gilbert, Davies；1767-1839），151

吉尔伯特，约翰（Gilbert, John），28

吉米斯（Timmins, S.），192

济慈，约翰（Keats, John；1795-1821），49

加伯特，塞缪尔（Garbett, Samuel；1717-1803），11, 74, 105, 146, 147, 165, 206, 207, 214

加多林（Gadolin），159

加尼特，托马斯（Garnett, Thomas；1766-1802），12, 35

焦耳，詹姆斯·普雷斯科特（Joule, James Prescott；1818-1889），117, 216

杰斐逊，托马斯（Jefferson, Thomas；1743-1826），42, 43, 51, 194

杰弗里，弗朗西斯（Jeffrey, Francis；1773-1850），51, 222

杰克逊，西里尔（Jackson, Cyril；1746-1819），16

杰克逊，约瑟夫（Jackson, Joseph），126

K

卡比昂，康特（Carbioni, Count），132

卡德维尔（Cardwell, D. S. L.），216

卡尔瓦特（Karwat），181

卡斯威尔（Carswell），200

卡特赖特，埃德蒙（Cartwright, Edmund；1743-1823），164, 242

卡特勒，玛拿西（Cutler, Manasseh；1742-1823），218

卡文迪许，亨利（Cavendish, Henry；1731-1810），4, 34, 91, 103, 105, 113, 114, 195, 203, 204, 210, 251

凯尔，约翰（Keir, John），56

凯尔，詹姆斯（Keir, James；1735-1820），II, V, VI, 1, 2, 11, 13, 17, 19,

20, 27, 33, 35, 36, 39, 40, 41, 42, 43, 46, 48, 56, 57, 62, 63, 65, 70, 71, 73, 74, 75, 76, 77, 78, 79, 81, 83, 84, 85, 87, 88, 89, 91, 92, 93, 94, 96, 97, 98, 102, 103, 104, 105, 106, 108, 109, 110, 111, 113, 117, 121, 123, 124, 125, 131, 138, 139, 141, 142, 148, 151, 152, 153, 158, 159, 160, 161, 162, 163, 164, 171, 172, 177, 178, 179, 180, 181, 182, 183, 185, 192, 193, 196, 203, 204, 205, 206, 207, 211, 212, 213, 214, 218, 219, 222, 223, 226, 227, 235, 236, 237, 240, 241, 245, 248

凯伊，约翰（Kay, John；1704-1780），237

坎贝尔，托马斯（Campbell, Thomas；1777-1844），222

坎顿，约翰（Canton, John；1718-1772），59

坎普，彼特（Camper, Pieter；1721-1789），12, 15, 42, 204, 214

柯尔雷基，泰勒，塞缪尔（Coleridge, Samuel Taylor；1772-1834），49, 153, 222

柯万，理查德（Richard Kirwan；1733-1812），14, 36, 42, 121, 159, 219, 220

科恩，伯纳德（Cohen, I. Bernard），19, 24, 25, 98, 258

科克伦，阿奇博尔德（Cochrane, Archibald；1749-1831），203

科奈特，托马斯·安德鲁（Knight, Thomas Andrew；1759-1838），100

科瑞斯博，尼古拉斯（Crisp, Nicholas），196

克拉克，亨利（Clarke, Henry），29

克拉珀龙（Clapeyron, B. P. E.；1799-1864），118

克朗普顿，约翰（Crompton, John），198, 241

克朗斯提（Crostedt），120, 121

克劳福德（Crawford），42, 196

克雷文（Craven），20, 62, 90

克里奇，麦克斯韦（Craven, Maxwell），3, 20

克里奇，约翰（Krige, John），3, 20

肯尼迪，约翰（Kennedy, John），210

肯尼克，约翰（Kennick, John），120

库克，詹姆斯（Cook, James；1728-1779），30, 176, 240, 241, 258

库珀，托马斯（Cooper, Thomas；1759-1839），16, 36, 201, 219

L

拉马克，让-巴普蒂斯特（Lamarck, Jean-Baptiste de；1744-1829），24, 127, 128

拉姆斯登，耶西（Ramsden, Jesse；1735-1800），155

拉斯伯（Raspe, R. E.；1737-1794），11, 12, 15, 42, 63, 199, 200, 201, 205, 214

拉瓦锡，安托万（Lavoisier, Antoine Laurent；1743-1794），10, 24, 42, 61, 88, 89, 93, 104, 107, 109, 110, 111, 112, 113, 115, 116, 160, 163, 204, 217, 227, 232, 241, 242, 243

莱桑斯，塞缪尔（Lysons, Samuel；1730-1804），219

莱斯利，约翰（Leslie, John；1766-1832），224

莱特，凯瑟琳（Wright, Catherine），52, 82, 108, 202, 239, 240

莱特，约瑟夫（Wright, Joseph；1734-1797），82, 237

莱维斯，威廉（Lewis, William；1754-1842），28, 103, 107, 156, 206

兰德安尼，谢瓦利埃（Landriani, Chevalier），204

兰登，约翰（Landen, John；1719-1790），4, 16, 232

蓝翰，弗朗西斯（Wrangham, Francis；1769-1842），222

劳埃德，查尔斯（Lloyd, Charles），6, 42

劳丹，雷切尔（Laudan, Rachel；1944-），3

勒朋，菲利普（LeBon, Philippe），217

雷登，拜伦·冯（Reden, Baron von），42

雷登，康特（Reden, Count），16

雷赫，塞缪尔（Rehe, Samuel），156，181

雷诺兹，威廉（Reynolds, William；1773-1835），172，211

李，乔治（Lee, George），198

里卡多，大卫（Ricardo, David；1772-1823），222

利拉伐，弗朗西斯（Delaval, Francis；1727-1771），53

列丹，巴伦（Redan, Baron），205

林德，詹姆斯（Lind, James；1716-1794），56，154，178

林奈，卡尔（Linnaeus, Carl；1707-1778），17，24，41，57，62，89，90，99，103，122，125，126，127，194，197，201，242

林奇，詹姆斯（Lynch, James），36

卢梭（Rousseau, Jean Jacques；1712-1778），49，239，240

鲁德兰（Ludlam, W.），156

路顿，亚瑟（Lupton, Arthur），218

伦尼，约翰（Rennie, John；1761-1821），171

罗巴克，约翰（Roebuck, John；1718-1794），11，27，34，35，41，49，52，55，56，69，74，77，80，105，114，154，157，164，165，166，167，168，177，178，206，213，214，232，240，251

罗宾逊，埃里克（Robinson, Eric），I，7，10，11，12，13，14，15，16，17，19，21，28，30，35，46，66，70，134，153，227

罗宾逊，安妮（Robinson, Annie），18，239

罗宾逊，玛丽（Robinson, Mary），18，48，49，238，239

罗宾逊，约翰（Robison, John；1739-1805），70，134，205

罗迪斯，路易斯（Roddis, Louis H.），149

罗杰斯，托马斯（Rogers, Thomas），179, 180

罗利（Ragg, Rowley），97, 121, 249

罗米丽，塞缪尔（Romilly, Samuel；1757-1818），222

罗姆尼（Rommey），31

罗什，德拉（Roche, de la），81

洛克，约翰（Locke, John；1632-1704），16, 58, 97, 149, 234

洛克耶，诺尔曼（Lockyer, Joseph Norman；1836-1920），216

M

马丁，本杰明（Martin, Benjamin；1704-1782），7, 26, 27

马尔萨斯（Malthus；1766-1834），222, 244

马凯，皮埃尔·约瑟夫（Macquer, Pierre Joseph；1718-1784），57, 75, 87, 92, 102, 103, 104, 108, 160, 213

马森（Musson, A. E.），7, 10, 11, 12, 30

马斯基林，内维尔（Maskelyne, Nevil；1732-1811），4

马斯普拉特，詹姆斯（Muspratt, James；1793-1886），179

麦金托什，查尔斯（Macintosh, Charles；1766-1843），35

麦金托什，詹姆斯（Mackintosh, James；1765-1832），222

麦克莱伦第三，詹姆斯（McClellan III, James），6

麦肯齐，亨利（Mackenzie, Henry；1745-1831），240

麦利士（Mellish），94

麦米高，约翰（McMichael, John；1904-1993），19

麦哲伦（Magellan, J. H.），108, 121, 204

芒福德，路易斯（Mumford, Lewis；1895-1990），3

芒图，保尔（Mantoux, Paul；1877-1956），20, 37, 38, 147, 172, 173, 177, 186, 189, 258

梅奥，约翰（Mayow, John；1641-1679），104

梅瑟利（Metherie, De la；1743-1817），42, 109, 110, 206

梅森，斯蒂芬（Mason, Stephen），23, 24, 27, 34, 258

梅特亚地（Meteyard），124

蒙戈尔费，杰克（Montgolfier, Jacques；1745-1799），42

蒙罗斯，亚历山大（Monros, Alexander；1733-1817），57

米德，理查德（Mead, Richard；1673-1754），31

米歇尔，约翰（Michell, John；1724-1793），32, 45, 60, 66, 67, 69, 70, 85, 129, 217, 236

摩尔，约翰（Moore, John），95, 108, 123

莫蒂默，克伦威尔（Mortimer, Cromwell），103

莫顿（Morton），139

莫尔，塞缪尔（More, Samuel），11, 13, 14, 51, 66, 70, 71, 73, 74, 75, 76, 79, 80, 81, 83, 106, 122, 133, 137, 139, 140, 141, 143, 148, 154, 156, 158, 161, 163, 165, 166, 167, 168, 177, 178, 179, 194, 197, 204, 206, 207

莫尔沃，加西莫多（Morveau Guyton de；1737-1816），160

莫克尔，乔尔（Mokyr, Joel），20

莫雷莱，阿贝（Morellet, Abbe；1727-1819），16

莫里耶特，詹姆斯（Moilliet, James；1806-1878），223

莫瑞斯，詹姆斯（Morris, James），100

莫伊斯，亨利（Moyes, Henry；1749/50-1807），11, 27, 29, 42

莫兹利，亨利（Maudslay, Henry；1771-1831），156

默多克，威廉（Murdoch, William；1754-1839），1, 41, 45, 46, 62, 65, 118, 171, 205, 216, 217, 236, 241, 251

慕维廉，艾格尼丝（Muirhead, Agnes），55

慕维廉，詹姆斯·帕特里克，（Muirhead, James Patrick），40

N

内皮尔，约翰（Napier, John；1550-1617），25

尼科尔森，威廉（Nicholson, William；1753-1815），36, 82, 119

尼模，亚历山大（Nimmo, Alexander；1783-1832），223

尼维恩，邓肯（Nivien, Duncan），143

涅特，阿伯拉罕本（Bennet, Abranham；1749-1799），130

牛顿，伊萨克（Newton, Issac；1643-1727），23, 24, 25, 34, 195, 199, 210, 237

纽科门，托马斯（Newcomen, Thomas；1663-1729），3, 55, 135, 137, 156, 165, 169, 231, 239

诺埃曼，卡斯帕（Neuman, Caspar），103

O

欧文，罗伯特（Owen, Robert；1771-1858），33, 235

欧文，威廉（Irvine, William；1741-1803），33, 235

P

帕德利（Padley），181

帕尔，塞缪尔（Parr, Samuel；1747-1825），40, 41, 218, 219

帕格，约翰（Page, John；1744-1808），51

帕克，威廉（Parker, William），77, 161, 162, 201

帕拉塞尔苏斯（Paracelsus；1493-1541），56

派克（Peck），107

佩蒂，亨利（Petty, Henry；1780-1863），222

佩因（Paine,；1737-1809），219, 241, 243

皮尔森，卡尔（Pearson, Karl），95

皮特，威廉（Pitt, William；1708-1778），85, 93, 239, 241, 244

珀蒂，约翰·莱维斯（Petit, John Lewis），157

珀蒲，亚历山大（Pope, Alexander；1688-1744），25

珀西瓦尔，托马斯（Percival, Thomas；1740-1804），59, 81, 85, 127, 142, 201

普尔，托马斯（Poole, Thomas），172, 222

普莱菲，威廉（Playfair, William；1759-1823），159, 171, 205

普里斯，理查德（Price, Richard；1723-1791），59

普里斯特利，哈里（Priestley, Harry；1778-1795），223

普里斯特利，乔纳斯（Priestley, Jonas），58

普里斯特利，萨利（Finch, Sally Priestley），153, 218

普里斯特利，约瑟夫（Priestley, Joseph；1733-1804），II, 1, 2, 4, 7, 10, 11, 13, 14, 15, 16, 17, 18, 19, 20, 27, 33, 34, 37, 39, 40, 41, 42, 44, 45, 46, 52, 53, 57, 58, 59, 60, 61, 62, 63, 65, 66, 77, 79, 80, 81, 83, 84, 85, 86, 87, 88, 89, 90, 91, 92, 93, 94, 95, 102, 105, 106, 107, 108, 109, 110,

111, 112, 113, 114, 115, 117, 118, 119, 120, 121, 125, 129, 131, 139, 140, 142, 149, 151, 153, 154, 155, 158, 159, 160, 161, 162, 163, 169, 192, 194, 195, 196, 197, 199, 201, 202, 203, 204, 205, 206, 208, 209, 210, 211, 212, 213, 214, 217, 218, 219, 221, 223, 224, 225, 226, 227, 234, 236, 238, 239, 240, 241, 242, 243, 244, 249, 258

普林格，约翰（Pringle, John；1707-1782），130, 132, 195

普鲁米尔，查尔斯（Plumier, Charles；1646-1704），183

普鲁默，安德鲁（Plummer, Andrew；1697-1756），56

普特尼（Poultney），127

Q

奇南，路易（Guinand, Louis；1733-1794），161

奇泽姆，亚历山大（Chisholm, Alexander；1790-1854），11, 107, 119, 205, 213, 224

钱伯斯，理查德（Chambers, Richard），26, 95, 202

屈希勒尔，海因里希，康拉德（Kuchler, Conrad Heinrich；1740-1810），191

S

萨德勒，詹姆斯（Sadler, James；1753-1828），29

萨克雷（Thackray, A.；1938-2002），20

萨瑟恩，约翰（Southern, John；1758-1815），45, 65, 94, 118, 171, 205,

217, 224

塞登，约翰（Seddon, John），69, 157

塞尔维儒斯，亚历山大（Serverus, Alexander；208-235），186

三维治（Sandwich），182

SH

沙佩（Chappe），54, 238

尚普兰，查德（Champion, Richard），185

申斯通，威廉（Shenstone, William；1714-1763），67

圣丰（Saint-Fond, Faujas de；1741-1819），42

史密斯，威廉（Smith, William；1769-1839），232

史密斯，悉尼（Smith, Sydney；1771-1845），222

S

斯科菲尔德，雷德克里夫（Scholefield, Radcliffe；1772-1799），59

斯科菲尔德，罗伯特·E.（Schofield, Robert E.），I, 7, 8, 9, 10, 12, 13, 14, 15, 16, 17, 18, 19, 20, 21, 31, 41, 42, 46, 62, 64, 66, 79, 109, 117, 180, 191, 214, 216, 220, 227, 228, 236

斯隆，汉斯（Sloane, Hans；1660-1753），195

斯迈尔斯，塞缪尔（Smiles, Samuel；1812-1904），13, 20, 41, 145

斯米顿，约翰（Smeaton, John；1724-1792），11, 16, 19, 27, 29, 42, 60, 63, 69, 85, 113, 129, 135, 147, 155, 167, 169, 203, 212, 214

斯密，亚当（Smith, Adam；1723-1790），134, 240, 241

斯摩莱特，乔治（Smollett, George；1721-1771），240

斯莫尔，罗伯特（Small, Robert），171

斯莫尔，威廉（Small, William；1734-1775），II, 1, 11, 13, 14, 17, 19, 20, 41, 42, 43, 50, 51, 62, 63, 65, 66, 69, 70, 71, 72, 73, 74, 75, 76, 79, 80, 81, 83, 85, 91, 102, 106, 122, 123, 133, 136, 137, 138, 139, 140, 143, 147, 148, 154, 155, 156, 158, 162, 163, 165, 166, 167, 168, 171, 177, 178, 179, 180, 193, 194, 207, 211, 212, 226, 236, 237, 241

斯莫尔，詹姆斯（Small, James），50

斯坦克利夫，约翰（Stancliffe, John），28, 221

斯特恩，劳伦斯（Sterne, Laurence；1713-1768），239, 269

斯特拉特，杰迪戴亚（Strutt, Jedediah；1726-1797），6, 198, 199, 210

斯特拉特，威廉（Strutt, William；1756-1830），6, 198, 199, 210

斯图亚特，詹姆斯（Stuart, James；1713-1788），15, 33, 199, 200

斯托克斯，乔纳森（Stokes, Jonathan；1755-1831），17, 40, 41, 42, 44, 61, 63, 65, 79, 88, 89, 90, 91, 97, 99, 102, 126, 127, 150, 195, 197, 201, 202, 203, 204, 216, 217, 218

苏厄德，威廉（Seward, William），42

索朗德尔，丹尼尔（Daniel Solander；1733-1782），14, 40, 41, 63, 199, 201

T

泰勒，查尔斯（Taylor, Charles），197

泰勒，路德福尔德（Taylor, Ludford），62, 90

泰勒，约翰（Taylor, John），27, 180

汤姆逊，詹姆斯（Thomson, James；1700-1748），25

汤普森，本杰明（伦福德伯爵）（Thompson, Benjamin (Rumford)；1753-1814），4, 219

汤因比，阿诺德（Toynbee, Arnold；1852-1883），3, 38, 258

特劳顿，约翰（Troughton, John），156

特纳，马修（Turner, Mathew），52, 53, 158

特纳，威廉（Turner, William），95

突纳德，亚历山大（Tournant, Alexandre），162

图恩伯格，查尔斯（Thunberg, Charles），99

W

瓦特，格雷戈里（Watt, Gregory；1777-1804），42, 44, 151, 152, 153, 160, 220, 223, 224

瓦特，小詹姆斯（Watt , Jr. James；1769-1848），40, 42, 44, 96, 97, 98, 153

瓦特，詹姆斯（Watt, James；1736-1819），II, VI, VII, 1, 2, 3, 9, 11, 12, 13, 14, 15, 16, 17, 18, 20, 25, 27, 28, 29, 33, 34, 35, 36, 37, 39, 40, 41, 42, 43, 44, 45, 46, 48, 54, 55, 56, 57, 58, 59, 62, 63, 65, 70, 71, 74, 75, 76, 77, 79, 80, 81, 82, 83, 84, 86, 87, 88, 92, 93, 94, 95, 96, 97, 98, 100, 102, 106, 107, 108, 109, 110, 111, 112, 113, 114, 115, 116, 117, 118, 120, 122, 123, 131, 133, 134, 135, 136, 137, 138, 139, 141, 143, 148, 151, 152, 153, 154, 155, 156, 157, 158, 159, 160, 162, 163, 164, 165, 166, 167, 168, 169, 170, 171, 172, 173, 174, 175, 177, 178, 179, 180,

181, 182, 188, 189, 191, 192, 195, 196, 197, 198, 201, 203, 204, 205, 206, 207, 208, 209, 210, 211, 212, 213, 214, 217, 218, 219, 220, 221, 222, 223, 224, 225, 226, 227, 230, 231, 236, 238, 239, 240, 241, 242, 243, 245, 251

瓦维勒，布里索特（Warville, Brissot de；1754-1793），200

威尔顿，托马斯（Whielden, Thomas），52, 183

威尔金森，玛丽（Wilkinson, Mary；1791-1860），18

威尔金森，伊萨克·威廉（Wilkinson, Isaac William），59

威尔金森，约翰（Wilkinson, John；1728-1808），15, 42, 44, 45, 46, 59, 62, 85, 107, 169, 172, 190, 194, 203, 205, 217, 236, 241

威廉，托马斯（William, Thomas），190

威廉斯，约翰（Williams, John），51, 123, 199

威瑟林，埃德蒙（Withering, Edmund），57

威瑟林，威廉（Withering, William；1741-1799），1, 2, 14, 17, 19, 20, 28, 39, 40, 41, 42, 44, 46, 57, 58, 59, 61, 62, 63, 76, 77, 79, 80, 81, 84, 85, 88, 89, 90, 92, 93, 97, 99, 100, 102, 106, 107, 108, 113, 117, 118, 119, 120, 121, 126, 127, 142, 148, 149, 150, 151, 152, 159, 194, 195, 196, 197, 201, 202, 204, 206, 207, 208, 209, 211, 212, 213, 214, 216, 217, 218, 219, 220, 222, 225, 226, 236, 238, 241, 242, 244, 248

威瑟林，小威廉（Withering , Jr. William），39

韦伯，亨利（Webber, Henry），187

韦德，沃尔特（Wade, Walter；1740-1825），35

韦基斯，约翰（Wikes, John；1725-1797），239

韦林，罗伯特（Waring, Robert；1766-1848），116, 152, 202, 223

韦奇伍德，艾玛（Wedgwood, Emma；1808-1896），18

韦奇伍德，拉尔夫（Wedgwood, Ralph），198

韦奇伍德，苏珊娜（Wedgwood, Susannah；1765-1817），49

韦奇伍德，约西亚（Wedgwood, Josiah；1730-1795），II, VI, 1, 2, 8, 9, 11, 14, 15, 17, 18, 19, 20, 28, 33, 40, 41, 42, 43, 45, 49, 52, 53, 60, 61, 62, 65, 70, 71, 72, 73, 74, 75, 76, 80, 81, 82, 83, 84, 85, 86, 91, 92, 93, 96, 97, 106, 107, 108, 113, 115, 116, 118, 119, 120, 121, 123, 124, 125, 127, 136,137, 138, 139, 140, 141, 142, 143, 145, 146, 147, 148, 151, 152, 153, 154, 158, 159, 160, 161, 164, 169, 172, 182, 183, 184, 185, 186, 187, 188, 190, 194, 195, 196, 197, 198, 199, 201, 203, 204, 206, 207, 210, 211, 212, 213, 214, 217, 218, 222, 223, 224, 226, 227, 230, 236, 237, 238, 239, 240, 241, 242, 244, 251

维莱特，威廉（Willett, William），52

维特赫斯特，约翰（Whitehurst, John；1713-1788），1, 11, 15, 17, 20, 33, 40, 41, 42, 43, 50, 52, 61, 63, 66, 67, 69, 72, 73, 74, 75, 77, 79, 81, 82, 83, 85, 91, 92, 106, 114, 121, 122, 123, 124, 125, 130, 141, 142, 155, 169, 170, 179, 182, 192, 194, 195, 196, 199, 201, 202, 203, 206, 211, 212, 213, 236,237, 239, 241, 243, 251

温德勒（Wendler），138

沃德，托马斯（Ward, Thomas Asline），29, 49, 99

沃顿，托马斯（Warton, Thomas；1728-1790），127

沃恩，本杰明（Vaughan, Benjamin），117

沃尔夫，彼得（Woulfe, Peter；1727-1803），139

沃尔夫，亚伯拉罕（Wolf, Abraham），25

沃克，亚当（Walker, Adam；1729-1812），16, 27, 29, 32, 35, 61, 201, 208

沃纳（Werner），97, 121

沃森，罗伯特·思朋斯（Watson, Robert Spence；1837-1911），95

沃斯通克拉夫特，玛丽（Wollstonecraft, Mary；1759-1798），243

沃泰尔，约翰（Warltire, John；1725/26-1810），11, 27, 28, 29, 39, 208, 213
沃兹沃斯，威廉（Wordsworth, William；1770-1850），222
伍德，威廉（Wood, William；1745-1808），187
伍德，亨利（Wood, Henry），58

X

西沃德，安娜（Seward, Anna；1747-1809），39, 42, 49, 73, 129
西沃德，托马斯（Seward, Thomas；1708-1790），49
希金斯，威廉（Higgings, William），35
希普励，威廉（Shipley, William；1714-1803），31
肖，斯蒂宾（Shaw, Stebbing；1762-1802），97
肖特，詹姆斯（Short, James；1710-1768），31
谢尔布恩（Shelburne），61, 85, 152, 207, 240, 242
谢勒，卡尔·威廉（Scheele, Carl Wilhelm；1742-1786），89, 106, 139
辛普森，罗伯特（Simpson, Robert；1689-1768），134
欣德利，约瑟夫（Hindley, Josh.），129, 155
休伯特（Hubert），99
休谟，戴维（Hume, David；1711-1776），238
休姆，弗朗西斯（Home, Francis），35
雪莱，玛丽（Shelley, Mary；1797-1851），245
雪莱，珀西（Shelley, Percy Bysshe；1792-1822），49

Y

雅各布，玛格丽特（Jacob, Margaret），20, 24, 26, 31, 34

亚当斯，约翰（Adams, John；1735-1826），194

杨，亚瑟（Young, Arthur；1741-1820），31, 214

耶尔曼，托马斯（Yeoman, Thomas；1709/10-1781），27

叶卡捷琳娜二世·阿列克谢耶芙娜（Екатери́на II Алексе́евна Вели́кая，即凯瑟琳大帝或者凯瑟琳二世（Catherine II the Great）；1729-1796），63, 69, 155, 239

约翰斯通，爱德华（Johnstone, Edward；1757-1851），150

约翰逊，奥尔西（Johnson, Woolsey），62

约翰逊，罗伯特·奥古斯塔斯（Johnson, Robert Augustus；1745-1799），17, 19, 31, 39, 40, 41, 42, 44, 62, 63, 88, 90, 91, 93, 108, 127, 150, 152, 158, 159, 195, 213, 218, 219, 238, 247

约翰逊，塞缪尔（Johnson, Samuel；1709-1784），126, 241

ZH

詹金斯，里斯（Jenkins, Rhys），20

珍纳特（Genet, M.），204